农业车辆液压机械复合传动与控制

周志立　著

科 学 出 版 社
北　京

内 容 简 介

本书系统地阐述了液压机械复合传动的构造原理和控制技术，介绍了液压机械复合传动在农业车辆上的应用和新产品的开发，重点介绍了液压机械复合无级变速器、液压机械复合差速转向系的构造原理、工作过程、控制技术及其试验方法和技术。本书内容编排结构合理、脉络清晰、循序渐进，所选案例具有广泛的代表性和较强的实用性。

本书可供高等院校机械工程、农业工程等相关专业的研究生及相关领域的科研人员、产品开发人员等阅读和参考。

图书在版编目(CIP)数据

农业车辆液压机械复合传动与控制/周志立著. —北京：科学出版社，2018.9

ISBN 978-7-03-058859-3

Ⅰ.①农… Ⅱ.①周… Ⅲ.①农用运输车-液压传动装置 ②农用运输车-液压控制 Ⅳ.①S229

中国版本图书馆 CIP 数据核字(2018)第 212878 号

责任编辑：陈　婕　赵微微 / 责任校对：张小霞
责任印制：张　伟 / 封面设计：蓝正设计

科 学 出 版 社 出版
北京东黄城根北街 16 号
邮政编码：100717
http://www.sciencep.com

北京中石油彩色印刷有限责任公司 印刷
科学出版社发行 各地新华书店经销

*

2018 年 9 月第 一 版 开本：720×1000 1/16
2018 年 9 月第一次印刷 印张：23 1/2
字数：460 000

定价：135.00 元

(如有印装质量问题，我社负责调换)

前　　言

本书是作者对主持的河南省杰出人才创新基金项目“新型液压机械无级变速器研制”和河南省高校杰出科研人才创新项目“液压机械双功率流转向装置”成果的总结。这两项项目已通过河南省的成果鉴定，分别在 2005 年、2009 年获得了河南省科技进步奖二等奖，且项目成果已成功转化，应用于农业车辆新产品，创造了显著的社会经济效益。

全书共四篇十九章，主要内容如下：

第一篇对复合传动的概念、液压机械复合传动的组成及其在农业车辆上的应用进行分析和总结，对液压机械复合传动理论、传动特性进行系统的分析和研究。

第二篇总结液压机械复合传动在农业车辆无级变速器上的应用：在分析液压机械无级变速器传动原理、基本类型和传动特性的基础上，设计出一种多段无级变速传动系统；给出传动比、转矩、功率流及效率等特性的分析计算方法和车辆牵引特性分析方法，总结基于牵引功率最大和保证车辆经济性最佳的无级变速和换段规律，给出以目标车速、发动机转速、油门开度和滑转率为控制参数的工程应用控制策略和最佳传动比的优化计算原理，开发无级变速器电控系统。

第三篇总结液压机械复合传动在农业履带车辆转向系上的应用：对液压机械差速转向系的转速、转矩、功率及效率等静态特性与系统参数的关系进行分析，研究履带车辆在不同工况下的功率传递及系统效率的计算方法；分析液压机械差速转向系参数、转向阻力的变化和履带车辆参数对车辆稳态和瞬态转向性能的影响，利用遗传算法对转向系参数进行优化匹配。

第四篇总结液压机械复合传动系的试验方法和技术：阐述液压机械复合无级变速传动系性能测试的特点，提出液压机械复合无级变速传动系的性能评价方法，设计车辆液压机械无级变速传动试验系统；建立试验系统的连续加载模型，实现车辆阻力在试验系统上的模拟研究；建立数据自适应加权融合算法模型，研究试验系统信号采集与数据处理系统的硬件构成原理和试验系统的软件技术，基于虚拟仪器技术编制试验系统软件。

与本书内容相关的研究工作得到了国内外许多同行专家的鼓励、支持与帮助，在此表示衷心感谢。张明柱教授、徐立友教授、程广伟教授、曹付义副教授、赵伟副教授和多位研究生参与了本书的资料整理工作；在产品开发和试验方面，教授级高级工程师郭志强、贾鸿社给予了极大的帮助，在此一并表示感谢。

限于作者的学识水平，书中难免有不当之处，热忱欢迎读者给予批评指正。

目　　录

第三篇 农业履带车辆液压机械复合转向系

第一篇

液压机械复合传动基础

第1章 复合传动及其应用

复合传动把不同类型的传动技术相结合，利用不同技术的相互交叉与合理匹配实现传动优势互补，达到传动总体综合优化。复合传动特别适合工况复杂、要求高的传动效率、无级变速或自动变速的传动系统。目前，大型复杂机械系统中广泛采用机、电、液、气、光、磁、声等多种传动介质构成的复合系统，这些系统结构复杂，多种介质传动方式并存，对实现机械动力传动系外载荷与功率的最优匹配、提高能源的利用率、降低能源对环境的有害影响具有重要的现实意义。在机械传动的重要应用领域车辆行业，采用无级传动可使发动机与外载荷实现优化匹配，提高燃油经济性，降低废气排放。

1.1 复合传动

复合传动是一种不可再分割的单一传动的有机组合和合理匹配的技术综合体。在一台机器上同时采用几种传动方式，尽管发挥了不同传动的优势，但并不是合理地匹配和严格不可分割的技术综合体，因此，只能称为广义复合传动。

为了实现多种传动介质的特定要求，需要协调各介质之间的相互关系以充分发挥各自优势，并加强对多介质复合传动的研究。复合传动学就是为适应某种工程目标，考虑人机环境的相互协调，将现有的各种传动构件或元件扬长避短、优势互补、有机组合、合理匹配，以求得机器最优创新设计的学科。

复合传动研究涉及非常广泛的知识技术领域，但其研究的主要特点之一就是将系统总体作为考虑问题的重点。从系统总体的立场出发，决定对各子系统的要求，其实质就是方案设计。设计方案在很大程度上决定了机器的工作性能、经济效益和应用前景，其研究的目的在于创新，因此对现有机器传动方案的分析评价有重要意义。在进行方案评价时，应基于系统工程的观点，从系统总体性能、环境适应性能的角度来研究各组成部分之间合理匹配的规律与效果，看是否达到了总体优化的目的。

在单一传动内，也存在不同机构或元件的有机组合、合理匹配的复合传动。多数情况下，即使机构或元件相同，但通过改变尺寸使其有机组合和合理匹配，也会得到与原来机构特性完全不同的新结构的复合传动。这就是说，一些简单的机构或元件，通过有机组合、合理匹配，仍可能创造出奇迹，因此，匹配是复合传动的核心技术。

复合传动技术与现代设计方法、机电一体化技术等，既存在着紧密联系，又有着差别。复合传动技术是以现代设计方法为手段，不断完善复合传动机构而进行的系统的综合分析与研究。复合传动的应用目的在于创新或寻求性能更优的传动系，为此，最重要的是在研究中不仅要具有系统的总体的观点，还需要对各类传动的特点及应用场合有深入的了解。

复合传动一般按照传动介质和功率流传递路线进行分类。按传动介质分类，有单一传动介质的复合传动、不同传动介质的复合传动和传动介质黏性可控的复合传动。按照传动功率流传递路线分类，有单流复合传动、分流复合传动、汇流复合传动以及分流与汇流综合运用的复合传动。分流与汇流综合运用的复合传动又分为外分流式复合传动和内分流式复合传动两种，目前外分流式复合传动应用较多。

图 1.1 为外分流式复合传动简图。外分流式复合传动的输入功率流分为两路：一路功率通过机械、液压、液力或电力传动；另一路功率直接通过机械传动（齿轮传动），可以组成外分流式机械-机械、液压-机械、液力-机械、电力-机械等复合传动机构。在两条传动路线之间适当分配传递功率，整个装置将会获得较高的传动效率，充分发挥机械传动效率高和其他传动形式易实现无级调速的特点，因此，功率外分流式复合传动的优势为其结合了两种传动形式的优点。图 1.1 中，如果将 P_1 设置为液压泵、液压马达组成的液压传动系，则可以形成液压机械外分流式复合传动。液压机械外分流式复合传动可组成各种无级变速机构，广泛应用于车辆传动系与转向系中。

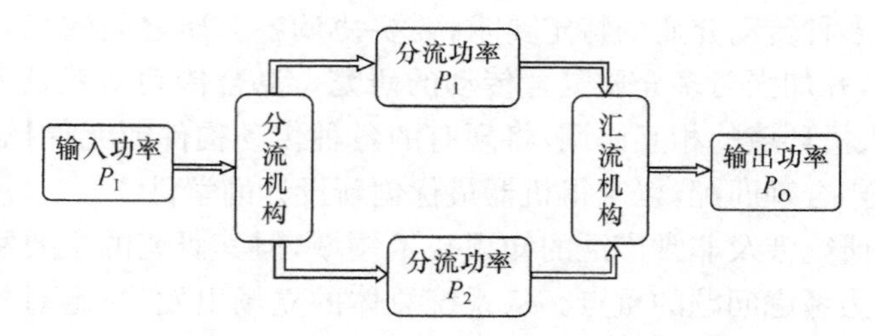

图 1.1　外分流式复合传动简图

各种传动技术在一定场合下都有其特有的优点，也都于近期取得了较大进步，因而使单一的传动技术受到了挑战。例如，流体传动技术，其能量利用率低，有噪声污染，且液压传动因油液挥发会造成环境污染，这与基于可持续发展的绿色化传动方向不相适应。此外，人们习惯上认为，用提高液压系统压力的方法来提高液压缸的输出力较为方便，但具体到实际工程问题时，却发现过高的系统压力会导致液压泵、液压阀等元件的价格及密封系统成本急剧上升。

机械传动种类丰富、形式多样、特性各异、速比准确、使用可靠、传动效率高，而且通过组合机构能获得各种复杂的运动轨迹，得到各种各样的速度特性，这些特点恰好是液压、气动流体传动所不及的。但由于其结构复杂、控制困难、安装位置自由度少，所以产品的改造更新困难，而这些正是液压、气动流体传动的特点。

将流体传动和机械传动两种不同传动介质和传动方式进行有机结合，可以实现其特定的功能。利用机械增力机构的力放大作用与流体传动技术相结合，在输出力及液压缸直径一定的条件下能显著降低系统压力。而在输出力及系统压力一定的条件下，则能显著减小液压缸的直径。这对于要求输出力较大的设备，如工程机械、压力机械等具有特殊意义。

复合传动形式与单一传动形式相比具有较大的综合优势，采用复合传动技术可以大幅度提高系统性能，特别是表现在工作效率、耐用度、可控性、环境的适应性及绿色特性等方面。根据不同传动介质和传动形式的特点，从总体性、相互联系性、环境适应性等角度考虑，实现各组成部分间的合理匹配、优势互补；结合流体、机械两种不同的传动形式，对其进行适当的组合配置，充分发挥两种传动形式的优点，以实现在特定场合下的特殊功能，这些就是设计复合传动系的关键。

1.2　复合传动在农业车辆上的应用

农业车辆传动系的基本功能是能够在各种行驶工况与作业工况下提供合适的传动比，以适应农业车辆在起步、加速、行驶中克服各种道路障碍和作业载荷等不同条件下对驱动轮驱动力和行驶速度的不同要求。在农业车辆传动系中，因功率流传递路线不同，有单流传动的单一传动和多流传动(并联或串联)的复合传动。单流传动的单一传动是农业车辆传动系中应用最为普遍的形式，如定轴齿轮变速器。而复合传动，在不同的功率流传递中采用不同的功率流传递形式或传递介质，对不同传动方式的优点进行综合，可提高农业车辆传动系的性能。农业履带车辆的转向是利用转向传动装置使两侧履带合成直驶速度产生速度差来实现的，与轮式车辆有本质的区别，因此，履带车辆的复合传动应考虑转向传动装置的要求。

液压传动依靠液体的压力能来传递动力，它具有响应快、惯量小、可实现无级调速、操作简便、易于自动化及过载保护等优点。与其他传动装置相比，在同等功率下，液压传动装置的体积更小、质量更轻、结构更紧凑。液压传动既可用于车辆的变速驱动，又可用于车辆的转向驱动。20世纪70年代，Inter公司生产了液压传动车辆，Elhear公司试制的液压传动车辆也跟随投放市场。液压传动也有自身的缺点，主要为效率低、受油温影响大、元件精度要求高及造价昂贵等。对于重型车辆用的液压传动，液压元件功率不够大、效率低是它的两个主要问题。为克服液压传动的上述缺点，液压传动与机械传动复合运用的传动形式——液压机械复合传动应运而生。液压机械复合传动是重要的外分流式复合传动形式之一，已在车辆传动系上获得广泛应用。

根据功率流传递路线，液压机械复合传动可以分为两大类：一类是液压传动系和机械有级变速器串联传动，功率流为串联传递，由于采用了静液压传动系，也可以称为静液压复合传动；另一类是液压传动系和机械有级变速器并联传动，功率流为并联传递，需要功率分流和汇流，也称为功率分流式液压机械复合传动，简称液压机械无级变速传动。

液压机械无级变速传动由液压传动系和机械变速机构及分、汇流机构组成，其中液压传动系和机械变速机构并联，通过分、汇流机构调节机械路和液压路的功率分配，在满足设计要求的前提下，尽量使液压路传递少部分功率，由机械路传递大部分功率，如此相当于将液压无级变速传动功率扩大几倍，液压元件体积可显著减小，明显提高传动效率，解决大功率液压传动的难题，综合液压传动和机械传动各自的优良特性，摒弃两者的缺点，通过机械传动实现高效率传动，通过液压传动与机械传动相结合实现无级变速。液压机械无级变速传动的基本原理如图 1.2 所示。该传动形式虽然综合了液压传动和机械传动的主要优点，兼有无级调速性能和较高的传动效率，但是存在结构复杂、技术要求高、制造成本高的问题，因此，在大功率车辆、汽车、工程机械、坦克、电力机械等许多对成本要求不高的领域有着良好的应用前景，已成为大功率无级变速传动的主要发展方向之一。

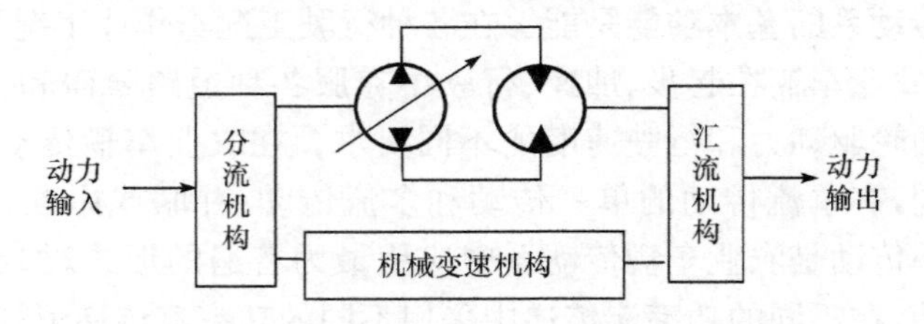

图 1.2　液压机械无级变速传动的基本原理

无级变速传动是现代智能车辆的优选搭配，它可以与电控发动机充分配合，轻松而精确地实现精细农业所要求的自动驾驶、恒传动比、恒发动机转速、定速巡航、经济模式、自动全功率控制等现代智能农业车辆所需的功能，有着其他变速传动形式无法比拟的优势。

液压机械无级变速传动凭借其优良性能在许多重型车辆上获得应用，特别是一些军用履带车辆，如国外开发的 HMPT 系列液压机械无级变速器等。液压机械无级变速传动在车辆及工程机械上的实际开发应用主要始于 20 世纪 90 年代。一些发达国家主要的车辆和工程机械制造公司开始在重、中型车辆上使用液压机械无级变速器，如 Fendt 公司的 Vario 系列、Favorit 系列车辆，Deutz-Fahr 公司、Steyr 公司、John Deere 公司、JCB 公司、Caterpillar 公司、Komatsu 公司的车辆及苏联 T-130 车辆中都应用了液压机械无级变速器。

图 1.3 为 Fendt-400 系列车辆上采用的 Vario 型液压机械复合传动变速装置

的传动简图，该装置传递功率为 72.79kW，其他系列的 Vario 液压机械复合传动装置的传动原理与之类似，但传递功率不同。此装置属于一段式分速汇矩型液压机械复合传动，液压传动系为大角度（$-30°\sim+45°$）、大排量（$233cm^3/r$）斜轴式轴向柱塞变量液压泵和两个斜轴式大角度（$0°\sim+45°$）、大排量（$233cm^3/r$）轴向柱塞变量马达组成的液压机组，巧妙利用了功率流选择阻力最小路径的特点，充分发挥行星齿轮组两个自由度的功用，在输入端进行功率分流，发动机功率通过一个转矩阻尼器和传动轴带动行星架转动，将功率分流到差动轮系的齿圈和太阳轮上，齿圈通过一级齿轮传动将功率传到轴向柱塞变量泵上，变量泵驱动两台面对面安装的变量马达，然后马达通过一级齿轮传动输出液压功率流，改变液压泵和马达的排量可对行驶速度和功率分流进行控制，太阳轮则通过一对齿轮将机械功率流传递给一个两挡变速器。由于采用了与 Sauer 公司合作专门研制的摆角达 45°的大功率斜轴变量泵和变量马达，显著提高了液压传动系的效率和高效调速范围，液压系统可传输总功率流的 100%（包括循环功率），因此能够保证车辆从全速倒车到全速前进（达 50km/h）之间连续无级变速，包括驱动桥在内的整个传动系在主要前进工作区段的总效率超过 80%，最高峰值达 85%，使用寿命则超过了 1 万 h，已达到和超过了车辆动力换挡机械变速器的水平。与同等功率装有动力换挡变速器车辆对比，装有 Vario 型无级变速器车辆的平均犁耕速度提高 25%，对青饲玉米田间收割切碎作业的生产率提高 16%，但倒挡效率相对较低，对于大多数车辆，这个性能对作业的影响较小。由于在变速器输出端加装了高低挡机构，速比范围进一步扩大，减小了液压机械复合传动部分和液压元件的结构尺寸。装有这种无级变速器的车辆起步时功率全部通过液压系统传递，此时液压泵排量最小而马达排量最大，从而使车辆有良好的起步性能，功率流全部经过液压传动系。经过机械传动系的功率流随着行驶速度增加而逐渐增加，直到最高速时功率全部由机械传动系传递，此时马达的排量为零。该装置的特点是结构简单，所需换挡元件少，但对液压元件的性能要求高，是国际上公认最早在车辆上成功实现商业应用的无级变速装置。

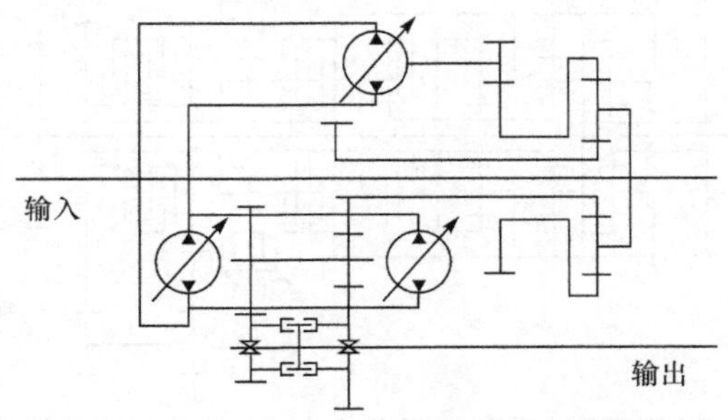

图 1.3　Fendt 公司的 Vario 型液压机械复合传动变速装置传动简图

继 Fendt 公司推出车辆用无级变速器之后，Steyr 公司于 2000 年推出了 S-Matic 4 段式分矩汇速液压机械功率分流无级变速器，其传动简图如图 1.4 所示，该传动系可在 4 个不同速度范围（0～8km/h、8～14km/h、14～30km/h、30～40/50km/h）内进行自动变速换段。New Holland 公司的 TVT 系列（99～140kW）及 Case 公司的 CVX 系列（99～140kW）装用的 Auto Command 及 McCormick 的 VTX 系列均为 S-Matic 系统。

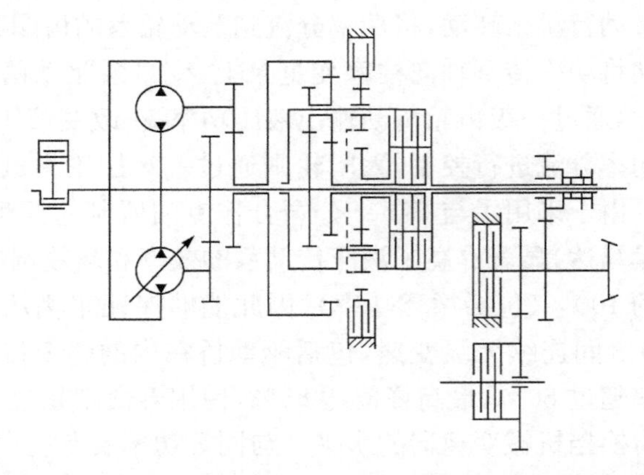

图 1.4　S-Matic 4 段式分矩汇速液压机械功率分流无级变速器传动简图

ZF 公司于 2001 年推出了 ECCOM 4 段式分矩汇速液压机械功率分流无级变速器，其传动简图如图 1.5 所示，这是较为成功的液压机械无级变速器，目前有 5 个产品系列，功率覆盖 74～279kW。变速器的机械部分有两个外摆线减速器，提高了无级变速传动系的机械功率传递。变速器有 4 个速度段（0～6.4km/h、6.4～13km/h、13～26km/h 和 26～40/50km/h），装备在 Same-Deutz-Fahr（SDF）公司、John Deere 公司及 Claas 公司的车辆上。

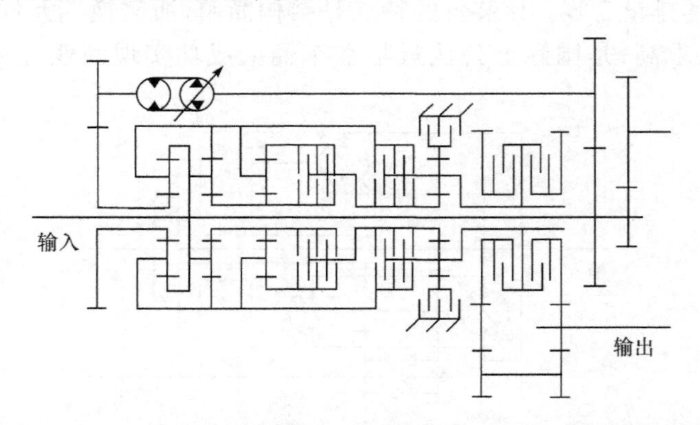

图 1.5　ZF ECCOM 系列液压机械功率分流无级变速器传动简图

这两种4段式分矩汇速液压机械功率分流无级变速器尽管具体型式有所差别,但均采用一个小排量斜盘式轴向柱塞液压变量泵和一个定量轴向柱塞马达“背靠背”装配,多组行星齿轮和一个4段式区域换挡机械变速器组合来实现功率分流和变速。4段式区域换挡能确保从液压系统通过的功率流最小化,液压泵的功能仅仅是在相应挡位实现变速,而不是承担量大的功率流,这两种无级变速器均在欧美生产的车辆上广泛应用。

Deutz-Fahr公司为Agrotron系列车辆配置的液压机械无级变速器的传动简图如图1.6所示。该变速器的基本结构由机械传动部件、液压传动部件和多行星排组成的差动轮系组成。变速器前进挡和倒挡各4段,各段的输出转速均与变量泵和定量马达排量比呈线性对应关系,根据外载荷的变化,输出转速随排量比的变化而改变,因而实现了较大范围内的无级变速,使发动机始终保持在最大功率点工作,提高了整机作业效率和燃油经济性。该变速器的不足之处是所用行星排数目多,增大了机械结构成本。

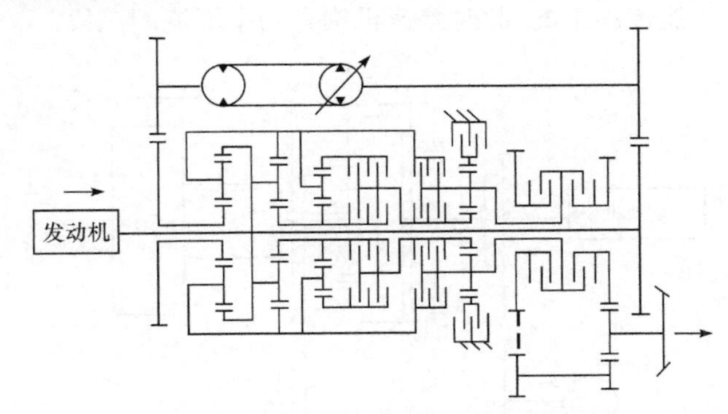

图1.6　Agrotron系列车辆配置的液压机械无级变速器传动简图

John Deere公司的车辆用Autopower型液压机械无级变速器的传动简图如图1.7所示。该变速器有4个速度段,各段之间的切换采用液压操纵,各段速度范围分别为0～3km/h、0～9km/h、0～15km/h和0～25km/h。当其液压泵液压油流量达到最大时,其机械功率转换为液压功率,液压功率传动比例最大为30%。驾驶操纵采用1个手柄、1个旋钮和装置于机载计算机上的2个操纵按键完成。驾驶员可以操纵换挡手柄来调节车辆渐进式前进速度,也可以操纵第一个速度段(20km/h以下)或第二个速度段(0～40km/h),然后,采用装在同一个操纵手柄头上的旋钮开关对行驶速度进行精确调整和控制。

苏联T-130车辆配置的液压机械无级变速器的传动简图如图1.8所示。该变速器由液压机械传动装置与有级变速器串联构成,属于3段式液压机械无级变速传动装置,其特点是采用定量液压元件和旁路调速,结构简单,价格便宜,但变速范围较窄。通过机械转换差速机构的齿轮式离合器和液压分配器,可使液压减速器

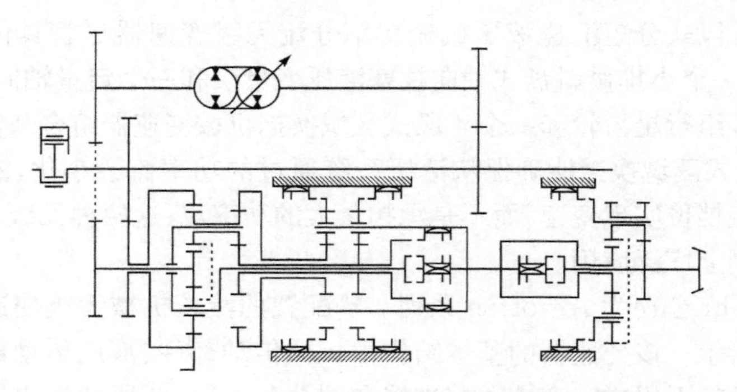

图 1.7　Autopower 型液压机械无级变速器传动简图

具有 3 个工作段:齿轮式离合器右移,制动差速机构中的齿圈,再将液压分配器拨到Ⅰ位,则变速器处于纯液压传动工况的一段;松开差速机构的输入件,使液压分配器处于Ⅱ位,变速器进入液压机械双流传动工况的二段;将液压分配器拨到Ⅰ位,变速器处于双流传动工况,此时差速机构有功率汇流的三段。

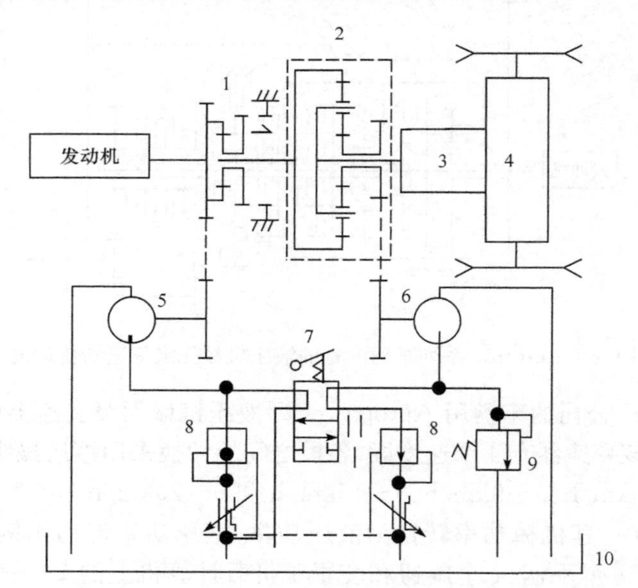

图 1.8　T-130 车辆配置的液压机械无级变速器传动简图

1-齿轮式离合器;2-减速器差速机构;3-变速器;4-后桥;5-液压泵;6-液压马达;
7-液压分配器;8-调速阀;9-安全阀;10-油箱

SDF 公司等也进行了液压机械功率分流式无级变速器的开发,以替代 ZF 产品或应用于特定的市场。欧美部分应用液压机械无级变速器的车辆如表 1.1 所示。

表 1.1 欧美部分应用液压机械无级变速器的车辆一览表

企业名称	New Holland	Case IH	John Deere	SDF	AGCO	JCB	Claas
CVT合作企业	ZF/自研	ZF/自研	ZF/自研	ZF/自研	/自研	AGCO	ZF/自研
CVT技术型号	S-Matic	S-Matic	ECCOM IVT	S-Matic ECCOM	Fendt Vario	Fendt Vario	ECCOM
应用功率段	132～183kW	103～183kW	91～253kW	73～191kW	99～287kW	206kW	132～385kW
应用名称	Auto Command 型号	CVX 型号	Autopower、IVT 型号	TTV、Continuo 型号	Fendt 全系列；Massey Ferguson Valtra 等部分型号	FASTR AC8000	Xerion 全系列；Axion C-Matic 型号

目前，在市场上推出装备液压机械无级变速器车辆的国内制造商并不多。东方红 LW4004 大功率轮式车辆装备的液压机械无级变速器的传动简图如图 1.9 所示。该变速器的液压传动系由变量液压泵和定量液压马达组成，发动机功率由定轴齿轮传动机构分流为两路，液压路功率流和机械路功率流并联传递到差动轮系后汇流输出；为扩大速比范围和减小液压机械无级传动机构传递的转矩及减小结构尺寸，设置了 3 个前进挡和 2 个倒挡；通过多个换挡(段)离合器实现换挡(段)，并结合变量泵的排量调节，实现无级调速采用等差和等比混合型的传动方案，适应农业耕作工况复杂多变的要求。根据离合器的接合状态不同，随着变量泵和定量马达排量比的变化，变速器前进方向由 6 个变速段构成，倒车方向由 3 个变速段构成。当离合器 L_1 和离合器 L_2 脱开，离合器 L_3 和离合器 L_4 接合时，为纯液压段。纯液压段的设置有利于车辆的平稳起步，且可省去主离合器。此外，当离合器 L_1 和离合器 L_4 接合时，构成变速比不随排量比变化的 4 个纯机械挡，这对提高整车传动效率有着重要的意义。

液压机械无级变速器是当前在欧美生产农用车辆上最广泛应用的无级变速器类型。我国也已开始在大功率车辆上装备液压机械无级变速器。车辆装备液压机械无级变速器所表现出的传动效率和牵引效率能很好地满足田间作业需求，适应节能减排的绿色农业的要求，这是其能在车辆上应用的所有无级变速器类型中脱颖而出的最主要原因。通过与电控发动机的合理匹配，液压机械无级变速器可以较好地实现精细农业所要求的自动驾驶与控制，与传统车辆燃油经济性和动力性

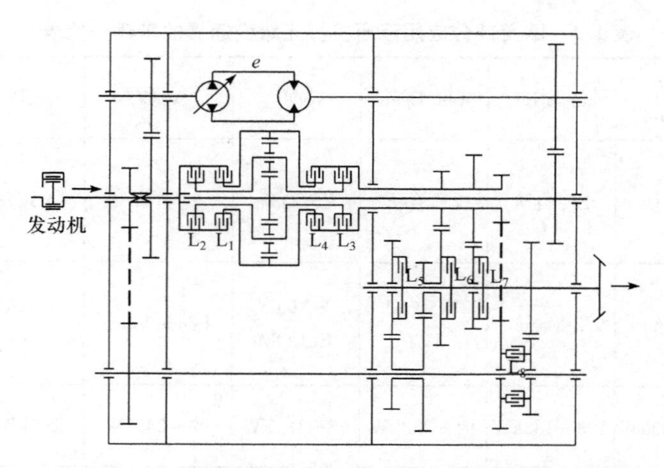

图 1.9　东方红 LW4004 液压机械无级变速器传动简图

相当甚至略高，但是，液压机械无级变速器的效率与纯机械传动系还有一定差距是不争的事实。液压机械无级变速技术在车辆上的应用与成熟的传动系制造工艺、精湛的液压和电控技术，特别是关键液压件的技术突破密切相关。目前，只有少数企业具备这类变速器的生产能力。一系列关键技术难题和高昂的研发、制造成本限制了液压机械无级变速器的进一步开发与应用，因此需要广大科研人员努力攻克关键技术，进一步降低生产成本，才能促进其在农业车辆上的广泛应用。

第 2 章　液压机械复合传动特性

液压机械复合传动是由液压元件和机械元件分流传递功率的一种双流传动系，合理地设计这一双流传动系，能综合机械传动高效率和液压传动可控无级调速的优点。液压机械复合传动与纯液压传动相比，不但具有较高的效率，而且传递功率重量比较高；与液力传动或液压机械传动相比，不但传动效率较高，而且传动比可以独立控制；与纯机械传动相比，优点是传动比具有连续可调性。因此，将液压机械复合传动应用于车辆传动系，能够有效地改善行驶阻力与发动机特性的匹配，从而提高车辆的动力性和经济性。

2.1　液压机械复合传动构成

液压机械复合传动是一种功率分流传动，如图 2.1 所示，它包括由行星排 D、液压泵 P 和液压马达 M 组成的液压机械传动系两部分。由图 2.1(a)可以看出，原动机的功率流自输入端 I 输入后分成两路，一路直接传递到行星排的输入端 2，另一路经液压传动系传递到行星排的另一输入端 1，两路功率流经行星排汇流后由行星排输出端 3 输出。工作时通过调节液压传动系中液压元件的排量比来改变液压传动系输出端的转速，从而使输出端 O 的转速连续无级变化。根据行星排在输出端实现功率汇流和在输入端实现功率分流，可将液压机械复合传动分为两大类。图 2.1(a)所示系统行星排位于输出端，为输出分流式传动；图 2.1(b)所示系统行星排位于输入端，为输入分流式传动。

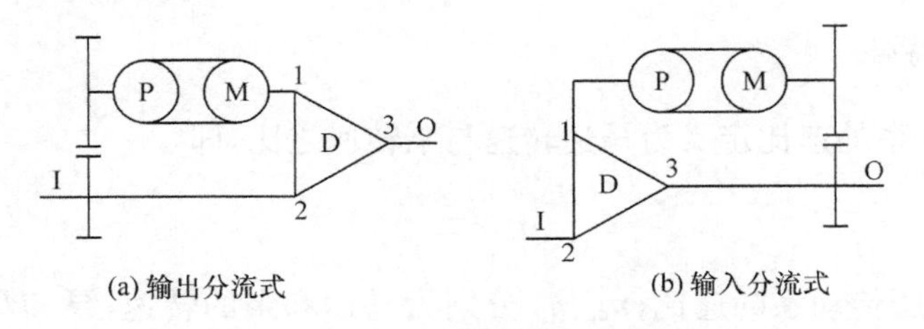

图 2.1　液压机械复合传动形式

图 2.1 所示液压机械复合传动的工作过程可分为机械单功率流工况（液压路制动）、液压单功率流工况（机械路制动）和液压机械双功率流工况（两路同时工作）三种。除机械单功率流工况外，通过改变液压路的泵排量和机械路的传动比，以得到整个传动范围的输出转速连续无级变化。

2.2 液压传动系特性分析

2.2.1 液压传动系类型

在传递功率较大的液压传动系中常采用容积调速回路，这种回路通过改变液压泵或液压马达的工作容积，进而改变排量来实现无级调速，与节流调速相比具有较高的传动效率。

容积调速多采用闭式回路系统，此类系统按泵、马达的组合方式不同分为变量泵-定量马达（PV-MF）系统、定量泵-变量马达（PF-MV）系统及变量泵-变量马达（PV-MV）系统三种形式。在实际使用中，液压传动系的传动形式通常采用变量泵-定量马达调速系统，且选用额定排量相等的同类泵和马达。液压传动系排量比表示为

$$e=\frac{q_p}{q_m} \tag{2.1}$$

式中，e 为液压传动系排量比；q_p、q_m 分别为变量泵排量和定量马达排量。

式(2.1)反映了变量泵斜盘的倾斜程度，$-1\leqslant e\leqslant +1$。当 e 为零时，斜盘倾角为零，变量泵不排油，马达转速为零；当 e 为 -1 或 $+1$ 时，斜盘倾角达到负向或正向的最大值，变量泵朝两向的排量达到最大值，从而推动定量马达以负向或正向最大转速转动。

2.2.2 液压传动系特性

液压传动系特性是指其速比（传动比的倒数）、转矩比及效率随排量比变化的特性。

1. 速比特性

液压传动系的速比定义为马达转速与泵转速之比，即

$$i_H=\pm\frac{n_m}{n_p} \tag{2.2}$$

式中，i_H 为液压传动系的速比；n_m、n_p 分别为马达和泵的转速；泵和马达同向旋转时取正号，反向旋转时取负号。

在液压传动系中，马达的转速为

$$n_m=\frac{q_p n_p \eta_V}{q_m} \tag{2.3}$$

式中，η_V 为液压传动系的容积效率。

因此，有

$$i_{\mathrm{H}}=\frac{n_{\mathrm{m}}}{n_{\mathrm{p}}}=\eta_{\mathrm{V}}e \tag{2.4}$$

2. 转矩比特性

液压传动系的转矩比为马达输出转矩与泵输入转矩之比，即

$$K_{\mathrm{H}}=-\frac{T_{\mathrm{m}}}{T_{\mathrm{p}}} \tag{2.5}$$

式中，K_{H} 为液压传动系的转矩比；T_{m} 为马达输出转矩；T_{p} 为泵输入转矩。

将 $T_{\mathrm{p}}=q_{\mathrm{p}}p_{\mathrm{p}}/(2\pi\eta_{\mathrm{mp}})$ 及 $T_{\mathrm{m}}=q_{\mathrm{m}}\Delta p_{\mathrm{m}}\eta_{\mathrm{mm}}/(2\pi)$ 代入式(2.5)得

$$K_{\mathrm{H}}=\frac{q_{\mathrm{m}}\Delta p_{\mathrm{m}}\eta_{\mathrm{mp}}\eta_{\mathrm{mm}}}{q_{\mathrm{p}}p_{\mathrm{p}}} \tag{2.6}$$

式中，p_{p} 为泵的工作压力；Δp_{m} 为马达的进、出油口压力差；η_{mp}、η_{mm} 分别为泵和马达的机械效率。

由于 $\Delta p_{\mathrm{m}}/p_{\mathrm{p}}$ 可近似看作液压传动系的压力效率，液压传动系的机械效率为

$$\eta_{\mathrm{M}}=\eta_{\mathrm{p}}\eta_{\mathrm{mp}}\eta_{\mathrm{mm}}$$

式中，η_{M} 为液压传动系的机械效率；η_{p} 为液压传动系的压力效率。

因此

$$K_{\mathrm{H}}=\frac{q_{\mathrm{m}}\eta_{\mathrm{M}}}{q_{\mathrm{p}}}=\frac{\eta_{\mathrm{M}}}{e} \tag{2.7}$$

由式(2.4)和式(2.7)可得

$$K_{\mathrm{H}}=\frac{\eta_{\mathrm{V}}\eta_{\mathrm{M}}}{i_{\mathrm{H}}}=\frac{\eta_{\mathrm{H}}}{i_{\mathrm{H}}} \tag{2.8}$$

式中，η_{H} 为液压传动系的效率。

式(2.8)说明，在容积调速液压传动系中，转矩比是速比的函数。

3. 效率特性

液压传动系的效率为马达输出功率与泵输入功率之比，即

$$\eta_{\mathrm{H}}=\frac{P_{\mathrm{m}}}{P_{\mathrm{p}}}=\frac{T_{\mathrm{m}}n_{\mathrm{m}}}{T_{\mathrm{p}}n_{\mathrm{p}}}=K_{\mathrm{H}}i_{\mathrm{H}} \tag{2.9}$$

还可表示为

$$\eta_{\mathrm{H}}=\eta_{\mathrm{V}}\eta_{\mathrm{M}} \tag{2.10}$$

以上所述速比、转矩比和效率表达了液压传动系的基本特性，它们分别代表运动(调速)特性、动力(转矩)特性和经济性(效率)。

2.3　机械传动元件特性分析

液压机械复合传动中的机械元件为行星齿轮机构。应用最为广泛的单排、单行星、内外啮合式行星齿轮机构，简称行星排。行星排的特性参数等于齿圈与太阳轮齿数之比。

行星排有太阳轮、齿圈及行星架 3 个构件，可与 3 个旋转轴任意连接，从而有 6 种连接方案(表 2.1)。输入轴 1、输出轴 2 及连接轴 3 间的转速和转矩关系即行星排基本方程，可由行星排三构件间的相互关系推导出，即

$$n_1 + An_3 - (1+A)n_2 = 0 \tag{2.11}$$

$$T_1 : T_3 : T_2 = 1 : A : [-(1+A)] \tag{2.12}$$

式中，n_1、n_2、n_3 分别为行星排 1、2、3 轴的转速；T_1、T_2、T_3 分别为行星排 1、2、3 轴的转矩；A 为行星排与连接轴连接特性系数，它是行星排特性参数 k 的函数，其值根据具体连接方案，并依据行星排三构件的参数关系确定。各种连接方案及其连接特性系数值如表 2.1 所示。

表 2.1　不同连接方案及其连接特性系数

方案序号	行星排三构件与三旋转轴连接方案图	行星排三构件与三旋转轴连接关系			连接特性系数 A
		太阳轮	齿圈	行星架	
1	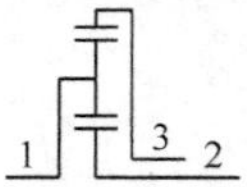 1 3 2	2	3	1	$-\frac{k}{1+k}$
2	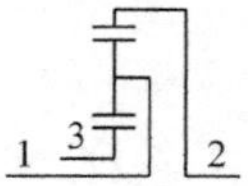 1 3 2	3	2	1	$-\frac{1}{1+k}$
3	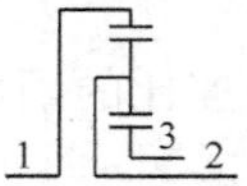 1 3 2	3	1	2	$\frac{1}{k}$
4	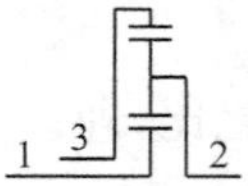 1 3 2	1	3	2	k
5	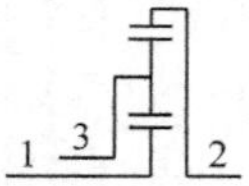 1 3 2	1	2	3	$-(1+k)$
6	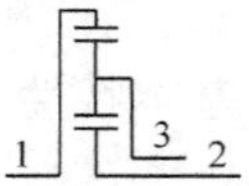 1 3 2	2	1	3	$-\frac{1+k}{k}$

2.4　液压机械复合传动特性分析

2.4.1　传动方案

由分析可知，液压机械复合传动可分为输出分流式和输入分流式两大类，考虑到行星排 3 个构件与 3 个外部传动轴共有 6 种不同的连接形式，可构成 12 种传动方案。每种传动方案的结构简图见表 2.2，其中方案 1～方案 6 为输出分流式复合传动，方案 7～方案 12 为输入分流式复合传动。

表 2.2　液压机械复合传动方案结构简图

液压机械复合传动类型			
输出分流式复合传动		输入分流式复合传动	
方案序号	结构简图	方案序号	结构简图
方案 1	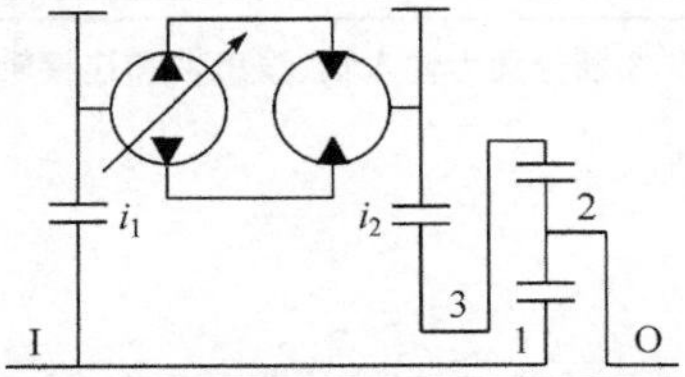	方案 7	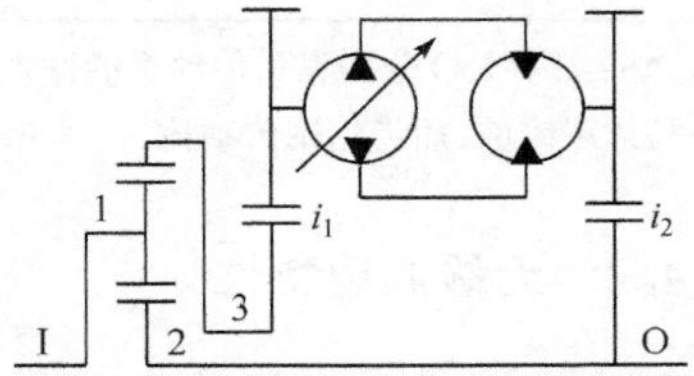
方案 2	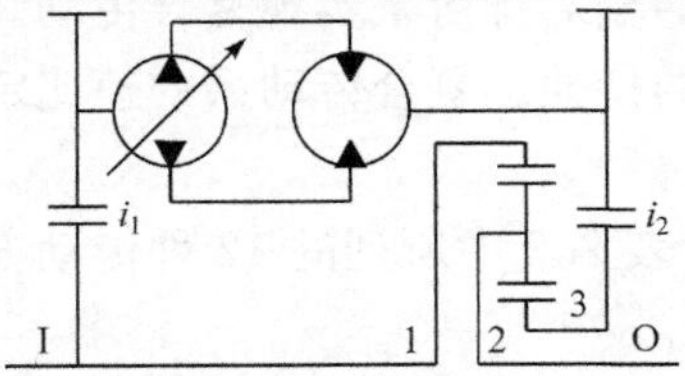	方案 8	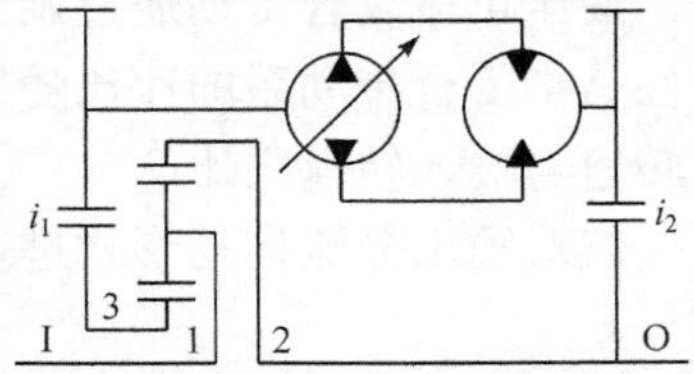
方案 3	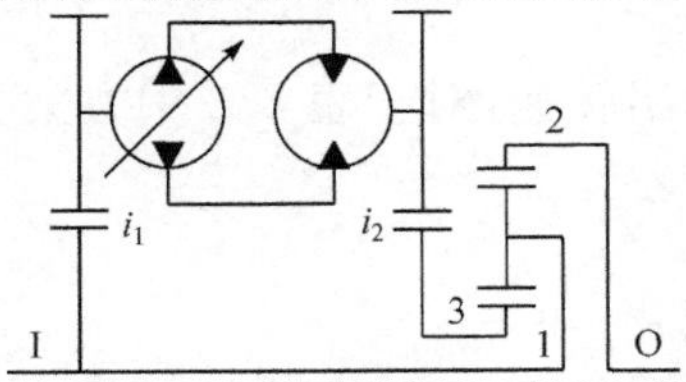	方案 9	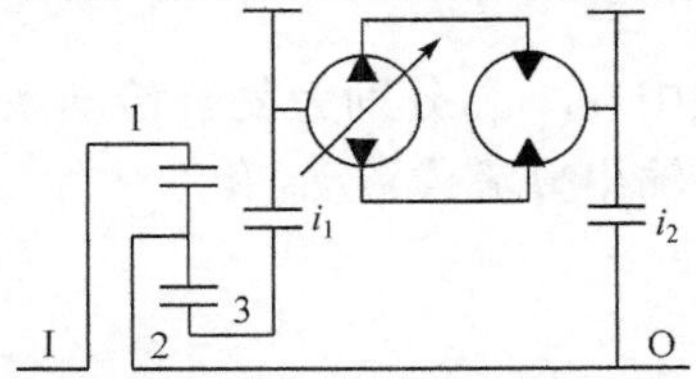
方案 4	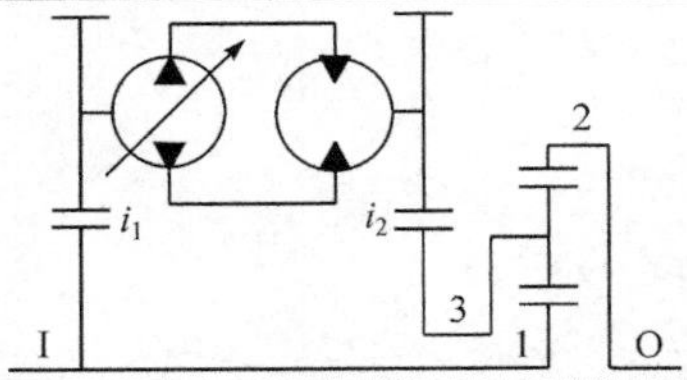	方案 10	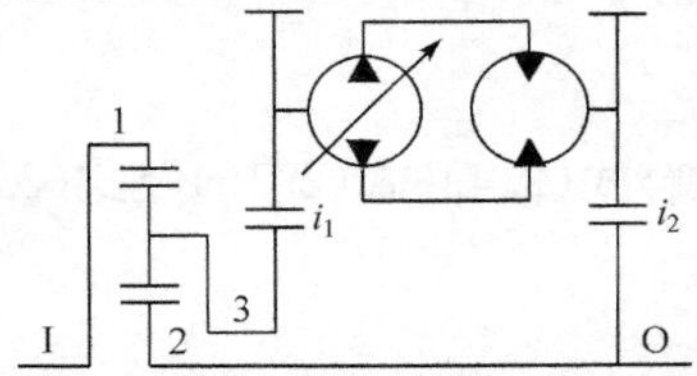

续表

液压机械复合传动类型			
输出分流式复合传动		输入分流式复合传动	
方案序号	结构简图	方案序号	结构简图
方案 5	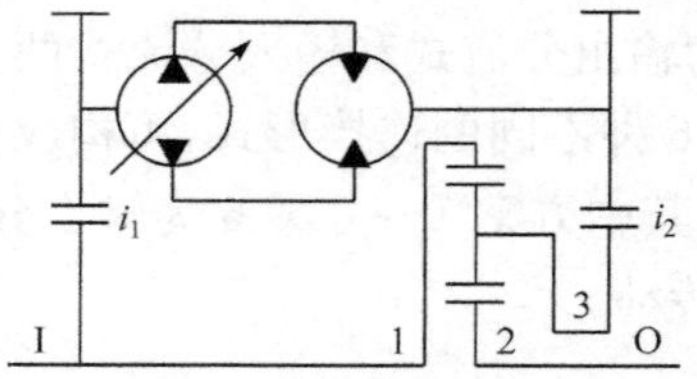 i_1 i_2 I 1 2 3 O	方案 11	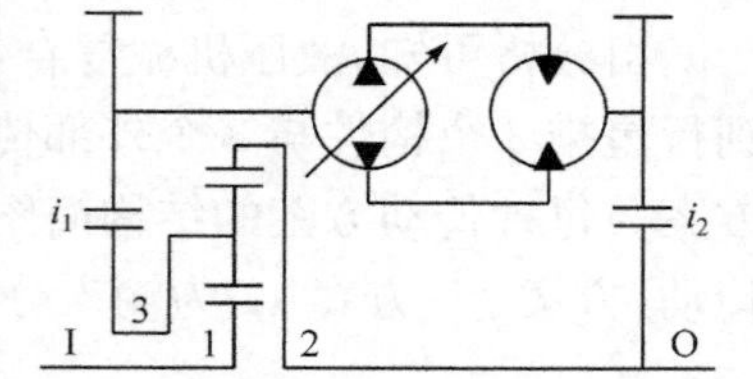 i_1 i_2 3 I 1 2 O
方案 6	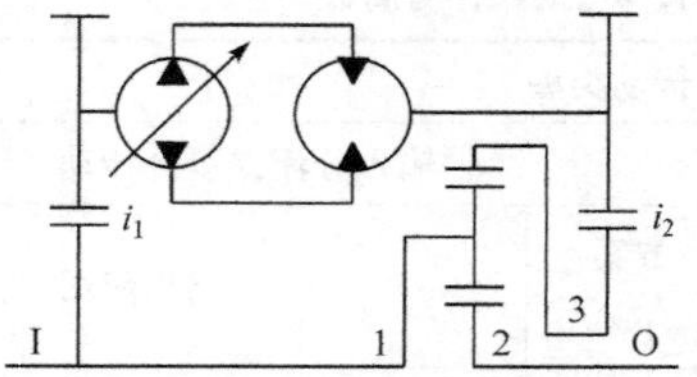 i_1 i_2 I 1 2 3 O	方案 12	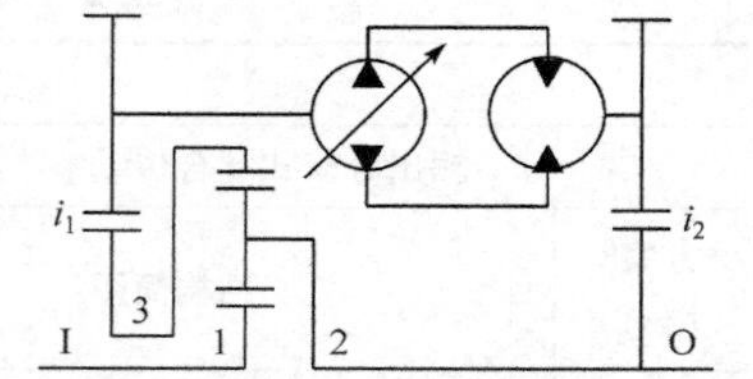 i_1 i_2 3 I 1 2 O

注：图中 I、O 分别表示传动系的输入轴和输出轴；1、2、3 轴分别为输入轴、输出轴和连接轴；i_1、i_2分别为泵-马达系统前、后齿轮副传动比。

2.4.2　无级调速特性

液压机械复合传动通过调节液压传动的相对排量来实现复合传动。无级调速特性是指复合传动系的速比随排量比变化的特性。复合传动系的速比定义为其输出转速与输入转速之比。

仅对输出分流传动形式进行分析，对于表 2.2 中所列的 12 种传动方案，有

$$n_{\mathrm{I}}=n_1 \tag{2.13}$$

$$n_{\mathrm{O}}=n_2 \tag{2.14}$$

式中，n_{I}、n_{O} 分别为复合传动系的输入和输出转速，对于表 2.2 中方案 1～方案 6 各输出分流式传动，有

$$i_1=\frac{n_{\mathrm{I}}}{n_{\mathrm{p}}} \tag{2.15}$$

$$i_2=\frac{n_{\mathrm{m}}}{n_3} \tag{2.16}$$

联合式(2.4)、式(2.15)及式(2.16)可得

$$n_3=\frac{n_{\mathrm{I}}e}{i_1 i_2} \tag{2.17}$$

将式(2.17)代入式(2.11)可得

$$i_{\mathrm{HM}}=\frac{n_{\mathrm{O}}}{n_{\mathrm{I}}}=\frac{n_2}{n_1}=\frac{Ae+i_1i_2}{i_1i_2(1+A)} \tag{2.18}$$

式中，i_{HM}为复合传动系的速比，它反映了输出分流式液压机械复合传动的无级调速特性。

系统工作时，A、i_1 和 i_2 都是常量，仅有排量比是变量，调节液压传动系排量比，即可得到一个连续变化的速比。当 $e=0$ 时，$n_3=0$，构件 3 制动，此时

$$i_{\mathrm{HM}}=\frac{1}{1+A} \tag{2.19}$$

液压部分不传递功率，系统处于纯机械传动状态。同理，可推导出输入分流传动速比随排量比变化的关系式为

$$i_{\mathrm{HM}}=\frac{e}{(1+A)e-Ai_1i_2} \tag{2.20}$$

对于所采用的行星排，根据行星传动理论，其特性参数取值范围为 1.5～4.0。i_1i_2 值的大小对液压机械复合传动的性能有一定的影响，为了便于分析问题，仅讨论 $i_1i_2=1$ 的情况(后同)。于是，绘制出输出分流式和输入分流式复合传动中速比随排量比变化的关系曲线，分别如图 2.2 和图 2.3 所示。

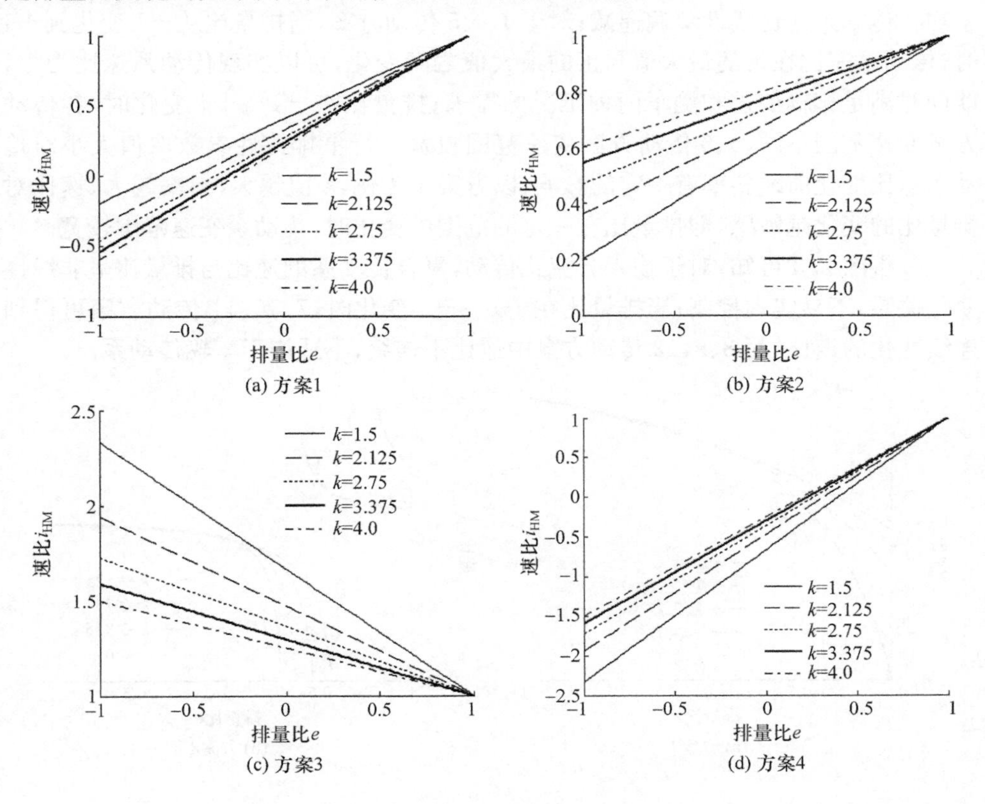

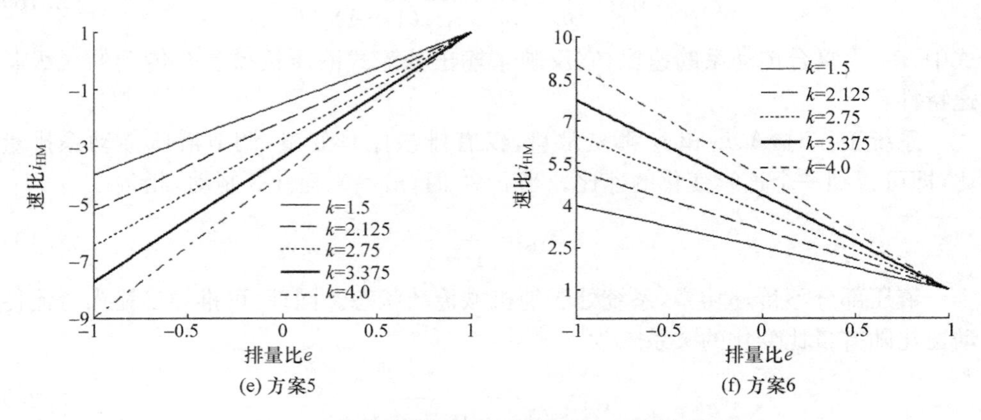

(e) 方案5　　(f) 方案6

图 2.2　输出分流式复合传动无级调速特性曲线

由图 2.2 可知，对于输出分流式传动，复合传动系的速比与排量比呈线性变化关系，易于实现控制，适合于车辆传动；对于 1、2、4、5 传动方案，当排量比从－1 变化到＋1 时，传动系速比线性单调递增；对于 3、6 传动方案，当排量比从－1 变化到＋1时，传动系速比线性单调递减；对于 1、4、5 传动方案，当排量比从－1 变化到＋1 时，传动系速比在负的最大值与正的最大值之间变化，可以实现传动系速比为零，能同时满足车辆前进和倒车两种工况的需求；排量比在－1～＋1 变化时，各传动方案变速范围不同，5、6 传动方案变速范围较宽。行星排特性参数取值大小对传动系速比变化曲线斜率有一定的影响，以方案 1 为例，k 值越大，斜率越大，速比对排量比的变化越敏感，即排量比在一定的范围内变化时，传动系变速范围较宽。

分析图 2.3 可知，对于输入分流式传动，复合传动系的速比与排量比呈非线性变化关系，不易实现控制；当排量比在－1～＋1 变化时，7、10、11 传动方案可得到连续变化的速比，而 8、9、12 传动方案中速比不连续，不适用于车辆传动系。

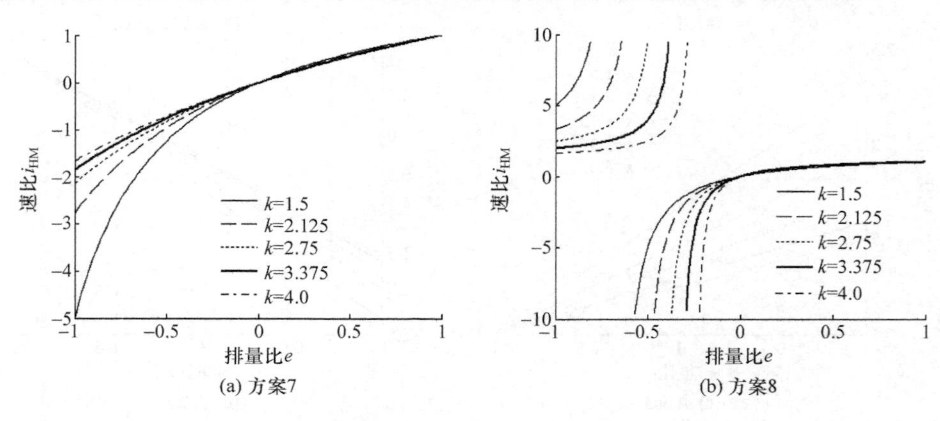

(a) 方案7　　(b) 方案8

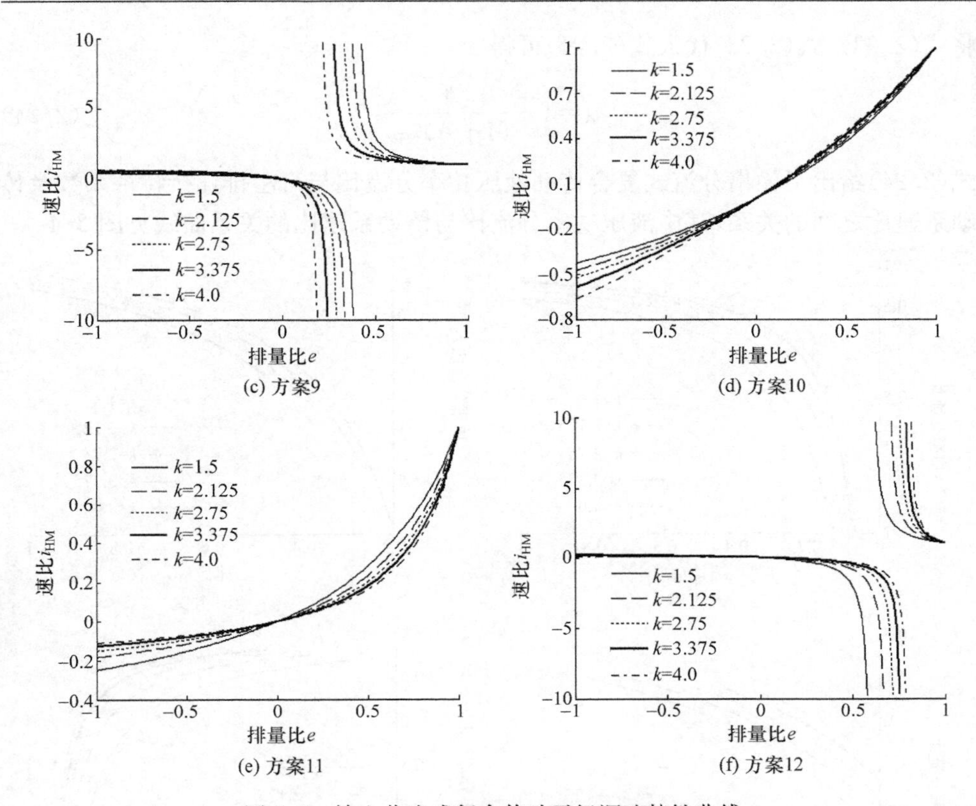

(c) 方案9　(d) 方案10　(e) 方案11　(f) 方案12

图 2.3　输入分流式复合传动无级调速特性曲线

2.4.3　液压功率分流比

1. 输出分流式复合传动

输出分流式复合传动的液压功率分流比定义为液压路的输出功率，即经液压路传递到行星排的输入功率与复合传动系输出功率的比值。

$$\lambda=-\frac{P_3}{P_O}=-\frac{P_3}{P_2}=\frac{T_3n_3}{T_2n_2} \tag{2.21}$$

式中，λ 为液压功率分流比；P_3 为构件 3 输入功率；$P_O=P_2$ 为传动系输出功率。

由式(2.12)可得

$$T_3=-\frac{A}{1+A}T_2 \tag{2.22}$$

由式(2.11)可得

$$n_3=\frac{1+A}{A}n_2-\frac{1}{A}n_1 \tag{2.23}$$

将式(2.22)、式(2.23)代入式(2.21)可得

$$\lambda=1-\frac{1}{(1+A)i_{\mathrm{HM}}} \tag{2.24}$$

式(2.24)给出了输出分流式复合传动液压功率分流比与行星排连接特性系数及传动系速比之间的关系，其中液压功率分流比与传动系速比的关系曲线见图 2.4。

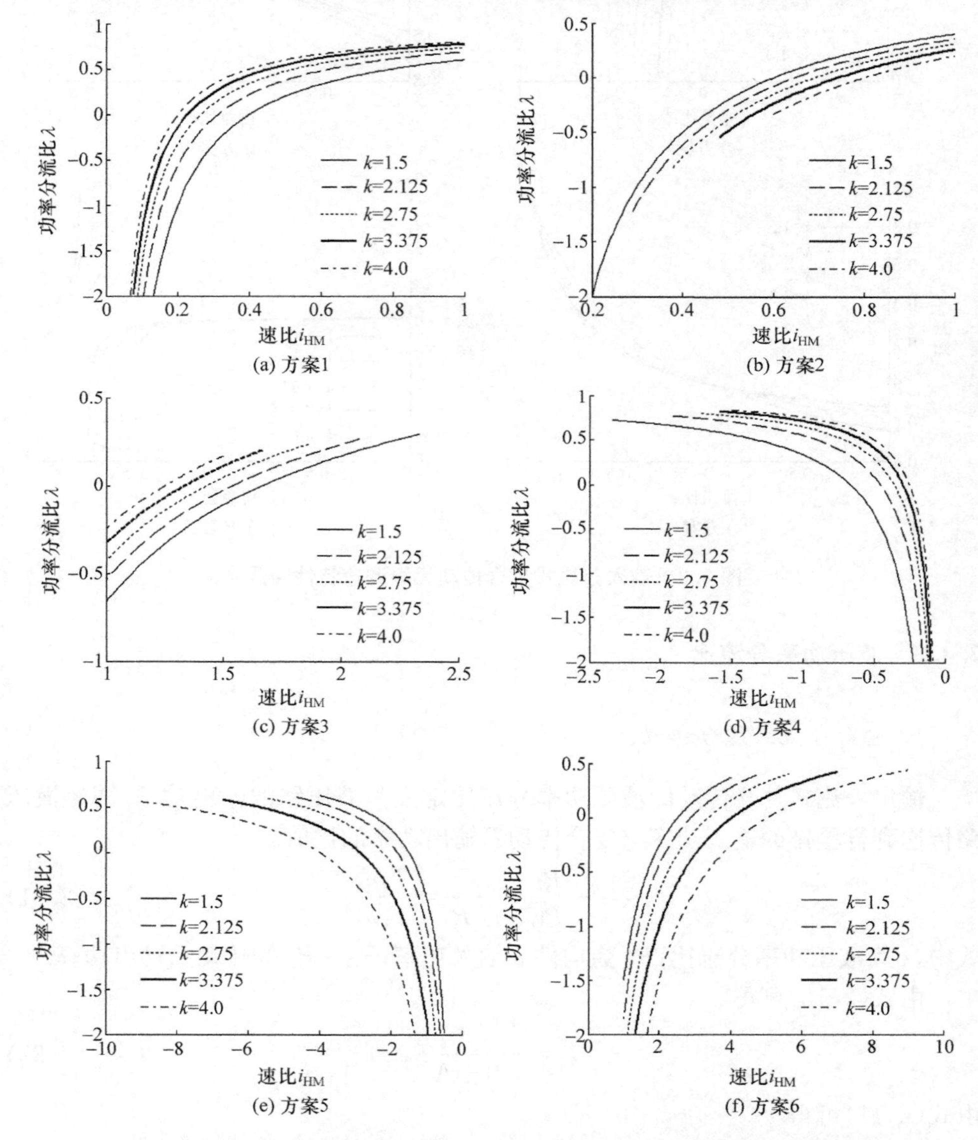

图 2.4　输出分流式复合传动液压功率分流比与传动系速比关系曲线

分析图 2.4 可知，对于 1、2、5、6 传动方案，当 λ 为 $-0.5\sim-0.3$ 时，随着 i_{HM} 的增大，λ 迅速提高，即 i_{HM} 稍有变动就会引起 λ 较大的变化；当 λ 为 $0.3\sim0.5$ 时，曲线较平缓，λ 稍有一点变化，就会导致 i_{HM} 有较大波动。因此，$|\lambda|$ 为 $0.3\sim0.5$ 时，系统不易实现控制，此区间不宜采用。由 λ-i_{HM} 曲线图可知，行星排特性参数 k 对曲线的走向有一定影响，有些曲线即使 λ 能满足上述要求，但当 k 值选择不当时，曲线仍然很陡。对于 1、4 传动方案，k 值越大，曲线越陡；而对于 5、6 传动方案，k 值越小，曲线越陡。因此，在实际应用中，1、4 传动方案 k 应取较小值，5、6 传动方案 k 应取较大值。对于 2、3 传动方案，λ-i_{HM} 曲线变化较平缓，对于不同的 k 值，曲线的陡缓程度基本一致，但 k 值对 λ 有影响，k 值越大，$|\lambda|$ 越小，液压系统所传递的功率就越小。因此，对于 2、3 传动方案，希望有较大的 k 值。

另外，由图 2.4 还可知，对于所有传动方案，$|\lambda|$ 值与传动系变速范围成正比，即 $|\lambda|$ 值越大，变速范围越宽，$|\lambda|$ 值越小，变速范围越窄。但在工程应用中，总是希望有较小的 $|\lambda|$ 值及较宽的变速范围，而两者之间是矛盾的，因此，在实际使用中，需根据具体的设计要求对一些设计参数进行优化，满足工程要求。

2. 输入分流式复合传动

输入分流式复合传动的液压功率分流比定义为液压路的输入功率，即经液压路传递的行星排的输出功率与复合传动系输入功率的比值，即

$$\lambda=-\frac{P_3}{P_I}=-\frac{P_3}{P_1}=-\frac{T_3 n_3}{T_1 n_1} \tag{2.25}$$

式中，$P_I=P_1$ 为传动系输入功率。

由式(2.12)可得

$$T_3=AT_1 \tag{2.26}$$

将式(2.23)、式(2.26)代入式(2.25)可得

$$\lambda=1-(1+A)i_{HM} \tag{2.27}$$

式(2.27)给出了输入分流式复合传动液压功率分流比与行星排连接特性系数及传动系速比之间的关系，其中液压功率分流比与传动系速比的关系曲线见图 2.5。

由图 2.5 可知，λ 与 i_{HM} 之间呈线性关系；当 λ 为 1 时，i_{HM} 为零，表明输出转速为零，不对外输出功率，此时输入功率转化为液压循环功率；当 λ 大于 1 时，出现机械循环功率，在实际应用中无应用价值，应当避免；k 的取值对 λ-i_{HM} 曲线的斜率有影响，对于 8、11、12 传动方案，k 值越大，曲线的斜率越大，意味着曲线越陡，不易控制，而对于 7、9、10 传动方案，k 值越小，曲线的斜率越大，因此，前 3 种传动 k 应取较小值，后 3 种传动 k 应取较大值。

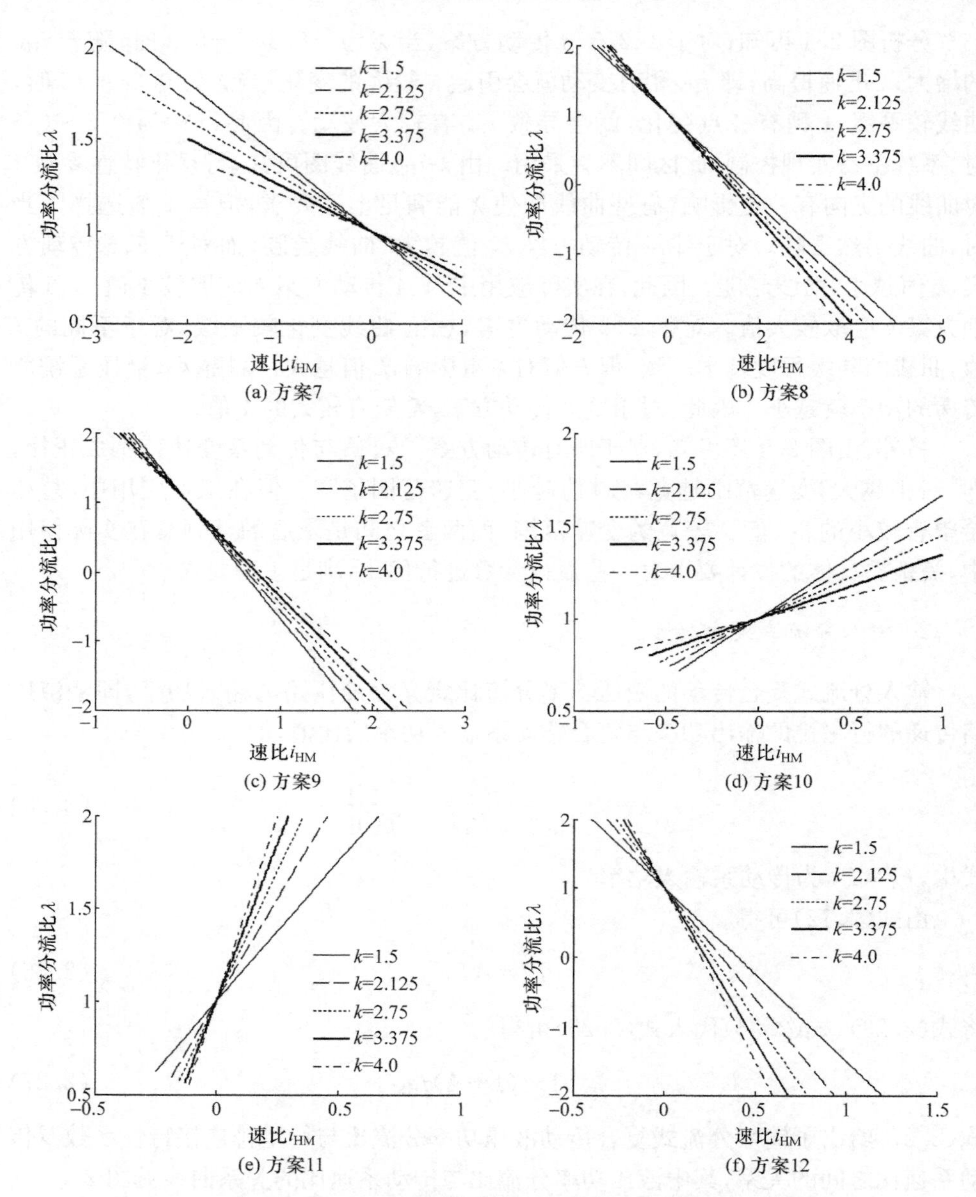

图 2.5 输入分流式复合传动液压功率分流比与传动系速比关系曲线

2.4.4 效率特性

由于机械传动系的效率较高，为了研究问题的方便，假定机械路的功率损失为零，即认为整个液压机械复合传动系的能量损失只与液压路损失的功率有关，于

是有

$$\Delta P=\Delta P_{\mathrm{H}} \tag{2.28}$$

式中，ΔP 为液压机械复合传动系功率损失；ΔP_{H} 为液压路功率损失。

仅对输出分流复合传动形式进行分析，对于表 2.2 中方案 1～方案 6 各输出分流式复合传动，有

$$\Delta P=P_{\mathrm{I}}(1-\eta_{\mathrm{HM}})=P_{\mathrm{I}}\left(1-\frac{P_{\mathrm{O}}}{P_{\mathrm{I}}}\right) \tag{2.29}$$

式中，η_{HM}为液压机械复合传动系效率。

当 $\lambda<0$ 时，存在液压循环功率，此时定量马达驱动变量泵，于是有

$$\Delta P_{\mathrm{H}}=P_{\mathrm{m}}(1-\eta_{\mathrm{H}})=P_{\mathrm{m}}\left(1-\frac{P_{\mathrm{p}}}{P_{\mathrm{m}}}\right) \tag{2.30}$$

将式(2.29)、式(2.30)代入式(2.28)并联合式(2.21)，可得效率为

$$\eta_{\mathrm{HM}}=\frac{1}{1-(1-\eta_{\mathrm{H}})\lambda} \tag{2.31}$$

当 $0<\lambda<1$ 时，系统处于液压机械分流传动状态，无循环功率产生，此时变量泵驱动定量马达，有

$$\Delta P_{\mathrm{H}}=P_{\mathrm{p}}(1-\eta_{\mathrm{H}})=P_{\mathrm{p}}\left(1-\frac{P_{\mathrm{m}}}{P_{\mathrm{p}}}\right) \tag{2.32}$$

将式(2.29)、式(2.32)代入式(2.28)并联合式(2.21)，可得效率为

$$\eta_{\mathrm{HM}}=\frac{\eta_{\mathrm{H}}}{\eta_{\mathrm{H}}+(1-\eta_{\mathrm{H}})\lambda} \tag{2.33}$$

将式(2.24)分别代入式(2.31)及式(2.33)，整理得

$$\eta_{\mathrm{HM}}=\begin{cases}\dfrac{(1+A)i_{\mathrm{HM}}}{\eta_{\mathrm{H}}(1+A)i_{\mathrm{HM}}-\eta_{\mathrm{H}}+1}, & \lambda<0\\[2ex] \dfrac{\eta_{\mathrm{H}}(1+A)i_{\mathrm{HM}}}{(1+A)i_{\mathrm{HM}}+\eta_{\mathrm{H}}-1}, & 0<\lambda<1\end{cases} \tag{2.34}$$

式(2.34)反映了输出分流式复合传动系两种工况下的效率，通常认为 η_{H} 为常数(假定 η_{H} 为 0.8)，则可绘制出效率随速比变化的关系曲线如图 2.6 所示。

分析图 2.6，并参照图 2.2 可知，对于 1、4、5、6 传动方案，在液压功率分流比小于零对应的速比范围内，速比稍有变化，就会引起效率的急剧变动；在 $0<\lambda<1$ 对应的速比范围内，效率随速比变化较平缓；对于 2、3 传动方案，η_{HM}-i_{HM}曲线变化平缓；图中效率最高点是 λ 为零所对应的点；对于 1、4、5、6 传动方案，在最高效率点处，曲线变化较迅速，难于使之处于最优点工作；而对于 2、3 传动方案，在最高效率点处，曲线变化较平缓，可使之在较大范围内接近最优点工作。

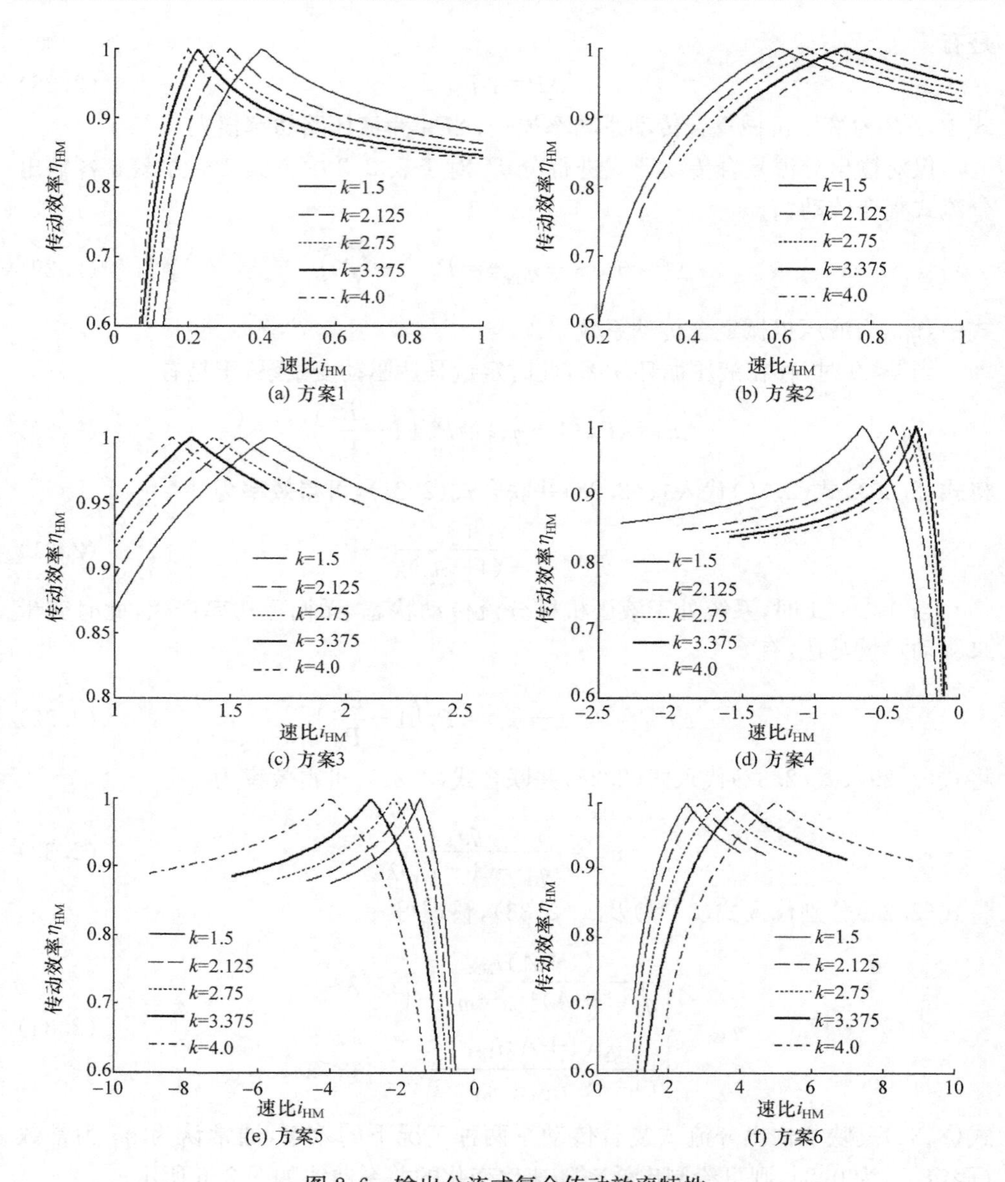

图 2.6 输出分流式复合传动效率特性

同理,可推导出输入分流式复合传动系效率随速比变化的关系式为

$$\eta_{HM}=\begin{cases}\left(1-\dfrac{1}{\eta_H}\right)(1+A)i_{HM}+\dfrac{1}{\eta_H}, & \lambda<0\\(1-\eta_H)(1+A)i_{HM}+\eta_H, & 0<\lambda<1\end{cases}\tag{2.35}$$

式(2.35)为输入分流式复合传动系效率的计算式,效率与速比呈线性关系,其关系

曲线如图 2.7 所示。

分析图 2.7 可知，对于 8、9、12 传动方案，存在效率 $\eta_{HM}=1$ 的最高点，此时 $\lambda=0$；对于 7、10、11 传动方案，由于 $\lambda>0$，不存在效率 $\eta_{HM}=1$ 的最高点。

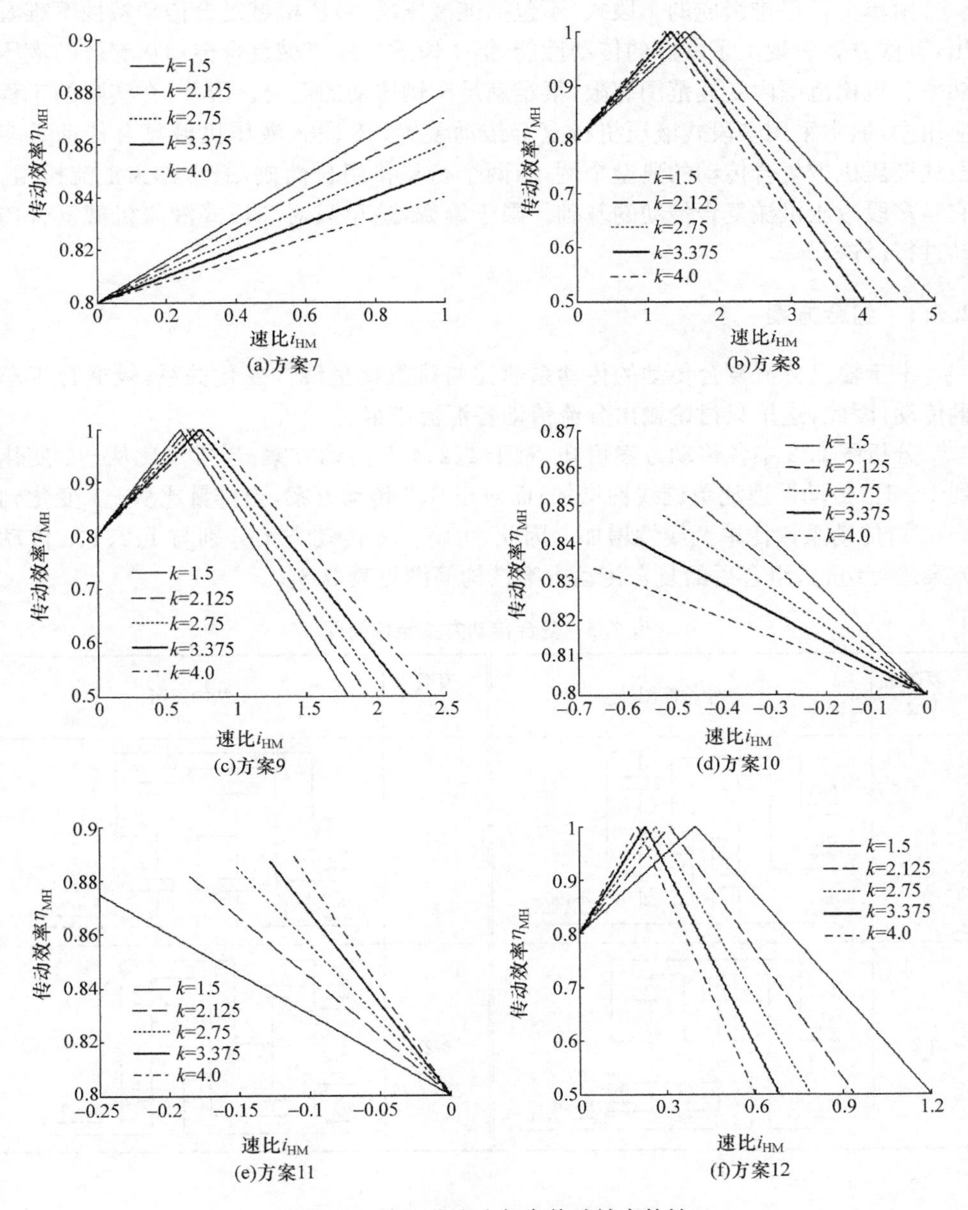

图 2.7　输入分流式复合传动效率特性

2.5　汇流排特性分析

由单个行星排组成的1段式(不包括纯液压段)液压机械复合传动特性不难看出,有些方案表现出了良好的传动性能,但1段式液压机械复合传动在有效的液压功率分流比范围内变速范围有限,很难满足车辆传动的需要。因此,在实际的工程应用中,通常采用多段式液压机械复合传动装置。2段式液压机械复合传动是多段式液压机械复合传动的典型个例,由两个行星排组合而成,通常称为汇流排组,它是多段液压机械复合传动的基础。限于篇幅,这里只对2段式液压机械复合传动进行讨论。

2.5.1　组合方案

由于输出分流复合传动的传动系速比与排量比呈线性变化关系,较适合于车辆传动,因此,这里只讨论输出分流传动各汇流排组。

分析图2.2中各传动方案可知,对于1、2、4、5传动方案,当排量比从－1变化到＋1时,传动系速比单调线性增加;而对于3、6传动方案,当排量比从＋1变化到－1时,传动系速比单调线性增加。因此,可将3、6传动方案分别与1、2、4、5传动方案进行组合,组合后的复合传动方案结构简图见表2.3。

表 2.3　复合传动方案结构简图

方案序号	结构简图	方案序号	结构简图
3-1	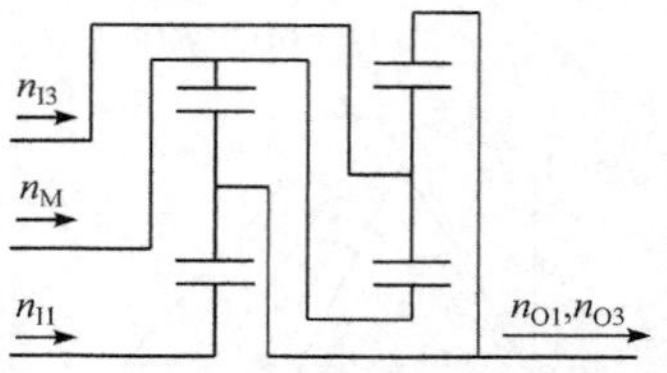 n_{I3}, n_M, n_{I1}, n_{O1},n_{O3}	6-1	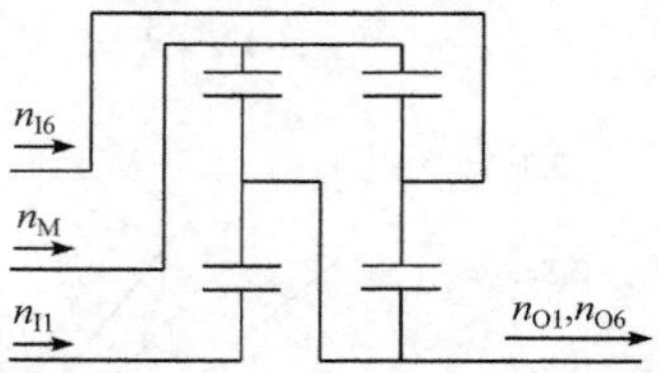 n_{I6}, n_M, n_{I1}, n_{O1},n_{O6}
3-2	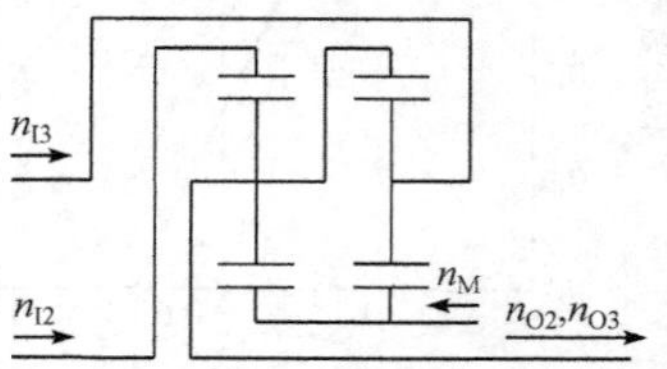 n_{I3}, n_{I2}, n_M, n_{O2},n_{O3}	6-2	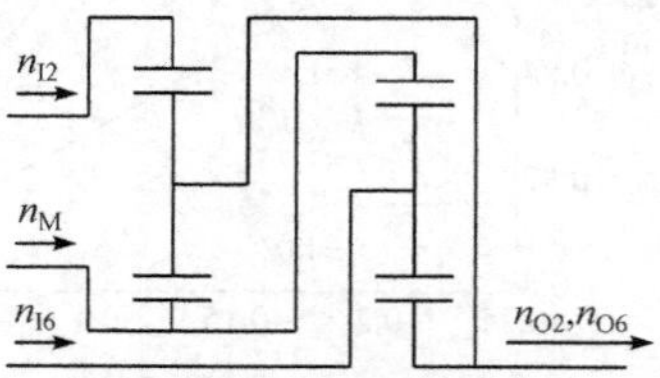 n_{I2}, n_M, n_{I6}, n_{O2},n_{O6}

续表

方案序号	结构简图	方案序号	结构简图
3-4	n_M　n_{I4}　n_{O4},n_{O3}　n_{I3}	6-4	n_M　n_{I4}　n_{I6}　n_{O4},n_{O6}
3-5	n_{I3}　n_{I5}　n_M　n_{O5},n_{O3}	6-5	n_{I6}　n_{I5}　n_M　n_{O5},n_{O6}

注：n_{I1}，n_{I2}，…，n_{I12} 为复合传动系机械路的输入转速；n_{O1}，n_{O2}，…，n_{O12} 为复合传动系的输出转速；n_m 为定量马达的转速，即复合传动系液压路的输入转速。

2.5.2　特性分析

由于液压功率分流比不但反映了液压机械复合传动系的功率流向，也在一定程度上反映了传动系的效率，因此，为了节省篇幅，这里不再讨论汇流排组的效率特性，只对汇流排组的无级调速特性及液压功率分流比进行讨论。

1. 无级调速特性

利用式(2.18)可绘制出复合传动系速比随排量比变化的关系曲线，如图 2.8 所示。

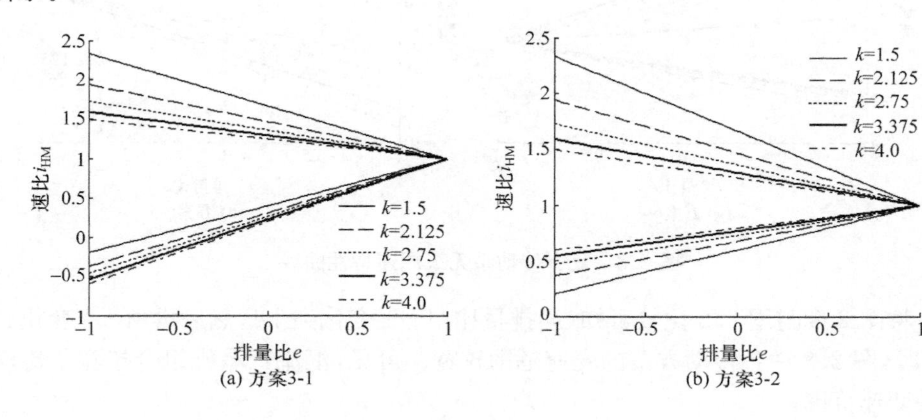

(a) 方案3-1　　(b) 方案3-2

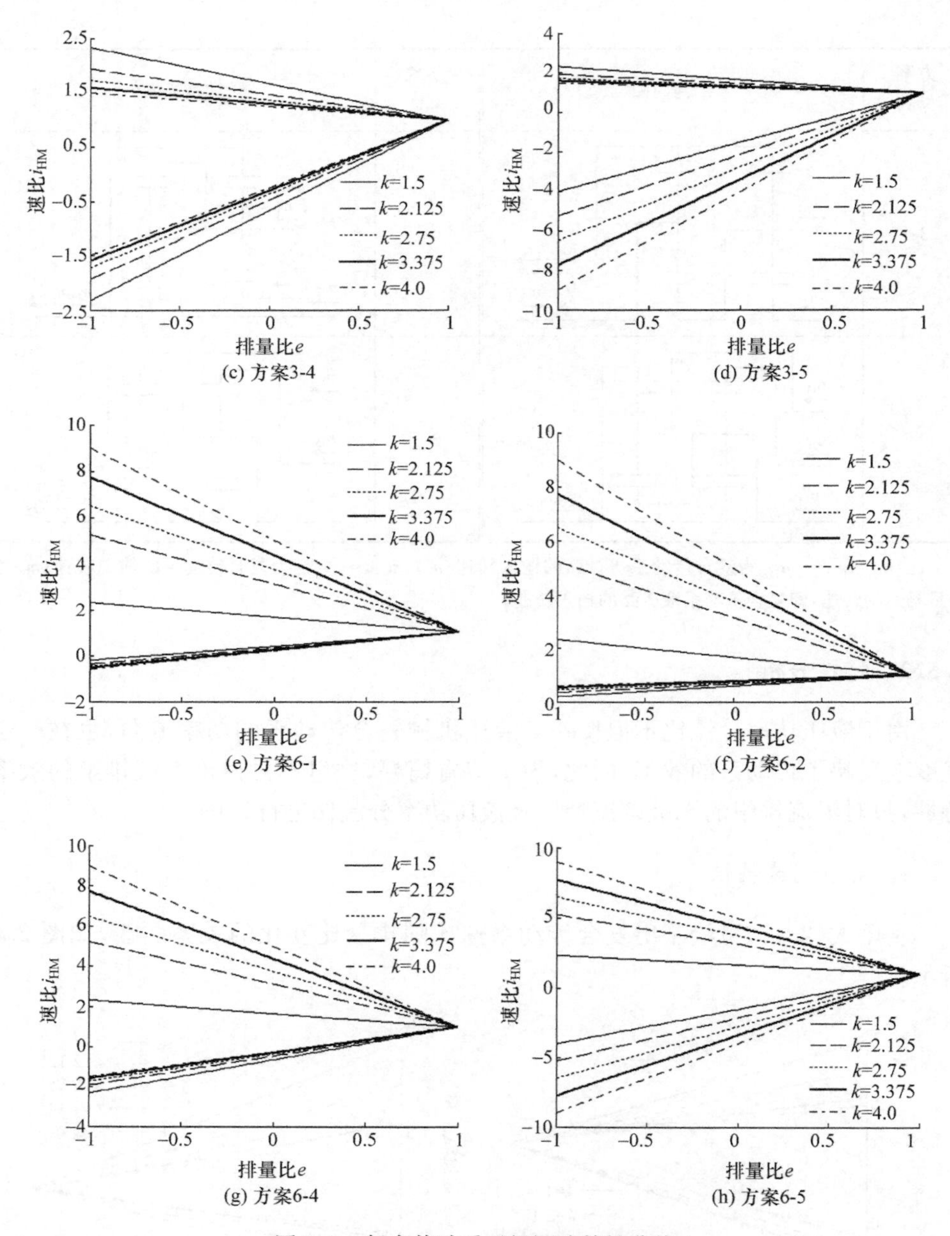

图 2.8 复合传动系无级调速特性曲线

将图 2.8 与图 2.2 比较可知，当排量比由−1 变化到+1，然后再由+1 变化到−1 时，图 2.8 中各传动方案的变速范围较宽。可见，汇流行星排组合拓宽了传动系的变速范围。

2. 液压功率分流比

利用式(2.24)可绘制出复合传动系液压功率分流比与传动系速比的关系曲线,如图 2.9 所示。

由图 2.9 可知,在有效的液压功率分流比范围内,3-4、3-5、6-4、6-5 传动方案传动系速比不连续,其传动方案不宜采用,可采用其余组合方案。

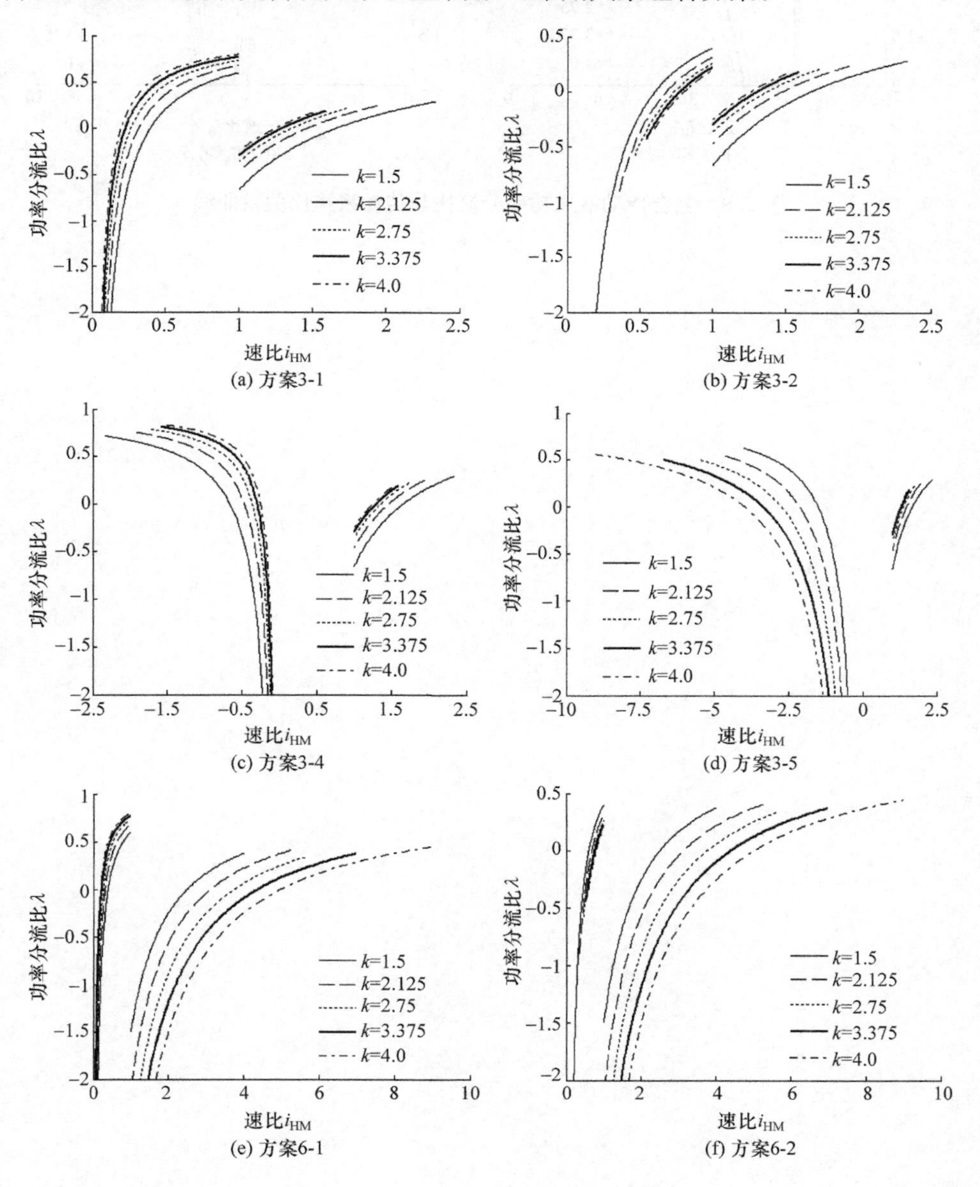

(a) 方案3-1　(b) 方案3-2　(c) 方案3-4　(d) 方案3-5　(e) 方案6-1　(f) 方案6-2

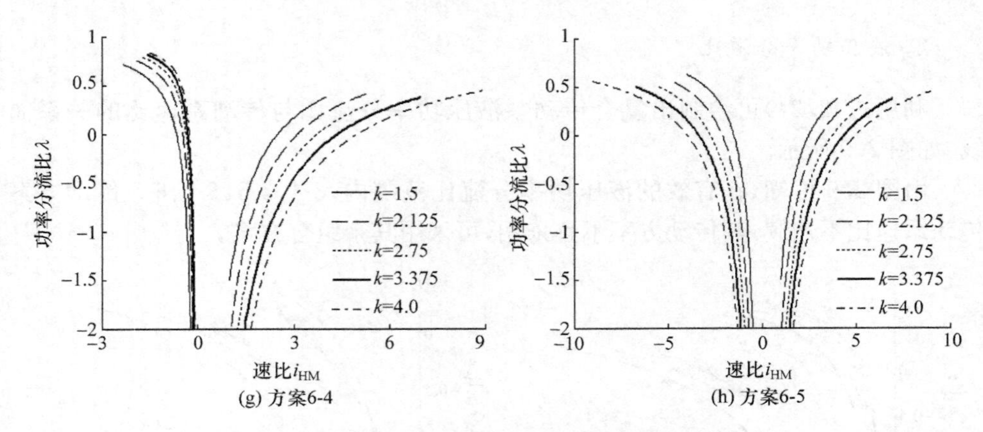

(g) 方案6-4　　(h) 方案6-5

图 2.9　复合传动液压功率分流比与传动系速比关系曲线

第二篇

农业车辆液压机械无级变速器

第3章 液压机械无级变速器

车辆变速器对车辆性能的提高起着决定性作用。传统的车辆变速器主要采用机械式有级齿轮传动，驾驶员需要频繁换挡以满足整机动力性和经济性要求，劳动强度大，生产率低，难以保证车辆工作在最佳状态。将现代电子控制技术与无级变速传动技术结合，实现车辆自动无级变速传动，是提高车辆性能的主要途径，该技术得到了快速发展。

车辆、工程机械等传动功率大、速度变化范围宽、作业条件复杂，社会经济和技术的发展对其动力性、燃油经济性、地面适应性、生产率、经济性和操作自动化水平要求越来越高，因而采用大功率自动无级变速技术就显得非常必要。

液压机械无级变速器(hydro-mechanical continuously variable transmission，HMCVT)是一类由液压功率流与机械功率流复合传递动力的双功率流无级变速传动装置，可通过机械传动实现高效率的大功率动力传动，通过液压传动实现无级变速，在大功率车辆上表现出了良好的应用前景。开发高性能的HMCVT，研究HMCVT的变速规律和控制技术已经成为大功率车辆技术研究和应用的核心内容。

根据大功率农业车辆的工作特点，分析适合农业车辆装备的多段HMCVT的传动原理，研究多段HMCVT的建模方法和控制仿真技术，以及多段HMCVT在车辆上应用的无级变速规律、无级变速控制策略和自动控制技术，可促进HM-CVT在车辆上应用的理论和技术的发展。

3.1 HMCVT传动特点

HMCVT由机械变速机构、泵-马达液压传动无级变速系、分流和汇流动力的行星齿轮机构等部分构成，如图1.2所示。当机械变速机构传动比确定时，调节液压传动无级变速系传动比，能够使HMCVT传动比在一定范围内无级变化，从而使动力经分流、变速和汇流后输出，实现大功率高效无级变速。

当要求HMCVT变速范围较宽时，由于液压传动无级变速系的变速范围有限，往往需要机械变速机构通过离合器或制动器的接合或分离进行换挡或改变传动结构，从而使液压传动无级变速系的传动比向相反方向变化，扩展HMCVT的传动比的变化范围，构成传动比连续变化的多段HMCVT。

因此，从传动原理来看，多段HMCVT的传动比能够在整个范围内连续变化，具有无级变速器的传动特性,同时多段 HMCVT 利用机械换挡实现传动比的扩展,又具有有级换挡变速器的传动特性。对于多段 HMCVT 的控制,既要进行无级变速控制,又要进行同步换段控制。此外,随着传动比的不同,多段 HMCVT 的传动效率变化范围大,对于大功率传动,控制 HMCVT 在高效区域工作也非常必要。

3.2 HMCVT 应用现状

HMCVT 的原理在 20 世纪初期被提出,但是受液压部件制造精度和控制技术发展水平的限制,长时间未能商品化。直到 60 年代,HMCVT 才开始在军用坦克和装甲车上应用并达到商品化。例如,60 年代,通用电气公司研制了 HMPT 系列产品,其中 HMPT-100 型采用了 3 套泵-马达系统,实现了 2 段无级传动,并且能够控制转向功能,传递功率 186kW;HMPT-250 型、HMPT-500 型采用了 2 套泵-马达系统,实现了 3 段无级传动,传递功率增大到 368kW,传动效率也得到提高。

20 世纪 70 年代,Sundstand 公司研制了 DMT-25 全自动 HMCVT,实现了 2 段无级传动,第 1 段为纯液压传动,第 2 段为液压机械复合双流传动,变速控制为液压自动操纵,能够根据载荷自动调节传动比,速度高、功率大,使用性能优良。

由于 HMCVT 的制造成本较高,它在车辆上的应用主要开始于 20 世纪 90 年代。发达国家主要的车辆和工程机械制造公司普遍在重、中型车辆上开发安装了 HMCVT。例如,专业生产变速器的 ZF 公司的 S-Matic 系列、ZF ECCOM 系列 HMCVT,已经在 Deutz-Fahr 公司和 Steyr 公司的车辆上应用。Fendt 公司开发了 Vario 系列 HMCVT,在 Favorit 系列车辆上大量使用。

除上述公司外,Caterpillar 公司的 Challenger 系列橡胶履带车辆,日本小松公司(Komatsu)的 D155AX-3 推土机,Ford 公司和 John Deere 公司、JCB 公司等的相关大功率车辆上也都装备了 HMCVT。

装备有 HMCVT 的车辆显著提高了作业性能,不仅能降低操作强度、提高车辆作业速度、改善作业质量,而且能够大幅度提高车辆的动力性和燃油经济性,统计数据表明生产率提高了 12%～16%,燃油消耗率降低了 8%～10%,具有明显的经济性,并减少了发动机的排放污染。

3.3 HMCVT 控制理论与技术发展趋势

为了提高传动效率和扩展变速范围,实用的 HMCVT 通常采用多段传动形式,兼具无级变速和有级换挡的双重特征。HMCVT 控制系统具有控制无级变速和同步换段的功能，可以借鉴 CVT(continuously variable transmission)和 AMT(automated mechanical transmission)控制理论和技术。HMCVT 涉及的控制理论和技术有无级变速规律、有级换挡规律、变速控制策略、建模与控制仿真等内容。

3.3.1　无级变速规律

研究无级变速规律是为了获得期望的车辆传动性能，提高车辆动力性和燃油经济性。国内外研究者制定变速规律遵循的原则是确保发动机工作在最佳动力性和最佳经济性工作线上，并以此来确定变速器的传动比。如图 3.1 所示，动力性和经济性工作线分别用给定油门开度下发动机最大输出功率和最小油耗率时的发动机转速表示。车辆高速行驶时，通常按照最佳动力性工作线运行，低速行驶时，通常按照最佳经济性工作线运行。

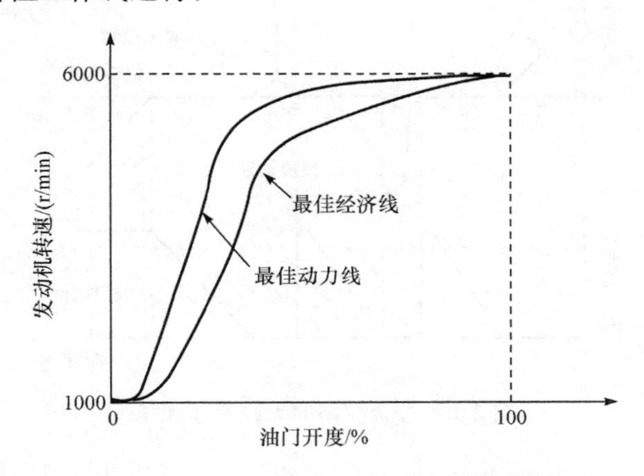

图 3.1　最佳动力性和最佳经济性工作线

为了降低排放，Bath 大学和 Ford 公司将排放和燃油消耗加权求和并利用神经网络方法制定了排放和燃油消耗综合最优的发动机工作线，如图 3.2 所示，用发动机转速和转矩的关系表达。ZF 公司在 CVT 控制中采用了适应性系数，使发动机在动力性和经济性综合优化的工作点上工作。

由于多段 HMCVT 在不同传动比下的效率差别较大，Caterpillar 公司提出一种将发动机与 HMCVT 进行综合控制的无级变速规律以优化传动效率，如图 3.3 所示。当发动机转速在限定区间内变化时，保持马达转速为零，则 HMCVT 保持在高效率传动比下工作；当发动机转速超出限定区间时，控制马达转速在低速区变化，调节传动比，可使发动机转速返回限定的区间；在 HMCVT 接近低效率传动比时，将马达快速调节到同步换段转速并换入下一无级变速段，之后再调节马达转速到低速区，使 HMCVT 在高效率传动比下工作。

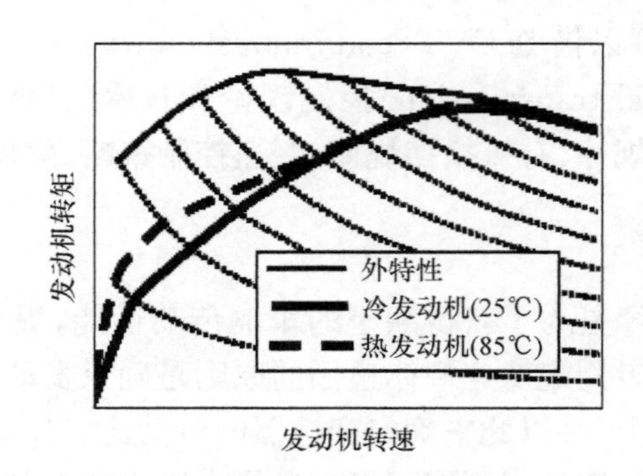

图 3.2　排放和燃油消耗综合最优工作线

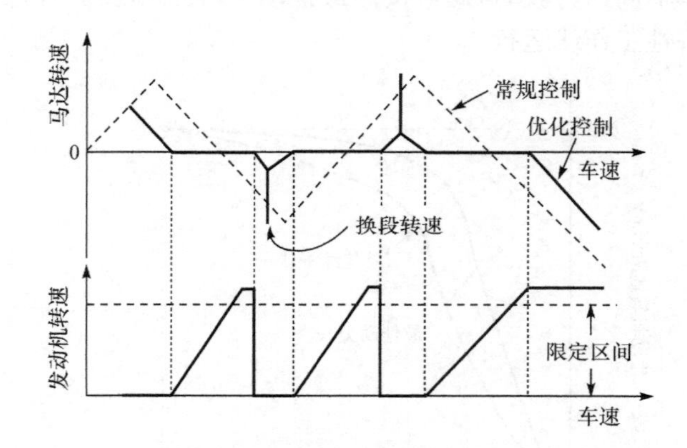

图 3.3　综合控制的无级变速规律

3.3.2　换挡规律

换挡规律指的是两排挡之间自动换挡时刻与控制参数之间的关系。换挡规律制定的主要目的是实现发动机动力供应特性场与载荷动力需求特性场的匹配，提高车辆的动力性和经济性，并避免换挡循环。以油门开度和行驶速度（或发动机转速）为控制参数的两参数换挡规律如图 3.4 所示，当由油门开度和行驶速度决定的坐标点在 a 区时，变速器降入低挡；当坐标点在 c 区时，升入高挡；当坐标点在 b 区时，挡位不变。在两参数换挡规律的基础上增加车辆加速度作为控制参数的动态三参数换挡规律，有效地降低了换挡过程的动态冲击。在此基础上，边界点换挡规律、综合智能换挡规律等相继被提出，改善了车辆在各种工况下的换挡特性。

近年来，模糊换挡策略和非线性智能控制策略也被提出。非线性智能控制策略根据输入转速和加速踏板位置变化量，利用模糊逻辑判断车辆载荷和驾驶员意图，根据车辆速度、载荷、驾驶员意图和加速踏板位置，利用神经网络原理决策换挡位置。

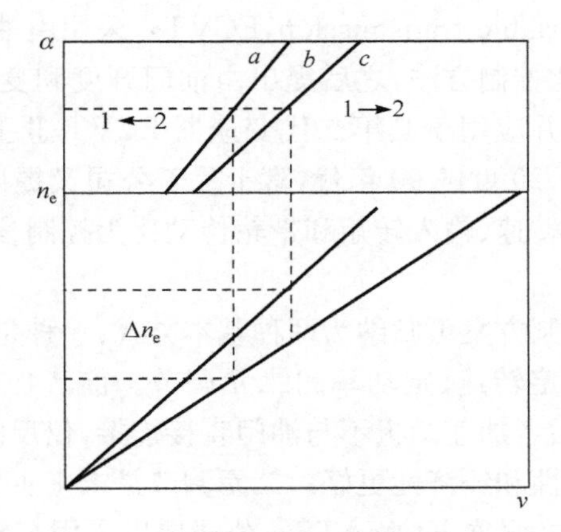

图 3.4　两参数换挡规律

α-油门开度；n_e-转速；v-车速

多段 HMCVT 的前后两无级变速段在换段点传动比连续，能够连续调节，但由于换段时离合器接合需要时间，传动比调节将会停顿，因此 Caterpillar 公司提出了一种自适应换段方法，如图 3.5 所示，可根据实际传动比、传动比变化率和目标传动比预测换段时刻，在传动比到达目标传动比之前启动换段过程。经过离合器充油和增压两个阶段，在实际传动比变化到目标传动比时恰好完成换段，从而缩短换段停顿时间，减小传动比调节跟踪误差，降低换段冲击。

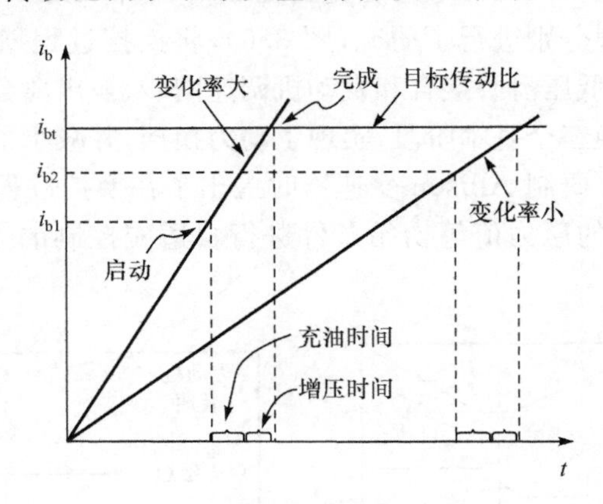

图 3.5　自适应换段原理

i_b-传动比；i_{bt}-目标传动比；i_{b1}、i_{b2}-实际传动比；t-时间

3.3.3　无级变速控制策略

日本富士重工公司于 1987 年首次在轿车上装备电控金属带无级变速器(electronic continuously variable transmission，ECVT），采用由油门开度和被动带轮转速为输入参数的传动比控制方法，之后提出由油门开度和变速器传动比为输入参数的传动比控制方法，并应用于其第二代变速器 ECVT-Ⅱ上，提高了变速器的可靠性和动态响应特性。20 世纪 90 年代，富士重工公司又提出了由主动轮夹紧力、从动轮夹紧力、主动轮转速、输入转矩和带轮传动比为控制参数的五参数传动比变化率控制模型。

目前，无级变速控制方案可归纳为两种基本方式：一种是发动机定转速的一元调节；另一种是发动机定转速、定功率的二元调节。前者加速踏板与油门刚性连接，变速器独立控制；后者加速踏板不与油门直接连接，仅反映驾驶意图，变速器与发动机集成控制，动力性和经济性更好。二元调节是未来主要的发展方向。

在二元调节方式中，日本 KOMATSU 公司提出了用车辆加速踏板位置、制动踏板位置、发动机转速、马达转速、实际传动比作为主要参数的 HMCVT 无级变速控制方法。传动比调节变化率根据发动机实际转速和目标转速之差求得，目标转速基于变速规律由加速和制动踏板位置计算。当发动机转速高时，传动比变化率增益减小，反之增大，从而提高了车辆传动控制的平稳性和无级变速的精确度。

3.3.4　离合器接合规律

在起步和换挡离合器接合规律研究中，Tanaka 等提出了车辆起步离合器接合过程的模糊控制方法，Whiffin 等对变速器在载荷、滑行工况下升挡或降挡时离合器的接合和分离规律分别进行了研究（图 3.6），将换挡过程划分为换入离合器高压快速充油、离合器低压滑磨接合和发动机调速同步、换出离合器泄荷分离和新挡离合器增压传递转矩三个基本阶段，实现了动力换挡，并减小了换挡冲击。

美国 GE 公司在研制 Allison 变速器时提出了在换挡过程中根据离合器充油时间、接合和分离时的压力值等初始条件进行自适应控制的方法，提高了换挡质量，减少了磨损。

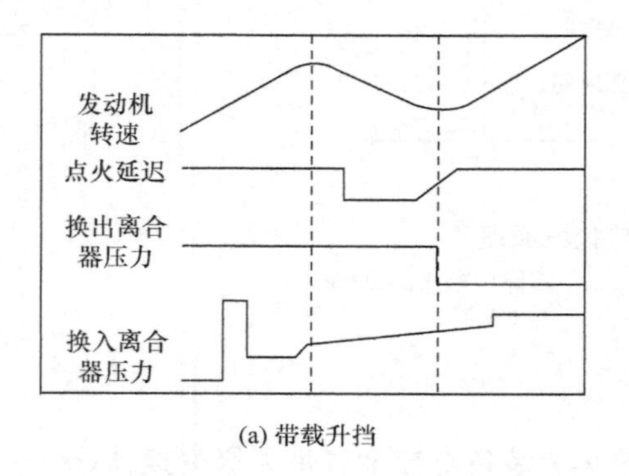

(a) 带载升挡

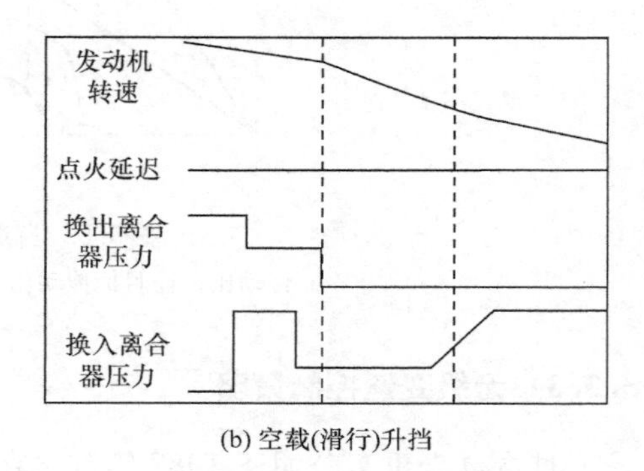

(b) 空载(滑行)升挡

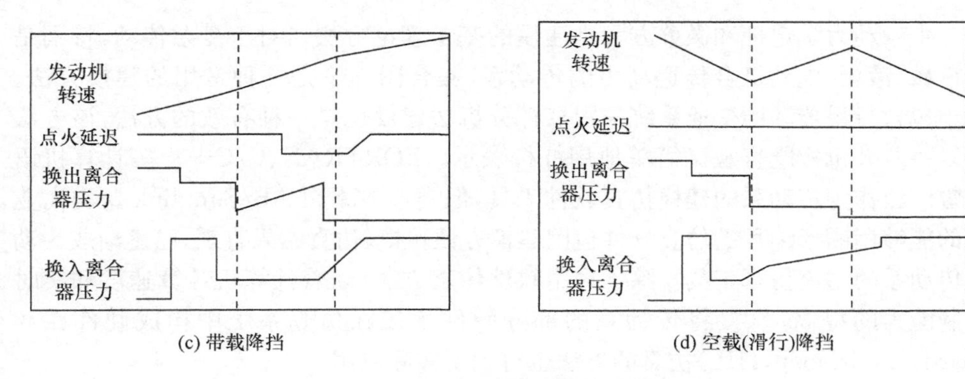

(c) 带载降挡　(d) 空载(滑行)降挡

图 3.6　动力换挡离合器接合规律

为了实现多段 HMCVT 平稳换段，Caterpillar 公司提出了保证换段前后转速和转矩充分相等的离合器接合方法。当实际传动比等于换段目标传动比时，分离当前段离合器，并同时调节马达转速，从而保证目标段离合器在完全同步点接合。

3.3.5　建模与控制仿真技术

建模和仿真分析是研究和设计动力传动系的有效工程方法，国内外研究者都非常重视。基于计算机的车辆动力传动系建模和仿真研究已经有 30 多年的历史，众多文献从不同研究目的，用不同方法、不同实现工具，以不同精确度对车辆的功能部件、系统和整车进行了建模和仿真研究。图 3.7 是一种典型的强调变速器控制的传动系总体模型实例。在研究车辆变速传动的控制时，需要建立从发动机、变速器、中央传动到行走机构的整个动力系统的模型，以便于研究变速器对传动系性能的影响，便于研究发动机与变速器的集成控制。不同目的仿真对模型的精确度要求不同，在以变速器控制为主的仿真中，发动机通常用简化的转速转矩特性曲线数值模型表示，变速器则需要用精确的动力学方程模型表示。

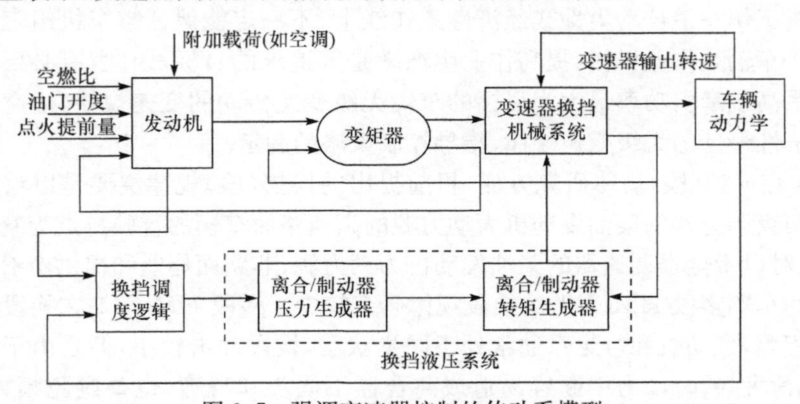

图 3.7　强调变速器控制的传动系模型

牛顿动力学定理和微分方程是建模的基本理论方法。对于复杂传动，特别是由机械、液压、电动复合传递动力的传动系，键合图理论是一种常用的建模方法。对于包含行星传动的变速系统采用杠杆分析法建模也是一种有效的方法，该方法可以将复杂机构既直观又简单地用杠杆表示。FORTRAN、C/C++等计算机语言曾广泛作为传动系的建模仿真软件工具，但类似 MATLAB/Simulink 这类商业化的能够用图形编程的仿真软件包因建模方便快捷、仿真结果直观，已逐渐成为动力传动系的主流仿真工具。除了采用软件仿真方法，随着计算机计算速度和实时控制能力的提高，直接将传动系的部分硬件集成在仿真系统中构成硬件在环(hardware in loop，HIL)仿真的方法也得到了实际应用。

Wisconsin-Madison 大学的动力传动控制研究实验室(PCRL)，对装备有液压机械无级变速器或液压机械无级变速与转向综合传动系的坦克和战车，基于 MATLAB 建立了模块化的仿真算法，但公开的资料较少。国内对于 HMCVT 在车辆上的应用仿真研究很少。由于农业车辆主要在田间松软地面上进行牵引和旋耕作业，其载荷工况不同于路面车辆，所以对液压机械无级变速农业车辆的传动系、控制系统以及作业工况进行建模和控制过程仿真，预测系统的静态和动态特性，可为 HMCVT 控制系统的开发奠定基础和缩短控制系统开发时间。

3.3.6 HMCVT 控制存在的问题

尽管多段 HMCVT 在发达国家的车辆上得到了成功应用，但针对车辆多段 HMCVT 控制的相关理论和技术的文献甚少，其仍然存在许多理论、技术和应用问题需要解决。

(1) 在变速规律研究方面，以提供牵引力为主的车辆经常存在较大滑转，牵引效率变化范围大，采用 HMCVT 传动时，不同传动比下的传动效率也存在较大差别，挂接旋耕机具的车辆还存在机组的反推作用力和发动机功率分流情况，仅仅保证发动机工作在最佳动力性或经济性工作线上，不一定能保证整车机组工作在最佳状态。车辆是作业机械，提高作业生产率是其追求的目标，因此，有必要研究以生产率最高或牵引功率最大为目标的车辆无级变速传动的变速规律，研究使车辆整体经济性最佳的无级变速规律，指导控制策略的制定。

(2) 在换挡(段)规律研究方面，目前提出的换挡(段)规律主要是以汽油发动机和带两级调速器的柴油发动机为动力源的高速路面车辆的行驶特点为基础提出的，而针对以带全程调速器的柴油发动机为动力源、非路面作业和提供牵引力为主要特征的车辆多段 HMCVT 的换段规律研究较少。多段 HMCVT 在换段前后的传动比相等，发动机和行走系通常处于同步状态，换段冲击较小，但是由于车辆速度低、载荷大，瞬时动力中断容易造成离合器不同步和滑磨，也要避免频繁换段。多段 HMCVT 在换段点前后两无级变速工作段的效率不同，在换段点保证变速器优先工作在高效率段，以便提高整车传动效率，并避免产生循环换段现象，是多段 HMCVT 换段规律研究的重要内容。

(3) 在控制策略研究方面，需要根据车辆的电控程度，采用合适的控制策略。国产车辆发动机调速系统电控程度较低，采用一元调节是基本方法，根据牵引功率最大或经济性最佳的传动比变化规律，将油门开度、发动机转速、调速器齿条拉杆位置、变速器传动比及工况条件等作为控制参数制定传动比控制方法是基本选择。随着发动机电控程度的提高，研究发动机和 HMCVT 二元调节下的控制策略十分必要。

(4) 在离合器接合规律研究方面，虽然多段 HMCVT 在换段点离合器通常处于同步状态，但由于换段时变速器结构和功率流状态发生变化，同时动作的离合器数目多，泵-马达系统转矩和速度瞬时波动大，容易造成换段冲击，需要对其换段时刻进行预测控制，对离合器的接合逻辑进行优化。

(5) 在 HMCVT 的建模和仿真技术研究方面，由于 HMCVT 是一种多状态转换连续控制系统，而且在一些状态下存在功率循环现象，建立适合对各种变速规律和控制策略检验、以多段 HMCVT 控制为主的车辆动力传动仿真系统是有待解决的问题。

第 4 章　车辆 HMCVT 传动特性

HMCVT 包含机械传动、液压传动、动力分流机构和汇流机构等多个环节，这些环节组合可以形成性能差异大、适用场合不同的众多类型的传动方案。在实际应用中，要根据对象的使用要求，合理选择传动方案，正确分析计算传动性能，达到工程实用的目的。

4.1　液压机械无级变速传动

4.1.1　HMCVT 基本原理

HMCVT 基本原理用图 4.1 说明。HMCVT 的主要组成部件包括多挡变速器、变量泵-定量马达液压传动系和以差动轮系为主的动力分流及汇流机构。动力分流、汇流机构既有单行星排形式，也有多行星排形式。来自发动机的动力通过两条路线传输：第一条是将部分动力由齿轮传动变速后，经液压传动系中的变量泵将机械能转化为液压能，再由定量马达转化为机械能传输到差动轮系的齿圈上；第二条是经多挡变速器传输到差动轮系的太阳轮上。这两条路线所传输的动力经差动轮系合成后由行星架输出。HMCVT 是一种功率分流传动形式，通过机械传动实现高效率，通过液压传动实现无级变速。行星排的三元件（太阳轮、齿圈、行星架）可分别与机械功率流输入端、液压功率流输入端或功率输出端连接，从而构成不同特性的液压机械无级变速传动形式。

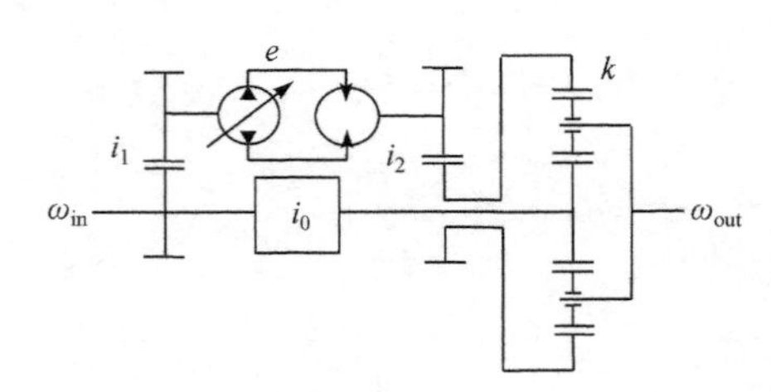

图 4.1　HMCVT 传动原理图

对于变量泵-定量马达液压传动系，通常选用额定排量相等的同类泵和马达，其排量比也可表示为

$$e=\frac{\omega_m}{\eta_V\omega_p} \tag{4.1}$$

式中，ω_p 为泵的转速，rad/s；ω_m 为马达的转速，rad/s。

为了分析计算和控制方便，定义 HMCVT 传动比为输入传动轴转速与输出传动轴转速之比，即

$$i_b=\frac{\omega_{in}}{\omega_{out}} \tag{4.2}$$

式中，i_b 为 HMCVT 传动比；ω_{in}为 HMCVT 输入转速，rad/s；ω_{out}为 HMCVT 输出转速，rad/s。

对于图 4.1 所示的 HMCVT，传动比为

$$i_b=\frac{(1+k)i_0i_1i_2}{kei_0+i_1i_2} \tag{4.3}$$

式中，行星排特性参数 k 等于齿圈齿数 Z_r 与太阳轮齿数 Z_s 之比，即 $k=Z_r/Z_s$；i_0 为机械路传动比；i_1 为泵-马达系统前齿轮副的传动比；i_2 为泵-马达系统后齿轮副的传动比。

当 HMCVT 的控制系统通过调节变量泵的斜盘倾角，使排量比在 －1～＋1 变化时，变速器传动比在确定的范围内连续无级变化。

4.1.2　多段无级变速传动的必要性和实现原理

在 HMCVT 中，行星排特性参数和 i_1、i_2 的数值受到限制，特性参数增大，行星排结构尺寸增大，i_1、i_2 的数值过小，没有合适的泵-马达系统可选用。在单段 HMCVT 中，当排量比在 －1～＋1 变化时，变速器传动比的变化范围一般较小，通常不能满足传动比变化范围的要求。因此，实际的液压机械复合传动通常采用由正向行星排和负向行星排组成的多段传动结构。正向行星排工作时，当排量比由 －1→＋1 变化时，变速器传动比连续升高一段；负向行星排工作时，当排量比由 ＋1→－1 变化时，传动比从上一段的终点开始再连续升高一段。通过离合器切换，正负向行星排交替工作，从而实现排量比从 －1→＋1、再从 ＋1→－1 循环调节，除传动比在大范围内变化。图 4.2 为多段连续速度变化规律图。由普通行星排构成的正、负向 HMCVT 传动原理图如图 4.3 所示。

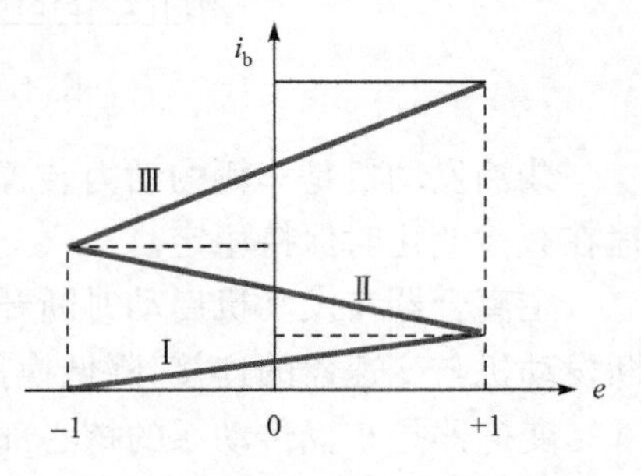

图 4.2　多段连续速度变化规律

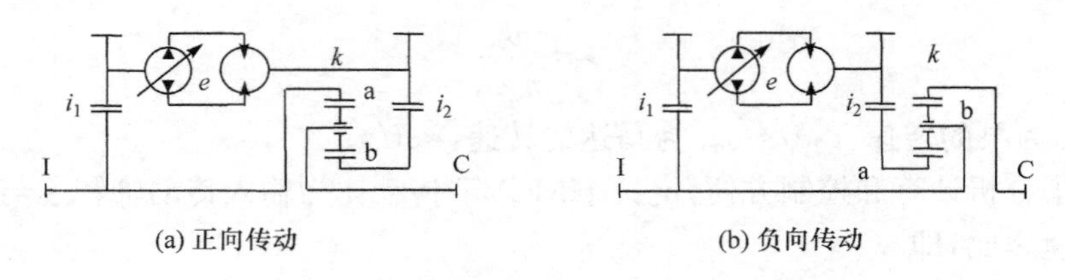

图 4.3 正、负向 HMCVT 传动原理图

4.2 车辆 HMCVT 传动原理

根据车辆的工作特征和动力传动系的基本要求，提出适合于车辆应用的多段 HMCVT 的传动原理。

4.2.1 车辆动力传动系基本要求

车辆动力传动系如图 4.4 所示，主要包括发动机、主离合器、变速器、中央传动、最终传动和驱动轮。

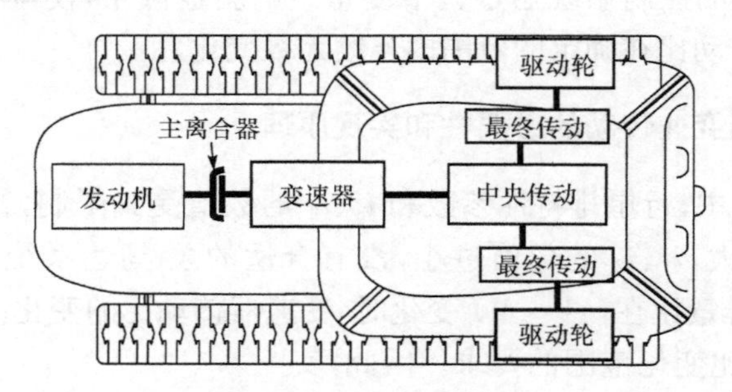

图 4.4 车辆动力传动系

柴油发动机是车辆的动力装置，大功率车辆通常装置全程调速器，使发动机转速在载荷变化时保持稳定。

主离合器在发动机启动时断开传动部分，降低发动机的启动载荷；在换挡时中断发动机与变速器的连接，降低换挡冲击度，提高变速器的寿命。

变速器是车辆传动系的核心部件，可以转换发动机的动力供应特性，扩大车辆的速度和有效牵引力使用范围，保证车辆的工作性能发挥。对变速器的基本要求是：

(1) 使车辆速度能够从起步到设计要求的最大速度之间连续变化，并且能够以适当的速度倒驶。

(2) 当车辆在道路、田间和坡道上行驶时，能够提供足够的牵引力。

(3) 有较高的传动效率,能够充分利用发动机功率,提高整车的动力性和经济性。

(4) 具有超载荷打滑的环节,避免行驶阻力突增超载时发动机熄火或部件因为超载荷工作损坏。

(5) 能够切断发动机向车辆驱动轮提供的动力,以满足空载启动发动机和非行驶工况时的动力输出等要求。

中央传动在适当减速的同时将动力分配给左右驱动轮,满足转向等行驶工况的动力传动要求。

对于履带车辆,通常增加有较大传动比的最终传动来降低驱动轮的转速,以提高其转矩,满足提供较大驱动力的要求。

车辆的中央传动和最终传动的传动比通常保持不变,要保证动力源和传动装置的性能匹配,主要在于根据动力性和经济性匹配指标合理设计和控制变速器。动力性指标主要包括车辆最高速度、平均速度、牵引力、牵引特性、加速度、最大爬坡角度等,经济性指标主要包括燃油消耗率和燃油消耗量等。

农业车辆根据作业要求,要有宽广的变速范围。以履带车辆为例,其常用的耕作速度范围是 5～11km/h,在中耕或开沟等作业时速度可能在 1km/h 以下,在公路运输作业时可高于 16km/h,橡胶履带车辆的最高速度可达 40km/h 以上,无级变速传动车辆速度低至零速,能够实现正反向行驶的连续过渡。

变速器传动比范围根据车辆的速度范围和发动机的额定转速确定,并要保证在车辆的主要作业速度范围内有较高的动力性和经济性指标。对于有级变速器,如图 4.5 所示,在常用工作速度段应该有比较密集的挡位,也就是传动公比较小,便于通过挡位调整,使发动机工作在最佳动力性或经济性区域。对于无级变速器,在常用工作速度段应该有较高的传动效率、较少的工作段切换,有利于提高车辆生产率。

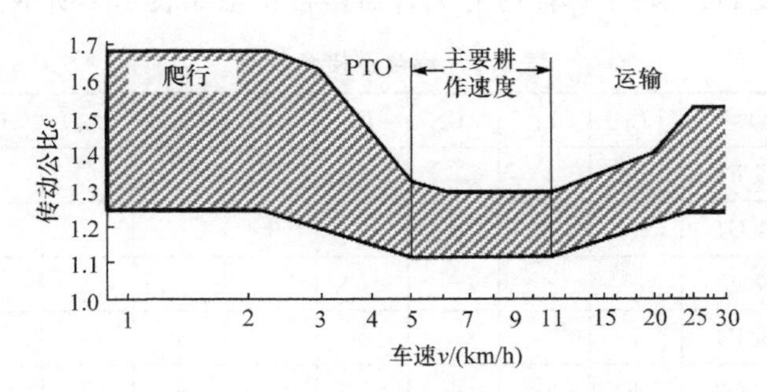

图 4.5　车辆传动公比变化范围

4.2.2　多段 HMCVT 传动原理

多段 HMCVT 的传动原理如图 4.6 所示，它由泵-马达液压传动系、普通行星排、液压湿式摩擦离合器和电控系统构成。图中，1 轴为输入传动轴，3 轴为输出传动轴，输入传动轴经分流齿轮副 i_1、泵-马达系统和齿轮副 i_2 驱动太阳轮，构成液压路无级变速功率流；输入传动轴经离合器 L_1 或 L_2 驱动齿圈或行星架，构成机械路功率流；行星排组成汇流机构，经离合器 L_3、L_4 将汇流动力传递到中间传动轴 2。中间传动轴和输出传动轴之间通过离合器 L_5～L_7 及齿轮副 i_5～i_7 组成前进方向低、中、高 3 挡，通过离合器 L_8 及齿轮副 i_3、i_4 组成倒挡。

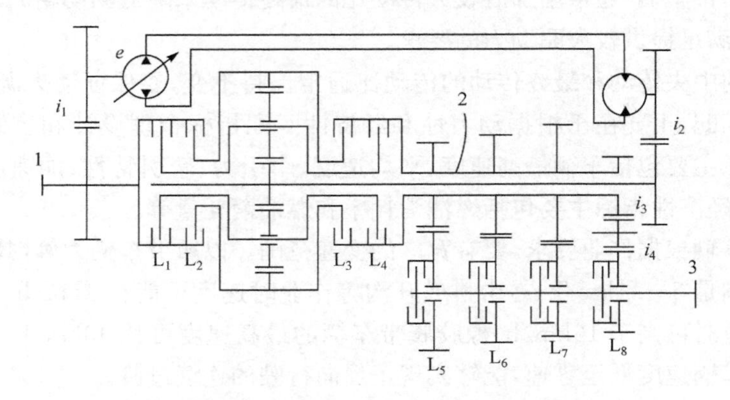

图 4.6　多段 HMCVT 传动原理图

根据离合器接合状态的不同，随着排量比的变化，变速器的传动比在前进方向构成连续 6 段无级变速段 F1～F6，倒车方向构成连续 2 段无级变速段 R1、R2。此外，当 L_1 和 L_3 接合(或 L_2 和 L_4 接合)时，构成传动比不随排量比变化的 3 个前进方向纯机械挡 G1～G3，1 个倒车方向纯机械挡 RG1；当 L_3、L_4 接合时，构成双向连续变速的纯液压段 H1。各工作段(挡)离合器接合状态如表 4.1 所示。

表 4.1　离合器接合状态

方向	段(挡)号	L_1	L_2	L_3	L_4	L_5	L_6	L_7	L_8	E
前进	低速段 F1	+			+	+				−1→+1
	低速挡 G1	+		+		+				不变
	低速段 F2		+	+		+				+1→−1
	中速段 F3	+			+		+			−1→+1
	中速挡 G2	+		+			+			不变

续表

方向	段(挡)号	L_1	L_2	L_3	L_4	L_5	L_6	L_7	L_8	E
前进	中速段 F4		+	+			+			+1→−1
	高速段 F5	+			+			+		−1→+1
	高速挡 G3	+		+				+		不变
	高速段 F6		+	+				+		+1→−1
双向	纯液压段 H1			+	+	+				−1→+1
倒车	低速段 R1	+			+				+	−1→+1
	中速挡 RG1	+		+					+	不变
	高速段 R2		+	+					+	−1→+1

注:+表示离合器接合。

4.3 HMCVT 传动特性

对变速器传动特性分析计算,是确定变速器主要传动参数和保证车辆传动系与动力系统合理匹配的基础。以图 4.6 所示的多段 HMCVT 在橡胶履带车辆上的配套使用为例,分析多段 HMCVT 的传动特性。

表 4.2 为某车辆的基本参数。为了分析方便,首先设定 HMCVT 中各组件的物理量如图 4.7 所示。图中,设 ω 表示转速,单位 rad/s;T 表示转矩,单位 N·m;下标 1～3 分别代表变速器输入传动轴、中间传动轴和输出传动轴;s、r、c 分别代表行星排的太阳轮、齿圈和行星架;p、m 分别代表泵和马达;i_1～i_7 分别对应齿轮副的传动比。

表 4.2 某车辆基本参数

参数	符号	数值	单位
发动机额定功率	N_{e0}	110	kW
发动机额定转速	n_{e0}	2300	r/min
发动机最大转矩	T_{em}	512	N·m
主传动比	i_z	21.32	—
驱动轮动力半径	r_q	0.840	m
最大牵引力	F_{Tmax}	56	kN

注:该车辆发动机型号为 LR6105ZT10。

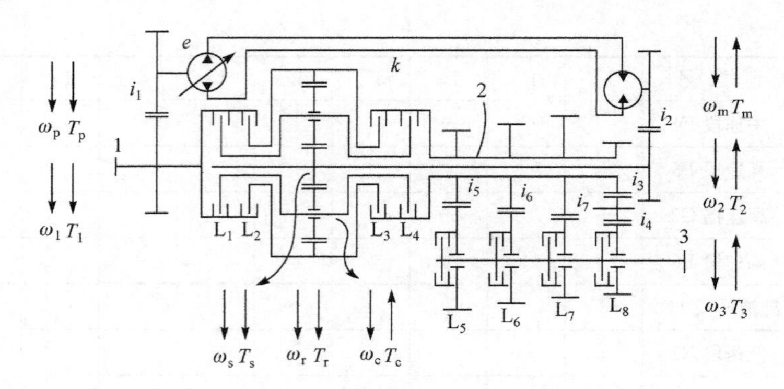

图 4.7　多段 HMCVT 各组件物理量

4.3.1　HMCVT 传动比特性

传动比特性反映 HMCVT 各段传动比与液压传动系排量比的关系。

1. 前进方向 F1 无级变速段

在 F1 段，离合器 L_1、L_4、L_5 接合，输入传动轴与齿圈直联，行星架与中间传动轴直联，齿圈、太阳轮转速分别为

$$\omega_r = \omega_1 \tag{4.4}$$

$$\omega_s = \frac{e}{i_1 i_2}\omega_1 \tag{4.5}$$

行星排三个构件转速间关系为

$$\omega_s + k\omega_r - (1+k)\omega_c = 0 \tag{4.6}$$

由式(4.4)～式(4.6)得到行星架输出转速为

$$\omega_c = \left(k + \frac{e}{i_1 i_2}\right)\frac{1}{1+k}\omega_1 \tag{4.7}$$

因为传动轴 2 与行星架直联，$\omega_2 = \omega_c$，又因 L_5 接合，运动经齿轮副 i_5 传递到输出传动轴 3。变速器 F1 段输出转速为

$$\omega_3 = \left(k + \frac{e}{i_1 i_2}\right)\frac{1}{(1+k)i_5}\omega_1 \tag{4.8}$$

由式(4.2)及式(4.8)求得 F1 段传动比为

$$i_b = \left(k + \frac{e}{i_1 i_2}\right)\frac{1}{(1+k)i_5} \tag{4.9}$$

2. 前进方向 F2 无级变速段

在 F2 段，离合器 L_2、L_3、L_5 接合，输入传动轴与行星架直联，齿圈与中间传动轴直联。行星架转速为

$$\omega_c=\omega_1 \tag{4.10}$$

由式(4.5)、式(4.6)和式(4.10)得到齿圈转速为

$$\omega_r=\left(1+k-\frac{e}{i_1 i_2}\right)\frac{1}{k}\omega_1 \tag{4.11}$$

因为传动轴 2 与齿圈直联，$\omega_2=\omega_r$，得

$$\omega_3=\left(1+k-\frac{e}{i_1 i_2}\right)\frac{1}{ki_5}\omega_1 \tag{4.12}$$

则变速器 F2 段传动比为

$$i_b=\left(1+k-\frac{e}{i_1 i_2}\right)\frac{1}{ki_5} \tag{4.13}$$

3. 其他液压机械无级变速段

因为前进方向 F3、F5 段、倒车方向 R1 段行星排结构与 F1 段相同，前进方向 F4、F6 段、倒车方向 R2 段行星排结构与 F2 段相同，对应各段的变速器传动比与式(4.9)、式(4.13)类似，将式(4.9)、式(4.13)中的 i_5 分别用 i_6、i_7 和($i_3 i_4$)替代即可。

4. 双向纯液压无级变速段

在双向纯液压无级变速段(H1 段)，离合器 L_1、L_3 和 L_5 接合，行星排三构件形成一个刚体组件，所以太阳轮轴与传动轴 2 也形成一个刚体，两者转速相同。变速器 H1 段输出转速为

$$\omega_3=\frac{e}{i_1 i_2 i_5}\omega_1 \tag{4.14}$$

传动比为

$$i_b=\frac{e}{i_1 i_2 i_5} \tag{4.15}$$

表 4.3 给出了多段 HMCVT 各段(挡)传动比的计算公式。

表 4.3　多段 HMCVT 各段(挡)传动比

段(挡)	传动比 i_b	段(挡)	传动比 i_b
F1	$[k+e/(i_1 i_2)]/[(1+k)i_5]$	G3	$1/i_7$
G1	$1/i_5$	F6	$[1+k-e/(i_1 i_2)]/(ki_7)$
F2	$[1+k-e/(i_1 i_2)]/(ki_5)$	H1	$e/(i_1 i_2 i_5)$
F3	$[k+e/(i_1 i_2)]/[(1+k)i_6]$	R1	$[k+e/(i_1 i_2)]/[(1+k)i_3 i_4]$
G2	$1/i_6$	GR1	$1/(i_3 i_4)$
F4	$[1+k-e/(i_1 i_2)]/(ki_6)$	R2	$[1+k-e/(i_1 i_2)]/(ki_3 i_4)$
F5	$[k+e/(i_1 i_2)]/[(1+k)i_7]$		

5. 车辆速度

为了反映不同行驶速度下的变速器特性,假定发动机工作在额定转速下,可以计算出车辆速度,即

$$v=0.377 n_{e0} r_q \frac{i_b}{i_z} \tag{4.16}$$

式中,v 为车辆实际速度,m/s;n_{e0} 为发动机额定转速,r/min;r_q 为车辆驱动轮动力半径,m;i_z 为车辆主传动比。

依据设计的变速器参数,计算得到的 HMCVT 传动比和车辆速度特性如图 4.8 所示,图中虚线表示排量比在±1 和−1 之间变化时 HMCVT 各段传动比和车辆速度的变化特性,相邻段在交点处传动比相等,具备同步换段条件;粗实线表示各段实际使用的传动比区间,保证了传动比在上下限之间连续。

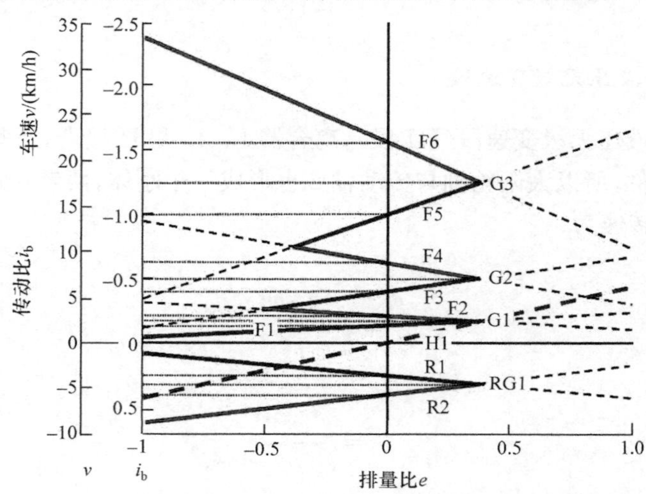

图 4.8　车辆传动比及速度随排量比变化特性

当泵排量为零时，液压路无功率流，变速器相当于纯机械挡传动。图 4.8 中，点划线标出了所有纯机械挡位置，显然在车辆中耕、犁耕、运输三个主要作业速度区间内，多段 HMCVT 各自包括可完全同步换段的 2 段无级变速区段，又包含 3 个高效率的纯机械挡位，能够比较理想地满足车辆的变速要求。

图 4.8 表明装备 HMCVT 的车辆在前进方向的无级变速范围是 0.64～33.5km/h，倒车方向的速度范围是 1.28～8.9km/h，满足设计要求。

4.3.2　HMCVT 同步换段条件

对于多段 HMCVT，为了实现连续无级变速，相邻两段切换时，必须满足同步换段的条件，保证车辆速度不变。同步换段的要求是：

(1) 在换段点的前后相邻两段有相等的传动比；

(2) 在换段点的前后相邻两段有相等的液压传动系排量比。

1. F1-F2 段的换段条件

由 F1、F2 两段输出速度相等，即式(4.8)、式(4.13)相等，得平稳换段时的排量比为

$$e=i_1 i_2 \tag{4.17}$$

由于要求 $|e|\leqslant 1$，显然，只要使 $e=i_1 i_2$，且 $e\leqslant 1$，就满足了前后两段传动比和排量比都相等的要求，变速器即可以实现同步换段，此时行星排三构件转速和传动轴 1、传动轴 2 转速相等，离合器 L_1、L_2、L_3、L_4 接合时都不产生滑磨。

此外，在两段的换段点，使 L_1、L_3 接合又可以得到速度连续的一个高效率纯机械挡位 G1，并且可减少换段时同时动作的离合器数目。

2. F2-F3 段的换段条件

由 F2、F3 两段输出速度相等，得平稳换段时的排量比为

$$e=\frac{k^2 i_5-(1+k)^2 i_6}{k i_5+(1+k) i_6} i_1 i_2 \tag{4.18}$$

显然，只要合理选择 i_5 和 i_6，使排量比满足式(4.18)，且 $e\geqslant -1$，即可实现同步换段。

换段时，传动轴 2 转速有大幅度改变，虽然两段的传动比仍然相同，但是为了克服传动轴 2 的惯性，离合器接合过程中存在滑磨，因此这一过程称为伪同步换段。

3. 其他各段的换段条件

根据上述原理，可求得其他各段同步换段条件，如表 4.4 所示。

表 4.4 HMCVT 各段同步换段条件

切换段	同步换段条件
F1-F2	$e=i_1 i_2$ 且 $e\leqslant 1$
F2-F3	$e=\dfrac{k^2 i_5-(1+k)^2 i_6}{k i_5+(1+k) i_6} i_1 i_2$ 且 $e\geqslant -1$
F3-F4	$e=i_1 i_2$ 且 $e\leqslant 1$
F4-F5	$e=\dfrac{k^2 i_6-(1+k)^2 i_7}{k i_6+(1+k) i_7} i_1 i_2$ 且 $e\geqslant -1$
F5-F6	$e=i_1 i_2$ 且 $e\leqslant 1$
R1-R2	$e=i_1 i_2$ 且 $e\leqslant 1$

F1-F2、F3-F4、F5-F6、R1-R2 换段时，因行星排三构件转速和传动轴 1、传动轴 2 转速相等，离合器接合完全同步，不存在动力中断；F2-F3、F4-F5 换段时，传动轴 2 不同步，若离合器的接合控制不合理，可能出现瞬时动力中断，但换段前后传动比相等，对车辆速度影响不大。

4.3.3 HMCVT 转矩特性

转矩特性反映多段 HMCVT 输出转矩与其传动比的关系。

在 HMCVT 中，当输出传动轴负载转矩增大时，液压马达的负载转矩也增大。当马达负载转矩达到它能够提供的极限转矩时，马达将卸压保护，输出打滑，因此 HMCVT 中各段输出转矩的极限值受限于马达的极限值。为了保证任意传动比(或速度)下，变速器都能传递发动机的最大转矩，必须适当选取马达的极限转矩，保证由马达限制的变速器最大输出转矩大于由发动机最大转矩决定的变速器输出转矩。

1. 前进方向 F1 无级变速段

对于图 4.7 中的普通行星排机构，三构件的转矩关系为

$$T_s=\frac{T_r}{k}=\frac{T_c}{1+k} \tag{4.19}$$

太阳轮转矩为

$$T_s=i_2 T_m \tag{4.20}$$

变速器输出转矩为

$$T_3=i_5 T_2 \tag{4.21}$$

由于 L_5 接合，$T_2=T_c$，由式(4.19)～式(4.21)得变速器输出转矩为

$$T_3=(1+k) i_2 i_5 T_m \tag{4.22}$$

设马达极限转矩为 T_{mmax}，代入式(4.22)求得变速器在 F1 段的最大输出转矩为

$$T_{3max}=(1+k)i_2 i_5 T_{mmax} \tag{4.23}$$

2. 前进方向 F2 无级变速段

前进方向 F2 无级变速段变速器的输出转矩为

$$T_3=i_5 T_r \tag{4.24}$$

由于 L_4 接合，$T_2=-T_r$，由式(4.19)、式(4.20)和式(4.24)得变速器输出转矩为

$$T_3=-ki_2 i_5 T_m \tag{4.25}$$

在 F2 段中，由于 L2 接合，T_c 方向实际与图示相反，则 T_m 实际方向也相反，因此变速器在 F2 段的最大输出转矩为

$$T_{3max}=ki_2 i_5 T_{mmax} \tag{4.26}$$

3. 其他各段转矩特性

F3、F5 和 R1 段与 F1 段类似，F4、F6 和 R2 段与 F2 段类似，结果见表 4.5。表中也给出了已知变速器输出转矩求马达转矩的计算式。

表 4.5　HMCVT 各段转矩特性

段号	变速器最大输出转矩 T_{3max}	液压马达负载转矩 T_m
F1	$(1+k)i_2 i_5 T_{mmax}$	$T_3/[(1+k)i_2 i_5]$
F2	$ki_2 i_5 T_{mmax}$	$-T_3/(ki_2 i_5)$
F3	$(1+k)i_2 i_6 T_{mmax}$	$T_3/[(1+k)i_2 i_6]$
F4	$ki_2 i_6 T_{mmax}$	$-T_3/(ki_2 i_6)$
F5	$(1+k)i_2 i_7 T_{mmax}$	$T_3/[(1+k)i_2 i_7]$
F6	$ki_2 i_7 T_{mmax}$	$-T_3/(ki_2 i_7)$
H1	$i_2 i_5 T_{mmax}$	$T_3/(i_2 i_5)$
R1	$(1+k)i_2 i_3 i_4 T_{mmax}$	$T_3/[(1+k)i_2 i_3 i_4]$
R2	$ki_2 i_3 i_4 T_{mmax}$	$-T_3/(ki_2 i_3 i_4)$

图 4.9 给出了 HMCVT 转矩特性。图中，曲线部分表示在任意传动比(或速度)下，由发动机最大转矩决定的变速器输出转矩；折线部分表示由马达极限转矩限制的 HMCVT 最大输出转矩。为直观对比，坐标纵轴采用变速器输出转矩与选定的马达极限转矩之比表示。

由图 4.9 可知，选择适当的马达极限转矩，在变速范围内 HMCVT 的最大动力特性场能够覆盖由发动机转矩决定的动力特性场，保证任意速度下变速器能够传递发动机的最大功率。

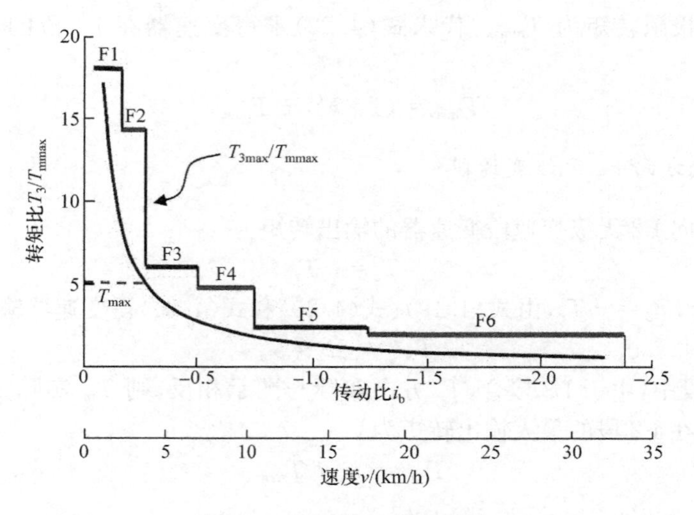

图 4.9　HMCVT 转矩特性

4.3.4　HMCVT 功率分流特性

功率分流特性反映 HMCVT 液压功率分流比与其传动比的关系。液压功率分流比定义为液压支路传动的功率与 HMCVT 输出功率之比。液压功率分流比 λ 为

$$\lambda=\frac{T_m\omega_m}{T_3\omega_3} \tag{4.27}$$

液压功率分流比越小,表明低效率的液压路功率流越小,高效率的机械路功率流越大,变速器的传动效率越高。

1. 前进方向 F1 无级变速段

已知马达转速为

$$\omega_m=\frac{e}{i_1}\omega_1 \tag{4.28}$$

将式(4.8)、式(4.22)、式(4.28)代入式(4.27),得 F1 段液压功率分流比为

$$\lambda_1=\frac{e}{i_1 i_2 k+e} \tag{4.29}$$

2. 前进方向 F2 无级变速段

将式(4.12)、式(4.25)、式(4.28)代入式(4.27),得 F2 段液压功率分流比为

$$\lambda_2=\frac{e}{i_1 i_2(1+k)-e} \tag{4.30}$$

3. 其他段液压功率分流比

由式(4.29)、式(4.30)可知,液压功率分流比与行星排汇流后的变速传动无关,所以 F3、F5、R1 段液压功率分流比与 F1 段相同,F4、F6、R2 段液压功率分流比与 F2 段相同。

在前进方向不同行驶速度下的液压功率分流比如图 4.10 所示,其中负值表示液压路功率流为循环功率。除低速段外,多段 HMCVT 在主要工作速度段的液压功率分流比小于 20%。尤其在与中耕、犁耕、运输三个主要作业工况对应的速度区间内各有三个液压功率为零的纯机械挡位,非常有利于提高车辆动力性和传动效率。

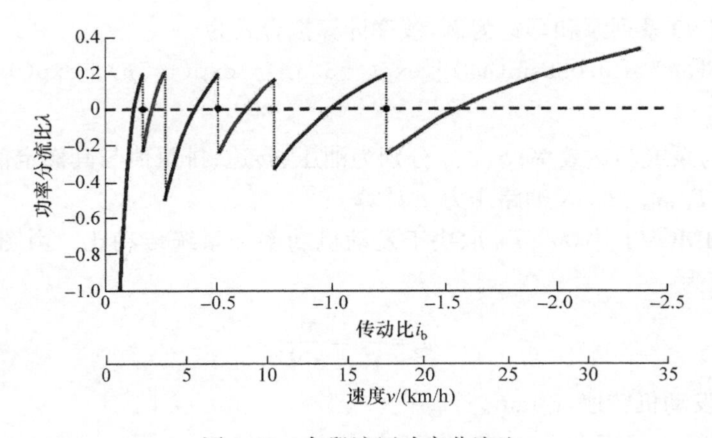

图 4.10　各段液压功率分流比

4.3.5　HMCVT 效率特性

HMCVT 传动功率大,结构复杂,因此对其效率的分析极为重要。在效率计算中,不但要考虑结构因素导致的功率循环,而且要考虑输入功率、转速和排量的变化对液压路效率的影响。下面将分析这些综合因素作用下的多段 HMCVT 的效率计算方法。

首先根据泵、马达的近似效率计算公式,给出泵-马达液压传动系效率随转速、油压、排量变化的算法,然后根据 HMCVT 产生功率循环的条件,给出 HMCVT 效率计算公式,最后描述包含输入功率、泵、马达排量、功率循环等因素时效率计算的流程。

1. 泵-马达液压系统效率计算

HMCVT 中常用图 4.11 所示的变量泵和定量马达构成的液压无级变速系

统，该系统的效率主要随转速、油压、排量等变化，大量文献对其效率计算进行了理论分析，给出了近似理论计算公式。因为理论计算误差大，工程上对于泵或马达的效率通常用其随转速、油压、排量变化的试验曲线形式给出。在 HMCVT 效率计算中，可以将试验曲线拟合成便于应用的函数形式。

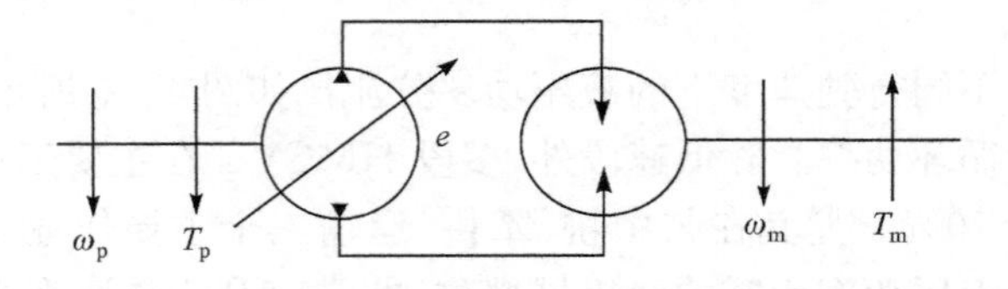

图 4.11　泵-马达液压系统

以萨澳 90 系列泵和马达为例，效率计算拟合式为

$$\eta_{p(m)}=0.87[\bar{\omega}^{0.05}+0.035\sin(4\bar{\omega})][\exp(-3.3\bar{p})-\exp(-5\bar{p})+\exp(0.05\bar{p})]\bar{q}^{0.5} \tag{4.31}$$

式中，$\eta_{p(m)}$ 为泵或马达效率；$\bar{p}$、$\bar{\omega}$、$\bar{q}$ 分别为油压、转速、排量值与其额定值之比。

1）ω_p、T_p、ω_m、T_m 及油路压力 p 计算

多段 HMCVT 中，ω_p、T_m 取决于发动机功率和系统传动比。由图 4.7 可知，液压泵转速为

$$\omega_p=\frac{\omega_1}{i_1}=\frac{\pi n_e}{30i_1} \tag{4.32}$$

式中，n_e 为发动机转速，r/min。

变速器输入转矩为

$$T_1=\frac{9550P_e}{n_e} \tag{4.33}$$

式中，P_e 为发动机功率，kW。

变速器输出转矩为

$$T_3=T_1 i_b \tag{4.34}$$

将式(4.33)和式(4.34)代入表 4.5 中的 T_m 计算公式，可求出各段马达负载转矩 T_m。

根据 T_m 求得油路压力为

$$p=\frac{T_m}{q_m} \tag{4.35}$$

式中，p 为油路压力，Pa；q_m 为定量马达排量，m^3/rad。

根据排量比求得马达转速和泵转矩，分别为

$$\omega_m=e\eta_V\omega_p \tag{4.36}$$

$$T_{\mathrm{p}}=eq_{\mathrm{p}}p \tag{4.37}$$

2) 泵效率 η_{p}、马达效率 η_{m} 及泵-马达液压系统效率 η_{pm}

设泵(马达)的额定转速、压力分别为 $\Omega_{\mathrm{p}}(\Omega_{\mathrm{m}})$、$P_{\mathrm{p}}(P_{\mathrm{m}})$，由式(4.32)～式(4.37)得

$$\bar{\omega}_{\mathrm{p}}=\frac{\omega_1}{i_1\Omega_{\mathrm{p}}},\quad \bar{p}_{\mathrm{p}}=\frac{T_{\mathrm{m}}}{q_{\mathrm{m}}P_{\mathrm{p}}},\quad \bar{q}_{\mathrm{p}}=e,\quad \bar{\omega}_{\mathrm{m}}=\frac{e\omega_1}{i_1\Omega_{\mathrm{m}}},\quad \bar{p}_{\mathrm{m}}=\frac{T_{\mathrm{m}}}{q_{\mathrm{m}}P_{\mathrm{m}}},\quad \bar{q}_{\mathrm{m}}=1$$

分别代入式(4.31)求 η_{p}、η_{m}，可计算出泵-马达液压系统的效率为

$$\eta_{\mathrm{pm}}=\eta_{\mathrm{p}}\eta_{\mathrm{m}} \tag{4.38}$$

由于 HMCVT 中存在功率循环，泵-马达液压系统的功率有两种流向，即由泵到马达或由马达到泵。因为泵、马达的可逆性，这两种功率流向时泵-马达液压系统的效率计算方法相同。

2. 多段 HMCVT 的 F1 段效率计算

用定轴轮系或其他机构封闭差动行星轮系所得的组合机构称为闭式行星轮系。如图 4.3 所示，HMCVT 用泵-马达液压系统封闭差动轮系，因此 HMCVT 属于闭式行星轮系。其中轴 I 为输入传动轴，轴 C 为输出传动轴，差动轮系被封闭的两个基本构件分别为 a、b，它们与输入传动轴相连的传动链分别称为 a-I、b-I 传动链。

计算行星齿轮传动效率的方法有啮合功率法、力偏移法和图解法等。对于闭式行星轮系，通常用啮合功率法计算传动效率，这里用此法计算多段 HMCVT 的效率。

多段 HMCVT 在 F1 段工作时，其输入传动轴 1 到中间传动轴 2 之间的传动结构与图 4.3(a)相同。根据相关闭式传动计算原理可知，封闭构件 a 为齿圈，封闭构件 b 为太阳轮，b-I 链由两对齿轮副和泵-马达液压系统构成，a-I 链为直接连接。

相关传动比为

$$i_{\mathrm{aI}}=1,\quad i_{\mathrm{bI}}=\frac{e}{i_1i_2},\quad i_{\mathrm{Ca}}^{\mathrm{b}}=\frac{k}{1+k},\quad i_{\mathrm{Cb}}^{\mathrm{a}}=\frac{1}{1+k},\quad i_{\mathrm{CI}}^{\mathrm{a}}=i_{\mathrm{Cb}}^{\mathrm{a}}i_{\mathrm{bI}}=\frac{e}{(1+k)i_1i_2},$$

$$i_{\mathrm{CI}}^{\mathrm{b}}=i_{\mathrm{Ca}}^{\mathrm{b}}i_{\mathrm{aI}}=\frac{k}{1+k},\quad i_{\mathrm{CI}}=i_{\mathrm{CI}}^{\mathrm{a}}+i_{\mathrm{CI}}^{\mathrm{b}}=\frac{k}{1+k}+\frac{e}{i_1i_2(1+k)},\quad i_{\mathrm{IC}}=\frac{1}{i_{\mathrm{CI}}},$$

$$i_{\mathrm{CI}}^{\mathrm{a}}i_{\mathrm{CI}}^{\mathrm{b}}=\frac{k}{(1+k)^2i_1i_2}e$$

由以上各式可知，当 $e\geqslant 0$ 时，$i_{\mathrm{CI}}^{\mathrm{a}}i_{\mathrm{CI}}^{\mathrm{b}}\geqslant 0$，不存在功率循环，求得 F1 段效率为

$$\eta_b=\{1+|i_{IC}|[|i_{CI}^b-i_{CI}^b i_{CI}|\Psi^X+|i_{CI}^a|(1/\eta_{bI}-1)]\}^{-1}\eta_{i5} \tag{4.39}$$

当 $e<0$ 时，$i_{CI}^a i_{CI}^b<0$，存在功率循环。因为 $|e|\leqslant 1$，而且在 HMCVT 中 $ki_1 i_2>1$，所以 $|i_{CI}^b|>|i_{CI}^a|$，功率循环出现在 b-I 传动链，求得 F1 段效率为

$$\eta_b=\{1+|i_{IC}|[|i_{CI}^b-i_{CI}^b i_{CI}|\Psi^X+|i_{CI}^a|(1-\eta_{bI})]\}^{-1}\eta_{i5} \tag{4.40}$$

式中，η_{i5} 为多段 HMCVT 中齿轮副 i_5 的传动效率；Ψ^X 为行星架固定时，a-b-C 传动的损失系数，根据行星排参数由 Klein 计算法计算；η_{bI} 为 b-I 传动链的效率，表达式为

$$\eta_{bI}=\eta_{i1}\eta_{pm}\eta_{i2} \tag{4.41}$$

式中，η_{i1}、η_{i2} 分别为多段 HMCVT 中齿轮副 i_1 和 i_2 的传动效率。

3. 多段 HMCVT 的 F2 段效率计算

在 F2 段工作时，其轴 1～轴 2 的传动结构与图 4.3(b)相同，封闭的构件为行星架 b、太阳轮 a。a-I 链由两对齿轮副和泵-马达液压系统构成，a-I 链为直接连接。

相关传动比为

$$i_{aI}=\frac{e}{i_1 i_2},\quad i_{bI}=1,\quad i_{Ca}^b=-\frac{1}{k},\quad i_{Cb}^a=\frac{1+k}{k},\quad i_{CI}^a=i_{Cb}^a i_{bI}=\frac{1+k}{k},$$

$$i_{CI}^b=i_{Ca}^b i_{aI}=-\frac{e}{ki_1 i_2},\quad i_{CI}=i_{CI}^a+i_{CI}^b=\frac{1+k}{k}-\frac{e}{i_1 i_2 k},\quad i_{IC}=\frac{1}{i_{CI}},\quad i_{CI}^a i_{CI}^b=-\frac{1+k}{k^2 i_1 i_2}e$$

当 $e<0$ 时，$i_{CI}^a i_{CI}^b>0$，不存在功率循环，求得 F2 段效率为

$$\eta_b=\{1+|i_{IC}|[|i_{CI}-i_{bI}|\Psi^X+|i_{CI}^b|(1/\eta_{aI}-1)]\}^{-1}\eta_{i5} \tag{4.42}$$

当 $e\geqslant 0$ 时，$i_{CI}^a i_{CI}^b\leqslant 0$，存在功率循环，由于 $|i_{CI}^b|<|i_{CI}^a|$，功率循环出现在 a-I 传动链，求得 F2 段效率为

$$\eta_b=\{1+|i_{IC}|[|i_{CI}-i_{bI}|\Psi^X+|i_{CI}^b|(1-\eta_{aI})]\}^{-1}\eta_{i5} \tag{4.43}$$

式中，η_{aI} 为 a-I 传动链的效率，表达式为

$$\eta_{aI}=\eta_{i1}\eta_{pm}\eta_{i2} \tag{4.44}$$

4. 多段 HMCVT 的其他段效率计算

F3、F5、R1 各段与 F1 段类似，F4、F6、R2 各段与 F2 段类似，其效率计算式见表 4.6，纯机械挡 G1、G2、G3、GR1 的效率分别等于 η_5、η_6、η_7、$\eta_3\eta_4$。

表 4.6　HMCVT 各段效率特性

段号	$e\geqslant 0$	$e<0$
F1	$\{1+\|i_{IC}\|[\|i_{CI}^{b}-i_{CI}^{b}i_{CI}\|\Psi^{X}+\|i_{CI}^{a}\|(1/\eta_{bI}-1)]\}^{-1}\eta_{i5}$	$\{1+\|i_{IC}\|[\|i_{CI}^{b}-i_{CI}^{b}i_{CI}\|\Psi^{X}+\|i_{CI}^{a}\|(1-\eta_{bI})]\}^{-1}\eta_{i5}$
F2	$\{1+\|i_{IC}\|[\|i_{CI}-i_{bI}\|\Psi^{X}+\|i_{CI}^{b}\|(1-\eta_{aI})]\}^{-1}\eta_{i5}$	$\{1+\|i_{IC}\|[\|i_{CI}-i_{bI}\|\Psi^{X}+\|i_{CI}^{b}\|(1/\eta_{aI}-1)]\}^{-1}\eta_{i5}$
F3	$\{1+\|i_{IC}\|[\|i_{CI}^{b}-i_{CI}^{b}i_{CI}\|\Psi^{X}+\|i_{CI}^{a}\|(1/\eta_{bI}-1)]\}^{-1}\eta_{i6}$	$\{1+\|i_{IC}\|[\|i_{CI}^{b}-i_{CI}^{b}i_{CI}\|\Psi^{X}+\|i_{CI}^{a}\|(1-\eta_{bI})]\}^{-1}\eta_{i6}$
F4	$\{1+\|i_{IC}\|[\|i_{CI}-i_{bI}\|\Psi^{X}+\|i_{CI}^{b}\|(1-\eta_{aI})]\}^{-1}\eta_{i6}$	$\{1+\|i_{IC}\|[\|i_{CI}-i_{bI}\|\Psi^{X}+\|i_{CI}^{b}\|(1/\eta_{aI}-1)]\}^{-1}\eta_{i6}$
F5	$\{1+\|i_{IC}\|[\|i_{CI}^{b}-i_{CI}^{b}i_{CI}\|\Psi^{X}+\|i_{CI}^{a}\|(1/\eta_{bI}-1)]\}^{-1}\eta_{i7}$	$\{1+\|i_{IC}\|[\|i_{CI}^{b}-i_{CI}^{b}i_{CI}\|\Psi^{X}+\|i_{CI}^{a}\|(1-\eta_{bI})]\}^{-1}\eta_{i7}$
F6	$\{1+\|i_{IC}\|[\|i_{CI}-i_{bI}\|\Psi^{X}+\|i_{CI}^{b}\|(1-\eta_{aI})]\}^{-1}\eta_{i7}$	$\{1+\|i_{IC}\|[\|i_{CI}-i_{bI}\|\Psi^{X}+\|i_{CI}^{b}\|(1/\eta_{aI}-1)]\}^{-1}\eta_{i7}$
H1	$\eta_{i1}\eta_{pm}\eta_{i2}\eta_{i5}$	$\eta_{i1}\eta_{pm}\eta_{i2}\eta_{i5}$
R1	$\{1+\|i_{IC}\|[\|i_{CI}^{b}-i_{CI}^{b}i_{CI}\|\Psi^{X}+\|i_{CI}^{a}\|(1/\eta_{bI}-1)]\}^{-1}\eta_{i3}\eta_{i4}$	$\{1+\|i_{IC}\|[\|i_{CI}^{b}-i_{CI}^{b}i_{CI}\|\Psi^{X}+\|i_{CI}^{a}\|(1-\eta_{bI})]\}^{-1}\eta_{i3}\eta_{i4}$
R2	$\{1+\|i_{IC}\|[\|i_{CI}-i_{bI}\|\Psi^{X}+\|i_{CI}^{b}\|(1-\eta_{aI})]\}^{-1}\eta_{i3}\eta_{i4}$	$\{1+\|i_{IC}\|[\|i_{CI}-i_{bI}\|\Psi^{X}+\|i_{CI}^{b}\|(1/\eta_{aI}-1)]\}^{-1}\eta_{i3}\eta_{i4}$

5. HMCVT 效率计算流程

HMCVT 属于闭式行星齿轮传动，当排量变化时，传动比、各路功率流的大小都发生变化，并可能出现功率循环。同时，泵-马达液压系统效率也随着转速、压力和排量变化，而这些量又随发动机输入功率和变速器传动比变化，结果使各物理量之间耦合较强，在传动效率的计算中必须按照合理的步骤进行。通过前述分析，可总结出 HMCVT 效率计算流程如图 4.12 所示。

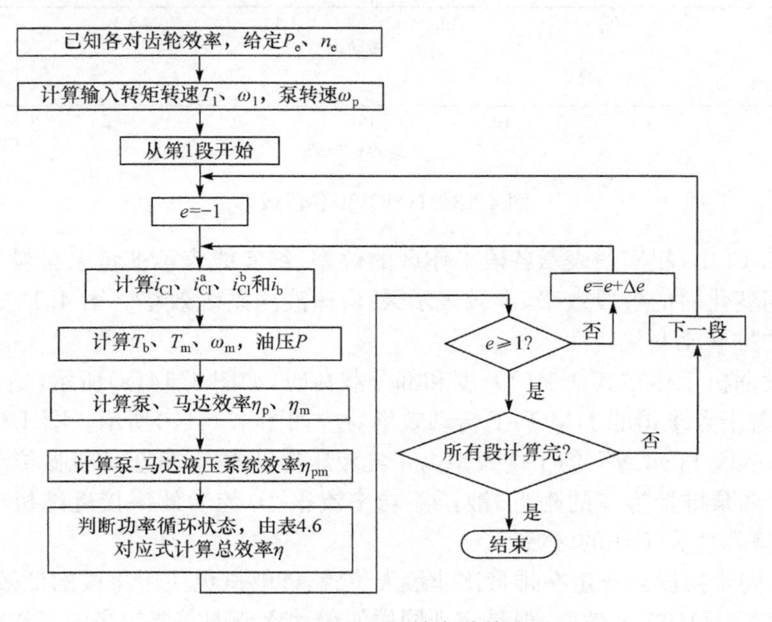

图 4.12　HMCVT 效率计算流程

6. 多段 HMCVT 效率计算结果分析

依照上述算法，能够计算出在任意给定输入功率下，对应各传动比和行驶速度的多段 HMCVT 效率。当发动机工作在额定工作点时，前进方向各段效率特性如图 4.13 所示。

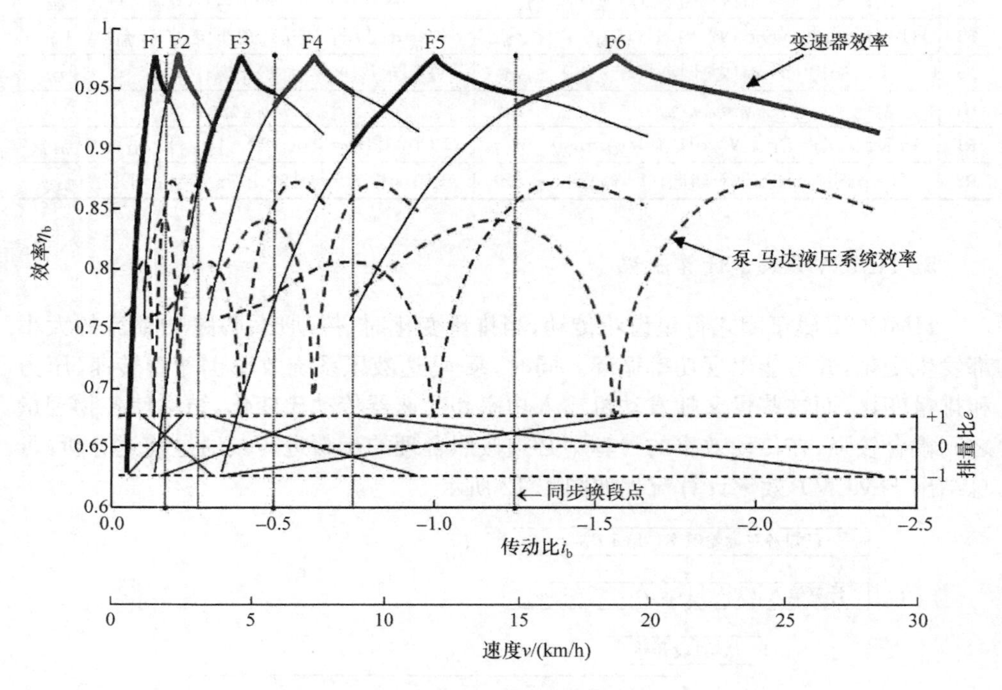

图 4.13 HMCVT 各段效率

图 4.13 中，粗实线表示各段工作区的效率，细实线表示变量泵排量比在正负极限之间变化时的各段效率，虚线表示泵-马达液压系统效率。图 4.13 表明了对应各段的排量比变化特性。

当发动机工作在其他油门开度和部分载荷时，如图 4.14(a)所示，划分出 9 个区，选定若干点求得的 HMCVT 传动效率对应如图 4.14(b)所示。图 4.14 表明：

(1) 多段 HMCVT 的平均效率高于纯液压传动效率，低于纯机械传动效率。

(2) 在泵排量为零的附近，液压路功率流很小，传动效率接近纯机械传动效率，是变速器优先工作的区域。

(3) 同步换段点选定在排量比非最大位置，能够避免使用每段的低效率区，从而提高多段 HMCVT 效率，但是实现同样的传动比范围需要较多的工作段数。

(4) 在 5～11km/h 的常用车辆作业速度区，多段 HMCVT 传动效率较高。

(5) 在发动机转矩较小时，HMCVT 传动效率明显下降，在发动机的正常转速范围内，转速变化对效率的影响不大。因此，当发动机工作在额定工作点附近时，多段 HMCVT 传动效率可统一用额定工作点的效率代替。

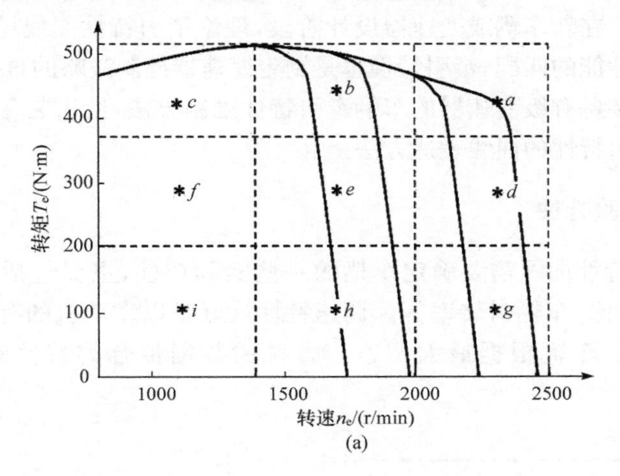

(a)

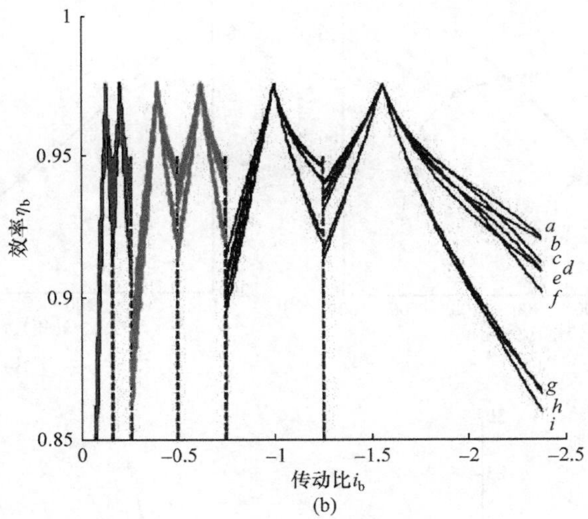

(b)

图 4.14　发动机在不同工作区域时的 HMCVT 效率

4.4　无级变速车辆牵引特性研究

车辆牵引特性通常用牵引特性曲线表示。车辆理论牵引特性曲线是指，在某种土壤条件下，车辆在水平地段上稳定工作时，其牵引性和燃料经济性的指标随水平载荷变化的规律，也就是车辆滑转率、实际速度、牵引功率、小时油耗量和比油耗随挂钩牵引力变化的关系曲线。

理论牵引特性曲线把车辆的各项牵引性和燃料经济性指标综合在一起，比较全面地反映出车辆的各种性能之间的关系，可用以分析、比较、评价车辆的牵引性和燃料经济性。在新车辆或变速器设计阶段，理论牵引特性曲线可用来分析变速器与车辆传动性能的匹配，牵引特性也是制定变速器控制策略的重要依据。

本节根据装备有级变速器的车辆牵引特性绘制方法，给出装备多段 HMCVT 的车辆理论牵引特性的曲线表达方法。

4.4.1 车辆试验特性

绘制牵引特性曲线需要确定车辆的一些实际特性，主要包括发动机调速特性、变速器传动比、车辆滑转率等。调速特性最好是以发动机的有效转矩为自变量的特性曲线。车辆根据最大调速位置试验数据拟合的特性曲线如图 4.15 所示。

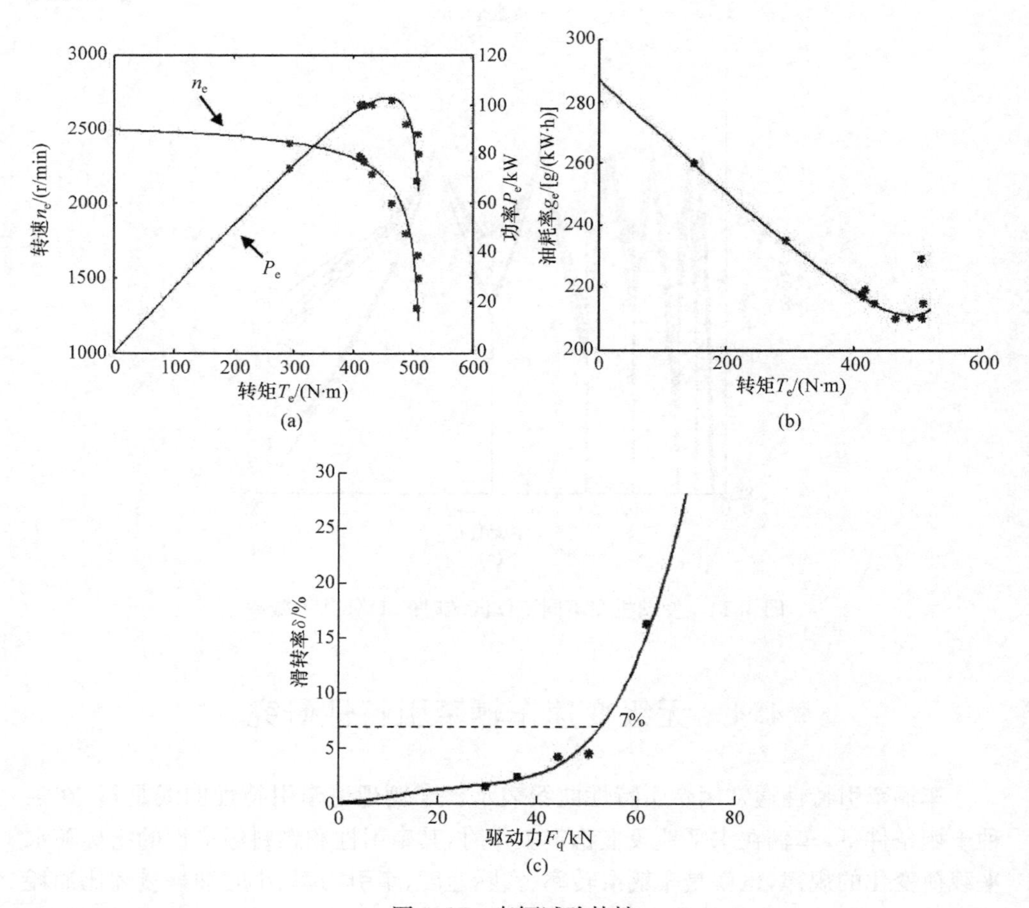

图 4.15 车辆试验特性

转矩-转速特性曲线拟合方程为

$$n_e=2650-\frac{150}{\left(1-\frac{T_e}{520}\right)^{4/7}} \tag{4.45}$$

式中，T_e 为发动机转矩，N·m。

转矩-功率特性曲线拟合方程为

$$P_e=\frac{T_e}{9.55}\left[2650-\frac{150}{\left(1-\frac{T_e}{520}\right)^{4/7}}\right] \tag{4.46}$$

转矩-油耗率特性曲线拟合方程为

$$g_e=\frac{20}{\sqrt{2-\frac{T_e}{290}}}-\frac{T_e}{5}+273 \tag{4.47}$$

式中，g_e 为发动机油耗率，g/(kW·h)。

标准试验工况的车辆滑转率特性曲线拟合方程为

$$\delta=0.625F_q+1700\exp\left(-\frac{6\times10^5}{F_q}\right) \tag{4.48}$$

式中，δ 为滑转率；F_q 为车辆驱动力，N。

这些拟合方程的精度与用最小二乘法拟合的效果基本相等，而变化趋势优于后者。

4.4.2　车辆牵引效率

车辆牵引效率反映发动机有效功率转换为车辆牵引功率的能力，是评价车辆牵引附着性能的一个综合指标。图 4.16 为车辆动力传递关系图。牵引效率等于车辆牵引功率和相应的发动机功率的比值，即

$$\eta_T=\frac{P_T}{P_e}=\frac{P_q}{P_e}\frac{P_T}{P_q}=\eta_c\eta_x=\eta_b\eta_z\eta_l\eta_\delta\eta_f \tag{4.49}$$

式中，η_T 为车辆牵引效率；P_q、P_T 分别为车辆驱动功率和牵引功率，W；η_c 为传动系效率；η_x 为行走系效率；η_z 为中央传动和轮边传动总效率；η_l 为履带驱动段效率；η_δ 为滑转效率；η_f 为滚动效率。

车辆驱动功率为

$$P_q=T_q\omega_q \tag{4.50}$$

式中，T_q 为驱动轮转矩，N·m；ω_q 为驱动轮转速，rad/s。

车辆牵引功率为

$$P_q=F_Tv \tag{4.51}$$

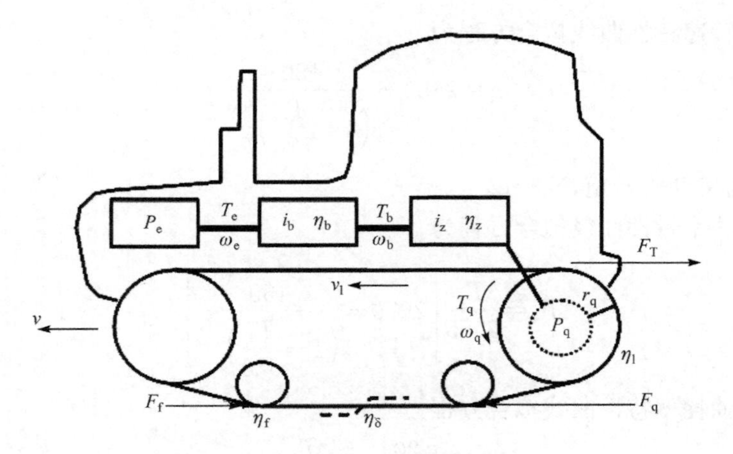

图 4.16 车辆动力传递关系图

式中，F_T 为车辆牵引阻力，N。

车辆传动效率为

$$\eta_c = \frac{P_q}{P_e} = \frac{T_q \omega_q}{T_e \omega_e} = \eta_b \eta_z \tag{4.52}$$

驱动轮转矩为

$$T_q = \eta_c \frac{i_z T_e}{i_b} \tag{4.53}$$

驱动轮转速为

$$\omega_q = \frac{i_b \omega_e}{i_z} \tag{4.54}$$

车辆行走系效率为

$$\eta_x = \frac{P_T}{P_q} = \eta_l \eta_\delta \eta_f \tag{4.55}$$

车辆滚动效率为

$$\eta_f = 1 - \frac{F_f}{F_q} \tag{4.56}$$

式中，F_f 为车辆滚动阻力，N。

车辆驱动力为

$$F_q = \eta_l \frac{T_q}{r_q} \tag{4.57}$$

车辆滑转效率为

$$\eta_\delta = \frac{v}{v_l} = 1 - \delta \tag{4.58}$$

式中，v_l 为车辆理论速度，m/s。

$$v_l = \omega_q r_q \tag{4.59}$$

车辆挂钩牵引力为

$$F_T = F_q - F_f \tag{4.60}$$

分析表明，由于 HMCVT 传动效率随传动比、输入转速和转矩变化，η_δ、η_f 随着驱动力变化，车辆牵引效率将随驱动力在较大范围内变化，从而使牵引特性的计算复杂化。

当 HMCVT 在最高效率传动比下工作时，车辆牵引效率如图 4.17 所示。由于 η_δ、η_f 的特性，牵引效率有一个最大值 η_{Tmax}，对应一个最有利的牵引力 $F_{T\cdot O}$。牵引效率在 $0.9\eta_{Tmax}$ 以上的牵引力范围 $F_{Tmin} \sim F_{Tmax}$ 是车辆适宜工作的牵引力范围。

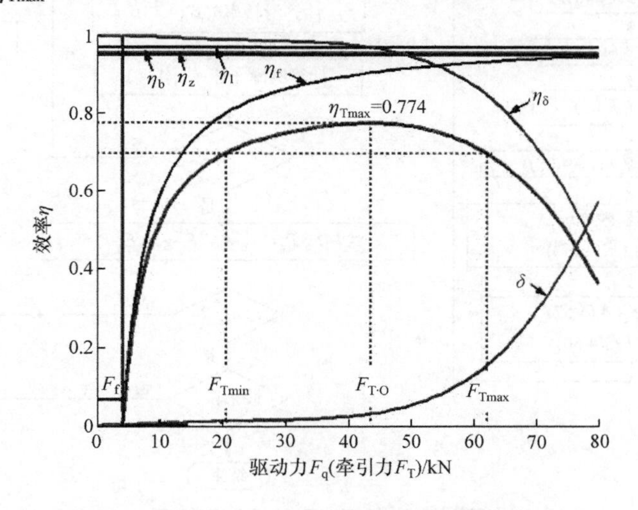

图 4.17　HMCVT 传动车辆牵引效率(最大值)

4.4.3　车辆牵引特性曲线

车辆牵引特性的计算流程图如图 4.18 所示，计算的要点如下：

(1) 将 HMCVT 的各工作段分段绘制，每一段中将传动比离散化。分段离散化有利于对照各段任意传动比下的牵引特性，也便于通过图示找到在同步换段传动比下，相邻两段对应牵引功率相等的发动机转速，确定牵引功率最大的无级变速规律。

(2) HMCVT 的效率不仅随载荷变化，也随输入转速变化，不能够根据驱动力直接求效率和牵引特性，因此应该首先给定发动机转矩 T_e，根据调速特性求 P_e、n_e 和 g_e，再求取对应传动比 i_b 下的 η_b，然后求 T_b、ω_b，以及 P_q、F_q、F_T、v，最后由求得的 F_q 建立给定 i_b 下的 F_q 与 P_e、g_e、P_T、v 的关系。

(3) 令发动机转矩从 0 变化到最大转矩 T_{emax}，计算 F_q，忽略 F_q 大于极限驱动力 F_{qmax} 部分的牵引特性计算值。F_{qmax} 取滑转率等于 17%时的 F_q 值。

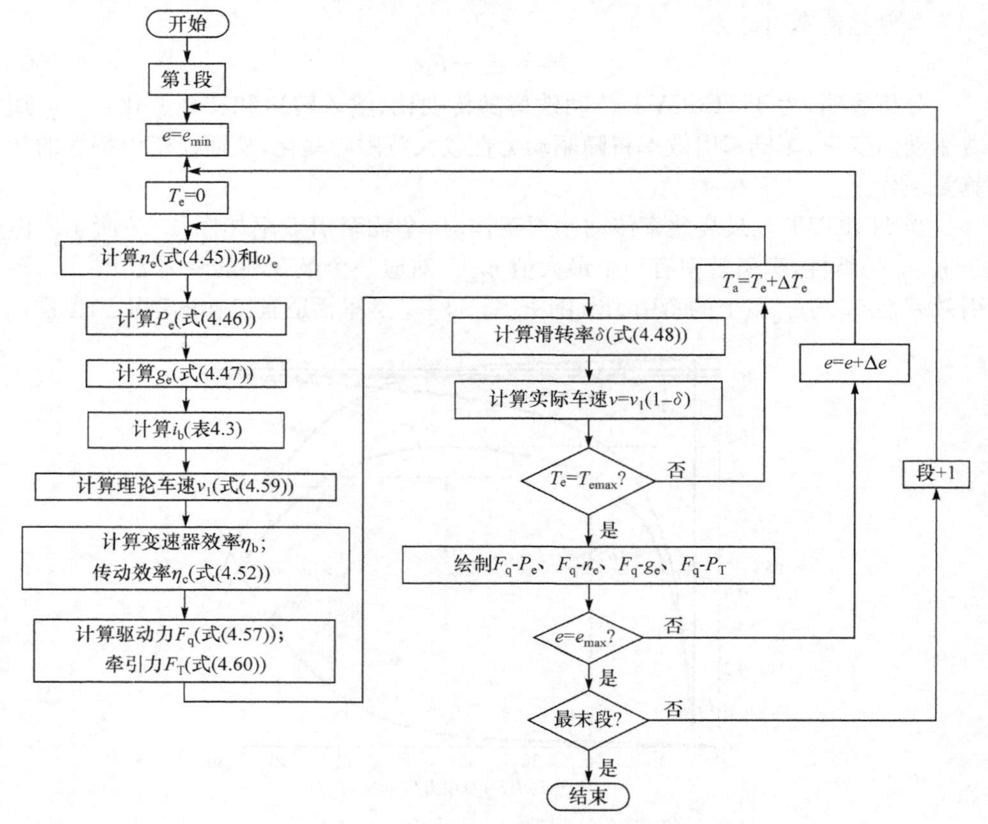

图 4.18　车辆牵引特性计算流程

装备多段 HMCVT 的车辆实际速度和牵引功率、发动机功率、转速、油耗率特性如图 4.19 所示，原有的有级变速传动车辆的牵引特性如图 4.20 所示，对照两图可知：

(1) 在使用的牵引力范围内，有级变速车辆仅能在部分范围内得到大的牵引功率，而装备 HMCVT 的车辆，在整个主要工作区域内都能得到较大的牵引功率。由此说明 HMCVT 能够满足车辆的装机要求，在使用的牵引力范围内保证了较高的牵引效率，实现了 HMCVT 与车辆的良好匹配。

(2) F1、F2 段在车辆最大附着力范围内，提供的牵引功率小于其他段，因此在牵引工况下应避免使用。

(3) 受 HMCVT 效率变化的影响，在相同牵引力下，不同传动比的牵引功率仍有差别，因此有必要通过建立合适的控制策略控制传动比的变化，提高车辆牵引性能。

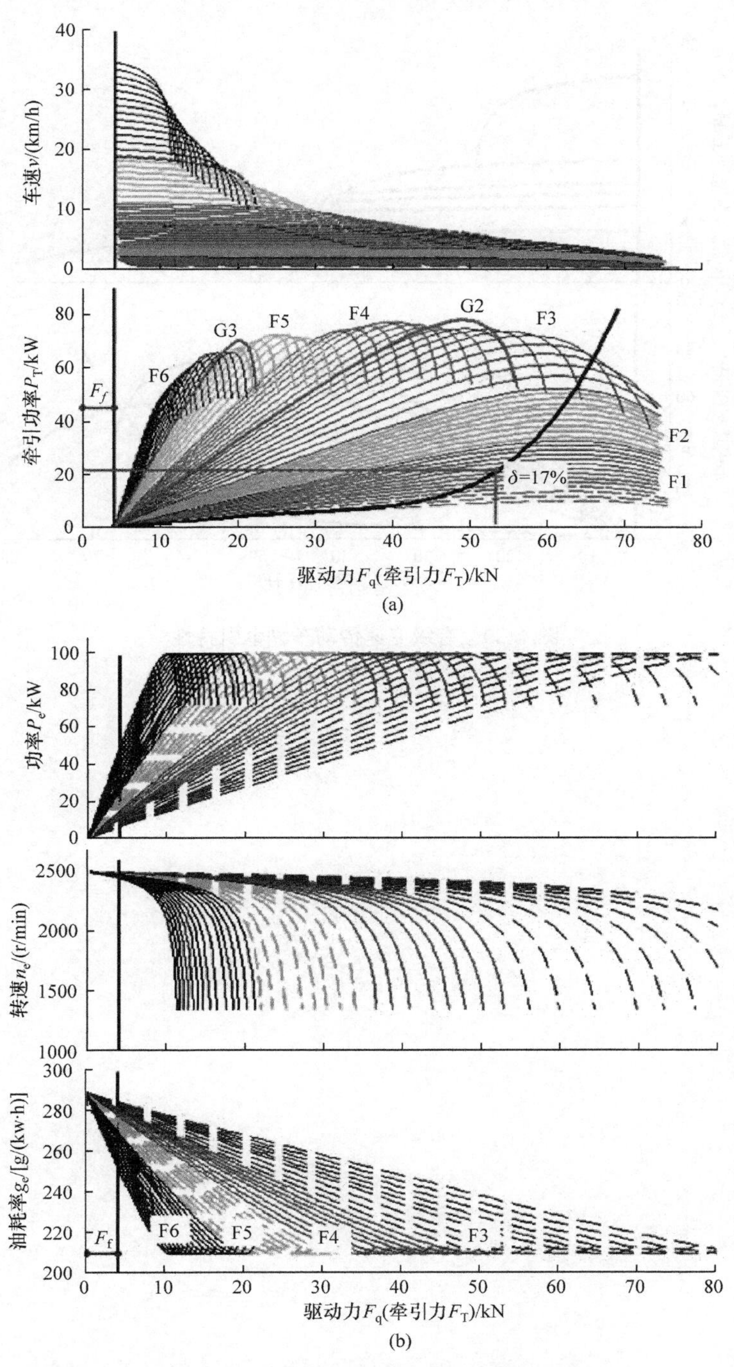

图 4.19　HMCVT 传动车辆牵引特性

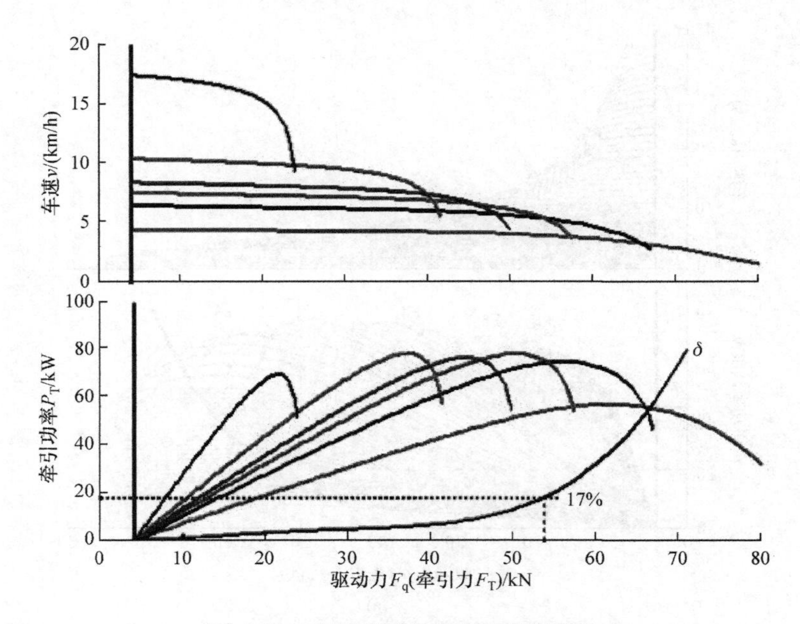

图 4.20　有级变速传动车辆牵引特性

第5章　液压机械无级变速动力传动系建模与控制仿真

研究人员一直在寻找新方法来提高车辆性能,将电控技术应用于动力传动系是主要的发展方向。在对动力传动系开发设计时,对系统特性进行有效的预测是系统设计的基本方法。建立动力传动系模型并进行仿真研究,是改进控制器设计,提高动力传动系统性能的有效途径。

本章以某车辆为应用实例,研究在牵引直驶工况下配置 HMCVT 的车辆动力传动系的建模理论和控制仿真方法;建立的模型包括全程调速发动机模型、多段 HMCVT 模型、行走系统模型和载荷模型;以开发 HMCVT 控制系统为应用目的,重点研究多段 HMCVT 数学模型的建立方法,包括多段 HMCVT 的自动控制系统模型;应用 MATLAB/Simulink 工具对 HMCVT 的无级变速及换段自动控制过程的动态特性进行时域仿真,为 HMCVT 控制系统的开发以及各种无级变速规律和控制策略的快速验证、控制算法优化设计奠定基础。

自动控制仿真模型主要按照发动机最佳动力性和经济性要求的无级变速规律建立。

5.1　建模理论和方法

针对不同的研究对象、研究目标和应用领域,有许多相关建模理论和方法。

1. 模型分级

模型的结构和精确程度应由研究目标决定。一个非常详细的模型,如果不满足目标要求,或者与仿真中的其他模块不匹配,也不是最好的模型。由于存在简化,实际上模型都存在某种程度的误差。因此,为了实现建模目标,获取系统的动态特性,模型精确程度是应考虑的关键因素。同时,在精度等级和计算速度之间折中也是必要的。

动力传动系的模型的详细程度通常可以分为三个级别。第一级是基于数表来表达模型,这一级的精确程度最低,但具有快速计算变量的优点。例如,发动机的指示转矩可以用油门开度和发动机转速的表格函数表示。表中的数值典型地来自于实验或其计算数据,但是也可以通过数学关系离线计算,类似的方法也可以应用于其他变量。

第二级通常是用平均值方法表达模型,属于中等精度等级。它应用一阶微分方程、延迟函数和非线性代数方程等建立动力传动系部件或子系统模型。它比数表更详细,同时计算速度较快。由于计算快,平均值模型常用于动力传动系的实时控制。

第三级是为了满足更多的仿真目标,在工程上广泛需要的是详细和复杂的动力传动模型。具有高精度的详细动力传动模型可以有多种形式,除了应用刚体动力学、气体动力学、计算流体动力学和热力学等的详细模型外,也可以包含查找表或经验函数。这一级模型的目标是获取一个或多个子系统,甚至整个系统的详细动力学特性。

以多段 HMCVT 的控制为目标,针对多段 HMCVT 建立详细的动力学模型和控制系统模型。

2. 分层模块化方法

在动力传动系的建模中,应用分层次、模块化和体现因果关系的方法是一种有效手段。动力传动系模型的层次结构将系统的物理结构细分成各种级别或模块,以便把注意力集中在现在感兴趣的级别上。近年来,研究者常常选择 MATLAB/Simulink/Stateflow 软件表达模型。该软件中,在当前级别上选择相关的模块就可以了解更为详细的内容。其最基本的模块是 MATLAB 函数、查找表、S 函数、Simulink 算法和逻辑操作。建模时,将全部系统模型都设计出来,并将成组的要素放置在一起,避免在任一特定级别上有过于详细的模块,以便于尽可能紧凑地配置出实际动力系统的结构。

除了分层次结构以外,动力传动系建模也应用模块化布局来增强系统仿真的多功能性。在模块的级别结构和互联关系的定义上要有更多的考虑,以便在尽可能少地改变结构的情况下,实现仿真时不同精度模块的互相替换。目的是通过在某特定要素的几个模型中选择一个模块或改变它的设计参数,能够使用户研究该要素对其他部分或系统的影响。在动力传动系的建模仿真中,这种灵活性和模块化是非常有益的。

在任何动力学建模中,考虑各个互联模块之间输入输出变量的因果关系是非常重要的,在用于动力学仿真的软件包中允许自由配置模块,但是要素间的因果关系如果不协调将出现代数环,从而造成仿真运行速度极慢。如果了解对象的物理因果关系,则调整输入输出变量就能够消除代数环。

3. 动力学理论基础

车辆动力传动系不仅包括发动机、离合器、变速器、差速器、行走机构,也涉及地面环境因素等,建立完善的系统模型将应用到多学科的动力学理论。作为以刚体构件和机构为主的机械传动系，以牛顿动力学定理为基础的刚体动力学是建模理论的基础。

对于发动机，有面向传动应用的简单平均值模型和面向发动机控制的考虑气缸特性的复杂模型，后者建模还要应用燃烧学、热力学和气体动力学基础理论。

变速器的构成包括行星齿轮、盘式或带式离合器、精细的液压控制系统等。对于无级变速传动，还包括金属带、液压系统、发电机-电动机机组等无级变速环节，可构成多功率流混合动力传动系。除了刚体动力学外，计算流体动力学、电机学、有限元方法等也是主要的理论基础。键合图方法采用统一的动力变量，数学模型规则化，对建立机电液一体化动力系统的模型是有效的方法。杠杆分析法由于能够简化复杂机械结构和表现直观，在行星传动的建模中也得到了应用。

在车辆动力传动系的建模和控制仿真中，车辆纵向动力学特性和其载荷特性也是考虑的重要内容。通常要建立车辆总体动力学特性模型，建模中要应用空气动力学、土壤-行走机构力学、车辆牵引理论等。

4. 建模仿真软件平台

随着计算机软硬件技术的发展，建模仿真软件平台也在不断更新。C/C＋＋语言以其快速计算能力、便捷的编程方法和良好的图形表达手段，成为建模仿真的基础计算机语言。而一些具有图形编程功能的商业仿真软件包的应用，对动力传动系的建模仿真起到了加速发展的作用，如 MATLAB/Simulink、AMESim、ADAMS、LabVIEW、EASY5、Matrix/SystemBuild 等软件包。MATLAB/Simulink 作为通用的建模仿真软件，模块丰富、功能完善且接口方便，在各个领域应用都极其广泛。AMESim 是法国 Imagine 公司推出的专用于液压/机械系统的建模仿真软件，在汽车、液压领域应用广泛。ADAMS 是由美国通用动力公司推出的机械系统动力学分析软件，在虚拟样机开发中应用方便，该软件也提供了与 MATLAB 等仿真软件的接口功能。LabVIEW 作为虚拟仪器开发的通用软硬件平台，对硬件接口处理方便可靠，具有实时仿真的强大功能，在构造硬件在环动力传动仿真系统时具有独特的优势。

5. 硬件在环仿真原理

变速器的控制系统现在主要应用开环测试装置和原型车辆来开发和测试。为了确保控制系统的鲁棒性，最终系统的验证也主要在各种环境条件下的原型车辆上完成。对于硬件和原型车辆，因为成本很高，在控制系统开发的早期阶段也很少应用。硬件在环(HIL)系统在变速器和动力传动控制系统的开发中表现为很有价值的工具，许多文献给出了 HIL 配置的描述。虽然 HIL 仿真器不能避免对传统测试方法的需要，但它允许开发者在可重复的实验室环境下测试系统，能在开发早期快速识别和解决存在的问题。

以变速器控制器的 HIL 仿真模型为例，组成如图 5.1 所示。仿真计算机中，硬件配置有标准模拟和数字 I/O 接口、通信接口等。软件包括变速器的电磁阀逻辑、离合器逻辑、挡位选择逻辑和齿轮传动动力学模块，也包括发动机特性、变矩器特性、载荷特性等模型软件和 I/O 处理软件。计算机根据电磁阀通断输入信号和驾驶员的选择信号确定传动挡位，传动动力学模块根据挡位信息，并结合变矩器转矩、车轮和发动机转速决定输出传动轴转矩转速和变矩器转速。变速器控制器则通过 CAN 总线和 I/O 接口获取车辆状态和数据信息，根据变速控制规律和策略输出换挡信号。

一些商品化的 HIL 仿真系统在汽车、航空航天等领域得到了应用，如德国 dSPACE 公司提供的 HIL 仿真工具已得到了广泛应用。

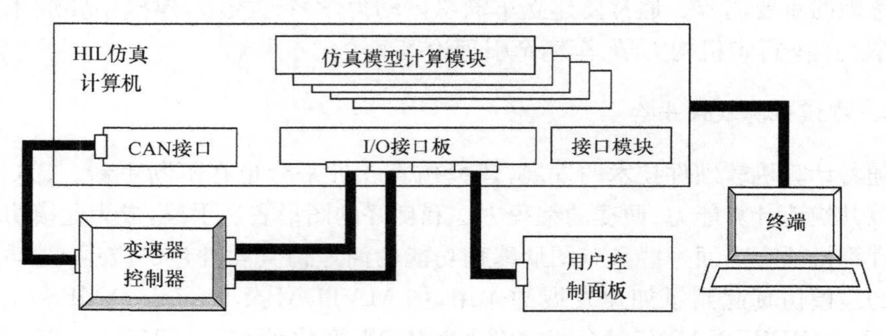

图 5.1　变速器控制器 HIL 仿真系统

5.2　液压机械无级变速动力传动系组成

典型的车辆动力传动系的组成主要包括柴油发动机、主离合器、变速器、由中央传动和最终传动构成的主传动，以及履带或轮胎行走机构，如图 4.4 所示。由于多段 HMCVT 的湿式摩擦离合器可以代替车辆主离合器的作用，在液压机械无级变速动力传动系组成中，取消了主离合器，变速器则由多段 HMCVT 替代。此外，农具对动力传动系形成载荷阻力，是变速器控制系统工作的主要影响因素，因此在液压机械无级变速动力传动系的组成中，把农具作为牵引载荷部分包括在内。

液压机械无级变速动力传动系的组成如图 5.2 所示，包括 6 个主要组成部分。后述将围绕各部分建模并进行多段 HMCVT 控制仿真研究。

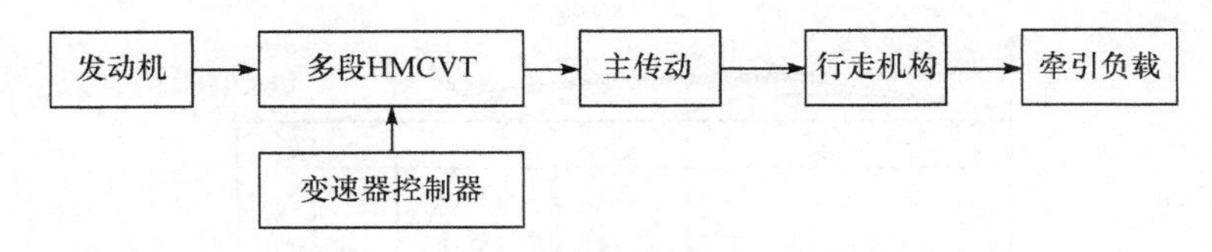

图 5.2　液压机械无级变速动力传动系组成

5.3　发动机模型

带有全程式调速器的柴油发动机广泛应用于农业车辆和工程机械车辆中。发动机模型开发通常有两种方法。一种方法是根据发动机结构并基于热力学、流体动力学和机械动力学建立其静态和动态模型，这种方法通常用于发动机的应用性能研究和动态特性分析，模型通常具有高度非线性，并包含大量的参数，建模难度大。基于这种模型的控制器设计复杂，也难以在实时控制仿真中使用。另一种方法是局部线性化，通常在不同的工作区段或操作点对非线性模型线性化处理，用于在车辆动力传动系研究中代替发动机特性。这种模型不仅存在着较大的误差，而且往往微分不连续，造成动态仿真时出现信号突变或奇异点。例如，外特性用样条曲线，调速段用直线存在微分不连续的交点；围绕部分点分区线性化，存在区间过渡处不连续；为了使区间过渡处连续，又导致线性化模型复杂化等。

把发动机和调速器作为整体对象，用一组简单曲线函数叠加，构造一个全范围连续的两变量函数，以表示柴油发动机转矩随油门开度和发动机转速而变化的调速特性模型，这种模型既能反映发动机外特性，又能反映满负荷调速特性和部分负荷调速特性，各部分特性曲线连续过渡，在车辆动力传动系的数字仿真中可作为连续的柴油机调速特性模型应用。

5.3.1　静态调速特性模型

柴油发动机的调速特性由外特性和调速特性构成，外特性是以发动机最大输出转矩为极值的单峰曲线，调速特性为随不同油门开度变化的近似直线，两特性曲线连续过渡。建模中应该充分保证额定工作点、最大转矩点、最高空载转速点、怠速点、调速特性的斜率。

如图 5.3 所示，在连续性静态调速特性模型中，取直线 1 和正弦曲线 2 叠加构成近似外特性部分曲线 4，由曲线 4 减去双曲线 3 构成调速特性，并对外特性曲线进行修正。三条曲线的叠加组成连续的柴油发动机调速特性数学模型。对于不同油门开度，外特性基本一致，但调速特性不同，根据油门开度对曲线 3 调整，就组成了不同油门开度对应的发动机调速特性。

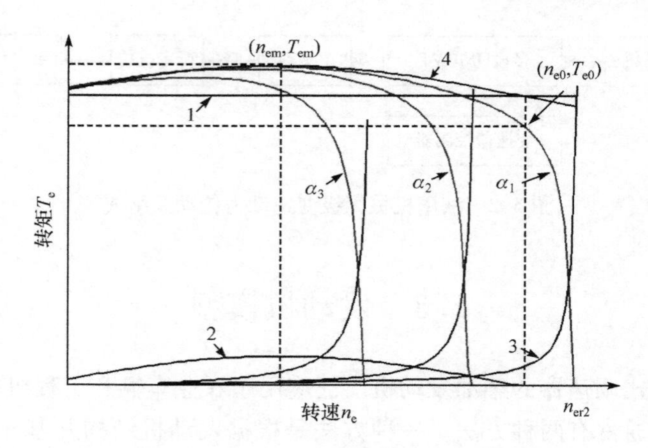

图 5.3　调速特性模型

图 5.3 中，直线 1 为数值不随发动机转速、油门开度变化的常数函数，其数值等于发动机最大转矩和额定工作点转矩的平均值再加上一个修正量 $2b$，b 为调速特性斜率的修正系数。

$$T_1=\frac{T_{em}+T_{e0}}{2}+2b \tag{5.1}$$

式中，T_{em} 为发动机最大转矩，N · m。

为保证最大转矩点和额定工作点位置，正弦曲线 2 在最大转矩对应转速点为峰值，在额定转速点为 0 值，当转速从最大转矩点变化到额定点时，正弦函数从 $\pi/2$ 变化到 π。正弦曲线的幅值等于最大转矩和额定工作点转矩差值的一半，由此得出其函数为

$$T_2(n_e)=\frac{T_{em}-T_{e0}}{2}\sin\left[\frac{\pi}{2}\left(1+\frac{n_e-n_{em}}{n_{e0}-n_{em}}\right)\right] \tag{5.2}$$

式中，n_{em} 为发动机最大转矩对应转速，r/min。

双曲线 3 不仅随着转速变化，还随着油门开度变化，构成函数为

$$T_3(n_e,\alpha)=\frac{bn_{e0}}{\alpha(n_{emax}-n_e)} \tag{5.3}$$

式中，n_{emax} 为对应油门开度的发动机最高空载转速，r/min，是油门开度的函数。b 根据最大油门开度对应的调速特性曲线的平均斜率进行调整，数值在 1～10 的范围内，数值越大，调速特性曲线越陡。

油门开度经归一化处理，$\alpha=0$、1 分别对应发动机的怠速和最高空转转速，式(5.3)中

$$n_{emax}(\alpha)=n_{er1}+(n_{er2}-n_{er1})\alpha^c \tag{5.4}$$

式中，n_{er1} 为发动机怠速转速，r/min；n_{er2} 为发动机最高空转转速，r/min。对于线性

调速器 $c=1$,非线性调速器 $c=0.5$。

综上所述,连续性柴油发动机调速特性静态数学模型为

$$T_e(n_e,\alpha)=T_1+T_2(n_e)-T_3(n_e,\alpha)$$

即

$$T_e(n_e,\alpha)=\frac{T_{em}+T_{e0}}{2}+2b-\frac{bn_{e0}}{\alpha(n_{emax}-n_e)}+\frac{T_{em}-T_{e0}}{2}\sin\left[\frac{\pi}{2}\left(1+\frac{n_e-n_{em}}{n_{e0}-n_{em}}\right)\right] \tag{5.5}$$

上述模型由典型的正弦函数和双曲线函数组成,在数值仿真和实时控制中都容易用计算机实现。特别是模型中的主要参数能够根据试验获得的典型数据直接求得,降低了建模难度。模型在油门开度较小时,误差较大,但车辆主要工作于中高速区域,该区域模型与实际调速特性匹配精度较高。在模型函数中加修正项 $\frac{bn_{e0}}{(n_{er2}-n_{er1})\alpha^2}$,可以进一步改善低速区调速特性。

建模时要根据调速器特性确定 c 值,然后根据实验数据并取较小的 b 值代入式(5.4)、式(5.5)建立发动机的静态模型,再绘图与试验曲线比较,调整 b 值到合理值。

利用上述原理建立的车辆配套的 LR6105ZT10 型柴油发动机调速特性静态模型为

$$n_{e\max}(\alpha)=800+1680\alpha \tag{5.6}$$

$$T_e(n_e,\alpha)=490+48\sin\left[\frac{\pi}{2}\left(1+\frac{n_e-1500}{800}\right)\right]-\frac{4.5\times 2300}{\alpha(n_{emax}-n_e)} \tag{5.7}$$

图 5.4 为不同油门开度时的模型计算值与试验值。表 5.1 列出了反映模型计算值与实际值匹配效果的曲线相关系数 R,表明在油门开度大于 0.4(在归一化区间)时,模型与实际特性有较好的一致性。

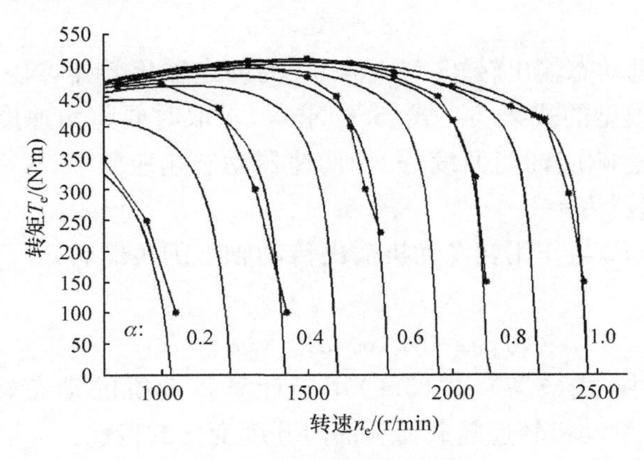

图 5.4　发动机调速特性

表 5.1 模型计算值与实际值的相关系数 R

油门开度 α	0.2	0.4	0.6	0.8	1.0
相关系数 R	0.7929	0.9184	0.9666	0.9379	0.9857

5.3.2 动态调速特性模型

发动机处于动态工作状态时，曲轴转速有波动，发动机将消耗部分转矩用于克服惯性载荷及其他阻尼载荷，同时调速器和转矩矫正器的动作由于惯性的影响滞后于转速的变化，使供油齿条的位置和供油量不能与发动机的瞬时转速相适应。因此，发动机的动态调速模型必须考虑发动机运动部分的惯性载荷、阻尼载荷以及调速器惯性等因素的作用。采用图 5.5 所示模型表示发动机的动态特性。

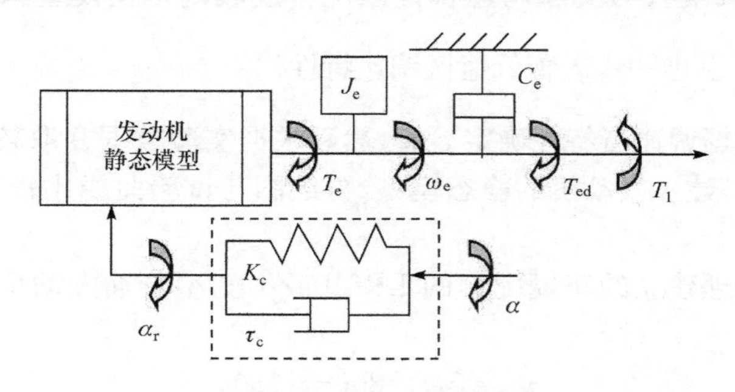

图 5.5 发动机动态模型

模型用等效转动惯量 J_e 和等效黏性阻尼 C_e 反映动态转矩下降因素，用由动态刚度和动态阻尼构成的一阶惯性环节反映调速器对调速手柄位置的动态响应。发动机的动态调速特性模型可表示为

$$T_{ed}(\omega_e,\alpha_r)=T_e(\omega_e,\alpha_r)-J_e\dot{\omega}_e-C_e\omega_e \tag{5.8}$$

$$\tau_c\dot{\alpha}_r+K\alpha_r=\alpha \tag{5.9}$$

式中，T_{ed}为发动机动态输出转矩，N · m；T_e 为静态输出转矩，N · m，由表示发动机静态调速特性模型的式(5.5)、式(5.6)求得，求取时要将角速度换算为转速；α_r 为调速器实际动态响应油门开度；τ_c 为调速器动态响应阻尼；K 为调速器动态响应刚度，机械调速器 $K=1$。

动态平衡时，T_{ed}与作用在发动机输出传动轴上的负载转矩 T_1 相等，式(5.8)可表示为

$$J_e\dot{\omega}_e=M_e(\omega_e,\alpha)-C_e\omega_e-M_l \tag{5.10}$$

在实际应用中，式(5.8)、式(5.9)用于计算发动机的动态转矩，式(5.10)、式(5.9)用于计算发动机转速随载荷和油门开度变化的特性。

J_e、C_e、τ_c 的理论计算误差较大，通常由发动机台架试验结果与数值仿真对比

修正求得，如 LR6105ZT10 型发动机，$J_e = 1.2\text{N} \cdot \text{m} \cdot \text{s}^2$，$C_e = 0.1\text{N} \cdot \text{m} \cdot \text{s}^2$，$\tau_c = 0.1$。

5.3.3　仿真结果与试验结果对比分析

为了验证发动机数学模型的有效性，采用突然加载和突然改变油门开度的方式，给发动机施加阶跃变化输入信号，对发动机的动态调速特性分别进行台架试验测定和数值仿真。

1. 油门开度阶跃调整输出响应

油门开度初始设定在归一化区间(0,1)范围内的 60%处，利用测功机加载，负载转矩为 350N · m，对应实际转速为 1690r/min。在保持载荷值固定不变的情况下，将油门开度瞬时调整到 70%位置，阶跃增量 $\Delta\alpha$ 为 10%。发动机转速动态响应的测量值和仿真值对比如图 5.6 所示。图 5.6 也表示出发动机转矩的仿真值。结果表明仿真值与测量值基本一致，而且发动机的动态仿真转矩曲线连续变化，没有不连续型模型通常产生的奇异畸变现象。

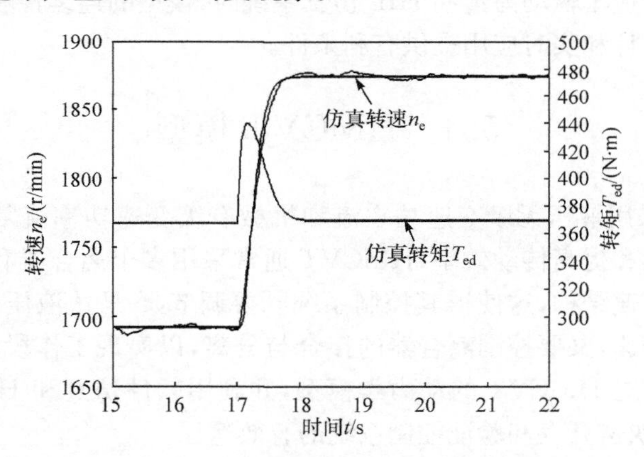

图 5.6　油门开度阶跃增大时的动态响应

2. 载荷阶跃扰动输出响应

油门开度为 60%保持不变，发动机初始载荷为 350N · m，对应实际初始转速为 1690r/min。利用测功机快速对发动机加载，负载转矩增量为 50N · m，发动机转速的动态响应测量值与仿真计算值对比如图 5.7 所示，仿真值与试验值匹配较好。

上述分析、仿真和试验结果表明由简单曲线函数叠加构成的柴油发动机连续性调速特性模型，可以由实测发动机调速特性典型点的数据方便快捷地直接求出

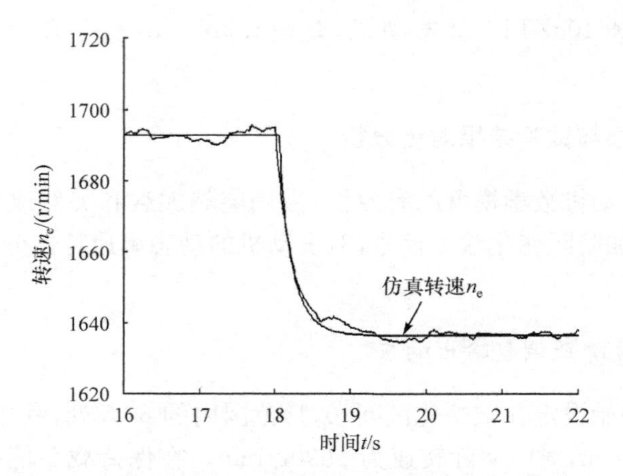

图 5.7 载荷扰动下的发动机转速动态响应

模型的主要参数，在表示发动机调速特性的静态和动态特性时具有有效性。尤其在调速手柄处于经常工作的中高速位置时有较高的准确性。在用电动机代替发动机作为动力源构造车辆动力传动 HIL 仿真系统时，模型的连续性和简单函数结构将为控制器的设计和实时应用提供有利条件。

5.4 HMCVT 模型

HMCVT 采用液压无级变速功率流和机械有级变速功率流复合传动。为了扩大传动比范围和提高传动效率，HMCVT 通常采用多个离合器和行星机构组成多段连续无级变速结构，这使得其控制系统既要调节泵-马达液压系统排量比，以实现段内无级变速，又要控制离合器的接合与分离，以实现工作段的切换，控制复杂困难。通过建立 HMCVT 的动力学模型，并利用软件仿真和 HIL 仿真研究各种控制方法，是快速开发和验证控制系统的有效途径。

本节运用动力学原理和模块化方法，建立多段 HMCVT 的动力传动系和自动控制系统模型。HMCVT 模型以验证控制算法和实时 HIL 仿真应用为目的，希望在保真度较高的同时有较高的动态稳定性和计算速度，建模中必须舍弃次要因素。因为 HMCVT 传动系组件变形小、阻尼大，可忽略多数构件的弹性变形，模型简化为惯量-阻尼系统。

多段 HMCVT 通过不同离合器的接合，可形成多种复杂的行星机构分流或汇流传动。因此需要随着离合器接合状态的变化，建立接合成一体的各独立构件的动力学方程。为了便于与控制系统结合，建模中将 HMCVT 传动部分划分为传动轴系组件、变量泵-定量马达液压系统组件、离合器组件以及行星机构（PGT）组件等。

以多段 HMCVT 为例，模型如图 5.8 所示。图中虚线方框代表独立传动轴，T、ω、J、C 分别表示传动轴或组件的转矩、转速、等效转动惯量和等效阻尼系数，L 表示离合器，$L_1 \sim L_8$ 对应各离合器；下标中的数字对应各传动轴，下标 r、c、s 分别对应行星机构的齿圈、行星架和太阳轮，下标 p、m 分别对应变量泵和定量马达；$i_1 \sim i_8$ 表示各齿轮组传动比，$i_8 = i_3 i_4$；箭头表示各量的指定正方向。

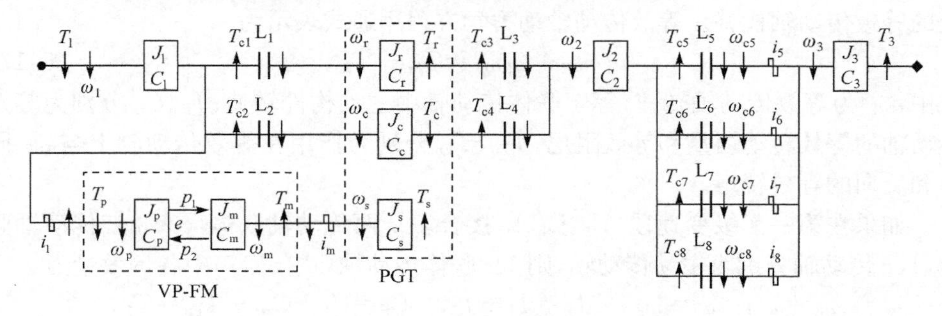

图 5.8　多段 HMCVT 动力学模型

5.4.1　传动轴系模型

根据离合器的接合状态，各传动轴包括独立转动和与其他传动轴连接的联体转动两种状态。为了减少模型的方程数目，固定齿轮传动的两传动轴也等效为同一传动轴，传动轴系模型由一组动力学方程构成。

1. 独立运动动力学方程

传动系统由传动轴和行星排组成，根据图 5.8 所示的动力学模型，可列出其各组成件的动力学方程。

传动轴 1 的动力学方程为

$$J_1 \dot{\omega}_1 + C_1 \omega_1 = T_1 - T_{c1} - T_{c2} - T_p / i_1 \tag{5.11}$$

传动轴 2 的动力学方程为

$$J_2 \dot{\omega}_2 + C_2 \omega_2 = T_{c3} + T_{c4} - T_{c5} - T_{c6} - T_{c7} - T_{c8} \tag{5.12}$$

传动轴 3 的动力学方程为

$$J_3 \dot{\omega}_3 + C_3 \omega_3 = T_{c5} i_5 + T_{c6} i_6 + T_{c7} i_7 + T_{c8} i_8 - T_3 \tag{5.13}$$

齿圈的动力学方程为

$$J_r \dot{\omega}_r + C_r \omega_r = T_{c1} - T_r - T_{c3} \tag{5.14}$$

行星架的动力学方程为

$$J_c \dot{\omega}_c + C_c \omega_c = T_{c2} + T_c - T_4 \tag{5.15}$$

太阳轮的动力学方程为

$$J_s\dot{\omega}_s+C_s\omega_s=T_m i_2-T_s \tag{5.16}$$

2. 联体运动动力学方程

由于离合器接合的组合状态多,存在有两传动轴、三传动轴或四传动轴接合一体运动,实际动力学方程数目繁多,因此联体在一起的传动轴可用等效到主动构件上的等效传动轴代替。等效传动轴动力学方程用通式表示为

$$J_E\dot{\omega}_E+C_E\omega_E=T_{Ep}-T_{En} \tag{5.17}$$

式中,ω_E 为等效传动轴转速,等于联体传动轴中主动构件转速;J_E、C_E 分别为等效传动轴的等效转动惯量和等效阻尼;T_{Ep}、T_{En}分别为作用在等效传动轴上与 ω_E 同向和反向的等效转矩。

如果在第一无级变速段,L_1、L_4、L_5 接合,1-r 两传动轴联体,c-2-3 三传动轴联体,1、c 传动轴分别为主动传动轴,则 1-r 联体传动轴,式(5.17)中各等效量为

$$\omega_E=\omega_1,\quad \omega_r=\omega_E,\quad J_E=J_1+J_r,\quad C_E=C_1+C_r,\quad T_{Ep}=T_1,$$
$$T_{En}=T_p/i_1+T_r+T_{c2}+T_{c3}$$

c-2-3 联体传动轴,式(5.17)中各等效量为

$$\omega_E=\omega_c,\quad \omega_2=\omega_E,\quad \omega_3=\omega_E/i_5,\quad J_E=J_c+J_2+J_3/i_5^2$$
$$C_E=C_c+C_2+C_3/i_5^2,\quad T_{Ep}=T_c+T_{c2}+T_{c3}+(T_{c6}i_6+T_{c7}i_7+T_{c8}i_8)/i_5$$
$$T_{En}=T_{c6}+T_{c7}+T_{c8}+T_3/i_5$$

在多段 HMCVT 中,离合器 L_1、L_2 为一组,L_3、L_4 为一组,L_5~L_8 为一组,为了避免传动干涉,各组中离合器不能有两个同时接合。离合器接合状态共 3×3×5=45 种,对应联体传动轴动力学方程的等效量见表 5.2,仿真时由这些方程可组合成所有状态的传动模块。

表 5.2 联体轴等效量计算式

<table>
<tr><th colspan="3">接合
离合器</th><th>联体
轴</th><th>主动
件</th><th>等效量(ω_E, J_E, C_E, T_{Ep}, T_{En})</th><th>St</th></tr>
<tr><td rowspan="3">L_1</td><td rowspan="3">L_3</td><td>L_5</td><td>1-r-2-3</td><td>1</td><td>$\omega_E=\omega_1$;$\omega_r=\omega_2=\omega_E$;$\omega_3=\omega_E/i_5$;$J_E=J_1+J_r+J_2+J_3/i_5^2$;$C_E=C_1+C_r+C_2+C_3/i_5^2$;$T_{Ep}=T_1+T_{c4}+(T_{c6}i_6+T_{c7}i_7+T_{c8}i_8)/i_5$;$T_{En}=T_{c2}+T_p/i_1+T_r+T_{c6}+T_{c7}+T_{c8}+T_3/i_5$</td><td>1</td></tr>
<tr><td colspan="4">L_6(或 L_7、L_8)结合时,联体轴与 St1 相同。各公式中,i_5 和 i_6(或 i_7、i_8)互换,T_{c5} 和 T_{c6}(或 T_{c7}、T_{c8})互换</td><td>2~4</td></tr>
<tr><td>0</td><td>1-r-2</td><td>1</td><td>$\omega_E=\omega_1$;$\omega_r=\omega_2=\omega_E$;$J_E=J_1+J_r+J_2$;$C_E=C_1+C_r+C_2$;$T_{Ep}=T_1+T_{c4}$;$T_{En}=T_{c2}+T_p/i_1+T_r+T_{c5}+T_{c6}+T_{c7}+T_{c8}$</td><td>5</td></tr>
</table>

续表

接合离合器			联体轴	主动件	等效量($\omega_E, J_E, C_E, T_{Ep}, T_{En}$)	St
L_1	L_4	L_5	1-r	1	$\omega_E=\omega_1$；$\omega_r=\omega_E$；$J_E=J_1+J_r$；$C_E=C_1+C_r$；$T_{Ep}=T_1$；$T_{En}=T_p/i_1+T_r+T_{c2}+T_{c3}$	6
			c-2-3	c	$\omega_E=\omega_c$；$\omega_2=\omega_E$；$\omega_3=\omega_E/i_5$；$J_E=J_c+J_2+J_3/i_5^2$；$C_E=C_c+C_2+C_3/i_5^2$；$T_{Ep}=T_c+T_{c2}+T_{c3}+(T_{c6}i_6+T_{c7}i_7+T_{c8}i_8)/i_5$；$T_{En}=T_{c6}+T_{c7}+T_{c8}+T_3/i_5$	
		L_6(或L_7、L_8)结合时，有两种联体轴，与 St6 相同。各公式中，i_5和i_6(或i_7、i_8)互换，T_{c5}和T_{c6}(或T_{c7}、T_{c8})互换				7～9
		0	1-r	1	同 St6	10
			c-2	c	$\omega_E=\omega_c$；$\omega_2=\omega_E$；$J_E=J_c+J_2$；$C_E=C_c+C_2$；$T_{Ep}=T_c+T_{c2}+T_{c3}$；$T_{En}=T_{c5}+T_{c6}+T_{c7}+T_{c8}$	
	0	L_5	1-r	1	同 St6	11
			2-3	2	$\omega_E=\omega_2$；$\omega_3=\omega_E/i_5$；$J_E=J_2+J_3/i_5^2$；$C_E=C_2+C_3/i_5^2$；$T_{Ep}=T_{c3}+T_{c4}+(T_{c6}i_6+T_{c7}i_7+T_{c8}i_8)/i_5$；$T_{En}=T_{c6}+T_{c7}+T_{c8}+T_3/i_5$	
		L_6(或L_7、L_8)结合时，有两种联体轴，与 St11 相同。各公式中，i_5和i_6(或i_7、i_8)互换，T_{c5}和T_{c6}(或T_{c7}、T_{c8})互换				12～14
		0	1-r	1	同 St6	15
L_2	L_3	L_5	1-c	1	$\omega_E=\omega_1$；$\omega_E=\omega_c$；$J_E=J_1+J_c$；$C_E=C_1+C_c$；$T_{Ep}=T_1+T_c$；$T_{En}=T_p/i_1+T_{c1}+T_{c4}$	16
			r-2-3	r	$\omega_E=\omega_r$；$\omega_2=\omega_E$；$\omega_3=\omega_E/i_5$；$J_E=J_r+J_2+J_3/i_5^2$；$C_E=C_r+C_2+C_3/i_5^2$；$T_{Ep}=T_{c1}+T_{c4}+(T_{c6}i_6+T_{c7}i_7+T_{c8}i_8)/i_5$；$T_{En}=T_r+T_{c6}+T_{c7}+T_{c8}+T_3/i_5$	
		L_6(或L_7、L_8)结合时，有两种联体轴，分别与 St16 相同。各公式中，i_5和i_6(或i_7、i_8)互换，T_{c5}和T_{c6}(或T_{c7}、T_{c8})互换				17～19
		0	1-c	1	同 St16	20
			r-2	r	$\omega_E=\omega_r$；$\omega_2=\omega_E$；$J_E=J_r+J_2$；$C_E=C_r+C_2$；$T_{Ep}=T_{c1}+T_{c4}$；$T_{En}=T_r+T_{c5}+T_{c6}+T_{c7}+T_{c8}$	

续表

<table>
<tr><th colspan="3">接合
离合器</th><th>联体
轴</th><th>主动
件</th><th>等效量(ω_E,J_E,C_E,T_{Ep},T_{En})</th><th>St</th></tr>
<tr><td rowspan="3">L_2</td><td rowspan="3">L_4</td><td>L_5</td><td>1-c-2-3</td><td>1</td><td>$\omega_E=\omega_1$；$\omega_c=\omega_2=\omega_E$；$\omega_3=\omega_E/i_5$；$J_E=J_1+J_c+J_2+J_3/i_5^2$；$C_E=C_1+C_c+C_2+C_3/i_5^2$；$T_{Ep}=T_1+T_c+T_{c3}+(T_{c6}i_6+T_{c7}i_7+T_{c8}i_8)/i_5$；$T_{En}=T_{c1}+T_p/i_1+T_{c6}+T_{c7}+T_{c8}+T_3/i_5$</td><td>21</td></tr>
<tr><td colspan="4">L_6(或L_7、L_8)结合时，联体轴与St21相同。各公式中，i_5和i_6(或i_7、i_8)互换，T_{c5}和T_{c6}(或T_{c7}、T_{c8})互换</td><td>22～24</td></tr>
<tr><td>0</td><td>1-c-2</td><td>1</td><td>$\omega_E=\omega_1$；$\omega_c=\omega_2=\omega_E$；$J_E=J_1+J_c+J_2$；$C_E=C_1+C_c+C_2$；$T_{Ep}=T_1+T_c+T_{c3}$；$T_{En}=T_{c1}+T_p/i_1+T_{c5}+T_{c6}+T_{c7}+T_{c8}$</td><td>25</td></tr>
<tr><td rowspan="4">L_2</td><td rowspan="4">0</td><td rowspan="2">L5</td><td>1-c</td><td>1</td><td>同St16</td><td rowspan="2">26</td></tr>
<tr><td>2-3</td><td>2</td><td>同St11</td></tr>
<tr><td colspan="4">L_6(或L_7、L_8)结合时，有两种联体轴，与St26相同。各公式中，i_5和i_6(或i_7、i_8)互换，T_{c5}和T_{c6}(或T_{c7}、T_{c8})互换</td><td>27～29</td></tr>
<tr><td>0</td><td>1-c</td><td>1</td><td>同St16</td><td>30</td></tr>
<tr><td rowspan="9">0</td><td rowspan="3">L_3</td><td>L_5</td><td>r-2-3</td><td>r</td><td>同St16</td><td>31</td></tr>
<tr><td colspan="4">L_6(或L_7、L_8)结合时，联体轴与St31相同。各公式中，i_5和i_6(或i_7、i_8)互换，T_{c5}和T_{c6}(或T_{c7}、T_{c8})互换</td><td>32～34</td></tr>
<tr><td>0</td><td>r-2</td><td>r</td><td>同St20</td><td>35</td></tr>
<tr><td rowspan="3">L_4</td><td>L_5</td><td>c-2-3</td><td>c</td><td>同St6</td><td>36</td></tr>
<tr><td colspan="4">L_6(或L_7、L_8)结合时，联体轴与St36相同。各公式中，i_5和i_6(或i_7、i_8)互换，T_{c5}和T_{c6}(或T_{c7}、T_{c8})互换</td><td>37～39</td></tr>
<tr><td>0</td><td>c-2</td><td>c</td><td>同St10</td><td>40</td></tr>
<tr><td rowspan="3">0</td><td>L_5</td><td>2-3</td><td>2</td><td>同St26</td><td>41</td></tr>
<tr><td colspan="4">L_6(或L_7、L_8)结合时，联体轴与St41相同。各公式中，i_5和i_6(或i_7、i_8)互换，T_{c5}和T_{c6}(或T_{c7}、T_{c8})互换</td><td>42～44</td></tr>
<tr><td>0</td><td colspan="3">式(5.11)～式(5.16)独立转动各式</td><td>45</td></tr>
</table>

5.4.2 泵-马达液压系统模型

泵-马达液压系统的应用领域比较广泛，许多研究者针对不同应用目的，采用不同理论方法对其进行了建模分析。例如，采用传递函数分析泵控马达调速伺服系统特性，采用键合图方法和电路模拟分析方法建立静液压传动模型等。

在 HMCVT 中,液压传动系构成如图 5.9(a)所示,包括变量泵、定量马达、安全阀、单向阀、溢流阀、补油液压泵、冲洗阀等。从系统的观点来看,一组泵、马达和传动轴的动力学特性可用图 5.9(b)的模块表示。输入为泵转速、马达转矩和控制量,输出为马达转速和泵转矩。控制量可以是泵、马达的排量或任意边的压力。

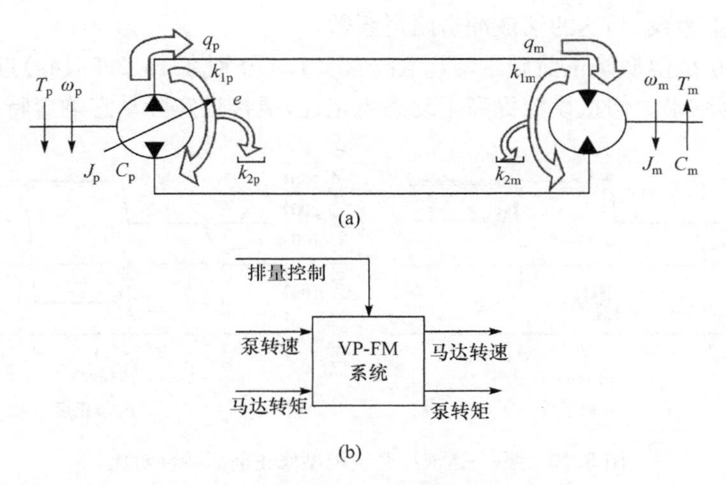

图 5.9　变量泵-马达液压系统模型

由于液压传动系一般采用同类同规格泵和马达,油路较短,建模时认为泵和马达的高低压油口压力相等,泄漏量近似。而且因为存在冲洗和补油系统,所以忽略油液密度随压力的变化和黏度随温度的变化。根据流量的连续性,液压传动系的数学模型为

$$\frac{V}{\beta}\frac{\mathrm{d}p_1}{\mathrm{d}t}=q_p e\omega_p-q_m\omega_m-(k_{1p}+k_{1m})(p_1-p_2)-(k_{2p}+k_{2m})p_1 \tag{5.18}$$

式中,p_1、p_2 为高、低压侧的压力,其中低压侧为恒定补油压力,Pa;V 为高压侧油液体积,是泵、马达油腔和管道体积之和,m^3;β 为油液体积模量,Pa;k_{1p}(k_{1m})、k_{2p}(k_{2m})分别为泵(马达)的内、外泄漏系数。

泵轴和马达轴的动力学模型为

$$J_p\dot{\omega}_p=T_p-q_p e(p_1-p_2)-C_p\omega_p-k_{pp}(p_1+p_2)\mathrm{sign}(\omega_p) \tag{5.19}$$

$$J_m\dot{\omega}_m=q_m(p_1-p_2)-T_m-C_m\omega_m-k_{pm}(p_1+p_2)\mathrm{sign}(\omega_m) \tag{5.20}$$

式中,$C_p=k_{dp}\mu$,$C_m=k_{dm}\mu$,μ 为油液动力黏度,N·s/m^2,k_{dp}、k_{dm} 分别为泵、马达速度阻力系数;k_{pp}、k_{pm} 分别为泵、马达压力阻力系数。

式(5.18)是在比较理想的假设下建立的。实际油腔结构复杂,液体并非层流

运动,各部分对压力油的阻尼起着消除压力波动的作用。引进泵、马达油液冲击阻尼系数修正式(5.18),修正后的数学模型为

$$\frac{V}{\beta}\frac{\mathrm{d}p_1}{\mathrm{d}t}=q_\mathrm{p}e\omega_\mathrm{p}-q_\mathrm{m}\omega_\mathrm{m}-(k_{1\mathrm{p}}+k_{1\mathrm{m}})(p_1-p_2)-(k_{2\mathrm{p}}+k_{2\mathrm{m}})p_1-k_{3\mathrm{p}}\frac{\mathrm{d}\omega_\mathrm{p}}{\mathrm{d}t}-k_{3\mathrm{m}}\frac{\mathrm{d}\omega_\mathrm{m}}{\mathrm{d}t} \tag{5.21}$$

式中,$k_{3\mathrm{p}}$、$k_{3\mathrm{m}}$为泵、马达的油液冲击阻尼系数。

图5.10是模型修正前后ω_m、T_p随e、ω_p、T_m(分别在1s、2.5s、4s)近似阶跃变化时的仿真结果。修正模型提高了动态稳定性,更接近实际动态响应特性。

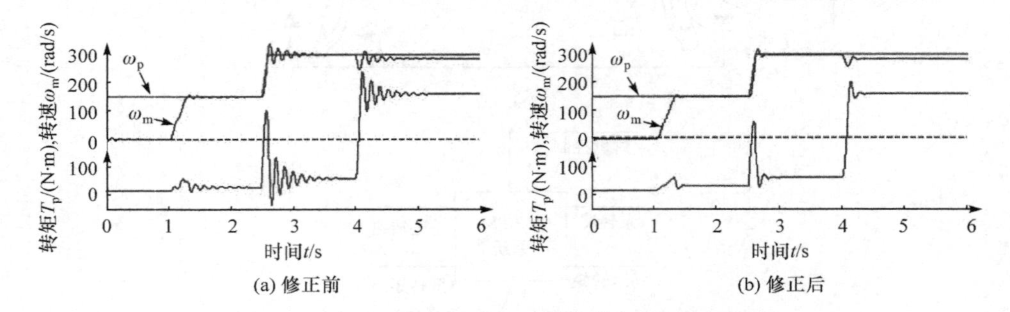

图5.10　泵-马达液压系统模型修正前后特性对比

5.4.3　离合器模型

离合器在变速器中起着切换挡位和传递转矩的重要作用,它有多种结构形式,是一种高度非线性的组件。以电液控制多片湿式离合器为例,主要表现在主、从动盘的摩擦系数与其相对转速的非线性、施力油缸的压力与电控信号的非线性等。在以变速器控制应用为目的的建模中,不仅要建立精确度较高的动力学模型,还要建立准确的离合器接合状态判断逻辑规则,以便在动态仿真过程中,为换挡过程的各个阶段提供状态转移判断标志。

多片湿式离合器的动力学特性可简化如图5.11(a)所示。将主、从动盘惯量和阻尼作为集中参数等效到各自连接的传动轴上,并认为接合面符合库仑动态摩擦力学特性。建模时离合器动力学特性可用图5.11(b)所示的输入输出模块表示。输入为主动轴/从动轴的转速、转矩以及控制指令,输出为离合器摩擦转矩和接合状态标志。根据应用目标,控制指令为回转件的压力或接合时间。

当主、从动盘相对滑转时,离合器传递的转矩T_ci等于动滑摩转矩T_cid,即

$$T_\mathrm{cid}=k_\mathrm{ci}\mu_\mathrm{ci}(\Delta\omega)p_\mathrm{ci}\mathrm{sign}(\Delta\omega) \tag{5.22}$$

式中,T_cid为离合器动滑摩转矩,N·m;p_ci为油压,Pa;$\Delta\omega$为主从动盘转速差,rad/s;k_ci为由离合器参数决定的常数$k_\mathrm{ci}=n_\mathrm{ci}A_\mathrm{ci}R_\mathrm{ci}$,其中$n_\mathrm{ci}$、$A_\mathrm{ci}$和$R_\mathrm{ci}$分别为第$i$个离合器盘片的数目、面积和压力半径;$\mu_\mathrm{ci}(\Delta\omega)$为随滑移速度变化的摩擦系数,可近似表

达为

$$\mu_{ci}(\Delta\omega)=(\mu_s-\mu_k)\mu^{-|\Delta\omega|/\omega_{0ci}}+\mu_k \tag{5.23}$$

式中，μ_s、μ_k 为静、动摩擦系数；ω_{0ci}为由离合器参数决定的常数。

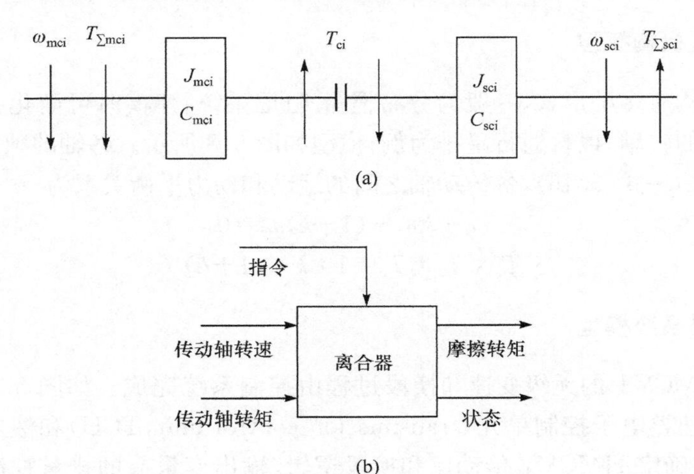

图 5.11　离合器动力学模型

当主、从动盘接合时，两轴等效为具有两组集中质量和阻尼的同一传动轴，离合器传递的滑摩转矩为实际静摩擦转矩 T_{cis}，T_{cis} 等于等效传动轴在该截面处的内转矩。

由图 5.11(a)可得主、从侧动力学方程为

$$J_{mci}\frac{d\omega_{mci}}{dt}=T_{\sum mci}-T_{ci}-C_{mci}\omega_{mci} \tag{5.24}$$

$$J_{sci}\frac{d\omega_{sci}}{dt}=T_{ci}-T_{\sum sci}-C_{sci}\omega_{sci} \tag{5.25}$$

式中，$J_{mci}(J_{sci})$、$C_{mci}(C_{sci})$、$\omega_{mci}(\omega_{sci})$、$T_{\sum mci}(T_{\sum sci})$ 分别为主(从)动盘轴的等效惯量、等效阻尼、转速及总转矩。

当离合器接合为一体时，$\omega_{sci}=\omega_{mci}$，$T_{ci}=T_{sci}$，代入式(5.24)和式(5.25)，相减得静摩擦转矩为

$$T_{cis}=[T_{\sum mci}-T_{\sum sci}-(C_{mci}+C_{sci})\omega_{mci}]\frac{J_{sci}}{J_{mci}+J_{sci}}+C_{sci}\omega_{mci}+T_{\sum sci} \tag{5.26}$$

在油压 p_{ci} 作用下，离合器所能传递的最大静滑摩转矩为

$$T_{cismax}=k_{ci}\mu_s p_{ci} \tag{5.27}$$

显然，当 $T_{cismax}>T_{cis}$ 时，离合器才可能由滑转运动状态进入接合状态。

设离合器接合逻辑状态标志为 f_{ci}，离合器接合状态转换判断的逻辑规则为：若当前状态为分离($f_{ci}=0$)，当 $T_{cid}>T_{cis}$ 且 $\Delta\omega=0$ 时，转为接合，置 $f_{ci}=1$。若当前状态为接合($f_{ci}=1$)，当 $T_{cismax}<T_{cis}$ 时，转为分离，置 $f_{ci}=0$。

5.4.4 行星机构模型

行星机构有多种形式，一般为分布惯量-阻尼系统，建模时可简化为具有独立惯量和阻尼的转轴，以普通行星排为例，模型如图 5.8 所示。各轴的独立动力学方程见式(5.14)～式(5.16)，各传动轴之间的运动和动力平衡关系为

$$\omega_s+k\omega_r-(1+k)\omega_c=0 \tag{5.28}$$

$$T_s:T_r:T_c=1:k:(1+k) \tag{5.29}$$

5.4.5 控制系统模型

多段 HMCVT 的无级变速和换段过程由控制系统完成。如图 5.12 所示，控制系统由变速器电子控制单元(transmission control unit，TCU)和液压执行系统组成。TCU 确定 HMCVT 传动比和换段逻辑，输出变量泵的排量控制指令信号和离合器接合动作指令信号；液压执行系统利用电液装置执行泵的排量调节得到期望排量比，执行离合器利用压力调节实现接合或分离。

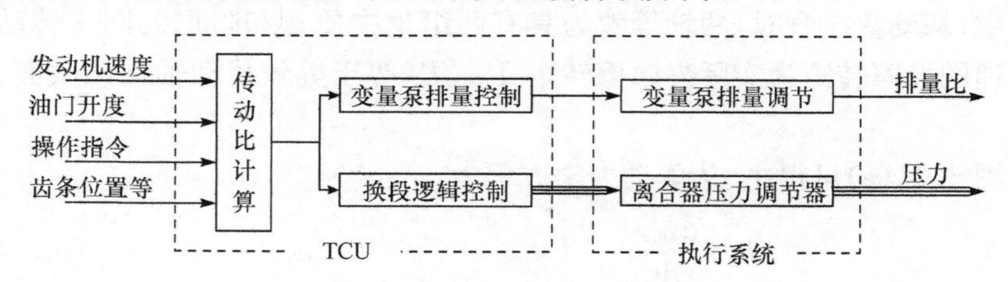

图 5.12 无级变速和换段控制系统模型

1. TCU 模型

TCU 是复杂的嵌入式计算机控制系统，根据选择的控制目标、控制规律、控制策略和控制参数不同，有各种结构和算法。对于多段 HMCVT，TCU 有手动和自动两种基本操作控制模式。自动模式下，按照预定的各种变速规律控制 HMCVT。

TCU 输入信号通常有油门开度、齿条位置、发动机和各传动轴的转速等；输出信号为变量泵排量比控制电压信号和离合器接合压力控制电压信号。

1) 传动比计算模块

期望传动比 i_{bcmd} 计算原理如图 5.13 所示。手动模式下，i_{bcmd} 由驾驶员直接给定，通常按设定的加减速度对加减速开关接通时间积分得到，a_p、a_n 分别为加速度

系数和减速度系数。

在自动模式下，i_{bcmd}计算原理由变速规律和控制策略决定。当按照发动机最佳经济性和最佳动力性变速规律控制时，由油门开度计算发动机期望转速，与其实际转速比较求得转速偏差，再按照设定的调节原理计算传动比增量，积分求得 i_{bcmd}。

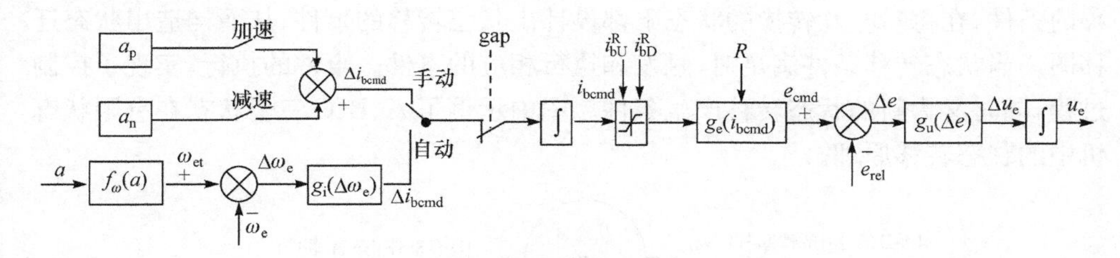

图 5.13　传动比计算和排量控制原理图

ω_{et}根据变速规律确定的发动机最佳工作曲线求得，可表达为

$$\omega_{et}=f_\omega(\alpha) \tag{5.30}$$

图 5.13 中，$g_i(\Delta\omega_e)$是传动比控制调节函数，通常采用 PID 调节器。

2）变量泵排量控制模块

在多段 HMCVT 中，期望排量比 e_{cmd} 由 i_{bcmd} 和工作段 R 共同确定，可用分段线性函数 $g_e(i_{bcmd})$表示，以前进工作段为例，当 R=F1、F3、F5 时，有

$$e_{cmd}=g_e(i_{bcmd})=(i_{bcmd}-i^R_{bD})\frac{e^R_U-e^R_D}{i^R_{bU}-i^R_{bD}}+e^R_D,\quad |i^R_{bD}|<|i_{bcmd}|\leqslant|i^R_{bU}| \tag{5.31}$$

当 R=F2、F4、F6 时，有

$$e_{cmd}=g_e(i_{bcmd})=-(i_{bcmd}-i^R_{bD})\frac{e^R_U-e^R_D}{i^R_{bU}-i^R_{bD}}+e^R_U,\quad |i^R_{bD}|<|i_{bcmd}|\leqslant|i^R_{bU}| \tag{5.32}$$

式中，i^R_{bU}、i^R_{bD}分别为 R 段的传动比上、下限；e^R_U、e^R_D 分别为 R 段的排量比上、下限。

通过期望排量比与实际排量比比较求得偏差 Δe，再由控制调节函数 $g_u(\Delta e)$ 计算变量泵排量控制比例电磁阀的控制电压增量 Δu_e，积分求得控制电压 u_e 后输出到执行系统。

3）换段逻辑控制模块

换段逻辑控制是根据多段 HMCVT 的换段规律，在换段条件满足时控制离合器的接合或分离，实现从一个工作段到另一个工作段的状态切换。由于换段规律多样，实际的换段控制逻辑在 TCU 中可以用多种形式灵活表达和实现，为换段逻辑控制的统一建模增加了困难。

在多段 HMCVT 中，离合器的数目有限导致能够组合的状态有限。可应用有限状态机原理统一表达换段逻辑控制，来实现任意换段规律的逻辑要求，这种

方法不仅便于对换段规律的建模、仿真及优化，也便于在实际 TCU 中编程应用。有限状态机能够对逻辑状态完整表达，从而保证据此开发的 TCU 控制逻辑全面可靠。

有限状态机控制原理如图 5.14 所示，首先由控制系统的输入和输出信号应用布尔代数求出控制系统所有可能的状态，然后设计出从一个状态到另一个状态转移的条件，在每对相互转换的状态下都设计出状态转移的事件，从而构造出状态迁移图。当状态转移条件满足时，触发和执行相应的事件。事件的执行，实现了控制过程，同时又为新的状态转移产生条件。图中示例了 A、B、C 三个状态在有限状态机中的状态转移原理。

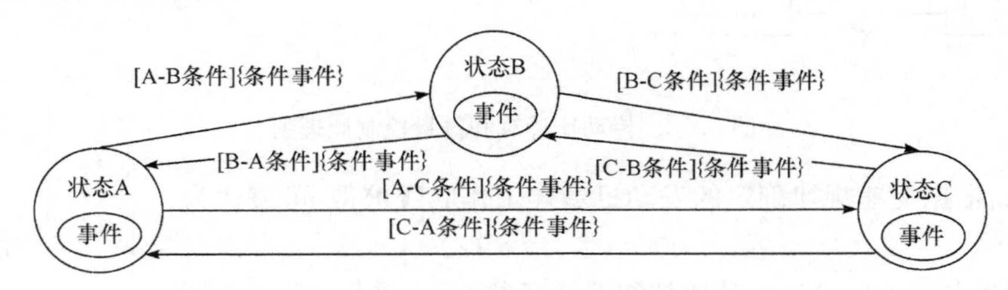

图 5.14 有限状态机控制原理

仿真建模中，对于 HMCVT 每一工作阶段（状态）的机械传动部分建立一个动力学仿真计算模块，并设置一个启动该计算模块的状态转移标志，在状态转移条件满足时置位状态转移标志，从而触发对应状态的计算模块。在传动轴系模型中已经指明 8 个离合器只有 45 种接合状态，因此传动轴系共有 45 种组合结构，对应 45 种可能工作状态。这些状态的计算方程来自于轴系模块和 PGT 模块。

多段 HMCVT 的状态包括两种类型：一类是在工作段内无级变速的稳定状态（stability state，SS）；另一类是从一个工作段切换到下一个工作段的过渡状态（instantaneous state，IS）。状态转移基本条件见表 5.3。

表 5.3 状态转移的基本条件和触发的事件

现状态	新状态	升段转移条件	降段转移条件	触发事件
SS	IS	$\lvert i_{\mathrm{brel}}^{*}\rvert \geqslant \lvert i_{\mathrm{bU}}^{R}\rvert$	$\lvert i_{\mathrm{brel}}^{*}\rvert \leqslant \lvert i_{\mathrm{bD}}^{R}\rvert$	离合器接合/分离指令，状态标志
IS	IS	有离合器接合/分离	有离合器接合/分离	离合器接合/分离指令，状态标志
IS	SS	有离合器接合/分离	有离合器接合/分离	无级变速指令，状态标志

* i_{brel}为实际传动比。

2. 液压执行系统模型

多段 HMCVT 的液压执行系统主要包括变量泵排量调节模块和离合器压力控制模块。

1）变量泵排量调节模块

变量泵排量调节系统组成如图 5.15 所示，来自 TCU 的排量比控制电压信号，经脉宽调制放大器电流放大后，驱动具有位置反馈环节的比例电磁阀控制液压缸运动，调节变量泵的斜盘位置，从而达到控制排量比的目的。排量调节系统的动态特性不是明确的一阶或二阶系统，当液压动力系统的液压固有频率较低时，可用一阶系统表示。利用系统频域的黑箱参数辨识方法，在 3 种速度和 3 种转矩下，分别测定 7 个频率点的响应进行参数辨识，表明排量调节可简化为含有弱延迟环节的一阶系统。输入是来自 TCU 的控制电压 u_e，输出是泵的实际排量比 e。

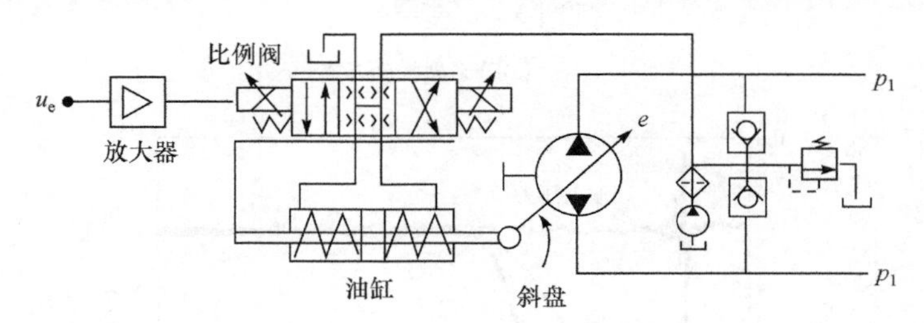

图 5.15　变量泵排量调节系统

传递函数为

$$G_e(s)=\frac{E(s)}{U(s)}=e^{-\tau_e s}\frac{k_e}{1+T_h s} \tag{5.33}$$

式中，k_e 为增益；τ_e、T_h 为时间常数。辨识结果为 $\tau_e=0.0023$，$k_e=15.75$，$T_h=0.023$。

2）离合器压力控制模块

如图 5.16(a)所示，多段 HMCVT 的离合器采用两种控制类型。L_1、L_2用比例压力阀控制，接合与分离时间可调整，以降低换挡冲击。$L_3 \sim L_8$用电磁换向阀与单向节流阀组合控制，接合与分离时间固定，以简化控制和降低成本。建模中认为供油路压力保持不变。

用比例压力阀控制的离合器压力控制系统，其油压随控制电压的变化而线性变化，可以有多种压力调节特性，将其简化为加压接合和泄压分离时速度不同的有限积分模型，则离合器压力控制模型表达为

$$P_{ci}(t)=\int[k_{ion}C_{ci}+k_{ioff}(1-C_{ci})]dt,\quad P_{ci}(t)\in[0,P_{cmax}] \tag{5.34}$$

式中，k_{ion}、k_{ioff}分别为第 i 离合器接合、分离压力变化速率；C_{ci}为 TCU 控制状态指令，$C_{ci}=0$，表示第 i 离合器卸压分离，$C_{ci}=1$，表示第 i 离合器加压接合；P_{cmax}为最高压力。

用电磁换向阀控制的离合器压力控制系统，试验研究表明离合器接合过程存

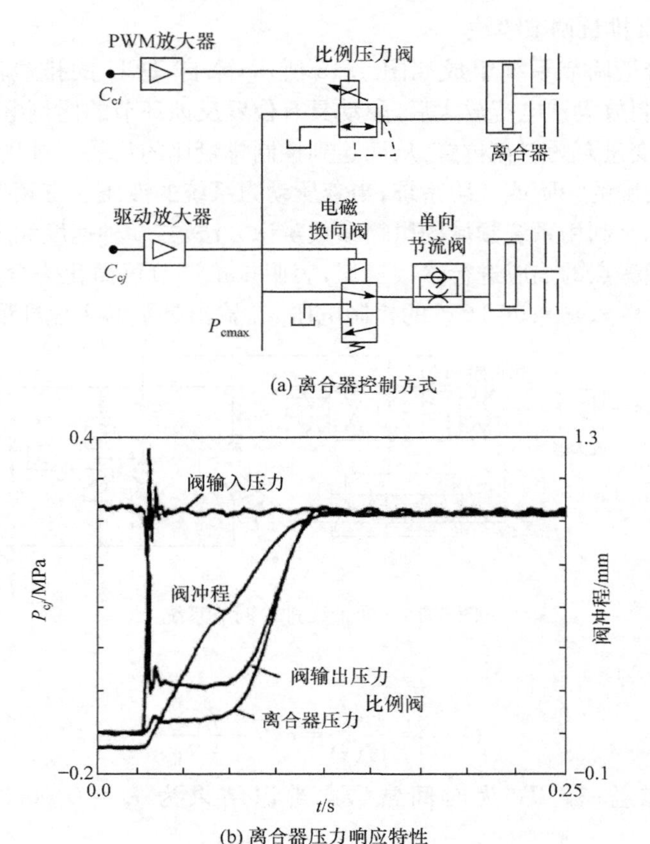

(a) 离合器控制方式

(b) 离合器压力响应特性

图 5.16 离合器接合压力控制系统

在延迟，响应特性如图 5.16(b)所示。将其简化为加压接合和泄压分离时速度不同的有限积分模型与延迟环节串联，则离合器压力控制模型表达为

$$P_{ci0}(t)=\int[k_{jon}C_{cj}+k_{joff}(1-C_{cj})]\mathrm{d}t,\quad P_{cj0}(t)\in[0,P_{cmax}] \tag{5.35}$$

$$P_{cj}(t)=P_{cj0}(t-\tau_0) \tag{5.36}$$

式中，k_{jon}、k_{joff}分别为第 j 离合器接合、分离压力变化速率；C_{cj}为 TCU 控制状态指令，$C_{cj}=0$，表示离合器卸压分离；$C_{cj}=1$，表示离合器加压接合；τ_0 为延迟时间。

5.5 车辆动力学模型

车辆变速器控制系统要根据机组整体动力学特性，按照预定变速规律控制变速和车辆行驶。行走系统和载荷特性的影响在传动系建模仿真中是需要考虑的重要因素。

5.5.1 主传动模型

主传动包括从变速器输出传动轴到驱动轮的传动机构，主要有主变速器、差速器和最终传动，如图 5.17(a)所示。在研究内容仅限于车辆纵向动力传动特性时，差速器只起差速作用，因此主传动简化为固定传动比 i_z 的一级变速传动。由于主传动部分构件刚性大，忽略弹性变形，模型简化为惯量-阻尼系统，如图 5.17(b)所示。

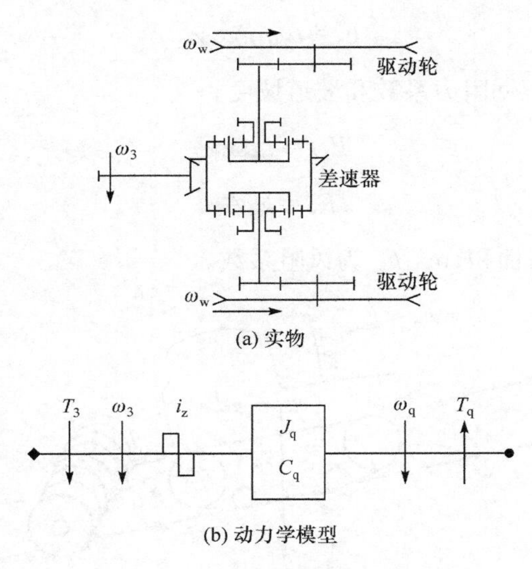

图 5.17 车辆主传动系

主传动动力学方程为

$$J_w\omega_w + C_w\omega_w = T_3 i_z - T_w \tag{5.37}$$

$$\omega_w = \frac{\omega_3}{i_z} \tag{5.38}$$

式中，ω_w、T_w 分别为驱动轮转速和驱动力矩；J_w、C_w 分别为主传动等效惯量和等效阻尼。

5.5.2 行走系统纵向动力学模型

车辆行走系统动力学是一个重要的研究分支，限于 HMCVT 动力学特性和控制的研究，行走系统建模主要集中在纵向动力学特性，如图 5.18 所示为简化的动力学模型。

纵向运动的动力学方程为

$$m\frac{\mathrm{d}v}{\mathrm{d}t}=F_{\mathrm{q}}-F_{\mathrm{T}}-F_{\mathrm{f}}-F_{\mathrm{w}}-F_{\alpha} \tag{5.39}$$

式中，m 为车辆质量，kg；F_{f} 为滚动阻力，N；F_{α} 为坡道阻力，N；F_{w} 为风阻，N。

$$F_{\mathrm{q}}=\frac{T_{\mathrm{w}}-T_{\mathrm{l}}}{r_{\mathrm{q}}} \tag{5.40}$$

式中，T_{l} 为驱动轮阻力矩，N·m。

$$F_{\mathrm{f}}=\mu_{\mathrm{r}}mg\cos\alpha_{\mathrm{g}} \tag{5.41}$$

式中，μ_{r}、α_{g} 分别为滚动阻力系数和坡道坡度。

$$F_{\alpha}=mg\sin\alpha_{\mathrm{g}} \tag{5.42}$$

$$F_{\mathrm{w}}=k_{\mathrm{w}}A_{\mathrm{f}}v \tag{5.43}$$

式中，A_{f} 为车辆风阻面积，m²；k_{w} 为风阻系数。

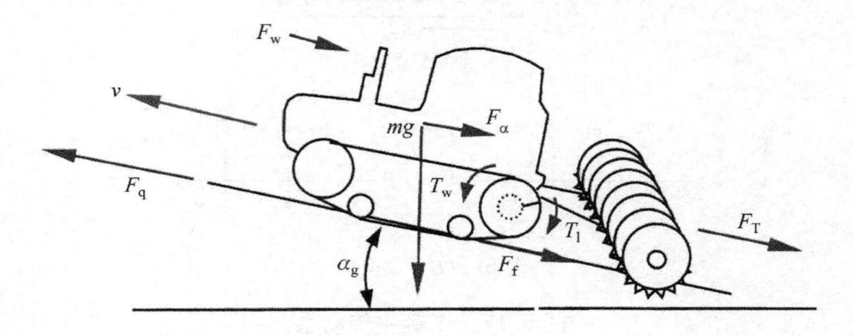

图 5.18　车辆行走系统纵向动力学模型

因存在滑转，实际速度不同于理论速度，理论速度为

$$v_{\mathrm{l}}=r_{\mathrm{q}}\omega_{\mathrm{w}} \tag{5.44}$$

加速时，实际速度为

$$v=v_{\mathrm{l}}(1-\delta)=r_{\mathrm{q}}\omega_{\mathrm{w}}(1-\delta) \tag{5.45}$$

制动时，实际速度为

$$v=\frac{v_{\mathrm{l}}}{1-\delta}=\frac{r_{\mathrm{q}}\omega_{\mathrm{w}}}{1-\delta} \tag{5.46}$$

在标准实验道路上行驶，滑转率与驱动力关系为

$$\delta=0.625F_{\mathrm{q}}+1700\exp\left(-\frac{6\times10^{5}}{F_{\mathrm{q}}}\right) \tag{5.47}$$

5.5.3　牵引载荷模型

农业车辆在挂接牵引机具或牵引拖车时，将受到牵引阻力的作用。铧式犁是常用的牵引农具，其牵引阻力为

$$F_{\mathrm{T}}=k_{\mathrm{p}}zb_{\mathrm{p}}h_{\mathrm{p}} \tag{5.48}$$

式中，z 为犁铧数；b_{p} 为单体犁铧的宽度，m；h_{p} 为耕度，m；k_{p} 为土壤比阻，$\mathrm{N/m^2}$。

当带拖车作业时，牵引力阻力为

$$F_{\mathrm{T}}=m_{\mathrm{T}}g(f\cos\alpha_{\mathrm{g}}+\sin\alpha_{\mathrm{g}}) \tag{5.49}$$

式中，m_{T} 为拖车总质量，kg；f 为拖车阻力系数。

5.6　HMCVT 控制仿真系统构成

研究多段 HMCVT 的无级变速及换段控制方法是变速器控制的主要任务，根据上述模型建立车辆动力传动系的仿真系统，要强调控制系统在仿真中的主导性，以便于仿真分析多段 HMCVT 的无级变速和自动换段过程的行为表现，检验各种无级变速规律和换段控制逻辑的有效性，优化控制算法，为控制系统的快速开发奠定基础。用高级计算机语言开发仿真系统虽然是基础方法，但是商业仿真软件 MATLAB 利用图形化和分层模块化方法建模、仿真和显示，应用方便。将其 Simulink 和 Stateflow 仿真平台结合，建立具有复杂控制逻辑和多状态转换特征的多段 HMCVT 仿真系统更有效。

图 5.19 是多段 HMCVT 传动车辆的 Simulink 控制仿真结构，包括操纵台、发动机、多段 HMCVT 机械系统、多段 HMCVT 电控单元、主传动、行走系统和牵引载荷子系统等模块。对 TCU 进行 HIL 仿真时，独立的 TCU 环节可由实际 TCU 原型替换。仿真模型，特别是多段 HMCVT 机械系统包含众多模块(图 5.20)，采用

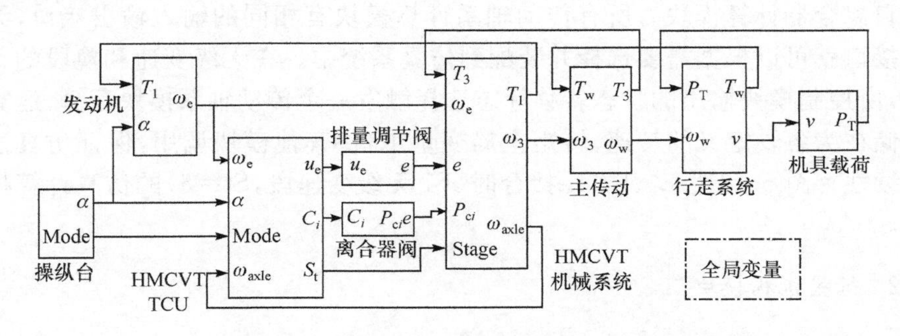

图 5.19　多段 HMCVT 传动车辆的 Simulink 控制仿真结构

自顶向下的方法按照分层结构组织，便于掌握模块的逻辑关系，增强对各部分相互作用的理解。

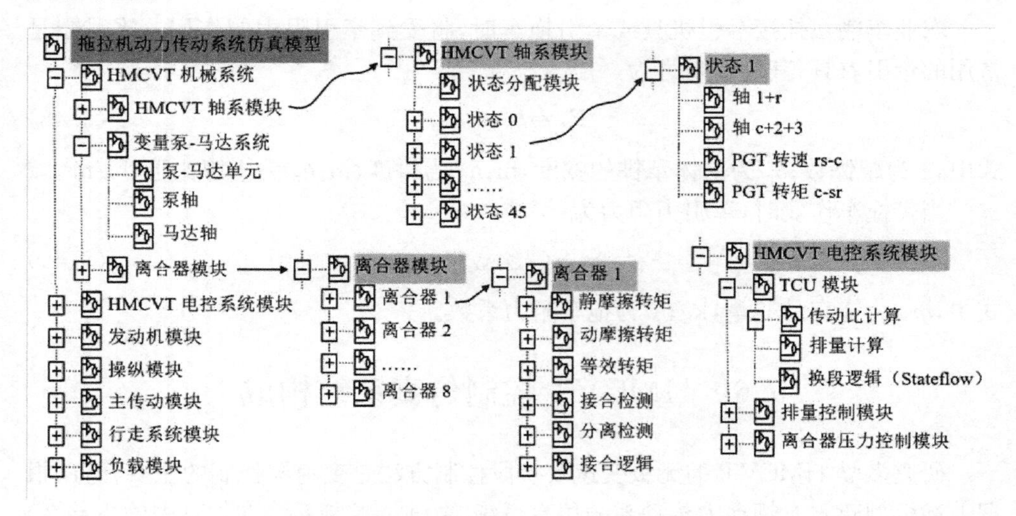

图 5.20　HMCVT 的仿真模块分层结构

5.6.1　HMCVT 机械系统模块

多段 HMCVT 机械系统计算模块是仿真模型的主要部分，包含多个子模块。

1. 传动轴系计算模块

在多段 HMCVT 中，8 个离合器共有 45 种接合状态，因此要对应建立 45 个传动轴系仿真计算模块，对照表 5.2，每个模块要计算该状态下接合一体的联体传动轴（等效轴）的转速和转矩，还要计算所有剩余独立传动轴的转速和转矩。其中行星机构中未知传动轴的转速和转矩选择行星机构模块计算，离合器的转矩取自离合器计算模块。所有传动轴系计算模块有相同的输入输出接口，无须改动接口就可以根据需要选择并装配到仿真系统中。在无级变速和换段的每个阶段，由控制模块输出的状态转移标志选择触发一个传动轴系模块运算，运算结果存储在为各轴定义的转速、转矩全局变量中，供其他模块调用，保证仿真过程的连续性。图 5.21为 L_1、L_4、L_5 接合时（F1 无级变速段，St＝6）的仿真计算模块示例。

2. 行星机构模块

在变速器内，行星机构形成复杂的功率流变化，增大了建模难度。普通行星机构包含三个基本构件，每个构件有转速和转矩两个机械量，根据仿真计算选择的输入输出量不同,共有 3×3=9 种计算模块,在传动轴系计算模块中调用。

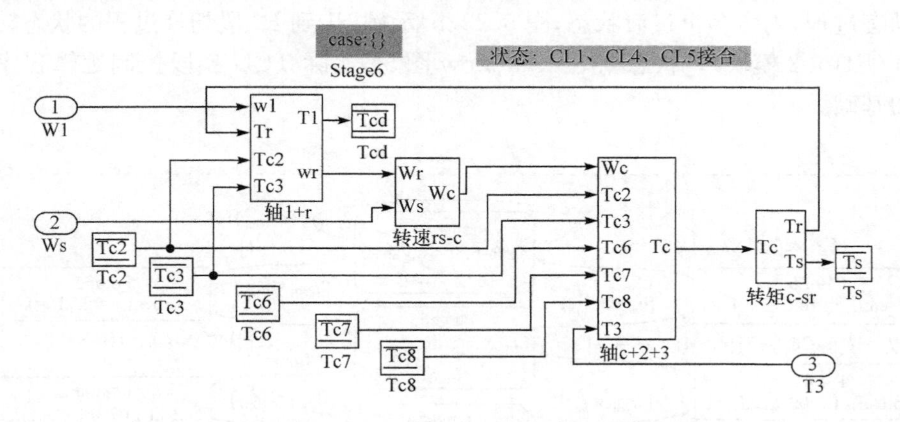

图 5.21　状态 Stage 6 的计算模块结构

3. 全局变量

对于具有结构多变特征的多段 HMCVT 的连续控制过程仿真,将各模块的接口参数设定为全局变量,保证状态转换后,触发不同仿真计算模块时变量连续变化,可有效避免因切换计算模块而出现仿真奇异解现象,提高复杂系统仿真过程的稳定性和真实性。仿真系统用存储器模块定义 45 个全局变量,存放各传动轴转速、加速度和转矩变量值,以及各离合器传递的转矩、接合状态标志和接合指令变量值。

5.6.2　HMCVT 控制系统模块

控制系统模块包括手动控制和自动控制两部分,由操纵台选择手动或自动操作模式控制无级变速和换段过程。自动控制模块要针对采用的无级变速和换段规律及其控制策略开发。

由于换段时有多个离合器动作,换段是一个随机动态过程。根据用有限状态机原理确定的控制模型,采用 MATLAB 的 Stateflow 平台建立换段控制逻辑处理仿真模块,是一种行之有效的方法。控制模块在每个状态转移条件满足时,输出离合器接合指令和状态转移标志(St=1~45)。状态转移标志触发轴系和 PGT 计算模块的切换,从而实现无级变速和自动换段控制过程仿真。

图 5.22(a)是用 Stateflow 表达的换段逻辑控制状态转移图，其中换段阶段是动态过程，内含多个过渡状态，图 5.22(b)示例 F1 到 F2 段切换过程的状态转移流程(F1toF2 模块)。状态流图(Stateflow 图)是实际 TCU 换段控制逻辑程序设计的基础。

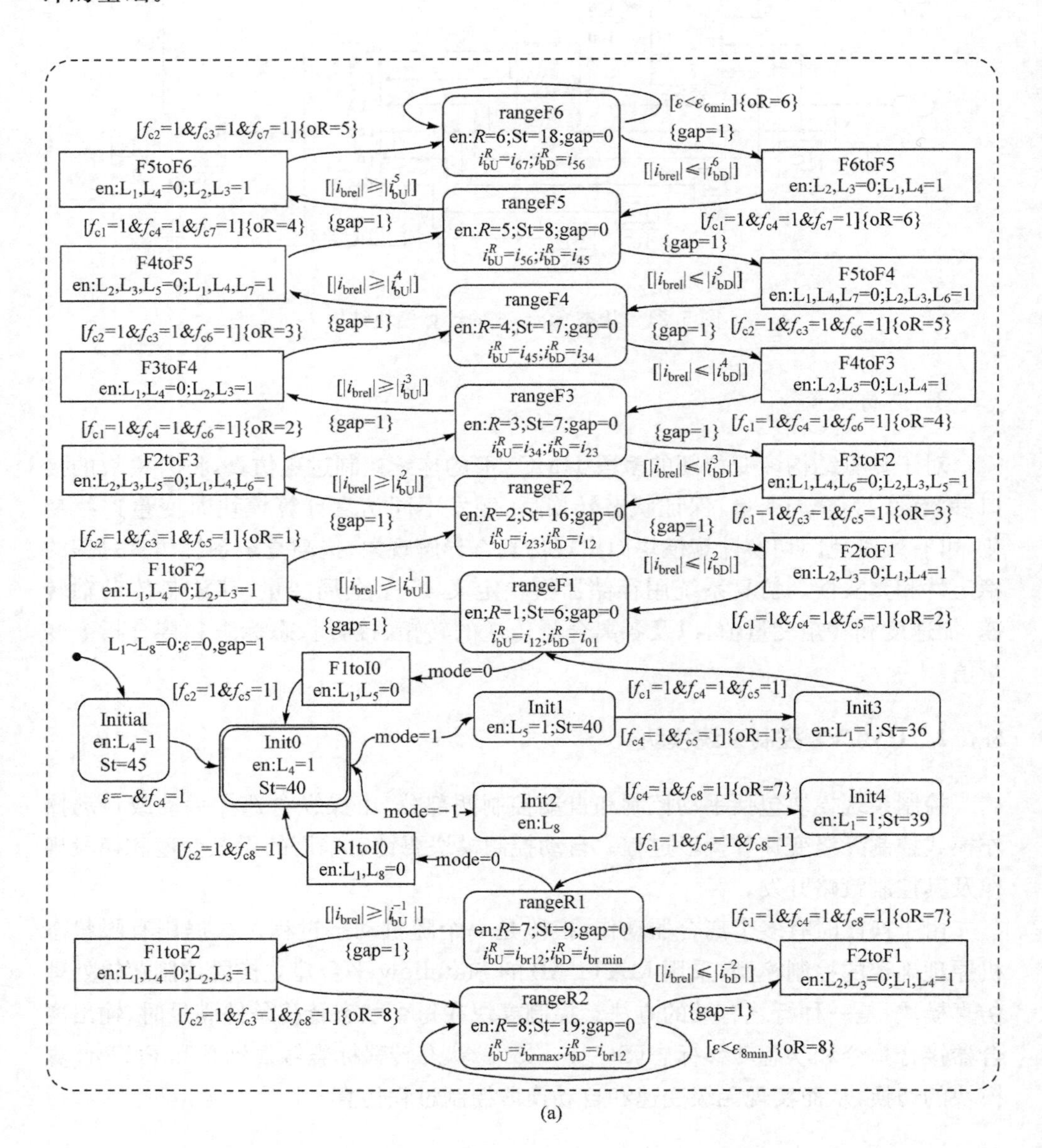

(a)

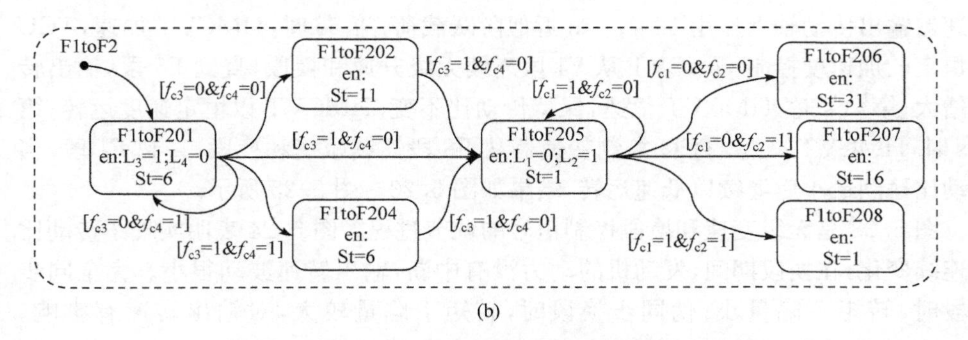

(b)

图 5.22　HMCVT 主要状态转移图

5.7　控制仿真及控制策略优化设计

应用仿真模型能够对多段 HMCVT 控制的多方面特性进行仿真分析和优化设计。首先仿真手动无级变速和换段过程，将仿真结果与试验结果对照以验证模型的有效性；然后对无级变速自动控制过程进行仿真分析，并对控制策略进行优化设计，主要包括换段过程离合器接合逻辑优化设计和无级变速过程中传动比控制调节器优化设计。

5.7.1　手动无级变速和换段仿真及试验

利用操纵开关手动控制，令变速器实现连续而平稳的无级变速和换段，是多段 HMCVT 控制器的基本功能。在每个工作段，离合器有确定的接合状态，升速时，当传动比达到该段同步换段点传动比时，TCU 要能够自动控制离合器的切换，快速换入高速段，反之要能快速换入低速段。换段后继续调节传动比，实现平稳无级变速。

1. 仿真结果及试验验证

在多段 HMCVT 的输出端施加确定载荷，手动控制变速器从 F1 段升速到 F5 段，再从 F5 段减速到 F1 段，仿真 TCU 控制无级变速和换段过程，给出 HMCVT 主要部件的转速、转矩响应特性。

仿真初始状态：发动机怠速，各离合器分离，HMCVT 空载。

仿真过程：发动机在怠速状态，接合离合器 L_4，以便快速启动变速器。第 1s 时，发动机油门开度加大，从怠速开始用 1s 时间加大到最大油门开度；第 1.5s 时，HMCVT 启动，控制器首先快速将排量比调整到 −1 值，以便 HMCVT 从最低速启动，然后接合离合器 L_1、L_5，变速器工作，进入 F1 段；第 3s 时，HMCVT 加载，在变速器输出传动轴上作用 380N · m 近似阶跃载荷；第 5s 时，HMCVT 加速，TCU 以恒定的加速度控制 HMCVT 从 F1 段连续无级升速和换段，直到 F5 段，输出转速增大；第 20s 时，HMCVT 恒速，保持传动比不变，HMCVT 以恒定速度运转；第 35s 时，HMCVT 减速，TCU 控制变速器从 F5 段连续减速和换段，直到 F1 段，当传动比达到最小后继续以低速运转，结果如图 5.23～图 5.25 所示。

图 5.23 是无级变速和换段控制信号的调节过程。图 5.24 表明实现了传动比的连续变化，在换段期间，发动机的动力没有中断，输出转速波动很小。完全同步换段时，转矩下陷量小；伪同步换段时，转矩下陷量较大，对输出转速有影响。图 5.25给出了泵-马达液压系统、行星机构、离合器的转速、转矩和排量比的变化特性。由于换段期间转矩变化，排量比在换段点存在波动，影响换段质量。

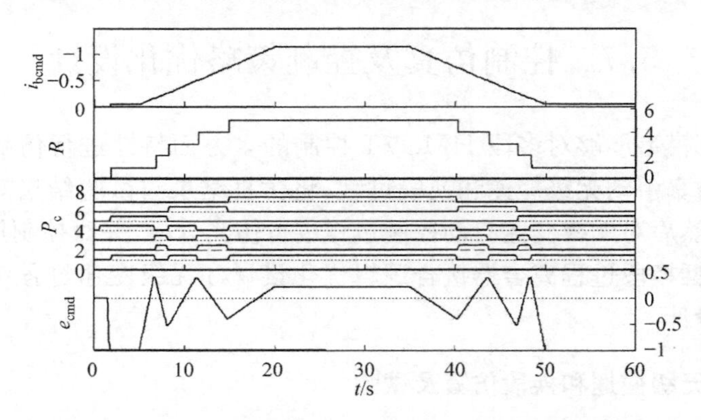

图 5.23　指令传动比 i_{bcmd}、工作段号 R、离合器压力控制信号 P_c、控制排量比 e_{cmd} 的变化

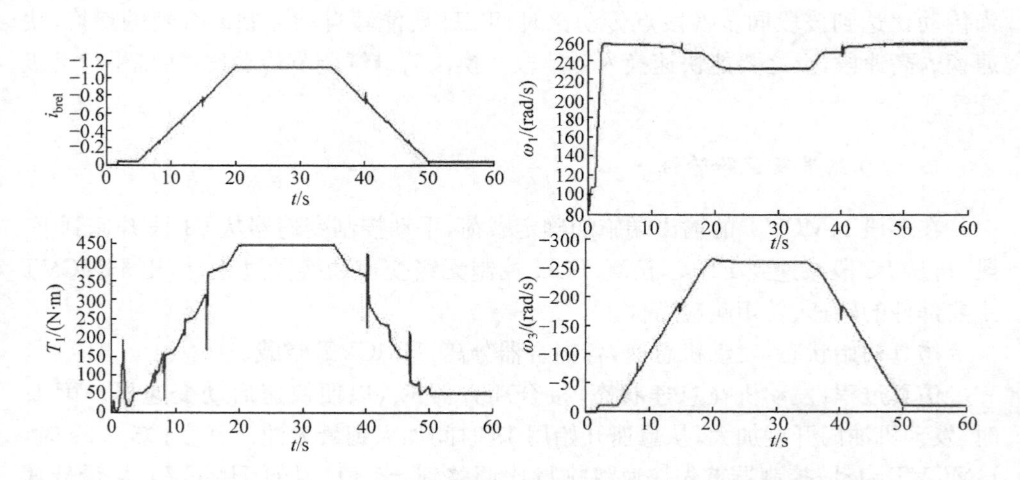

图 5.24　实际传动比 i_{brel}、发动机转速 ω_1、转矩 T_1、变速器输出转速 ω_3 的变化

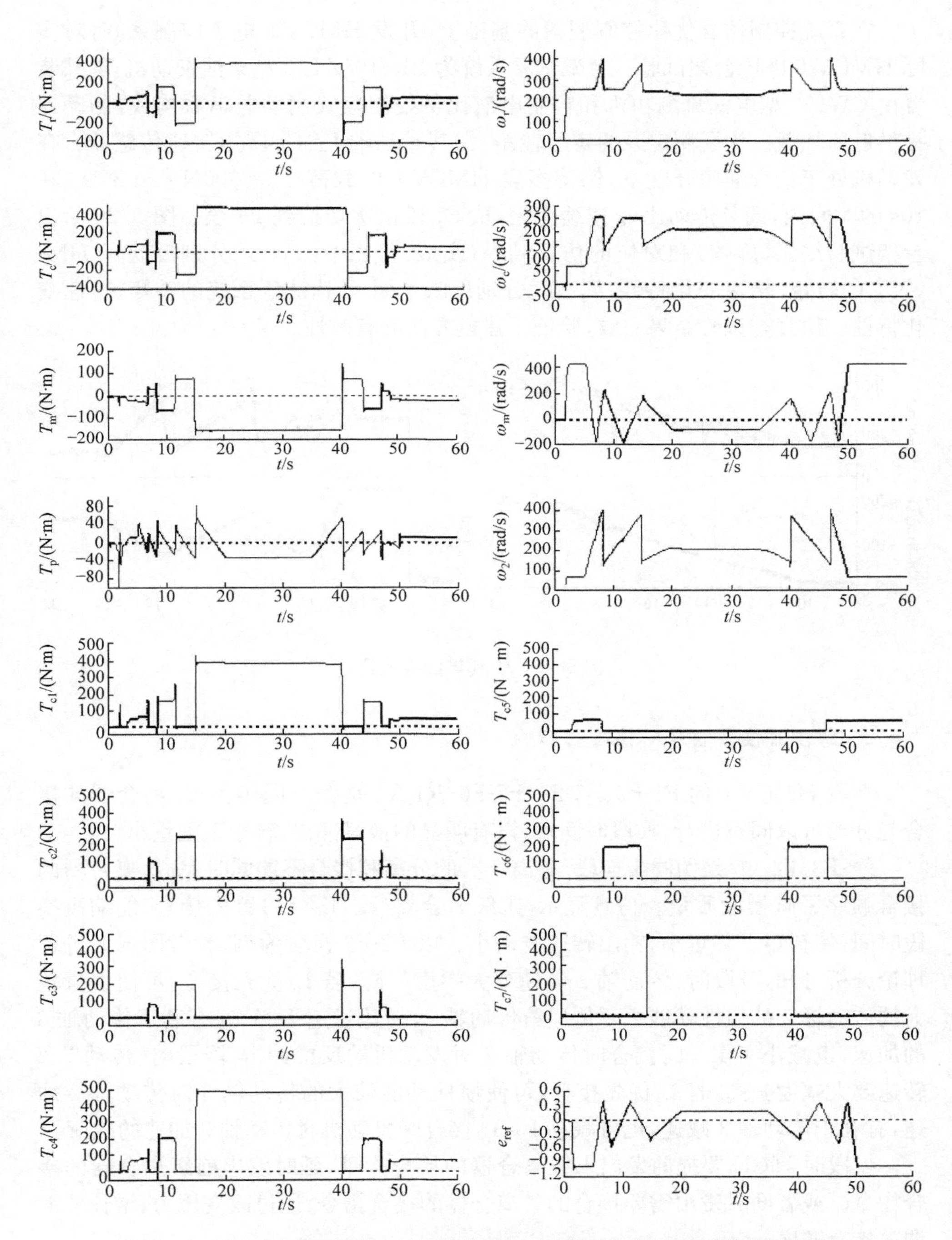

图 5.25　泵-马达液压系统、行星机构、离合器的转速、转矩和排量比的变化

在系统控制仿真优化控制逻辑的基础上，开发 HMCVT 电子控制系统，对实际 HMCVT 进行台架试验。台架试验系统为 LR6105ZT10 型柴油发动机，加载装置由 CW150 型电涡流测功机和自制电液比例控制盘式制动器串联构成，制动器提供低速加载。为了测定泵的实际转矩，在其转动轴上加接转矩转速传感器。在发动机处于最大油门开度下，保持多段 HMCVT 的载荷 $T_3=500\text{N}\cdot\text{m}$ 不变，在 10s 的时间内，调节传动比 i_b 连续变化，从 F1 段依次切换到 F4 段。图 5.26 给出台架试验结果（虚线）和对应的仿真结果（实线）。图中，T_1、ω_3 分别反映了 HMCVT 的转矩、转速变化特性；T_p、ω_m 分别反映了泵-马达液压系统的转矩、转速变化特性。仿真与试验结果一致，验证了建模方法的有效性。

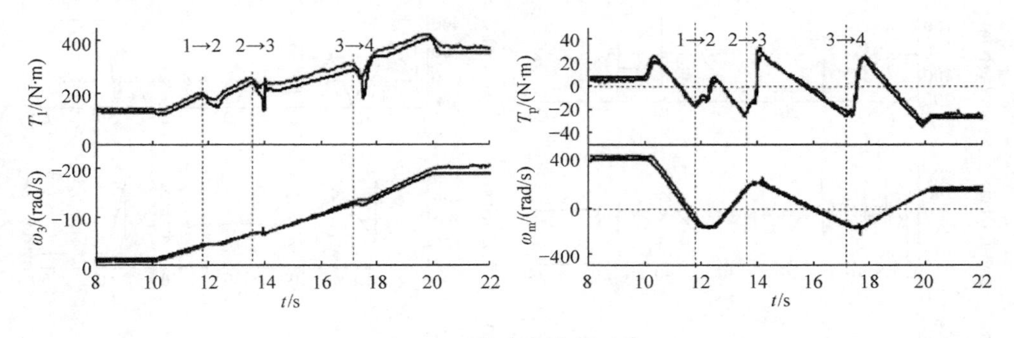

图 5.26 仿真与台架试验

2. 离合器接合顺序对换段的影响

多段 HMCVT 的 F1-F2、F3-F4、F5-F6、R1-R2 是完全同步换段，离合器的接合与分离可以同时进行，换段时间短，没有明显的换段冲击，转矩下陷量小。

F2-F3、F4-F5 是伪同步换段，各离合器的分离和接合不能同时完成，离合器的接合顺序影响换段质量。仿真显示，末级离合器（L_5、L_6、L_7）首先接合，能缩短换段时间，使转矩下陷量小，输出转速波动小。以 F2-F3 换段为例，参考图 5.8 进行理论分析可知，升段时，传动轴 2 转速要大幅度下降，若 L_6 优先接合，可使惯量较大的传动轴 2 的惯性动能主要传递给传动轴 3，转速迅速下降，这有利于传动轴 3 的加速，也减小了 L_1、L_4 接合时传动轴 2 对发动机的反推冲击；降段时，传动轴 2 转速要大幅度升高，若 L_5 优先接合，可使惯性动能较大的传动轴 3 对传动轴 2 加速，有利于传动轴 3 减速，也可减小 L_2、L_3 接合时发动机对传动轴 2 加速的载荷。

换段时，TCU 要提前发出末级离合器的接合指令，延时发出前级离合器的接合指令。或者同时发出需要接合的各离合器的接合指令，通过改变压力、增长速度调整接合顺序。

5.7.2　自动无级变速及换段优化控制

根据确定的变速规律，实现 HMCVT 自动无级变速和换段，是开发车辆无级变速器的根本目标。消除循环换段现象、提高传动比调节响应速度和稳定性是控制多段 HMCVT 自动无级变速的基本品质要求。

1. 消除循环换段优化控制策略

根据表 5.3 的状态转移判断条件，建立如图 5.22 所示的状态转移控制流程，在自动无级变速仿真时产生循环换段现象。为了消除循环换段，对换段状态转移条件进行优化。

消除循环换段的原理如图 5.27 所示：在同步换段传动比邻接的高速段上，确定一个两邻接段都能工作的传动比重叠区域。设工作段号为 R，取重叠区为 Δi_{b}^{R}。升速时，当实际传动比 $|i_{brel}| \leqslant |i_{bU}^{R}|$ 时不进行换段，但控制 i_{brel} 保持不变，只有当 $|i_{bcmd}| \geqslant |i_{bU}^{R}+\Delta i_{b}^{R}|$ 时进行换段。减速时，当实际传动比 $|i_{brel}|=|i_{bD}^{R}|$ 时，立即进行换段。

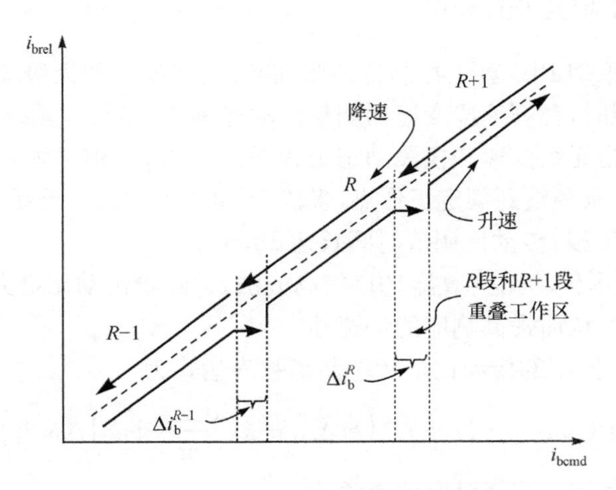

图 5.27　消除循环换段原理

第 R 段升入第 $R+1$ 段，消除循环换段的状态转移条件为

$$|i_{brel}| \geqslant |i_{bU}^{R}|,\quad |i_{bcmd}| \geqslant |i_{bU}^{R}+\Delta i_{b}^{R}| \tag{5.50}$$

第 R 段降入第 $R-1$ 段，消除循环换段的状态转移条件为

$$|i_{brel}| \leqslant |i_{bD}^{R}| \tag{5.51}$$

上述换段状态转移条件的优点是：

(1) 消除循环换段现象；

(2) 保证传动比在换段点时，优先在低速段工作，实现降速优先的原则，提高

车辆传动的可靠性和安全性；

(3) 从图 4.13 所示效率特性图可知，能够保证优先换入高效率工作段，提高传动系效率。

以 F4 段为例，图 5.28 表达了自动模式下换段逻辑控制的 Stateflow 图。

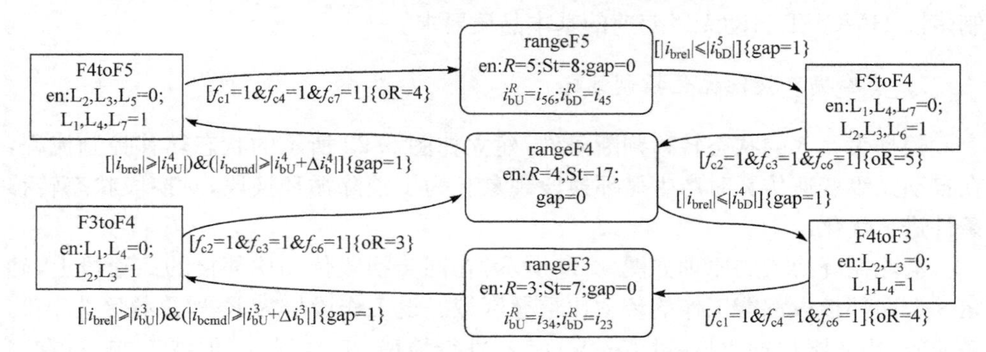

图 5.28 自动模式下 HMCVT 的状态转移图(F4 段)

2. 传动比变增益 PID 控制

仿真表明，采用 PID 算法控制传动比，能够实现稳定的无级变速和换段，但是当各段增益相同时，在高速段变速器调整的动态响应时间长，无级变速控制的响应性差。图 5.29 为无级变速和换段动态历程图。如图 5.29(a)所示，为了将发动机从最高空载工作点调整到额定工作点，多段 HMCVT 由起步开始，依次从 F1 段自动连续变化到 F4 段，传动比调节时间长达 16.5s。

因此，可采用传动比变增益 PID 控制方法，即随着传动比增大，传动比调节的控制增益也增大，从而提高响应的快速性。

变增益 PID 控制的传动比增量控制函数表达式为

$$g_{\mathrm{i}}(\Delta\omega_{\mathrm{e}})=(1+i_{\mathrm{b}})\left(k_{\mathrm{p}}\Delta\omega_{\mathrm{e}}+k_{\mathrm{d}}\frac{\mathrm{d}\Delta\omega_{\mathrm{e}}}{\mathrm{d}t}+k_{\mathrm{i}}\int\Delta\omega_{\mathrm{e}}\mathrm{d}t\right) \tag{5.52}$$

式中，k_{p}、k_{i}、k_{d} 为 PID 控制对应项增益。

变增益 PID 控制的动态响应如图 5.29(b)所示，调节时间为 13.2s，响应性得到明显改善。

3. 油门开度前馈控制

仿真表明，油门开度的快速变化会引起转速偏差反向剧烈变化，造成传动比反向调节的错误，产生速度波动。在传动比控制中增加如图 5.30 所示的油门开度变化率前馈控制，可抑制传动比的反向调节。前馈控制函数为

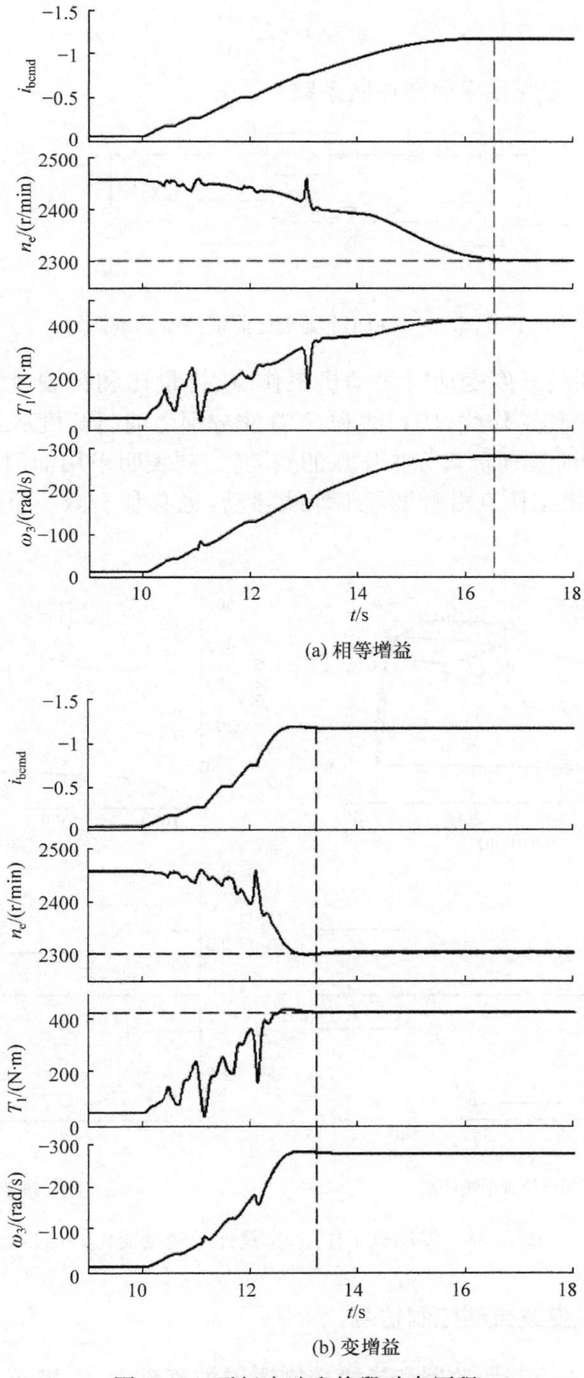

图 5.29　无级变速和换段动态历程

$$g_\alpha(\alpha)=k_\alpha \frac{d\alpha}{dt} \tag{5.53}$$

式中，k_α 为油门开度变化率前馈控制系数。

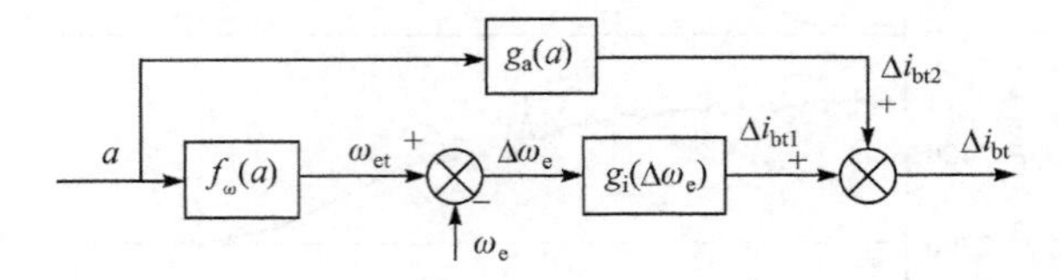

图 5.30 油门开度变化前馈控制原理图

图 5.31 是油门开度变动时发动机工作点、排量比和行驶速度变化的仿真结果。设 BCD 为最佳工作线，$B1C$ 线和 $C2B$ 线分别为油门开度从最大降到 70%和从 70%回到最大时发动机实际工作点的变动轨迹，表明采用油门开度变化率前馈控制有利于发动机工作点沿着最佳工作线移动，也有利于减小泵排量和行驶速度的波动。

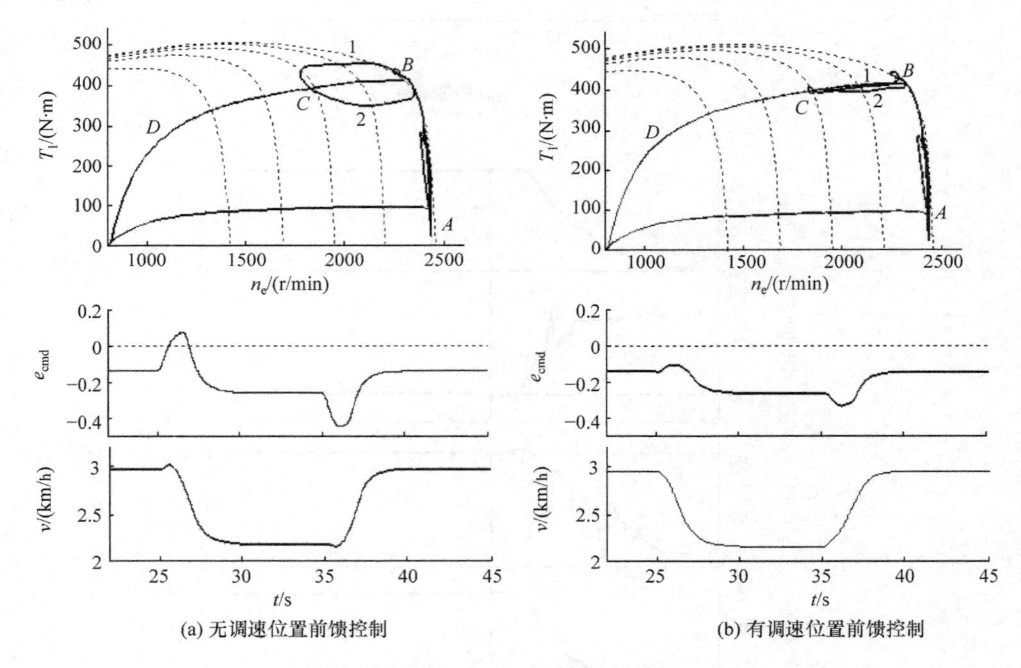

图 5.31 发动机工作点、排量比及速度变化特性

5.7.3 整车无级变速自动控制仿真

在完善传动比控制调节器和换段控制逻辑的基础上，对整车模型进行了自动

控制过程仿真。图 5.32 是油门开度处于最大时，在 TCU 的自动控制下，车辆从起步、加速，直到发动机稳定在最佳工作区运行的动态历程仿真结果，其中体现了无级变速及换段的过程。在 0～3s 时，油门开度调整到最大值，同时作用牵引载荷 30kN，离合器接合，进入无级变速 F1 段，车辆起步，逐渐加速行驶；在第 10s 时，启动自动无级变速操作模式，车辆克服阻力，经过加速进入稳定行驶过程，期间多段 HMCVT 依次从 F1 段切换到 F4 段，排量比在各段正负极限之间变化，实际传动比持续增大，用时大约 6s 进入稳态，发动机稳定在期望工作点运转，其转速和转矩恒定；在 30～35s 时，牵引阻力持续增大，TCU 控制传动比连续减小，并换入 F3 段工作，使发动机稳定在期望工作点。

F1-F2 段切换时，变速器各传动轴同步，换段过程平稳，行驶速度基本无波动。F2-F3 段切换时，变速器内各传动轴速度不同步，造成换段中产生冲击，但换段前后总传动比不变，行驶速度波动不大。仿真表明，其波动程度与各离合器的通段顺序及重叠程度相关，重叠度大，引起干涉制动，发动机转矩和行驶速度波动大；重叠度小，转矩减小量增大。

F3-F4 段切换时，各传动轴也处于同步状态，但冲击大于 F1-F2 段切换。原因是载荷大，离合器切换时间长。仿真表明，载荷大时增加离合器接通时的压力增长率，可降低冲击。

大载荷下，发动机虽然工作在最佳工况，但是由于滑转率增大，实际速度较理论速度明显降低，有效牵引功率减小。车辆属于牵引作业状态，因此，有必要研究使牵引功率最大的无级变速规律。

图 5.32 表明，基于建立的模型，能够实现对 HMCVT 自动控制过程仿真。TCU 能够按照设定的无级变速控制规律和换段逻辑控制策略有效地对车辆多段 HMCVT 实现控制，保证在油门开度变化和载荷波动时发动机工作点稳定。

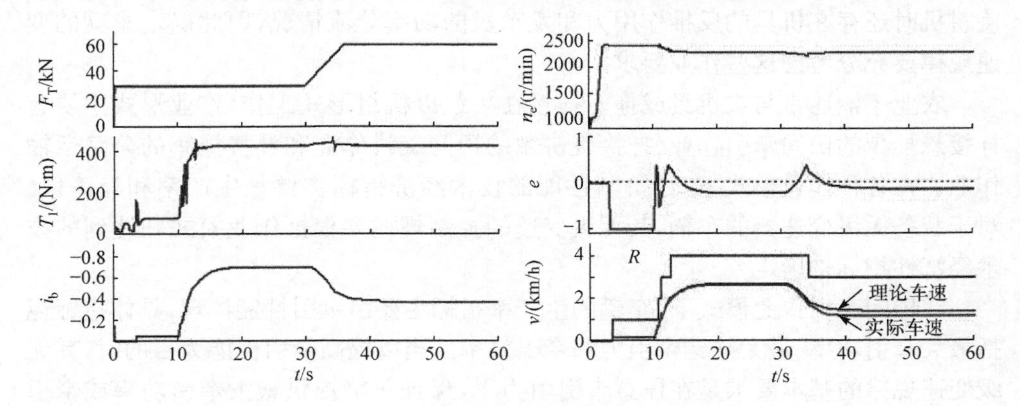

图 5.32　HMCVT 传动车辆无级变速和换段动态历程

第 6 章 基于牵引功率最大的 HMCVT 无级变速规律

有级变速的换挡规律和无级变速的传动比变化规律是变速器控制器实施自动控制要遵循的基本规律，也是获取车辆最佳性能的基础。多段 HMCVT 有无级变速和有级换挡的双重特征，且在变速区间内的传动效率差别明显，研究这种双重特征变速器的无级变速和换段规律非常必要。本节在分析车辆无级变速规律要求和类型的基础上，针对多段 HMCVT 传动车辆，研究在牵引工况下，以获得最高生产率为目标的牵引功率最大的无级变速和换段规律，提出 HMCVT 的工程应用控制策略，确定传动比计算方法和避免循环换段的换段控制方法，仿真验证变速规律和控制策略的有效性，为控制系统实际开发提供理论依据。

6.1 无级变速规律分析

以动力性最佳和经济性最佳为目标的变速规律是车辆变速器控制的主要规律，在以公路行驶为主的高速车辆中得到了广泛的研究和应用。但是研究者一般不考虑传动系效率变化的影响，也忽略行走系统的滑转损失，主要目的是保证发动机工作在最佳动力性和最佳经济性工作线上。车辆属于作业机械，尤其是大功率农业车辆主要在田间进行牵引作业，传递的动力、载荷的波动、行驶阻力、滑转损失、变速范围和牵引效率等的变化较大，发动机调速特性与高速车辆也不同，挂接旋耕机时还存在机具的反推作用力和发动机的功率分流情况，因此确定车辆的变速规律要充分考虑这些作业要求。

农业车辆通常与农机具或拖车挂接在一起以机组形式工作，作业形式主要有挂接悬挂犁的田间牵引作业、挂接旋耕犁的田间旋耕作业和挂接拖车的公路运输作业。在各种作业模式下，评价其性能的技术经济指标主要是生产率和经济性。对于装备无级变速器的车辆，其无级变速的控制规律要根据作业模式和达到的技术经济性指标来确定。

在田间牵引作业模式下，车辆的生产率指标主要由牵引性能体现，具体指标包括最大牵引功率、最大挂钩牵引力和牵引效率。当以提高牵引性能为目的时，其无级变速规律的基本要求是在任意牵引阻力下，保证车辆提供最大牵引功率或牵引效率。其经济性指标主要由燃油消耗量体现，燃油消耗量用燃油消耗率(简称比油耗)来表示，即完成单位作业量所消耗的燃油量。以提高经济性为目标时，其无级变速规律的基本要求是在任意行驶速度下，保证车辆有低的燃油消耗率。

在田间旋耕作业模式下，发动机的动力分流后输出，部分功率通过PTO输出后直接驱动旋耕犁，部分通过变速器输出驱动车辆机组行驶。车辆速度不仅影响生产率，也影响作业质量。以提高生产率为目的时，无级变速规律的基本要求是在为了满足作业质量而限定的变速范围内，保证发动机输出最大功率和获得最高生产率。以提高经济性为目标时，其无级变速规律的基本要求是在为了满足作业质量而限定的变速范围内，在任意行驶速度下保证车辆有低的燃油消耗率。

在公路运输作业模式下，车辆的操作和工作状态与高速车辆基本相同，TCU可以基于最佳动力性或最佳经济性无级变速规律控制变速器的传动比，也就是调节传动比，在任意油门开度下，使发动机工作在最佳动力性或最佳经济性工作线上。对于多段HMCVT传动，不同传动比下的效率差异较大，也适合按照整车能量利用率最高的无级变速规律工作。整车能量利用率定义为车辆的牵引功率与发动机单位时间消耗的燃料热量之比，是综合发动机燃油效率、变速器传动效率、行走系统驱动效率和地面滑转效率的经济性指标，比较全面地体现了车辆的经济性，按照适当的方法确定无级变速器的换段规则也能够提高车辆的动力性。

车辆的动力传动系控制包括发动机和变速器两个主要部分。在车辆自动无级变速控制系统中，如果发动机油门采用手动调节，变速器传动比采用自动调节，称为一元调节无级变速控制系统，如果发动机油门和变速器传动比都采用自动调节，称为二元调节无级变速控制系统。前者应用在以普通发动机为动力源的车辆上，后者应用在以电控发动机为动力源的车辆上。一元调节适合按照最佳动力性或最高生产率无级变速规律工作；二元调节既适合按照最佳动力性，也适合按照最佳经济性无级变速规律工作。现阶段我国的大功率车辆主要配置普通发动机作为动力源，对于多段HMCVT传动，研究一元调节下满足最高生产率要求的无级变速和换段规律具有必要性。

6.2　无级变速及换段原理

多段HMCVT的电控系统不仅要控制其无级变速，还要控制其切换变速区段。因此，必须确定合理的无级变速和换段规律，在保证连续无级变速的同时，避免产生循环换段现象。本节根据多段HMCVT在换段点两邻接工作段具有不同传动效率的特点，以提供最大牵引功率为目标，针对车辆上的多段HMCVT，在一元调节条件下，制定出车辆牵引作业工况下的自动无级变速和换段规律。

6.2.1　无级变速原理

多段 HMCVT 的传动效率在不同传动比下差别较大，以图 4.8 中的多段 HMCVT 为实例，图 4.13 中给出了传动效率特性，得到的多段 HMCVT 传动效率如图 6.1 所示。图 6.1 中，横轴表示传动比，标明了工作段号 R 和相邻两段在同步换段点的传动比 i_{12}～i_{45}。值得注意的是，在相邻两无级变速段的换段点，虽然两段的传动比相同，但传动效率差别明显，这样就造成车辆在相同的传动比下有不同的牵引功率。以其在车辆上应用为例，图 6.2 给出了发动机在最大油门开度时车辆的牵引功率特性，其中各条实曲线表示在发动机调速特性的调速段上，各无级变速段在最大、最小和效率最高传动比时对应的牵引功率；虚线表示各段在不同传动比下对应发动机最大功率点的牵引功率包络线，可以看出，在换段点附近，相同的牵引阻力下各段有不同的最大牵引功率。

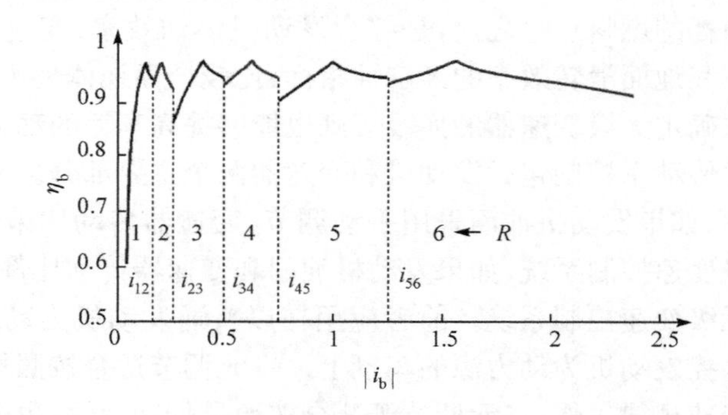

图 6.1　多段 HMCVT 传动效率

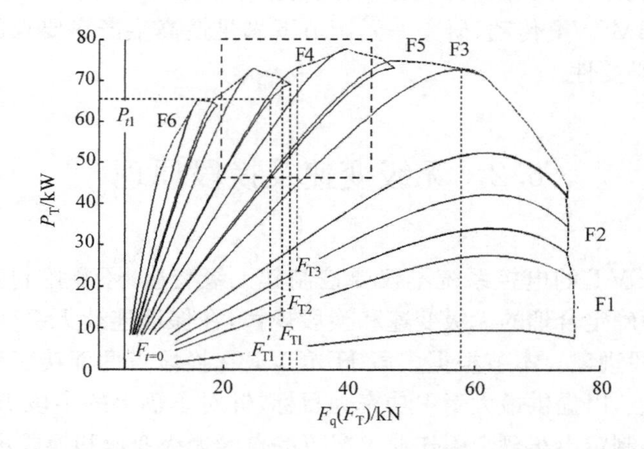

图 6.2　多段 HMCVT 传动车辆在最大油门开度时的牵引功率特性

对照图 6.2 和图 4.19 的牵引特性可知，对于每一个无级变速段，在由滑转率决定的最大驱动力 F_{qmax} 范围内，各传动比下的最大牵引功率出现在发动机的最大功率点。因此，只要调节无级变速器的传动比，使发动机稳定在最大功率点，车辆就在最大牵引功率下工作。

除 F_{qmax} 之外，变速器工作在小传动比下提供必需的驱动力。由于滑转损失剧增，各传动比下的最大牵引功率主要出现在调速段上。此时发动机负荷减小，燃油消耗率显著增加，导致车辆经济性变差。对于发动机和变速器综合自动控制的二元调节动力传动系，可以减小油门开度，使发动机工作在小油门下的最大功率点，有利于提高车辆的经济性。但是对于变速器单独控制的一元调节系统，只能增大传动比，从而增大牵引功率，实际仍然是调节传动比，使发动机工作点向最大功率点转移。

因此，在任何牵引阻力下，调节传动比使发动机工作在与油门开度对应的最大功率点，就构成了实现牵引功率最大或生产率最高的无级变速规律。

在实际工作中，应调整车辆作业机具的牵引载荷，使其在 F_{qmax} 之内，避免过大的滑转损失，保证车辆在牵引效率较高的区域工作。

6.2.2　换段原理

对于相邻的无级变速段，存在牵引功率重叠的牵引阻力区域，在这些区域应优先工作在牵引功率较大的无级变速段，同时还要保证两段切换时传动比连续，并避免牵引阻力小幅波动时产生频繁换段的循环换段现象，减少换段离合器的磨损。

以图 6.2 中 F4-F5 段换段为例，牵引特性局部放大如图 6.3(b)所示，其重叠工作的牵引阻力区为 $F_{T1}\sim F_{T2}$。图 6.3(a)为对应发动机调速特性，换段规律描述如下。

若初始在 F4 段工作，当牵引阻力 F_T 减小时，TCU 控制 i_b 逐渐增大[1)]，直至等于换段点传动比 i_{45}，此时牵引阻力为 F_{T3}，发动机在最大功率点 a 运行，对应的转矩为 T_{e3}，转速为 ω_L，随着 F_T 的继续减小，i_b 保持不变，发动机工作点将沿着调速线下移，发动机输出功率减小，牵引功率也随之减小。直到 F_T 降至 F_{T1} 时，发动机在调速线上 b 点运行，对应转矩、转速分别为 T_{e1}、ω_H，TCU 控制变速器切换到 F5 段工作。换段后，TCU 控制 i_b 继续增大，从而增大发动机的载荷，使发动机工作点移回到最大功率点 a。换段后，若 F_T 反向增大，变速器则并不立即换回 F4 段，而是保持 i_{45} 不变，直到发动机工作点重新移回到最大功率点时才换段，也就是当 F_T 大于 F_{T2} 时才重新切换到 F4 段。

若初始在 F5 段工作，当 F_T 增大时，i_b 逐渐减小。当 F_T 增至 F_{T2} 时，发动机在

1)　前进方向 i_b 实际值为负值，但是自本章之后，叙述中比较 i_b 大小时，指比较 i_b 的绝对值。

最大功率点 a 运行，对应转矩、转速分别为 T_{e2}、ω_L，i_b 等于 i_{45}，变速器立即切换到 F4 段工作，有利于增大牵引功率。此时，若 F_T 又反向减小，i_b 保持等于 i_{45}，发动机工作点将沿着调速线下移，直到 F_T 又降至 F_{T1} 时，发动机在调速线上 b 点运行，对应转矩、转速分别为 T_{e1}、ω_H，才重新切换回到 F5 段工作。

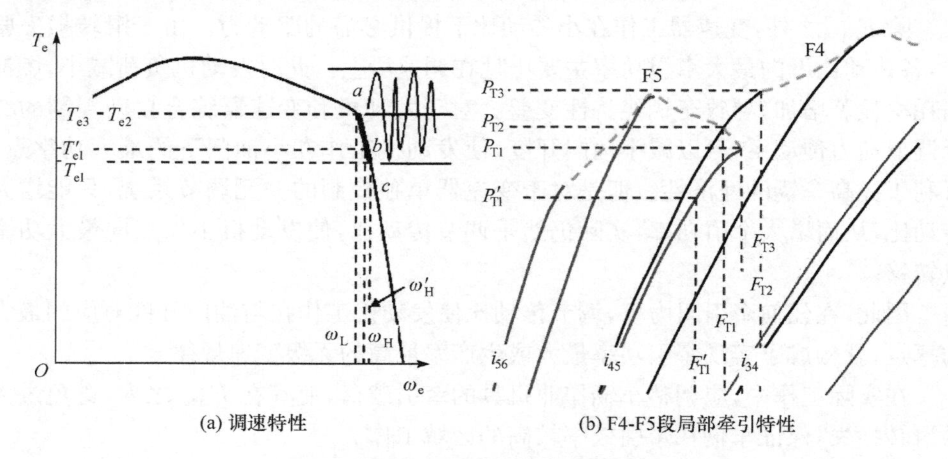

图 6.3　多段 HMCVT 传动车辆牵引特性

这种换段原理在换段点优先切换到高效率的低速段运行，不仅保证传动效率高，而且保证换段升速前发动机在调速段有一定的转矩储备，在载荷突增时能够快速减小传动比，避免熄火和动力中断。

因为车辆的牵引载荷变异系数 ζ 较大，也就是载荷波动范围较大，当邻接两段在切换点的效率差别较小时，上述 $F_{T1} \sim F_{T2}$ 的范围较窄（对应的发动机转矩为 T_{e1}、T_{e2}），仍可能产生循环换段，需要将 F_{T1} 左移到 F'_{T1} 来扩大范围，F'_{T1} 对应的发动机工作点为调速线上的 c 点，转矩、转速分别为 T'_{e1}、ω'_H，但是，这样会导致车辆最大牵引功率有所下降。

当车辆工作在其他油门开度时，与上述方法相同也可以得到同样的无级变速和换段规律。将所有油门开度下的无级变速和换段规律组合就构成了车辆牵引功率最大的无级变速和换段规律。

6.3　无级变速及换段规律工程应用控制策略

6.3.1　工程应用控制参数

由于车辆的牵引阻力难以测量，直接应用上述规律存在困难，可将油门开度

α、发动机转速 ω_e、HMCVT 的变速段号 R 和实际传动比 i_{brel} 作为主要控制参数来表达无级变速和换段规律，以便于工程实现。

实现牵引功率最大的无级变速规律，就是在任意油门开度下使发动机工作在最大功率点，该点对应的发动机转速也就构成了牵引功率最大的工作转速。因此无级变速规律用油门开度 α 与发动机工作转速 ω_L 对应表示，如图 6.4(a)中曲线 ω_L 所示，即对应一个油门开度 α，调节传动比，使发动机转速稳定在转速 b。

图 6.3(b)中，在换段点的两条牵引功率曲线上，牵引阻力的上限 F_{T2} 和 F_{T3} 对应发动机的最大功率点，该点转速为发动机的工作转速 ω_L。下限 F_{T1} 对应发动机调速特性上一点 b，该点转速为允许偏离的极限，称为换段转速 ω_L。所有换段点的牵引力下限在调速特性上都分别对应一个换段转速，因此换段条件用换段转速 ω_H 和工作段号 R 表示。

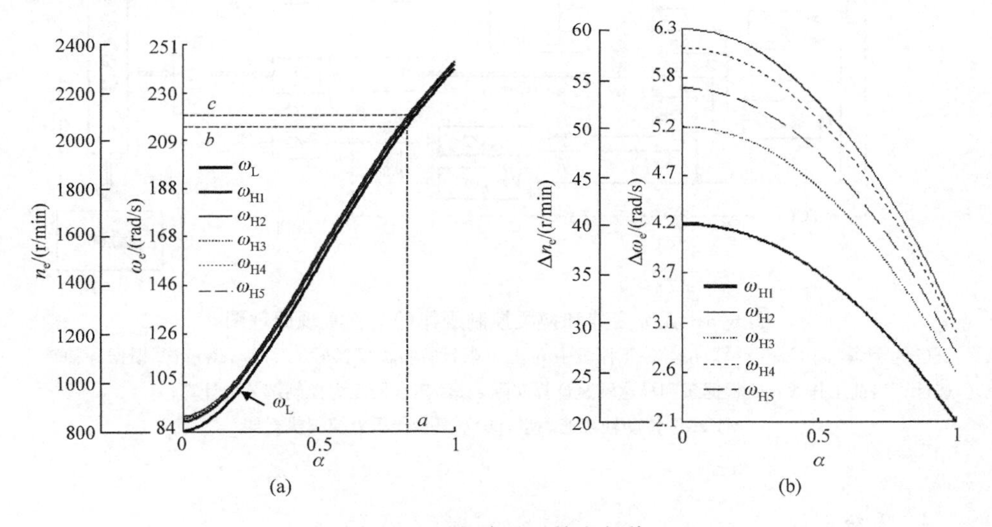

图 6.4　无级变速及换段规律

对于每个油门开度，根据上述原理为每个无级变速工作段求得对应的换段转速 ω_H。按照油门开度从小到大变化的顺序，将每个工作段的 ω_H 分别拟合成连续曲线，就构成了以 α、ω_e 和 R 为控制参数的换段规律，如图 6.4(a)中曲线 ω_{H1}～ω_{H5} 所示，为了表达清晰，图 6.4(b)给出了换段转速与工作转速之差。

以变速器初始工作在 F4 段为例，对于给定的油门开度 α，由变速规律求得最大功率对应的工作转速为 b，TCU 调节传动比 i_b，使发动机实际转速稳定在 b。当载荷减小时，i_b 增大；当 i_b 等于换段点传动比 i_{45} 时，保持不变，发动机转速将随着载荷的继续下降而沿调速特性增大。当转速达到 c 时，切换到 F5 段工作，然后 i_b 继续增大，保持发动机实际转速又稳定在 b。此时，若载荷反向增大，则 i_b 减小，保持发动机稳定在转速 b，当 $i_b=i_{45}$ 时，再次切换到 F4 段工作。

6.3.2 工程应用实现原理

多段 HMCVT 无级变速和换段控制规律的工程实现原理如图 6.5 所示。TCU 的控制功能主要包括两个方面：一方面是通过控制变量泵的斜盘倾角实现无级变速；另一方面是根据换挡逻辑控制离合器的接合或分离实现换段，并避免产生循环换段。

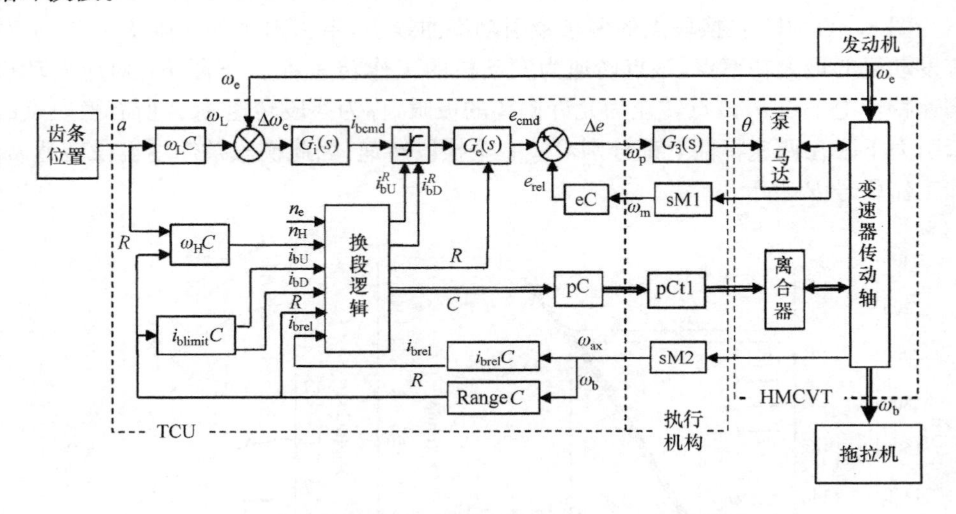

图 6.5 无级变速和换段控制规律的工程实现原理图

$\omega_L C$-ω_L 计算；$\omega_H C$-ω_H 计算；$i_{blimit}C$-工作段中 i_b 上下限计算；$i_{brel}C$-实际 i_b 计算；RangeC-根据各轴转速计算当前工作段；eC-根据泵和马达转速计算实际 e；pC-离合器压力控制调节量计算；sM1-sM2 传动轴转速测量；pCt1-离合器压力控制执行器

1. 无级变速

根据设定的油门开度 α，TCU 通过图 6.4(a)的 α-ω_L 曲线关系计算期望的发动机工作转速 ω_L，并与实际转速 ω_e 比较得到转速偏差 $\Delta\omega_e$；然后根据传动比控制环节 $G_i(s)$计算指令传动比 i_{bcmd}，并被限制在工作段 R 的传动比上下限$[i_{bD}^R, i_{bU}^R]$范围内；根据 i_{bcmd} 计算变量泵的指令排量比 e_{cmd}，与实际排量比 e_{rel} 比较得到偏差 Δe。Δe 以电压增量方式输出到泵-马达液压系统的排量控制执行系统，调节变量泵的斜盘倾角 θ，从而实现 HMCVT 的无级变速。

无级变速控制系统是一个复杂的三重闭环控制系统，内环为斜盘倾角闭环控制，由包含位置反馈传感器的比例电磁阀和比例油缸伺服驱动机构组成。中环为排量比闭环控制回路，由泵、马达转速传感器和排量比计算环节构成了排量比闭环控制反馈环节。外环为发动机转速闭环控制，发动机转速传感器构成了闭环控制反馈环节。

2. 换段

根据各传动轴的转速，TCU 计算实际传动比和工作段号，然后根据工作段号 R 和图 6.4 所示的 α-ω_H 关系，计算换段转速 ω_H^R，并由 R 确定该段对应的传动比上下限 i_{bU}^R、i_{bD}^R。换段控制逻辑接收这些参数，根据换段条件，控制对应的离合器接合或分离，实现换段。

根据牵引功率最大的换段逻辑确定的换段条件为

第 R 段换入第 $R+1$ 段的条件为

$$|i_{brel}| \geqslant |i_{bU}^R|,\quad \omega_e \geqslant \omega_H^R \tag{6.1}$$

第 R 段换入第 $R-1$ 段的条件为

$$|i_{brel}| \leqslant |i_{bD}^R|,\quad \omega_e \leqslant \omega_L \tag{6.2}$$

以 F4 段为例，$i_{bU}^R = i_{45}$，$i_{bD}^R = i_{34}$。对应的换段逻辑控制状态转移图如图 6.6 所示。

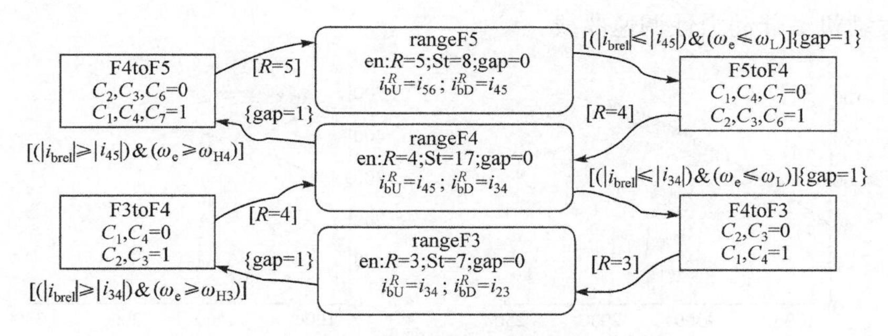

图 6.6　换段逻辑控制状态转移图(仅 F4 段)

6.3.3　无级变速及换段规律计算原理

按照以下步骤计算任意油门开度下发动机的工作转速 ω_L 和各工作段的换段转速 ω_H。

1. 确定发动机在不同油门开度下的转速特性

将油门开度 α 归一化到[0,1]区间，划分 n 个位置，实测发动机的调速特性数据。在每个油门开度，求出发动机转速-转矩特性 ω_e-T_e，功率特性 ω_e-P_e，找出最大功率点 P_{e0} 及其对应的转速 ω_{e0} 和转矩 T_{e0}。

$$\alpha = [\alpha_1, \alpha_2, \cdots, \alpha_n]^T \tag{6.3}$$

$$\omega_e = [\omega_{e1}, \omega_{e2}, \cdots, \omega_{en}]^T = [f_1(T_e), f_2(T_e), \cdots, f_n(T_e)]^T \tag{6.4}$$

$$P_{e}=[P_{e1},P_{e2},\cdots,P_{en}]^{T}=[\omega_{e1}T_{e},\omega_{e2}T_{e},\cdots,\omega_{en}T_{e}]^{T} \tag{6.5}$$

$$P_{e0}=[P_{e01},P_{e02},\cdots,P_{e0n}]^{T} \tag{6.6}$$

$$\omega_{e0}=[\omega_{e01},\omega_{e02},\cdots,\omega_{e0n}]^{T} \tag{6.7}$$

$$T_{e0}=[T_{e01},T_{e02},\cdots,T_{e0n}]^{T} \tag{6.8}$$

2. 确定工作转速曲线 ω_L

拟合点$[\alpha_1,\omega_{e01}]\sim[\alpha_n,\omega_{e0n}]$，求得任意油门开度下无级变速的工作转速曲线，$\omega_L=f_L(\alpha)$。在实际控制器中可以用离散二维数表形式表示，对离散点之间的 ω_L 利用插值求取。

已知发动机调速特性，可直接利用调速特性求解任意油门开度下的最大功率点。根据调速特性方程式(5.6)和式(5.7)，求得任意油门开度的最大功率点曲线以及对应的最佳动力性工作线，如图 6.7(a)、(b)所示。在最佳动力性工作线上对应的油门开度与转矩关系 α-T_{e0} 如图 6.7(c)所示，对应的油门开度与转速关系α-ω_{e0} 如图 6.7(d)所示，该曲线是牵引功率最大无级变速规律的工作转速曲线 α-ω_L，也是发动机最佳动力性调速曲线。

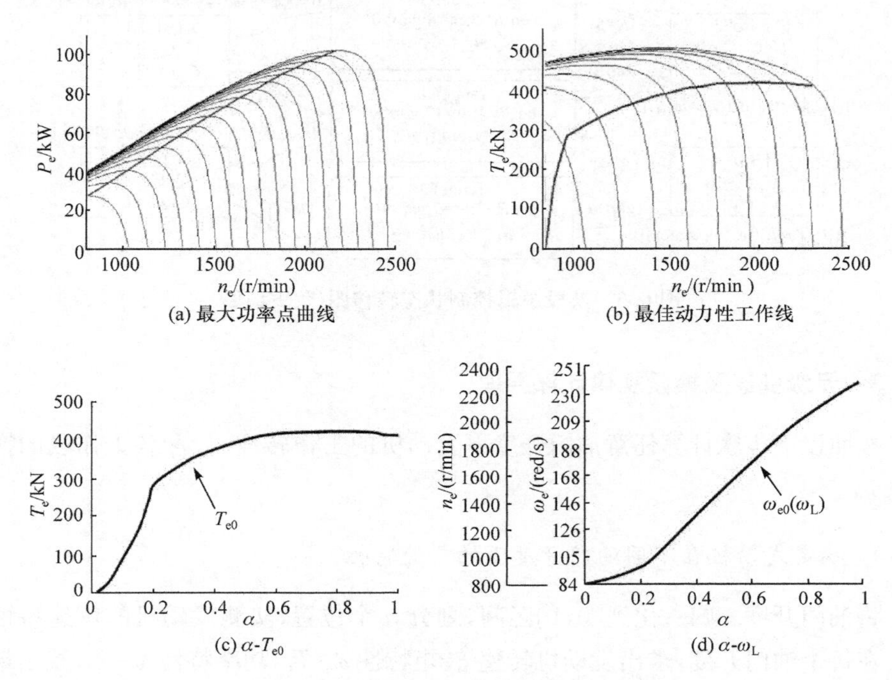

图 6.7　发动机最佳动力性工作线和工作转速

3. 绘制不同油门开度的牵引特性

参考图 4.16，计算绘制车辆牵引功率特性曲线的数学表达式为

$$F_q=\frac{\eta_b\eta_z\eta_l i_z T_e}{r_q i_b} \tag{6.9}$$

$$F_T=F_q-F_f \tag{6.10}$$

$$\delta=f_\delta(F_T) \tag{6.11}$$

$$v=\frac{\pi r_q(1-\delta)i_b n_e}{30 i_z} \tag{6.12}$$

$$P_T=F_T v \tag{6.13}$$

将每一段的 i_b 离散为有限个值，令 T_e 从 0 变化到每个油门开度的 T_{e0}，依次求取 η_b、F_q、F_T、δ、V、P_T，用(F_q、P_T)坐标值绘制各传动比下的牵引功率特性曲线，再依次连接顶点构成各段最大牵引功率曲线，如图 6.2 所示为 $\alpha=1$ 时对应的牵引功率特性曲线。

4. 计算不同油门开度的换段转速

在每个油门开度的牵引特性图上，定出每个换段点牵引阻力重叠区的上下限 F_{T2}、F_{T1}，并计算给定载荷变异系数 ζ 的下限 F'_{T1} 为

$$F'_{T1}=(1-\zeta)F_{T2} \tag{6.14}$$

取 F_{T1}、F'_{T1} 中较小者为实际下限，求出对应的牵引功率 P_{T1}，再计算每段的换段转速，即

$$\omega_{eH}=\frac{i_b i_z P_{T1}}{r_q(1-\delta)F_{T1}} \tag{6.15}$$

5. 确定各段的换段转速曲线

拟合每段在各油门开度下的 ω_{eH}，构成每段的换段转速曲线 $\omega_H=f_H(\alpha)$，如图 6.4(a)所示。

6.4　变速及换段控制仿真

为了检验无级变速和换段规律的有效性，在配置多段连续 HMCVT 的车辆的动力学仿真模型上进行控制过程仿真，仿真模型与图 5.19 所示模型结构一致。仿真结果如图 6.8 所示，发动机设定在最大油门开度，给定大范围变化的 F_T，从 10s 开始自动控制无级变速和换段。图 6.8(a)、(b)分别给出了采用发动机工作点保持不变的换段规律和采用牵引功率最大换段规律的仿真结果。

图 6.8 表明,变速器用约 7s 的时间从 F1 段升入 F5 段,达到发动机输出最大功率。随着载荷的变化,TCU 调节传动比跟随变化,保证发动机稳定在最大功率点附近的调速线上运行。变速器主要在 F3-F5 段工作,保证了较高的牵引效率。当牵引力在车辆最大牵引力 F_{Tmax} 范围内时,牵引效率保持在 0.76～0.82,高于有级变速传动的效率,当牵引力大于 F_{Tmax} 时,由于滑转率急剧增加,牵引效率将降低,但 TCU 仍然能调节传动比,保持发动机工作在最大功率点,提高了车辆牵引动力性能。

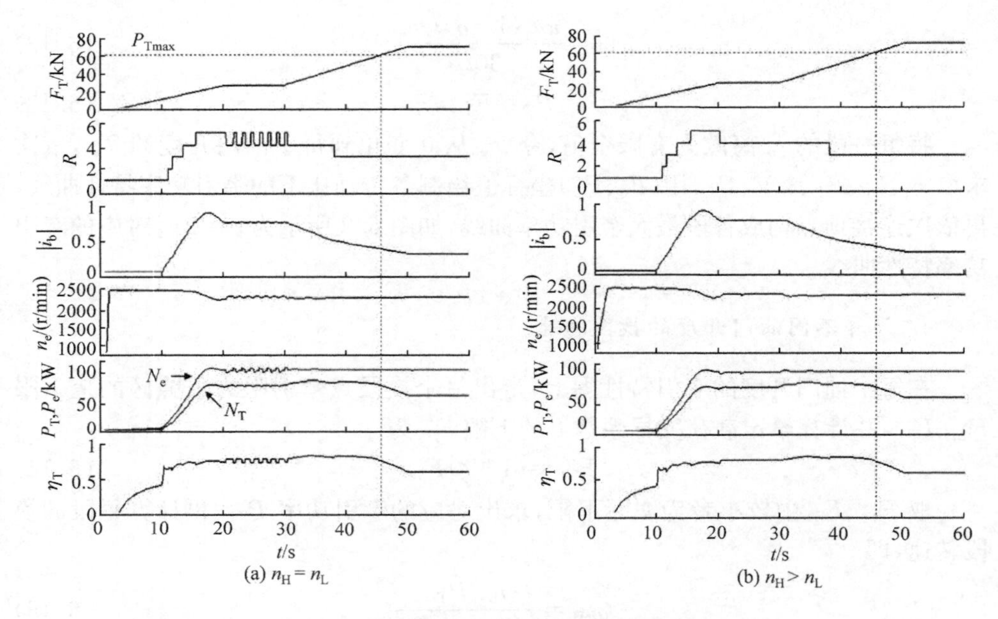

图 6.8　车辆 HMCVT 控制仿真过程

对比图 6.8(a)、(b)表明,采用牵引功率最大换段规律时,在同样的牵引力下能有效消除循环换段现象,提高车辆的动力性能和传动效率,避免反复换段造成的离合器磨损以及换段冲击问题。

仿真结果表明车辆牵引功率大、牵引效率高、无功率循环现象,验证了基于牵引功率最大的无级变速和换段规律的合理性,验证了采用油门开度、发动机转速、变速段号和实际传动比作为传动比控制参数的工程实现方法的有效性,为 HMCVT 控制系统的开发奠定了理论基础。

第7章 基于经济性最佳的HMCVT无级变速及换段规律

保证经济性是车辆作业的基本要求,经济性的主要指标是燃油消耗率。车辆在田间和公路上进行作业时,总是希望在任意行驶速度和牵引载荷下,消耗最少的燃油。车辆的经济性不仅取决于发动机的燃油消耗率,也与变速器的传动效率和行走部分的滑转损失有直接关系。采用发动机油门和无级变速器的传动比二元协同控制的调节方法,是保证车辆按照最佳经济性要求进行作业的理想方法。本节通过分析车辆的最佳经济性概念,结合液压机械无级变速车辆的传动特点,阐明实现车辆最佳经济性的要求;针对具备传动比和油门自动控制的二元调节车辆,分析在牵引和运输作业工况下,保证车辆在任意稳定行驶速度下实现燃油经济性最佳的多段 HMCVT 无级变速和换段规律,提出 HMCVT 和发动机协同控制的工程应用控制策略,确定最佳传动比的计算方法。

7.1 无级变速规律

根据车辆最佳经济性影响因素和 HMCVT 传动特点确定 HMCVT 无级变速规律。

7.1.1 HMCVT 传动车辆最佳经济性指标及影响因素

在车辆动力传动系的研究中,最佳经济性概念是一个长期以来普遍使用的概念,尤其在变速器控制系统的研究中,更是作为主要的控制目标来确定换挡规律和无级变速规律。但是在实际应用中,绝大多数研究者都是以发动机获得最佳经济性来确定这些规律,多数情况下这样做是正确的,但在某些情况下特别是无级变速传动系中,还有待商榷。

对发动机和整体机组而言,经济性包含很多内容,但是在变速规律的研究中,经济性主要指燃料消耗的经济性,必须区别发动机和机组两类对象经济性指标的差别。

1. *发动机燃油经济性指标*

发动机燃油经济性指标包括有效热效率 η_e 和有效燃油消耗率 g_e。η_e 是发动机的有效功与所消耗的燃料热量的比值,即

$$\eta_e = \frac{W_e}{Q_e} \tag{7.1}$$

式中，W_e 为得到的有效功，kJ；Q_e 为得到的有效功 W_e 所消耗的燃料热量，kJ。

g_e 是单位有效功的耗油量，通常以发动机每千瓦时的耗油量表示，即

$$g_e = \frac{B_e}{P_e} \tag{7.2}$$

式中，B_e 为发动机每小时的耗油量，kg/h。对于燃油性质确定的发动机，η_e 和 g_e 有定量关系，因 g_e 能实测得到，更为实用。

g_e 与发动机的输出转速和转矩关系密切，与车辆配套的 LR6105ZT10 型柴油发动机的万有特性如图 7.1(a)所示，对有效燃油消耗率实测数据曲面进行拟合，得到图 7.1(b)所示的 g_e 特性，图中表明在不同的转速和转矩下 g_e 不同。对于给定的发动机功率，可以从中找到一个 g_e 最小的点，该点对应的转速和转矩是发动机在给定功率下保证燃油消耗率最小的转速和转矩，即经济工作点。按照功率从小到大的顺序连接每一个经济点就构成了发动机的最佳燃油消耗率曲线，也就是发动机的最佳经济性工作线，如图 7.1(a)中虚线所示。发动机在运行中，希望工作点在这条线附近变动。

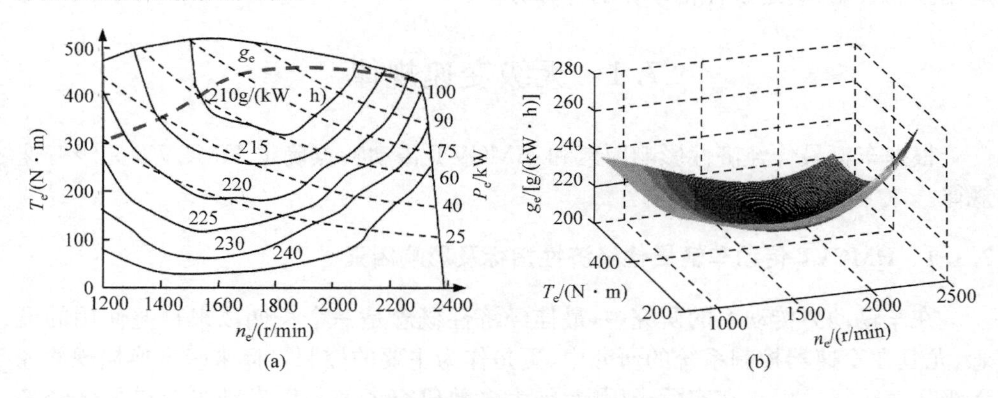

图 7.1　发动机万有特性和燃油消耗率

2. 车辆燃油经济性指标

车辆燃油经济性指标主要包括小时耗油量 G_e 和燃油消耗率(比油耗)g_T。G_e 是车辆在作业时单位时间内发动机所消耗的燃油量，g_T 是完成单位作业量所消耗的发动机燃油量。在车辆性能评价时，这项性能指标是在标准试验条件下的牵引作业工况中测定的。在牵引工况下，车辆的作业量通常用牵引功率体现，g_T 表达为单位牵引功率下的小时耗油量，即

$$g_{\mathrm{T(标准工况)}}=\frac{G_{\mathrm{e}}}{P_{\mathrm{T}}} \tag{7.3}$$

式中，G_{e} 为小时耗油量，kg/h。标准牵引工况下发动机运转在额定工作点，G_{e} 等于发动机额定工作点的每小时耗油量 $B_{\mathrm{e(额定点)}}$。

在任意工况下，发动机的 $G_{\mathrm{e}}=B_{\mathrm{e}}$，车辆实际燃油消耗量为

$$g_{\mathrm{T}}=\frac{B_{\mathrm{e}}}{P_{\mathrm{T}}} \tag{7.4}$$

在车辆不同牵引负载和速度下，保证车辆的燃油消耗率最小，是车辆的最佳经济性要求。比较式(7.4)和式(7.2)可知，车辆的燃油经济性与发动机的燃油经济性有关系，但不相等，不能笼统地用发动机的最佳工作线表示车辆的最佳经济性要求。

3. 影响车辆最佳经济性的因素

前述了车辆的牵引特性，参照图 4.16，用图 7.2 表达车辆的功率传递路线，从中分析 g_{T} 和 g_{e} 的关系，研究影响车辆燃油消耗的主要因素。

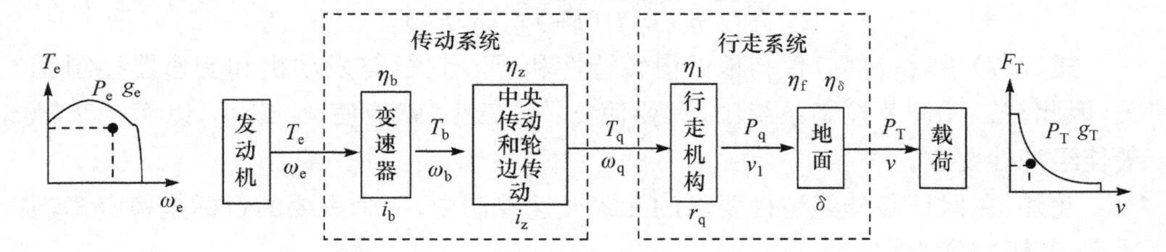

图 7.2　车辆功率传递路线

分析式(4.50)～式(4.60)可知，$P_{\mathrm{T}}=\eta_{\mathrm{T}}P_{\mathrm{e}}$，$\eta_{\mathrm{T}}$ 为车辆牵引功率，因此可得

$$g_{\mathrm{T}}=\frac{g_{\mathrm{e}}}{\eta_{\mathrm{T}}} \tag{7.5}$$

式(7.5)说明 g_{T} 与 g_{e} 和 η_{T} 有定量关系。当车辆工作时，发动机燃油消耗率最小和牵引功率最大时才能得到最低的车辆比油耗，达到最佳经济性要求，分析得到

$$\eta_{\mathrm{T}}=\eta_{\mathrm{b}}\eta_{\mathrm{z}}\eta_{\mathrm{l}}\eta_{\mathrm{f}}\eta_{\delta} \tag{7.6}$$

式中，对于中央传动和最终传动效率 η_{z} 和履带车辆的履带驱动段效率 η_{l}，通常认为是常数。

对于齿轮传动有级变速器，通常认为变速器传动效率 η_{b} 是常数；对于无级变速器，η_{b} 通常随着输入转速、转矩及 CVT 传动比在一定范围内变化，其函数关系为 $\eta_{\mathrm{b}}=f(T_{\mathrm{e}},\omega_{\mathrm{e}},i_{\mathrm{e}})$。由此可见，对于 HMCVT 传动，合理选择 i_{b}，做到 η_{b} 较大并使发动机运转在 g_{e} 较小的工作点，是获得车辆最佳经济性的重要途径。

车辆滚动效率 η_{f} 与滚动阻力系数 μ_{g}、车辆重力 mg 和牵引阻力 F_{T}有关，$\eta_{\mathrm{f}}=$

$1-F_f/F_q=1-F_f/(F_T+F_f)=F_T/(F_T+F_f)=F_T/(F_T+\mu mg)$。因 μ_g、mg 基本不变，所以 η_f 仅随 F_T 变化，其函数关系为 $\eta_f=f_f(F_T)$。由此可见，牵引阻力对车辆的燃油消耗率有较大影响，对于确定的机组，应该合理设置机组作业参数，使 F_T 在一个合理的范围内，提高 η_f 并减小 g_T，满足车辆最佳经济性要求，这样可实现车辆和农具联合自动控制的机组。对于农具不参与控制的机组，不能通过调节 i_b 和发动机工作点来提高 η_f。因此，在研究二元调节车辆变速器控制系统时，可不考虑 η_f 变化的影响。

滑转效率 η_δ 主要取决于滑转率 δ，相同工况下，不同地面有不同的 δ，同一地面条件下，δ 又随车辆牵引力变化，参考式(4.48)，δ 是 F_q 的函数，即 $\delta=f(F_q)=f(F_T+F_f)=f(F_T+\mu_g mg)$。因 μ_g、mg 基本不变，所以 η_δ 随 δ 和 F_T 变化，其函数关系为 $\eta_\delta=f_\delta(\delta,F_T)$。由此可见，$\eta_\delta$ 对车辆的经济性有较大影响。但是当地面条件和牵引阻力一定时，不能通过调节 i_b 和发动机工作点来提高 η_δ，因此在二元调节车辆变速器控制系统中，可不考虑 η_δ 变化对燃油经济性的影响，式(7.5)可表达为

$$g_T=\frac{g_e}{\eta_b\eta_z\eta_l f_f(P_T)f_\delta(\delta,P_T)} \tag{7.7}$$

式(7.7)中后一部分仅与地面滑转特性和 F_T 有关，与发动机和变速器控制无关，因此在二元调节控制系统中，只要使 g_e/η_b 最小，就能使 g_T 最小，以满足车辆最佳经济性要求。

此外，在保证最佳经济性要求的无级变速控制中，一个重要的目标是稳定车辆速度，车辆速度为

$$v=(1-\delta)\frac{r_q}{i_z}\omega_e i_b \tag{7.8}$$

由式(7.8)可见，δ 对速度有较大影响。因此，在无级变速控制策略中需要考虑 δ 的影响。通过上述分析得到如下结论：

(1) η_b、η_z、η_l、η_f 和 η_δ 对车辆的燃油消耗率有直接的影响，其中 η_b、η_f 和 η_δ 随着牵引阻力变化。

(2) 在确定的地面条件和牵引阻力下，η_z、η_l、η_f 和 η_δ 为确定值，不受 i_b 的影响。

(3) 在二元调节方式下，对于确定的行驶速度和牵引阻力，调整 i_b 和 ω_e，能够改善 g_e 和 η_b，只要使 g_e/η_b 最小，也就是 g_T 最小，也就实现了车辆经济性最佳。

(4) δ 影响行驶速度，在无级变速控制策略的制定中需要考虑。

7.1.2 HMCVT 变速规律

在不同牵引载荷和行驶速度下，保证车辆的燃油消耗率最低是车辆最佳经济

性的要求。在最佳经济性条件下工作时,当载荷在最大牵引功率许可的范围内变化时,车辆还应该按照驾驶员指令的行驶速度稳定行驶,据此来确定经济性最佳的HMCVT无级变速规律时,还要满足两点基本要求:① g_e/η_b 最小;② 车辆速度稳定。

根据影响车辆经济性的因素,参考图7.3的车辆各部分特性场转换关系来描述车辆经济性最佳的HMCVT无级变速规律。

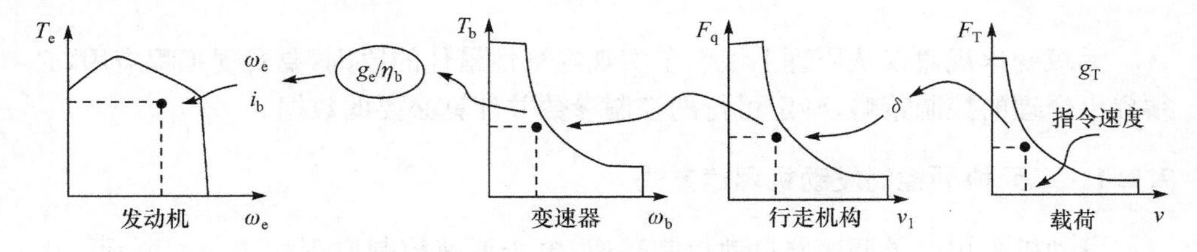

图7.3 车辆特性场转换关系

在负载特性场内,根据车辆目标速度 v 和实际牵引阻力 F_T,确定车辆的工作点;由 F_T 和 δ 计算车辆理论速度 v_l;经过换算,在变速器的输出特性场内确定变速器工作点(T_b,ω_b);根据点(T_b,ω_b)求得 g_e/η_b 最小的HMCVT传动比 i_b 和发动机转速 ω_e;最后控制HMCVT和发动机对 i_b 和 ω_e 进行自动调整,实现车辆经济性最佳的无级变速,这就是车辆经济性最佳的HMCVT无级变速规律。

在变速规律中,载荷特性场和变速器输出特性场的换算关系为

$$T_b=\frac{T_q}{i_z\eta_z}=\frac{F_q r_q}{i_z\eta_z\eta_l}=\frac{(F_T+F_f)r_q}{i_z\eta_z\eta_l}=\frac{(F_T+\mu_g mg)r_q}{i_z\eta_z\eta_l} \tag{7.9}$$

$$\omega_b=i_z\omega_q=\frac{i_z v_l}{r_q}=\frac{i_z v}{r_q(1-\delta)} \tag{7.10}$$

由于HMCVT的效率 η_b 与 T_e、ω_e 和 i_b 之间存在复杂的函数关系,在控制系统中实时计算的工作量较大。而求解对应点(T_b,ω_b)的 η_b 则属于效率计算的逆向计算,计算更复杂,实时计算比较困难,再求 g_e/η_b 最小时的 i_b 难以实时完成。因此,与变速器输出特性场中每个工作点(T_b,ω_b)对应的、使 g_e/η_b 最小的传动比 i_{bop} 需要事先求得,i_{bop} 称为最佳传动比。

车辆经济性最佳的多段HMCVT无级变速规律的优点主要表现在如下四方面:

(1) 在二元协同控制方式下,通过保证 g_e/η_b 最小,实现了车辆的最佳经济性。

(2) 综合兼顾了发动机燃油消耗率 g_e 和变速器效率 η_b 对车辆最佳经济性的影响,与用发动机最佳经济性工作线表示车辆的最佳经济性对比,更为准确和全面。

(3) 把滑转率 δ 作为速度控制参数,克服了传统变速规律仅能够实现理论速度稳定的弱点,能保证在任意的牵引阻力下实现车辆实际速度稳定。

(4) 滑转率 δ 作为独立的参数,让驾驶员根据地面条件的变化随时修正,便于实现人、机和环境结合的车辆综合控制。

7.2 无级变速规律工程应用控制策略

无级变速规律仅从原理上说明了实现经济性最佳的原则,要实现工程应用,必须提出合理的控制策略,确定可行的控制参数并计算必要的数据。

7.2.1 二元协同控制发动机调速方式

发动机采用电子调速器自动控制转速,电子调速控制原理如图 7.4 所示。电子调速器接收发动机指令转速 ω_{ecmd},输出齿条位置驱动信号,控制油泵齿条位置 x 来调整供油量,保证发动机实际转速 ω_e 与指令转速一致。调速器实时测量发动机转速和齿条位置,采用闭环方式控制 x 和 ω_e,调速器也对外发送 x 和 ω_e 数据。

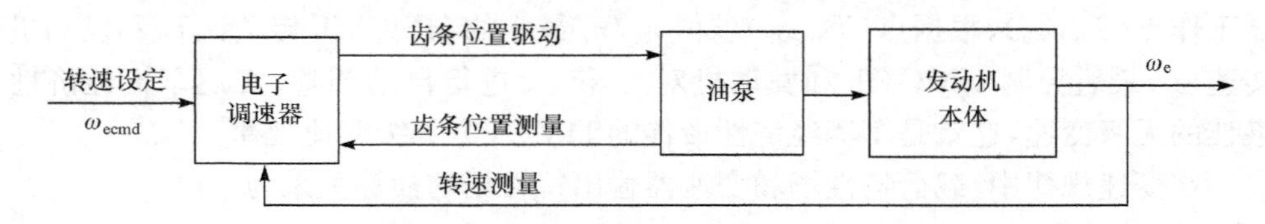

图 7.4 电子调速发动机调速原理

7.2.2 工程应用控制参数

采用目标行驶速度 v、发动机转速 ω_e、齿条位置 x、变速器传动比 i_b 作为主要控制参数,实现无级变速规律的工程应用。

在经济性最佳无级变速规律中,关键点是变速器特性场中工作点(T_b,ω_b)的确定以及与点(T_b,ω_b)对应的最佳传动比 i_{bop} 的确定。

由于直接测定 F_T 不方便,所以根据 F_T 确定点(T_b,ω_b)存在困难。而对于电子调速柴油发动机,发动机的输出转矩和转速与油门开度(柴油机实际是油泵齿条位置 x)的关系通常已知,调速器控制器可实时测量并输出 ω_e 和 x 数据,因此可以根据 ω_e 和 x 数据求得发动机转矩 T_e,并进一步求出 T_b、F_q 和 F_T,即在确定点(T_b,ω_b)时,T_b 从发动机到变速器正向求取。

$$T_b=\frac{\eta_b T_e}{i_b} \tag{7.11}$$

已知 T_b,也能够计算出车辆的驱动力 F_q,并计算实际滑转率 δ(见式(4.48))。

$$F_q=\frac{\eta_z\eta_l i_z T_b}{r_q} \tag{7.12}$$

ω_b 则根据车辆指令行驶速度 v，按照式(7.10)前推求取。

与点(T_b，ω_b)对应的 i_{bop}，需要经过复杂的计算确定，实际可用二维数表 $i_{bop}=f_{ib}(T_b,\omega_b)$表示。$i_{bop}$的计算原理将在后述讨论。

7.2.3 工程应用控制原理

根据经济性最佳无级变速规律和确定的控制参数，在二元控制方式下，HMCVT 传动车辆的传动比和发动机转速协同控制原理如图 7.5 所示。

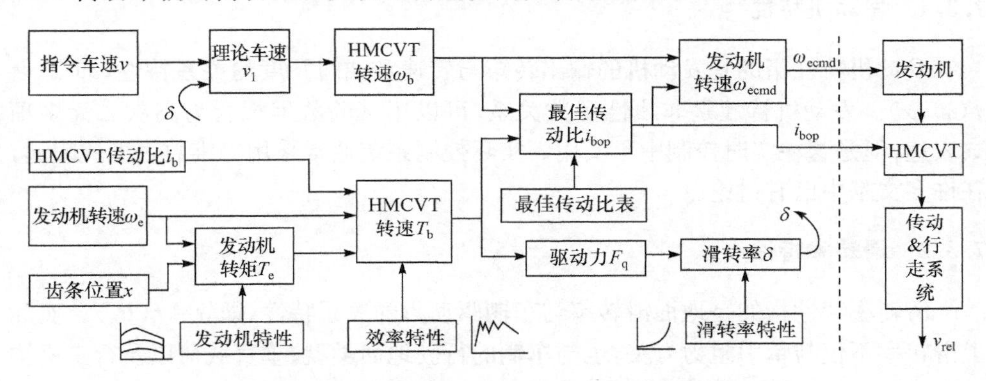

图 7.5　最佳经济性无级变速时的 i_b、ω_e 协同控制原理

控制目标：车辆按照给定的行驶速度稳定运行，并通过调节传动比和发动机转速，实现车辆燃油消耗率最小。

控制输入：目标行驶速度 v、发动机转速 ω_e、齿条位置 x、HMCVT 实际传动比 i_b。

控制输出：发动机控制指令转速 ω_{ecmd}，变速器控制最佳传动比 i_{bop}。

控制过程：包括 T_b和 δ 计算，i_{bop}和 ω_{ecmd}计算及控制输出。

(1) T_b和 δ 计算。控制系统根据电子调速器提供的发动机实际转速 ω_e和油泵齿条位置 x 信号，利用记录的发动机特性数据，计算发动机负载转矩 T_e；由 T_e和变速器的实际传动比 i_b，根据式(7.11)求出 T_b，从而为根据变速器特性场求得优化传动比 i_{bop}提供转矩数据，然后由式(7.12)进一步求出 F_q，利用记录的地面滑转率特性数据求得实际滑转率 δ，为计算理论速度提供 δ 数据。

(2) i_{bop}和 ω_{ecmd}计算。根据驾驶员设置的指令车辆速度 v 和实际滑转率 δ，由式(7.10)计算在驱动力 F_q下的理论速度 v_l以及变速器需要输出的转速 ω_b。利用记录的优化传动比数据表，根据(T_b，ω_b)求得优化传动比 i_{bop}并计算 $\omega_{ecmd}=\omega_b/i_{bop}$。最后将 i_{bop}和 ω_{ecmd}输出到 HMCVT 传动比控制执行机构和发动机调速器，实现二元协同控制，达到最佳经济性控制目标，保证实际速度等于目标速度并稳定行驶。

7.3 无级变速规律工程应用计算

从图 7.5 可知，实现无级变速控制原理的实际工程应用，需要首先通过试验或计算确定发动机特性、HMCVT 效率特性、滑转率特性以及最佳传动比数据。它们要以简单数学表达式形式或数据表形式存放在控制器中，供实时控制调用，提高控制质量。

7.3.1 发动机特性

发动机特性指的是发动机的输出转矩与转速和油门开度的关系特性，即 $T_e=f(\omega_e,x)$。发动机特性是非线性函数关系，可以用试验数据拟合为高次二元多项式表达，但是这在实时控制中不实用。实际控制系统通常采用二维数表形式表达，在许多文献中已有讨论。

7.3.2 滑转率特性

滑转率特性指的是地面滑转率与车辆驱动力的关系特性，即 $\delta=f(F_q)$。实际上滑转率不仅与牵引阻力有关，也与车辆的行驶地面类型、垂直载荷以及行走机构的形式和结构特征有关，很难用单变量的简单函数表达。当其他条件确定时，滑转率只随驱动力变化。

根据对滑转率的分析，可以用多种模型表示其特性，建议采用的模型为

$$\delta=\delta^*\ln\frac{\varphi_{max}}{\varphi_{max}-\varphi_q} \tag{7.13}$$

式中，$\varphi_q=F_q/Y_q$，称为附着重力利用系数，Y_q为驱动轮垂直载荷，N；φ_{max}为最大驱动轮动载利用系数；δ^* 为特征滑转率。

式(4.48)能够较好地表达车辆在标准试验工况下的滑转率特性，因此，为应用方便，仍然用 F_q表达滑转率特性。标准试验工况的滑转率特性能够用通式表达为

$$\delta=A_\varphi F_q+B_\varphi\exp\left(-\frac{C_\varphi}{F_q}\right) \tag{7.14}$$

式中，A_φ、B_φ、C_φ 为常数，由车辆标准工况滑转率试验数据拟合得到，以某车辆为例，$A_\varphi=0.625$，$B_\varphi=1700$，$C_\varphi=6\times10^5$。

对于非标准车辆工况，滑转率特性与标准工况变化趋势相同，可以对标准工况滑转率特性进行线性修正得到，非标准工况滑转率特性表达为

$$\delta_u=k_\delta\delta=k_\delta\left[A_\varphi F_q+B_\varphi\exp\left(-\frac{C_\varphi}{F_q}\right)\right] \tag{7.15}$$

式中，k_δ为滑转率修正系数，$k_\delta = k_1 k_2$，k_1为地面特性系数，参考表 7.1，k_2为垂直载荷系数，取 $k_2 = \sqrt{Y_{q0}/Y_q}$，其中 Y_{q0}为标准工况驱动轮的垂直载荷，N。

表 7.1　地面特性系数 k_1

地面类型	k_1
标准水泥试验跑道	1
柏油路	1.5
茬地	2
已耕地	3
沼泥地	4

按照式(7.15)计算的车辆滑转率特性如图 7.6 所示，结果与相关文献近似，说明修正方式有效。

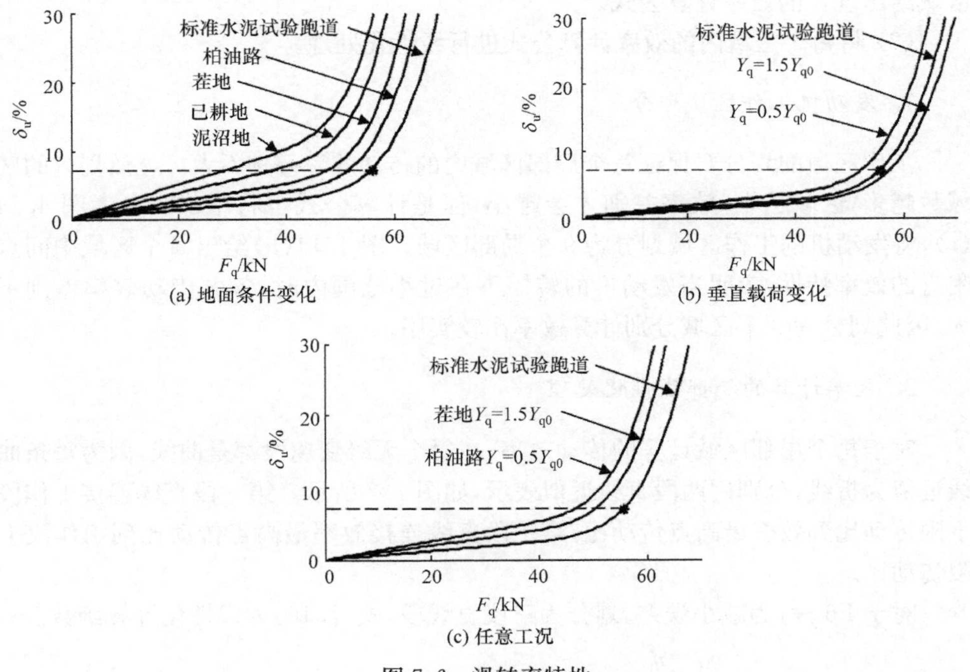

(a) 地面条件变化　(b) 垂直载荷变化

(c) 任意工况

图 7.6　滑转率特性

实际应用中，在变速器操纵界面上布置 k_1和 k_2系数输入选项，如数字输入开关或模拟电位器，仅仅将标准工况滑转率特性用数表形式存放在控制器中。车辆在标准工况时，TCU 根据 F_T直接调用滑转率数表计算 δ，工作在非标准工况时，驾驶员根据工况适当设置系数 k_1和 k_2，TCU 根据 F_T调用滑转率数表，与 k_1和 k_2相乘计算 δ，保证计算值接近实际滑转率，以提高实际行驶速度控制的准确度。

7.3.3　效率特性

HMCVT 效率特性指的是效率 η_b 与 HMCVT 的输入转速、转矩和传动比的关系，即 $\eta_b=f_b(T_e,\omega_e,i_b)$。在前述给出了 HMVT 效率计算的详细原理，但计算步骤复杂，难以实时计算。

实际工程应用中，要进行简化处理，可用三维数表和简化公式表示。

用数表表示方法简单，调用速度快，但是占用 TCU 内存大。假设将 T_e、ω_e 和 i_b 各划分为 100 等份，至少需要 100×100×100＝1Mbyte 存储单元。

用简化公式表示，在内存中存放少量的计算公式和计算程序，占用内存少，计算一般也比较简单，但存在一定的误差。采用简化公式表示 HMCVT 的效率特性。具体方法是：

(1) 将作为 HMCVT 动力输入的发动机工作范围划分为若干个区域，对每个区域给出统一的效率计算公式。

(2) 将每个区域内的效率计算公式进行线性化处理。

1. 发动机工作区域划分

工作区域的划分要保证每个局部区域内的传动效率差别不大。显然划分的区域数越多，区域越小，效率差别才会越小，但是计算公式也将增加。参考图 4.14(a)，将发动机的工作区域划分为 9 个局部区域。图 4.14(b)给出每个区域中间点附近的效率特性，表明当发动机的转矩不在过小范围内时，各区传动效率差别不大，因此划分为 9 个区域分别计算效率比较实用。

2. 效率计算的局部线性化处理

对于每个局部区域计算的传动效率，在每个无级变速段都是曲线，因为每条曲线近似为折线，分别用两段直线近似表示，如图 7.7 所示。第一段直线连接工作段下限传动比到效率最高点传动比，第二段直线连接效率最高点传动比到工作段上限传动比。

对于 F6 段，为减小误差，划分为三段直线段，式(7.16)为线性化计算函数。

$$\eta_b=\begin{cases}\dfrac{\eta_H^i-\eta_D^i}{i_{bH}^i-i_{bD}^i}(i_b-i_{bD}^i)+\eta_D^i, & |i_{bD}^i|\leqslant|i_b|\leqslant|i_{bH}^i|\\[2ex]\dfrac{\eta_U^i-\eta_H^i}{i_{bU}^i-i_{bH}^i}(i_b-i_{bH}^i)+\eta_H^i, & |i_{bH}^i|\leqslant|i_b|\leqslant|i_{bU}^i|\\[2ex]\dfrac{\eta_{max}-\eta_U^6}{i_{bmax}-i_{bU}^6}(i_b-i_{bU}^6)+\eta_U^6, & |i_{bU}^6|\leqslant|i_b|\leqslant|i_{bmax}|\end{cases}\tag{7.16}$$

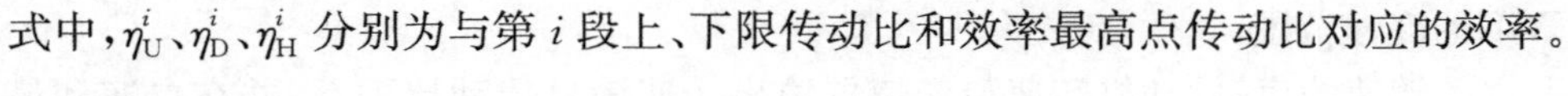
式中，η_U^i、η_D^i、η_H^i 分别为与第 i 段上、下限传动比和效率最高点传动比对应的效率。

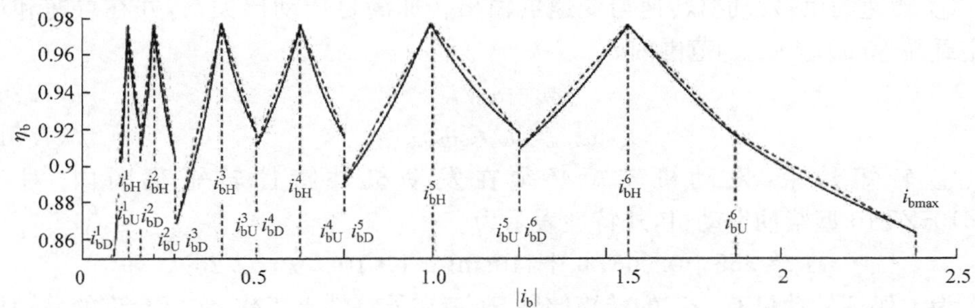

图 7.7　效率特性线性化处理

7.3.4　最佳传动比优化

最佳传动比 i_{bop} 指的是在变速器输出特性场中，对应(T_b,ω_b)能够使 g_e/η_b 最小的变速器传动比。在二元控制中，g_e/η_b 最小，即 g_T 最小。因此，i_{bop}实质上是保证车辆按照最佳经济性行驶的变速器传动比。i_{bop}可表达为点(T_b,ω_b)的函数，即 $i_{bop}=f_b(T_b,\omega_b)$。

在 HMCVT 中，对于每个输出点(T_b,ω_b)，连续调整 i_b，可以有无数个输入点(T_e,ω_e)与其对应，在哪一点时对应的 g_e/η_b 最小，需要优化选择。另外，η_b 通常是由输入量 T_e、ω_e 和 i_b 确定的非线性函数，在已知输出量 T_b、ω_b 和 i_b 时，η_b 计算是逆向求解，需要选取所有可能的 T_e 逐一计算和比较确定。因此，必须确定合理的求解流程。

1. i_{bop}优化算法

对应 HMCVT 输出特性场上每一点(T_b,ω_b)，都要进行 i_{bop}的优化计算。

(1) 优化变量。优化变量包括变速器传动比和发动机工作点(T_e,ω_e)，优化后的变速器传动比就是最佳传动比 i_{bop}。优化变量为

$$X=[i_b,T_e,\omega_e] \tag{7.17}$$

(2) 优化目标。优化目标是使 g_e/η_b 最小。

$$\min f(X)=\min[g_e/\eta_b] \tag{7.18}$$

式中，$\eta_b=f_b(T_e,\omega_e,i_b)$，根据 5.5 节的原理计算；$g_e=f_e(T_e,\omega_e)$，根据发动机万有特性确定，根据试验数据拟合结果为

$$g_e=[1,\omega_e,T_e,\omega_e^2,\omega_e T_e,T_e^2,\omega_e^3,\omega_e^2 T_e,\omega_e T_e^2,T_e^3][a_0,a_1,\cdots,a_9]^T \tag{7.19}$$

式中，$a_0\sim a_9$ 为系数。

(3) 约束条件。约束条件主要是限制发动机的转速和转矩范围，限制 HM-

CVT 的变速范围。

① 转速约束:发动机转速与变速器输出转速满足传动比关系,并在怠速和最高空载转速$[\omega_{emin},\omega_{emax}]$范围内。

$$\omega_e=\omega_b/i_b \tag{7.20}$$

$$\omega_{emin}\leqslant\omega_e\leqslant\omega_{emax} \tag{7.21}$$

② 转矩约束:发动机转矩必须在发动机外特性转矩范围内,对于 LR6105ZT10 型柴油发动机,外特性表示为

$$T_e=355+0.0037\omega_e+110\sin(2.1\times10^{-4}\omega_e-1.25)$$

为了保证发动机有一定的转矩储备,避免在外特性上工作,实际允许的发动机转矩限制在外特性以内,转速越低,转矩储备越大。转矩约束为

$$T_{elim}=355+3.7\times10^{-3}\omega_e+110\sin(2.1\times10^{-4}\omega_e-1.25)+(3.5\times10^{-3}\omega_e-76.76) \tag{7.22}$$

$$0\leqslant T_e\leqslant T_{elim} \tag{7.23}$$

③ 传动比约束:变速器传动比限制在$[i_{bmin},i_{bmax}]$范围内。

$$|i_{bmin}|\leqslant|i_b|\leqslant|i_{bmax}| \tag{7.24}$$

④ 功率约束:对于 HMCVT 输出特性场上点(T_b,ω_b),若功率小于发动机能够提供的最大功率,可求 i_{bop}。功率约束为

$$T_b\omega_b<P_{emax} \tag{7.25}$$

当功率大于 P_{emax}时,为保证发动机不过载熄火,应调整 HMCVT 传动比,优先使发动机的负载转矩不超过额定转矩,行驶速度则不保证。因此,最佳传动比为

$$i_{bop}=\frac{T_b}{T_{e0}} \tag{7.26}$$

根据式(7.17)~式(7.26)可优化计算 i_{bop}。图 7.8 为采用网格法优化的计算流程。

2. i_{bop}优化结果分析

由图 7.8 优化流程计算的最佳传动比 i_{bop}分布如图 7.9(a)所示。图 7.9(b)给出了 i_{bop}中包含的同步换段传动比的分布。图 7.9(c)给出了在发动机功率范围内的 i_{bop}分布。图 7.9(d)给出了对应的最低 g_e/η_b 值分布。图 7.9(e)给出了保证 g_e/η_b 最小的发动机工作点分布。图 7.9(f)给出了 i_{bop}在各个传动比区域内出现的概率 p。

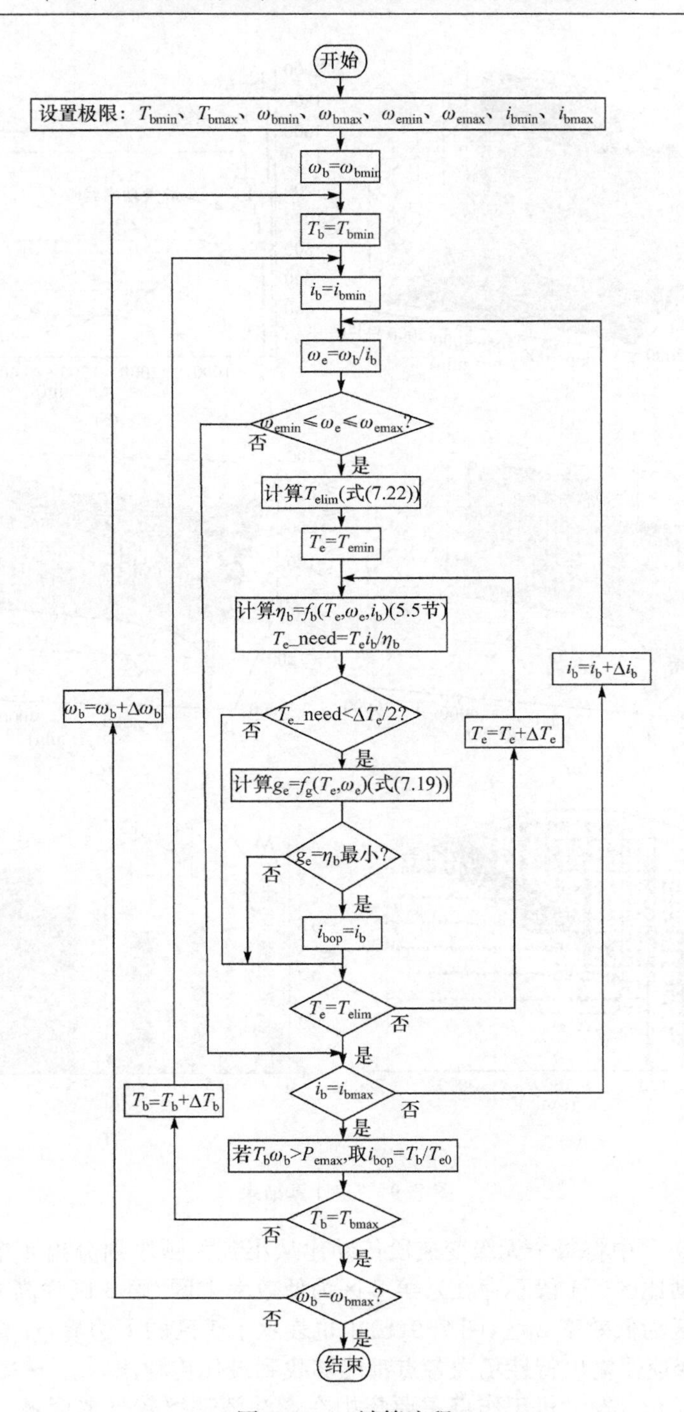

图 7.8　i_{bop}计算流程

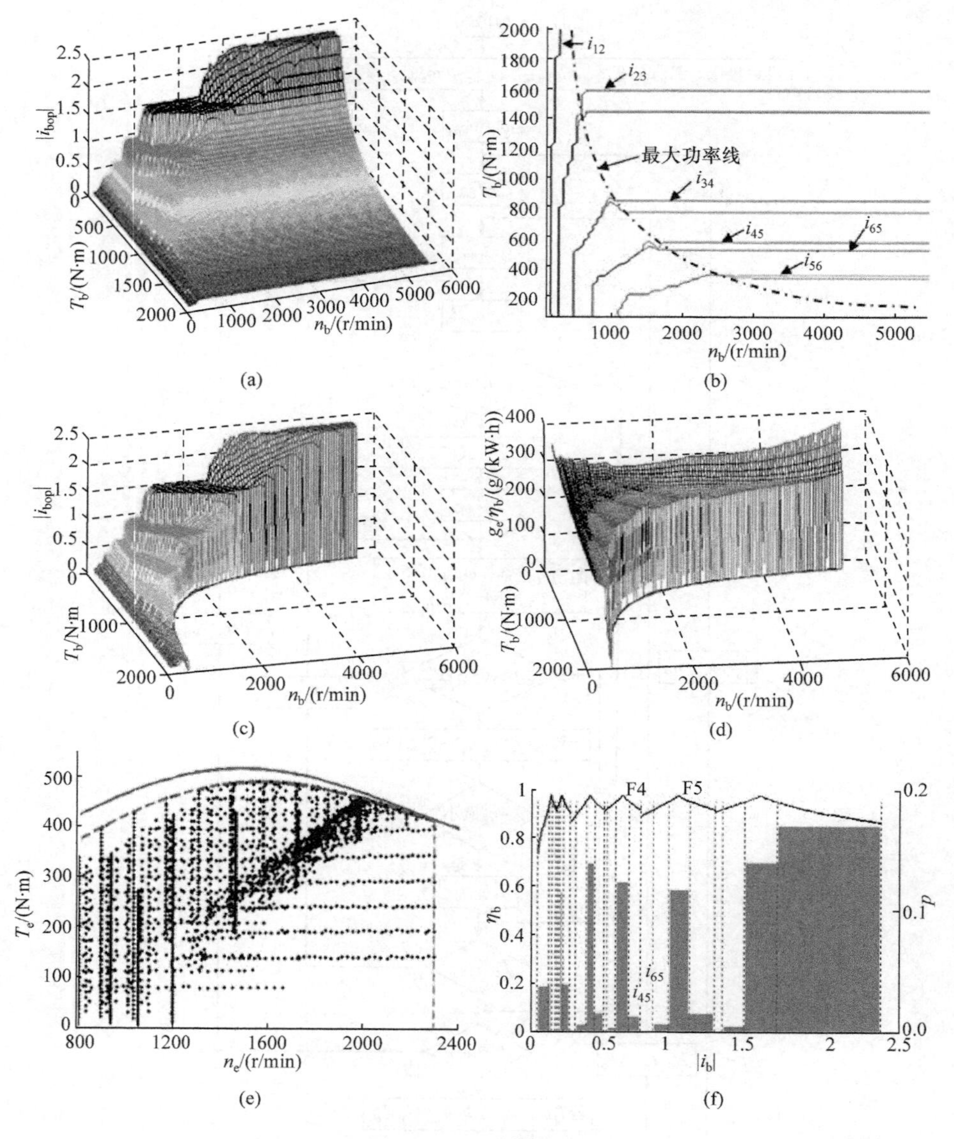

图 7.9 i_{bop}计算结果

在图 7.9(f)中将每个无级变速段传动比从小到大顺序划分出 4 个区，第 1 区为无最佳传动比区(F1 段不存在)，第 2 区为低效率 1 区，第 3 区为高效率区($\eta_b>0.95$)，第 4 区为低效率 2 区，图 7.9(b)中也表示了 1 区的下边界，计算结果表明：

(1) 在变速器输出特性场内各点都能够找到最佳传动比 i_{bop}。

(2) 对应 i_{bop}，发动机工作点主要集中在燃油消耗率较低的区域，符合发动机的工作特性要求。

(3) 在变速器输出特性场内,g_e/η_b 数值小的区域大,表明整个区域经济性较好。

(4) 在发动机最大功率范围内,i_{bop}具有梯田状特征,平台部分的传动比主要是HMCVT效率最高点的传动比,在该点泵排量等于零,为纯机械传动。图7.9(f)表明在效率大于0.95的高效率传动比区域,i_{bop}出现的概率很高,总概率达到0.6845,说明HMCVT主要在高效率区工作。

(5) 在5个无最佳传动比区,i_{bop}出现的概率为零。说明在按照车辆经济性最佳无级变速规律变速时,i_{bop}不连续变化,在换段点附近,避让了部分效率低的传动比,而行驶速度的稳定由发动机工作点的调整来保证。

7.4 HMCVT换段规则

制定换段规则的目的是在尽可能提高传动效率的前提下,避免变速器产生循环换段现象。换段的基本规则是在变速器输出特性场中确定一个相邻两无级变速段都可以工作的重叠区域。当HMCVT在低速段工作时,变速器输出特性场中工作点移到高速段边缘时,换入高速段;当HMCVT在高速段工作时,变速器输出特性场中工作点移到低速段边缘时,换入低速段。

HMCVT的同步换段传动比是相邻两段邻接传动比,如图7.9(f)所示;F4、F5段的同步换段传动比为i_{45},图7.9(b)中表示了i_{45}作为最佳传动比在变速器输出特性场中的分布曲线。相邻两个无级变速段重叠工作区应围绕在同步换段传动比的邻域内。

车辆的载荷波动较大,其载荷变异系数为±10%,因此邻域的转矩范围取为同步换段传动比对应点的±10%。车辆速度是给定值,波动范围小,因此邻域的转速范围可取微小值,这里取为同步换段传动比对应点的±0.5%。依据对转矩和转速限定的邻域范围,在变速器输出特性场的最佳传动比数据表中,检索求出重叠工作区域,如图7.10所示。S1～S5区域依次为F1-F2段～F5-F6段的换段重叠工作区。其他区域为各段单独工作区。

由图7.9(b)、(f)可知,在最佳传动比中,每个无级变速段的低效率部分传动比没有出现,如在F5段中小于i_{b5}的传动比未出现,也就是说,在变速器输出特性场对应的最佳传动比中,实际上i_{b5}与i_{45}邻接(仅在最大功率范围内)。因此将i_{45}取为低速段在重叠工作区S4的最佳传动比,i_{b5}设定为高速段(F5段)在重叠工作区S4的最佳传动比。同样道理,对于其他重叠工作区,将同步换段传动比设定为低速段的最佳传动比,将高速段在i_{bop}中出现的最小传动比设定为高速段的最佳传动比。重叠区的传动比也分别作为高、低速段的最佳传动比下限和上限。

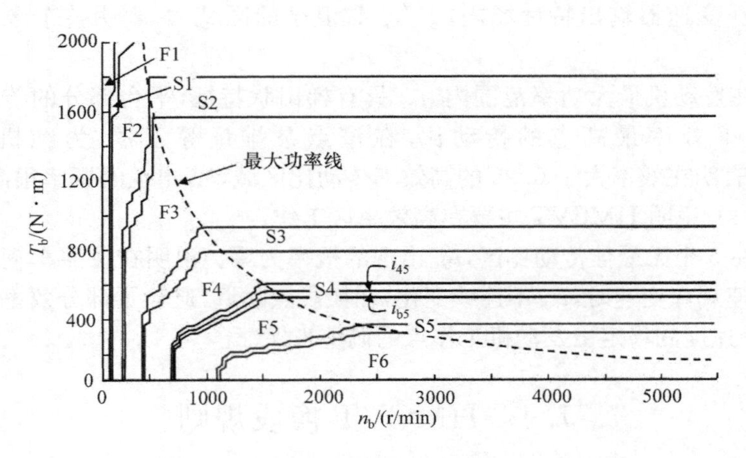

图 7.10　换段重叠工作区

在实际应用中，为了避免用多个数表存放传动比数据，并便于控制系统实时检索，对于每个重叠工作区，在最佳传动比数表中存放 HMCVT 传动比范围之外的一个常数，各区的常数不同。应用中根据常数和实际工作段，能够快速地确定对应的最佳传动比，具体数据见表 7.2，其中阴影传动比等于同步换段传动比。表中也给出了各段最佳传动比上下限。

表 7.2　换段重叠区常数及对应最佳传动比 i_{bop}

工作段	F1	F2		F3		F4		F5		F6
重叠区	S1	S1	S2	S2	S3	S3	S4	S4	S5	S5
常数	3	3	4	4	5	5	6	6	7	7
$\lvert i_{bop}\rvert$	0.0167	0.019	0.265	0.31	0.5	0.52	0.75	0.83	1.25	1.3
$\lvert i_{bopU}^{R}\rvert$	0.0167	0.265		0.5		0.75		1.25		2.385
$\lvert i_{bopD}^{R}\rvert$	0.0456	0.019		0.31		0.52		0.83		1.3

以 F4 段为例，根据换段原理制定的换段逻辑控制状态转移图如图 7.11 所示。换段规则是：升速时，当指令传动比大于本段上限传动比，且实际传动比大于或等于上限传动比时，因为上限传动比等于同步换段传动比，可立即换入高速段；降速时，当指令传动比小于本段下限传动比时，由于下限传动比不等于同步换段传动比，控制系统需要快速将实际传动比调整到等于同步换段传动比，然后再换入低速段，减小换段冲击。

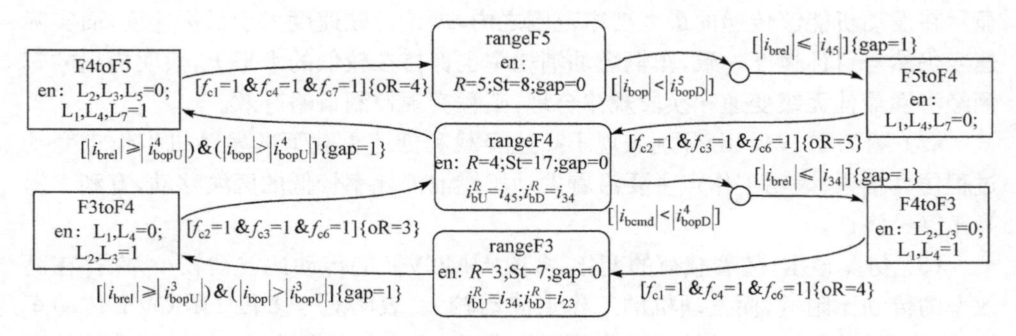

图 7.11　换段逻辑控制状态转移图(F4 段)

7.5　无级变速规律仿真

为了验证经济性最佳无级变速和换段规律的有效性，建立 HMCVT 传动比和发动机转速协同控制的车辆无级变速传动仿真模型，如图 7.12 所示，用协同控制器代替 HMCVT 控制器。控制器根据目标行驶速度和测定的发动机转速及齿条位置，计算变速器的负载转矩；确定最佳传动比和发动机指令转速，分别传送到变速器执行机构和发动机调速器，实现车辆燃油消耗率最低的控制，并保证实际行驶速度与目标速度一致。当传动比经过换段传动比时，控制器根据换段规则实现换段。对于不同地面条件，调节 k_δ 修正滑转率特性。

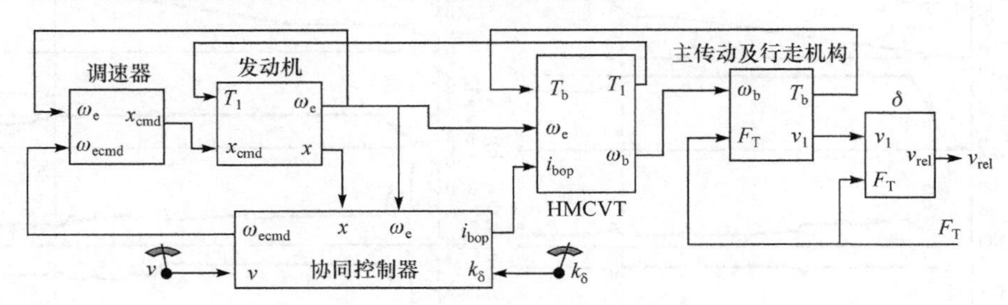

图 7.12　车辆无级变速仿真模型

图 7.13 给出了在载荷持续增大过程中，车辆从第 3s 开始起步、加速，直到车辆实际速度达到目标速度的自动无级变速过程仿真结果，分析如下。

(1) 图 7.13(a)、(b)分别表现了高速轻载和低速重载下的仿真结果。高速轻载下，在发动机能够传递的最大功率范围之内(垂直虚线左侧)，实际行驶速度与目标速度一致，车辆燃油消耗率保持在较低的水平上，多段 HMCVT 的传动效率则保持在很高的水平上。在发动机能够传递的最大功率范围之外，为了保证发动机不过载，传动比将减小，实际行驶速度低于目标速度。低速重载下，滑转率大，仿真显示在发动机能够传递的最大功率范围之内，理论行驶速度大于目标速度，而实际速度仍然与目标速度一致，车辆燃油消耗率也保持在较低的水平上，表明提出的车辆经济性最佳无级变速和换段规律合理，工程实现控制策略有效。

(2) 图 7.13(c)、(d)分别表现了高速轻载和低速重载下的发动机工作点变动过程仿真结果，表明工作点主要沿着发动机燃油消耗率较低的区域移动，有利于提高车辆经济性。

(3) 仿真显示，随着载荷的变化，多段 HMCVT 的传动比波动较小，保持在高效率的传动比附近，而发动机的工作点波动较大，表明对于多段 HMCVT 传动车辆，由于无级变速器传动效率变化范围较大，传动效率变化对车辆燃油经济性的影响大于发动机燃油消耗率变化的影响。要实现车辆按照最佳经济性要求行驶，保证多段 HMCVT 工作在高效率传动比附近，应优先于保证发动机工作在燃油消耗率低的区域。

(4) HMCVT 换段期间，由于负载波动，发动机的工作点波动大，车辆燃油消耗率较高，因此应避免频繁换段。

(5) 在车辆控制过程中，把滑转率作为独立控制参数是保证实际行驶速度与指令速度一致的重要措施，提出的变速规律工程控制策略实现了这一功能。

(6) 在车辆主要牵引力范围内，HMCVT 传动效率大于 0.95，表明在协同控制下能充分发挥 HMCVT 无级变速和高效率传动的优势。

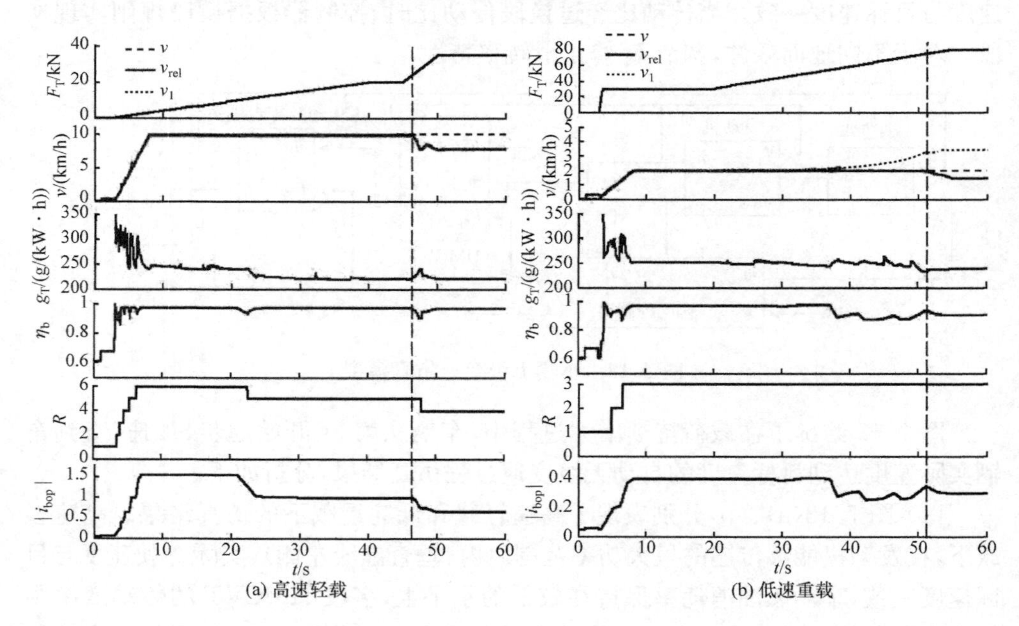

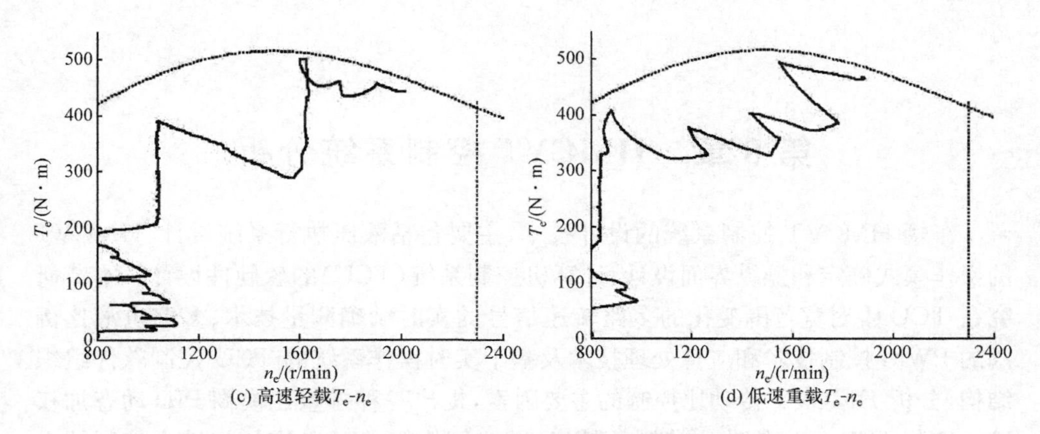

图 7.13　最佳经济性无级变速规律仿真结果

第 8 章　HMCVT 控制系统分析

车辆 HMCVT 控制系统的设计技术，主要包括液压执行系统设计、HMCVT 的操作模式确定和操纵界面设计、计算机控制系统(TCU)的软硬件设计。本节研究在 TCU 中对宽范围变化的多路转速信号的实时精确测量技术、多路电液比例阀的 PWM 控制技术和应急处理技术及基于实时操作系统的 TCU 控制软件组织结构，分析 HMCVT 传动比控制的主要因素，提出一种排量比模糊 PID 动态加权综合控制原理，提高传动比控制的精度，并应用模糊 PID 动态加权综合控制技术进行传动比控制的台架试验研究。

8.1　液压控制系统

液压控制系统包括泵-马达液压传动系的液压控制和离合器的液压控制。泵-马达系统对油液的要求较高，因此泵-马达传动系控制和离合器控制采用各自独立的循环供油系统。

8.1.1　泵-马达液压传动系统控制原理

泵-马达液压传动系在 HMCVT 中起着无级变速和传递动力的重要作用，选择高效率的泵-马达系统，保证液压传动的安全可靠，以及实现精确的传动比控制是开发 HMCVT 要解决的一些关键问题。柱塞式泵和马达传动效率高，能够实现高速大功率动力传动，在 HMCVT 中得到首选和应用。液压控制原理图如图 8.1 所示。

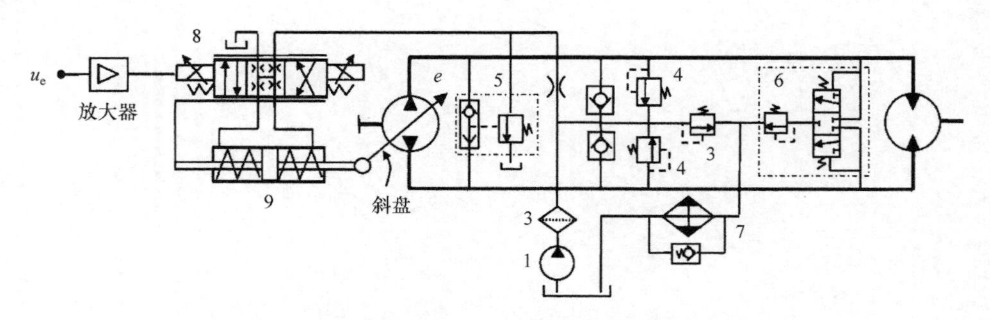

图 8.1　泵-马达液压传动系液压控制原理图

(1) 供油系统。供油系统向主油路补油,向排量控制回路提供控制压力油。补油泵 1 通常与变量泵同轴连接,由变速器输入传动轴驱动。压力油要经过过滤器 2 过滤和溢流阀 3 稳压。

(2) 排量控制。电液比例阀 8 接受排量控制电流,控制油缸 9 的柱塞运动,推动斜盘偏转,达到控制排量目的。比例阀通过柱塞的机械刚性反馈,实现闭环控制,使斜盘倾角与控制电流成正比例变化。

(3) 安全阀。高压溢流阀 4 在主油路油压超过最高工作压力时,对主油路溢流,保护泵-马达系统的安全。关断溢流阀 5 在主油路油压超过设定值时,对控制油路泄压,使斜盘回到中位,避免加减速时斜盘旋转过快造成主油路压力达到最高工作压力。

(4) 冲洗阀。冲洗阀 6 将主油路低压侧的少量油液溢流到回油路,起到冲洗主油路杂质和带走热量的作用,减小泵和马达的磨损,避免油温升高。

(5) 冷却系统。将泵、马达的泄漏和冲洗阀的溢流油液引入冷却器 7,冷却后放回油箱循环使用。

(6) 液压油。液压元件能否达到理想的性能和应用寿命很大程度上取决于所用的液压油。选择液压油考虑的重要因素有黏度、清洁度和类型。黏度要折中选择,稀油易于流动,适宜低温工作环境,稠油利于密封和形成润滑油膜。推荐最优黏度为 16～39cst;清洁度要求大于 5μm 的颗粒数每毫升少于 2500 个,大于 15μm 的颗粒数每毫升少于 80 个;建议选用含有抗腐剂、缓锈剂、抗泡沫剂和抗氧化剂的优质矿物油基液压油。

8.1.2 离合器液压控制原理

离合器液压控制系统包括离合器控制油路和冷却润滑油路两部分,如图 8.2 所示。离合器可以采用两种控制方式,一种是全部采用比例压力阀控制,对每个离合器通断过程中的压力进行优化控制,但成本较高;另一种是与输入传动轴连接的两个离合器 L_1、L_2 采用比例压力阀控制,其他离合器用电磁换向阀控制,在保证换段基本平稳的基础上,降低液压控制系统成本。实际应用采用了后一种方式。

(1) 供油系统。离合器控制油路需要的油量少,但压力相对较高,选用一个低排量高压齿轮泵 1 供油;冷却润滑油路需要的油量大,但压力很低,选用一个大排量低压齿轮泵 2 供油。两个泵共用一个油源。这样设计的优点是液压系统消耗的功率将显著小于采用一个大排量高压泵消耗的功率,从而降低变速器附件的能耗,提高变速器的总效率。

控制油路的主压力由溢流阀 3 调整。此外用精过滤器 4 提高控制油路的清洁度,蓄能器 5 减小离合器动作时油路压力波动,保证比例阀控制可靠。

冷却润滑油路的压力由溢流单向阀 6 的背压确定,使用中不再改变。流入各

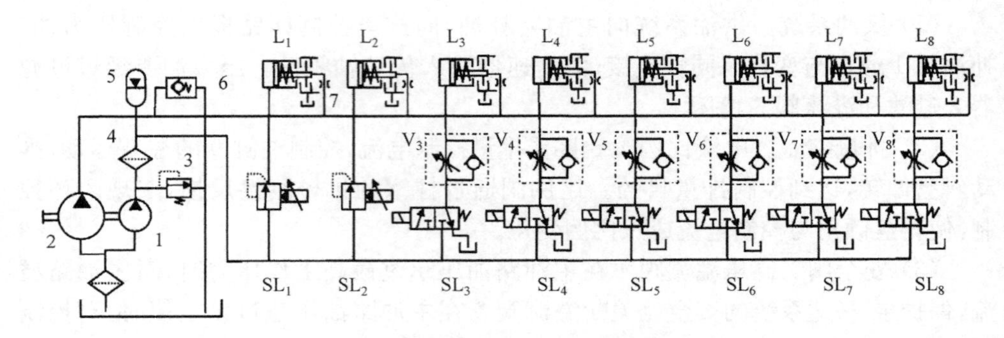

图 8.2　离合器控制系统原理图

离合器和传动部件的冷却润滑液流量由节流小孔调节。离合器排出的油液直接回变速器,采用自然冷却方式降温。

(2) 电磁换向阀。用单电控电磁换向阀 $SL_3 \sim SL_8$ 控制离合器的接合与分离。用单向节流阀 $SV_3 \sim SV_8$ 调节离合器接合速度,减小换段冲击。节流量的大小在变速器实际使用中手动调节确定到合理值后不再改变。为了避免离合器切换过程中,出现运动干涉现象,离合器回油路不进行节流,使分离速度快于接合速度。

(3) 比例压力阀。在 HMCVT 传动车辆中不设主离合器,比例压力阀 SL_1、SL_2 根据离合器接合规律,调整离合器 L_1、L_2 接合过程中的压力,使离合器接合平稳,起到主离合器的作用。此外在接合过程中传递动力,实现车辆农具挂接需要的微动功能。

8.2　计算机控制系统硬件开发

TCU 根据车辆无级变速工作模式和各种变速规律的要求控制 HMCVT 无级变速。TCU 包括硬件和软件两部分。硬件系统要实现操纵信号输入,HMCVT 转速、压力、油温等测量信号输入,电磁阀和比例阀等控制功率信号的输出以及各种信息的指示及总线传输等。

8.2.1　TCU 组成原理

TCU 属于嵌入式微型计算机控制系统,选择合适的微控制器对于其控制功能的实现极为重要。随着微电子技术的快速发展,可选的微控制器种类繁多,选择时希望微控制器有较强的运算能力,适应 HMCVT 控制的复杂计算要求;有丰富的功能模块和 I/O 接口,特别是便于对多路速度测量的频率量输入接口、多路电磁阀控制的 PWM 输出接口以及多路模拟量接口;有较强的抗干扰能力和宽广的工作温度范围;有良好的软硬件开发环境和性能价格比。TI 公司的 TMS320F2812

型 DSP 集微控制器和高性能数字信号处理器的特点于一身，具有强大的控制和信号处理能力，整合了 Flash 存储器、事件管理器、CAN 总线通信模块、快速多通道 AD、多通道缓冲串口、Watchdog 等丰富外设。特别是事件管理器可完成多路脉冲捕获和多路 PWM 输出功能，构成控制器外扩电路少，可靠性和性价比很高。以 TMS320F2812 型 DSP 为微控制器的 TCU 的硬件组成原理图如图 8.3 所示。

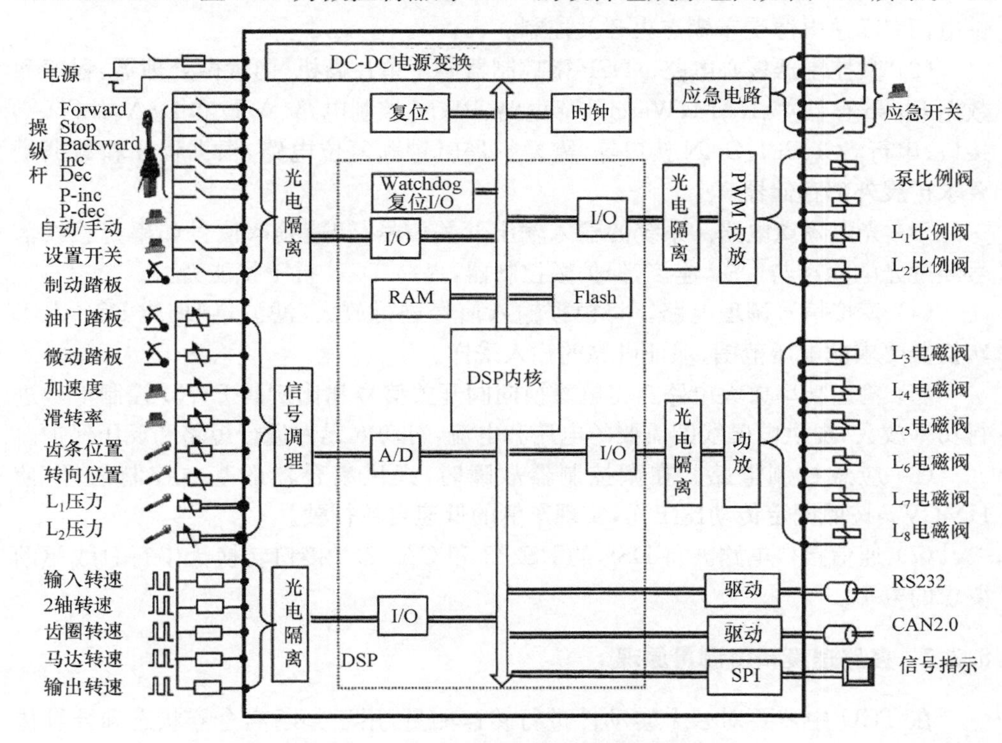

图 8.3　TCU 控制系统硬件组成原理图

主要的接口信号如下所示：

(1) 操纵输入信号包括前进/倒车、升速/降速开关信号，编程升速/降速开关信号，调速位置、微动踏板模拟信号，制动器踏板状态开关信号，加速度、滑转率设置模拟信号，以及应急控制开关等。

(2) 控制检测输入信号包括 HMCVT 输入传动轴、齿圈、中间传动轴、输出传动轴、马达轴转速信号(频率量)，发动机油泵齿条位置、转向器转向位置和离合器压力等模拟信号。

(3) 控制输出信号包括离合器电磁换向阀开关控制信号、比例压力阀 PWM 控制信号和变量泵排量控制比例阀 PWM 控制信号。

(4) 面板指示信号包括行驶速度、传动比、排量比、发动机转速等。

(5) 通信接口包括 RS232 串行接口、符合 ISO11783 标准的车辆 CAN 总线接口。

主要的功能电路如下所示：

(1) 电源电路。用 DC-DC 变换器将车辆电瓶的 12V 电源电压转换为 TCU 需要的 5V、3.3V、1.8V 电压，用于传感器、功率输出电路以及 DSP 的接口和内核供电，TCU 总电源受车辆点火开关控制。

(2) 微控制器核心电路。DSP 微控制器属于单片微机，内置微处理器、程序和数据 Flash 存储器、RAM、Watchdog 电路、PWM 控制电路、A/D 和 D/A、并行I/O 接口、串行 SCI、SPI、CAN 接口等，需要扩展时钟和复位电路，根据程序和数据量要求扩展外部存储器。

(3) 光电隔离电路。系统的输入输出开关信号、转速频率信号和串行总线信号经过光电隔离与 DSP 连接，保护微控制器，提高 TCU 抗干扰能力。

(4) 模拟信号调理电路。将模拟输入信号进行放大、滤波，调理成 DSP A/D 转换器要求的电压范围，保证可靠的输入采样。

(5) 输出功率放大电路。将电磁换向阀开关信号和比例阀 PWM 控制信号进行功率放大，提供电磁线圈需要的电压和电流，对功率元件进行短路和反压保护。

(6) 应急控制电路。在微控制器故障时，提供离合器的基本控制信号，使 HMCVT 按照固定传动比工作，实现车辆的低速自救行驶。

(7) 通信接口电路。将 DSP 的 RS232 和 CAN2.0 接口转换为串行总线驱动要求的电平。

8.2.2 多路速度精密测量原理

在 TCU 中需要对多个转动件进行转速测量，用于判断离合器状态和计算传动比。这些转速信号变化范围为 0～5500r/min，这给精密测量带来困难。测速传感器通常采用性价比较高、安装简单的磁电感应传感器，用传动齿轮或花键的轮齿经过传感器时产生的与转速成正比的脉冲频率信号测量转速。脉冲频率测量通常有脉冲采样法(M 法)、周期采样法(T 法)和混合采样法(M/T 法)，M 法对高速测量精度高，T 法对低速测量精度高，M/T 法兼具 M 法和 T 法的优点。HMCVT 转速测量的频率范围为 0～3kHz，采用 DSP 事件管理器中的 6 路独立脉冲捕获功能(CAP)，应用 T 法测量能够满足要求，从而简化硬件设计。测速原理如图 8.4 所示，传动轴转速的计算式为

$$n=\frac{1}{60m(C_{y2}-C_{y1})T_x} \tag{8.1}$$

式中，n 为被测传动轴转速，r/min；m 为齿轮齿数；C_{y1}、C_{y2} 为捕获器 y 的 FIFO 堆栈记录的定时器前、后次计数值；T_x 为通用定时器 x 的定时周期，s。

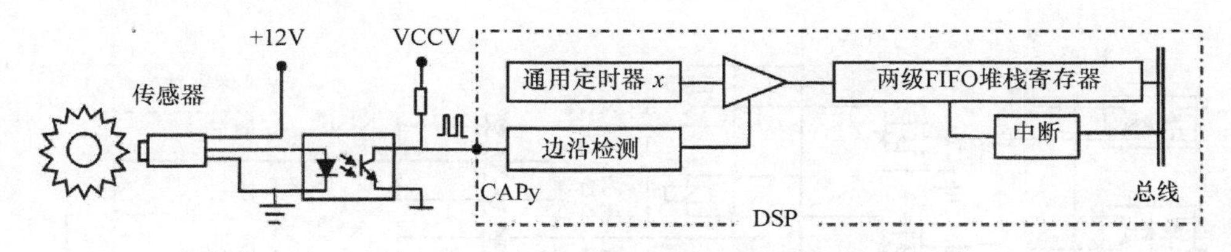

图 8.4　用 CAP 功能测量转速原理图

8.2.3　多路电液比例阀控制原理

应用电液比例阀能够控制离合器的接合压力按照期望的规律变化，在自动变速器中大量应用，采用 PWM 原理驱动比例阀具有效率高、速度快的优点，同时适当频率的 PWM 控制信号也能够满足比例阀需要的颤振驱动要求。TMS320F2812 型 DSP 的事件管理器能够提供 14 路 PWM 输出，频率调整方便，便于在 HMCVT 中对比例阀控制。由于比例阀存在动作死区，在控制压力为零时，提供微小的 PWM 电流使比例阀颤振，保证比例阀动作的快速性。所以在 DSP 外部只需功率放大，无须外加颤振电路，使硬件电路结构简单，如图 8.5 所示。

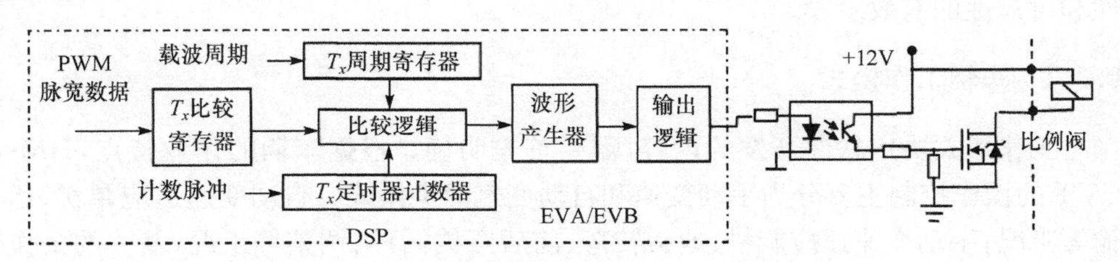

图 8.5　比例阀的 PWM 控制原理图

8.2.4　应急控制电路原理

应急控制是在 TCU 产生故障时，通过外部开关，人为强制低速段各离合器接通，使动力能够从发动机经过 HMCVT 变速后传递到驱动轮，保证驾驶员低速驾驶车辆从故障地转移到维修地。在应急行驶中，驾驶员用应急开关强制转换到应急控制模式，用 HMCVT 操纵杆完成车辆前进、倒车或停车操作。应急控制电路原理图如图 8.6 所示。应急开关 K1 断开 TCU 经过场效应管功率放大的所有输出，直接将低速段离合器与操纵杆前进和倒车开关接通。

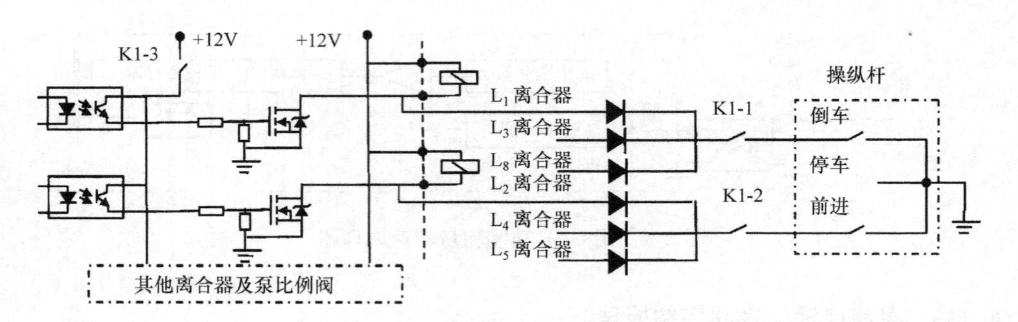

图 8.6 应急控制电路原理图

8.3 工作模式研究及 TCU 控制软件开发

控制软件是 TCU 的核心部分。软件设计要考虑 HMCVT 传动车辆的工作模式、变速规律和控制策略的要求，并根据具体的输入输出控制信号和变速器结构特点开发。控制软件具有多任务、实时性、并发性和复杂性的特点，必须有合理的组织结构，才能保证可靠运行。基于实时操作系统开发，是提高多任务控制软件完整性和可靠性的有效手段。

8.3.1 车辆工作模式

工作模式决定软件开发的内容，需要首先明确。根据车辆的作业特点，HMCVT 的操作控制主要分为手动变速和自动变速两类模式。自动变速适应犁耕、运输等工况；手动变速适应旋耕、地头转弯、前后穿梭循环、调整等工况，基本的工作模式如图 8.7 所示。根据工作模式要求设计的 HMCVT 台架试验操纵台见图 8.8。

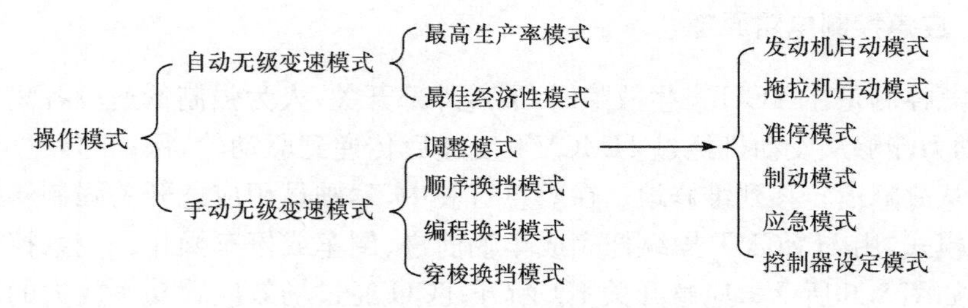

图 8.7 HMCVT 传动车辆工作模式

1. 手动操作

操纵杆在中位停车状态，可以启动发动机，待压力指示正常时可启动车辆。操

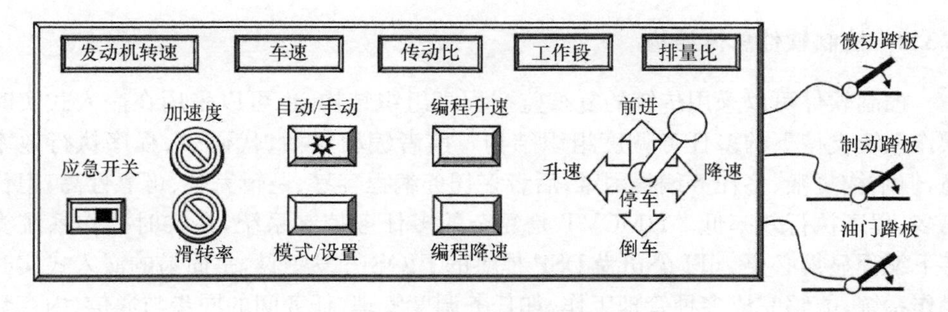

图 8.8　台架试验操纵台

纵杆推向前车辆前进，推向后车辆倒车，置中位则停车。初始按手动顺序换挡模式行驶。

(1) 顺序换挡模式(CM)。操纵杆左靠车辆加速，右靠则减速。加速度由“加速度”旋钮设定。

(2) 编程换挡模式(PM)。任意行驶模式下，操纵编程升/降速按钮，进入 PM 模式。按一次“编程升速”，车辆速度增大一个固定量(预先编程设定)，按一次“编程降速”，速度减小一个固定量。

(3) 穿梭换挡模式(SM)。任意行驶模式下，操纵杆从前进方向直接推向倒车方向(或反之)，进入穿梭换挡模式。车辆减速到零，然后反方向加速行驶，直到速度等于进入穿梭换挡模式前的速度。倒车速度限制在最高速范围内。

(4) 准停模式(ASM)。准停模式用于挂接农机具等低速、部分传力调整操作。车辆无主离合器，微动踏板在主离合器位置。首先将 HMCVT 调整到最低工作段，踩踏微动踏板，降低离合器 L1 油压并滑磨，传递部分动力，使车辆低速行驶。踩踏量越大，行驶速度越低。

(5) 制动模式(BM)。踩踏制动踏板，进入制动模式。HMCVT 传动比加速减小，行驶速度降低。

(6) 设置模式(SET)。在停车状态，按压“设置/模式”按钮进入参数设置模式，利用编程升降速按钮设置各种参数(如编程换挡的升降速度增量等)。

2. 自动操作

手动状态下按压“手动/自动”按钮，进入自动操作，车辆按照设定的无级变速规律行驶。按压“设置/模式”按钮在最高生产率(动力性)和最佳经济性无级变速规律之间切换。自动状态下，触动其他开关则进入手动操作。地面滑转特性由“滑转率”旋钮调整。车辆加减速的加速度由“加速度”旋钮设定。

8.3.2 控制软件总体结构

控制软件可以采用传统的复杂监控程序组织结构，也可以采用在嵌入式实时操作系统支持下的多任务调度组织结构。前者编程灵活、代码少、程序执行效率高，但结构复杂、多任务编程困难；后者多任务编程容易、逻辑完整、可靠性高，但代码多、程序执行效率低。HMCVT 是复杂的多任务控制系统，在实时操作系统支持下编程显得必要。TI 公司为 DSP 提供的 BIOS 开发工具，是简易的嵌入式实时操作系统，能够完成多种管理工作，如任务调度管理、任务间的同步与通信、内存管理、实时时钟管理、中断服务管理、外设驱动程序管理等，能够用于 HMCVT 多任务控制软件的开发。

基于 BIOS 开发的 HMCVT 多任务控制软件工程主要模块如下所示：

(1) System 模块，用于基本参数初始化设置，包括内存定位、堆栈大小、时钟等设置。

(2) Scheduling 模块，用于 TCU 控制任务的分级调度管理，包含所有控制任务程序模块。

(3) Synchronization 模块，用于建立程序模块之间的同步和数据通信。

(4) Input/Output 模块，用于 TCU 控制程序模块之间的大批量数据交换。

基于 BIOS 的 TCU 控制软件总体结构如图 8.9 所示。软件要完成操纵杆、油门开度、转速等控制输入采样、手动变速操作计算、自动变速操作计算、离合器控制输出、变量泵控制输出、信息显示和通信、故障诊断等功能任务。除初始化程序之外的所有任务程序，都在 Scheduling 模块中分类分级调度管理，主要分类模块如下所示：

(1) CLK 模块，用于定时器管理，设置定时器中断间隔时间，为周期性函数等提供定时服务。

(2) PRD 模块，用于实现周期性函数管理，如油门开度、微动踏板模拟信号的周期采样启动等。

(3) HWI 模块，用于所有硬件中断管理，如操纵杆开关输入、A/D 采样硬件中断服务程序等。

(4) SWI 模块，用于所有软件中断程序管理，包括实时性较强的功能，如无级变速换段控制等。

(5) TSK 模块，用于所有任务对象函数的调度管理，划分为多个优先级。

(6) IDL 模块，用于后台程序管理，包括所有无实时性要求的功能，如发动机转速显示等。

BIOS 提供了有优先级的准抢先式多线程调度管理机制，从高到低的线程执行优先级为：硬件中断(HWI、含 CLK)、软件中断(SWI、含 PRD)、任务(TSK)、后台线程(IDL)。采用邮箱、旗语、队列、管道等状态和数据操作方法,保证了 TCU 控制程序中多任务的协调执行。

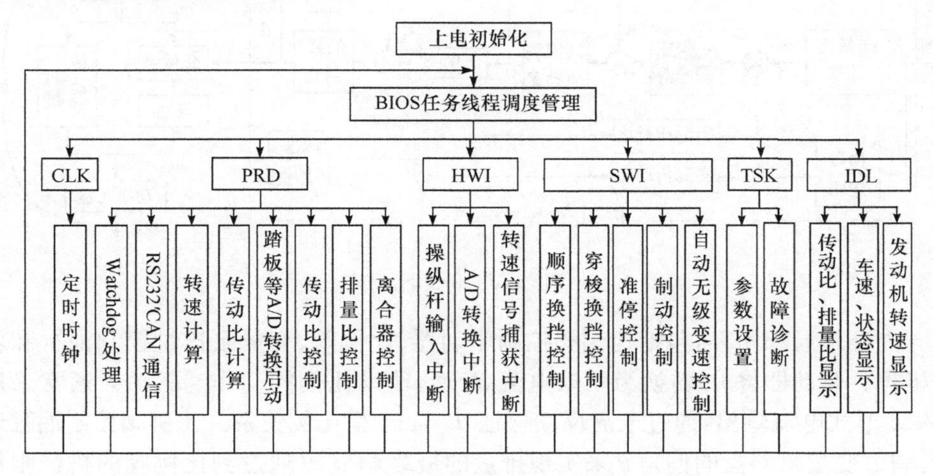

图 8.9　TCU 控制软件结构

8.4　传动排量比模糊-PID 动态加权综合控制方法

无级传动不同于有级传动的主要方面在于其传动比可以连续调节,但是传动比的调节通常由电控、液压、机械等多个环节共同作用完成,使得实际传动比难以做到完全跟随指令传动比变化。HMCVT 包含有泵控马达容积调速液压传动路,实际传动比直接受变量泵排量调节系统的控制。多段 HMCVT 除了瞬时的换段过程控制之外,主要任务是对排量比的精确控制,从而实现传动比的连续调节。为此提出一种模糊-PID 动态加权综合控制原理,对 HMCVT 传动的排量比控制进行应用分析。

8.4.1　传动比调节子系统组成

多段 HMCVT 是功率分流传动系,传动比调节子系统的组成如图 8.10 所示。传动比调节是多层闭环控制系统,外环根据指令传动比 i_{bcmd} 和实际传动比 i_{brel},按照确定的换段规则进行换段,并确定指令排量比 e_{cmd}。在一个无级变速段内,机械路传动比固定,对 i_{bcmd} 真正能够响应的环节只有 e_{cmd}。因此控制实际排量比 e_{rel} 来精确跟踪 e_{cmd} 是保证 HMCVT 实际传动比 i_{brel} 精确跟踪 i_{bcmd} 的重要任务。

中环根据 e_{cmd} 和 e_{rel} 求得排量比偏差 Δe,按照设计的排量比控制器调节比例阀的控制电压信号 u_e,输出 u_e 到比例阀驱动器,用于对排量比的控制。

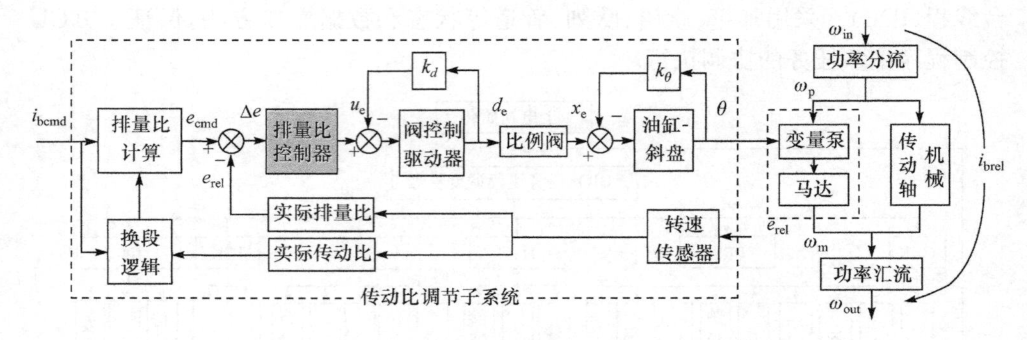

图 8.10　HMCVT 传动比调节子系统

内环是局部闭环，包括比例阀控制驱动器、比例阀、变量泵排量控制油缸和斜盘机构。驱动器将 u_e 转换为驱动电流 d_e 后，驱动比例阀动作。驱动器通常采用 PWM 形式电流输出，通过电流反馈保证 d_e 与 u_e 呈比例关系。比例阀控制油缸运动，调节变量泵斜盘的偏角 θ 来实现排量的最终调节，θ 通过到比例阀的机械刚性反馈，保证与控制电流呈比例变化，包含电子、液压、机械等多个环节，总体是开环控制。研究表明，从 u_e 到 e_{rel} 属于包含小延迟环节的高阶系统，存在死区、摩擦、漂移等非线性特征，因此需要加入高性能的排量比控制环节来消除排量比控制的跟随误差，提高控制的动态特性。

8.4.2　排量比模糊-PID 动态加权综合控制原理

采用常规 PID 控制是提高控制系统性能的简单有效方法，但是对于高阶、时延、非线性等系统的控制欠佳，而借助于计算机的高速复杂计算能力，结合模糊控制等现代控制方法对这类系统控制通常能够达到很好的效果。将模糊控制技术与 PID 控制技术结合，开发一种模糊-PID 动态加权综合控制器，利用模糊控制响应快、PID 控制精确度高的优势，提高排量比控制的动态性能，进而也提高 HMCVT 传动比控制的动态性能。

1. 模糊-PID 动态加权综合控制器设计

模糊-PID 动态加权综合控制器的组成结构如图 8.11 所示，包括三部分，由一个常规 PID 控制器和一个基本二维模糊控制器经过加权选择器并联组成。综合控制器的输入是排量比偏差信号 Δe，输出是由 PID 控制器输出 u_p 与模糊控制器输出 u_f 加权叠加而成的比例阀控制电压信号 u_e。PID 控制器的作用主要是消除稳态误差和改善稳态性能；模糊控制器的主要作用是提高调节的快速性，从而获得良好的动态性能；加权选择器则根据误差大小修改两种控制器的叠加权值，从而使误差大时加强模糊控制器的作用，误差小时加强 PID 控制器的作用，提高控制的快速性和稳态精度。

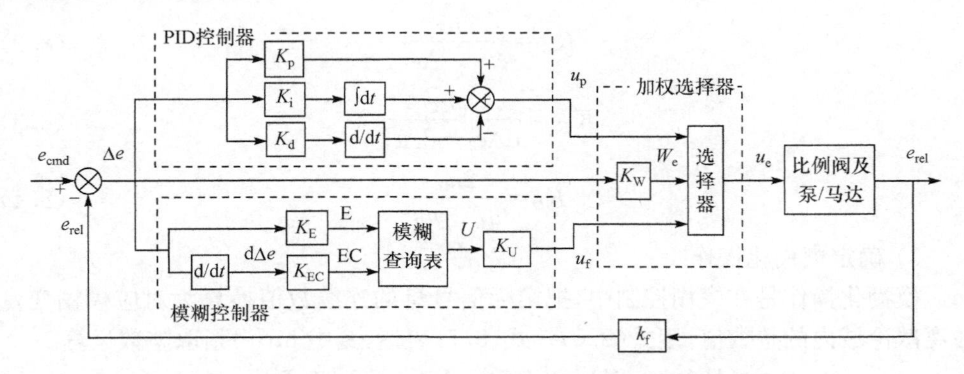

图 8.11　HMCVT 排量比的模糊-PID 动态加权综合控制器原理图

2. 模糊控制器设计

模糊控制器采用了 SISO 型的二维模糊控制系统，输入是排量比偏差 Δe 及其变化率 $d\Delta e$，输出是比例阀控制电压增量 u_f。模糊控制器设计的主要内容有输入输出信号的模糊量化、模糊规则制定、模糊推理和模糊判决以及模糊控制查找表求取。具体设计步骤如下。

1）定义输入输出信号取值论域

排量比偏差 Δe 的取值论域为 $\Delta e \in (\Delta e_1, \Delta e_2)$；

排量比偏差变化率 $d\Delta e$ 的取值论域为 $d\Delta e \in (d\Delta e_1, d\Delta e_2)$；

控制输出电压 u_f 的取值论域为 $u_f \in (u_{f1}, u_{f2})$；

排量比的取值范围是[−1,+1]，当传动比波动不大时，排量比的总体跟随性能较好，其偏差数值较小。在建模仿真和台架试验研究的基础上，分析 Δe 和 $d\Delta e$ 的数值分布范围，设定取值论域的边界值，$\Delta e_1 = -0.1$，$\Delta e_2 = +0.1$，$d\Delta e_1 = -0.5$，$d\Delta e_2 = +0.5$，$u_{f1} = -10\text{V}$，$u_{f2} = +10\text{V}$。实际值超出取值论域时，取为边界值。

2）定义信号模糊变量的离散论域

Δe 对应模糊变量 E 的离散论域为

$$E = \{-n_E, -n_E+1, -n_E+2, \cdots, 0, \cdots, n_E-1, n_E\}$$

$d\Delta e$ 对应模糊变量 EC 的离散论域为

$$\text{EC} = \{-n_{\text{EC}}, -n_{\text{EC}}+1, -n_{\text{EC}}+2, \cdots, 0, \cdots, n_{\text{EC}}-1, n_{\text{EC}}\}$$

u_f 对应模糊变量 U 的离散论域为

$$U = \{-n_U, -n_U+1, -n_U+2, \cdots, 0, \cdots, n_U-1, n_U\}$$

实际应用时，取 $n_E = n_{\text{EC}} = n_U = 6$，每个模糊变量的集合有 13 个元素。根据取值论域和离散论域可知各模糊化的量化因子，令 K_E、K_{EC}、K_U 分别为 Δe、$d\Delta e$、u_f

的量化因子,则

$$K_E=\frac{2n_E}{\Delta e_2-\Delta e_1} \tag{8.2}$$

$$K_{EC}=\frac{2n_{EC}}{d\Delta e_2-d\Delta e_1} \tag{8.3}$$

$$K_U=\frac{2n_U}{u_{f2}-u_{f1}} \tag{8.4}$$

3）确定模糊化操作

模糊化操作是在模糊控制中,把实际信号量的连续数值换算为对应模糊变量在离散论域内的整数值,用式(8.5)～式(8.7)表达,其中 int{ }指取整数运算。

$$E_i=\text{int}\{K_E[\Delta e-(\Delta e_2+\Delta e_1)/2+0.5]\} \tag{8.5}$$

$$EC_i=\text{int}\{K_{EC}[d\Delta e-(d\Delta e_2+d\Delta e_1)/2+0.5]\} \tag{8.6}$$

$$U_i=\text{int}\{K_U[u_f-(u_{f2}+u_{f1})/2+0.5]\} \tag{8.7}$$

4）定义模糊语言集合

偏差模糊变量 E 的模糊语言集合共 8 个元素:{PL,PM,PS,PO,NO,NS,NM,NL}。表示的等级为:{正大,正中,正小,正零,负零,负小,负中,负大}。采用{PO,NO},有利于提高小偏差判别的灵敏度。EC 和 U 的模糊语言集合为 7 个元素:{PL,PM,PS,O,NS,NM,NL}。

5）定义隶属度函数 $\mu(E)$、$\mu(\text{EC})$、$\mu(U)$

隶属度函数表示模糊变量值对模糊语言集合中各元素的隶属程度。定义隶属度函数要注意两点:一是隶属度函数分辨率越高,也就是越陡直,引起的输出变化越剧烈,因此在偏差大的范围采用低分辨率函数,偏差接近零时采用高分辨率函数;二是在形成模糊集时,使论域中任一点的隶属度函数最大值不能太小,避免输出失控。常用的隶属度函数包括三角形隶属度函数和高斯隶属度函数。各模糊变量采用三角形隶属度函数表示,如图 8.12 所示。根据隶属度函数曲线可以计算各模糊变量对模糊语言的隶属度函数值,组成模糊变量的模糊集,见表 8.1～表 8.3。

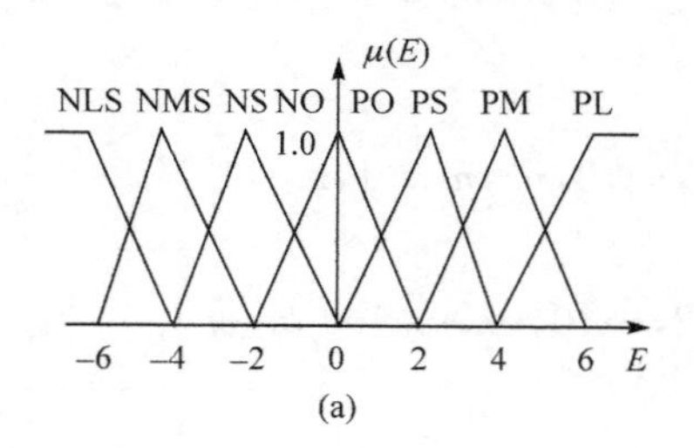

(a)

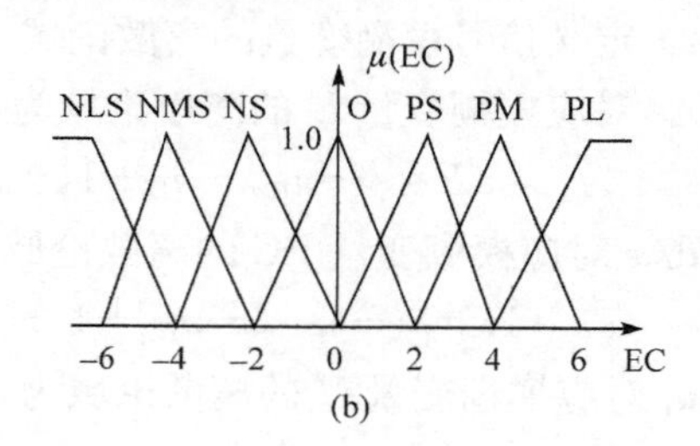

(b)

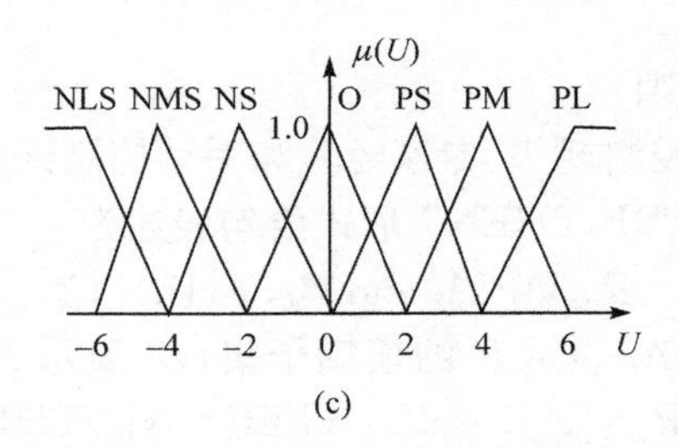

(c)

图 8.12　模糊变量 E、EC、U 的隶属度函数

表 8.1　排量比偏差 E 模糊集

变量↓$\mu(E)$↘E→	−6	−5	−4	−3	−2	−1	0	1	2	3	4	5	6
NL	1.0	0.5	0	0	0	0	0	0	0	0	0	0	0
NM	0	0.5	1.0	0.5	0	0	0	0	0	0	0	0	0
NS	0	0	0	0.5	1.0	0.5	0	0	0	0	0	0	0
NO	0	0	0	0	0	0.5	1.0	0	0	0	0	0	0
PO	0	0	0	0	0	0	1.0	0.5	0	0	0	0	0
PS	0	0	0	0	0	0	0	0.5	1.0	0.5	0	0	0
PM	0	0	0	0	0	0	0	0	0	0.5	1.0	0.5	0
PL	0	0	0	0	0	0	0	0	0	0	0	0.5	1.0

表 8.2　排量比偏差量变化率 EC 模糊集

变量↓μ(EC)↘EC→	−6	−5	−4	−3	−2	−1	0	1	2	3	4	5	6
NL	1.0	0.5	0	0	0	0	0	0	0	0	0	0	0
NM	0	0.5	1.0	0.5	0	0	0	0	0	0	0	0	0
NS	0	0	0	0.5	1.0	0.5	0	0	0	0	0	0	0
O	0	0	0	0	0	0.5	1.0	0.5	0	0	0	0	0
PS	0	0	0	0	0	0	0	0.5	1.0	0.5	0	0	0
PM	0	0	0	0	0	0	0	0	0	0.5	1.0	0.5	0
PL	0	0	0	0	0	0	0	0	0	0	0	0.5	1.0

表 8.3　排量比控制电压 U 模糊集

变量↓$\mu(U)$↘U→	−6	−5	−4	−3	−2	−1	0	1	2	3	4	5	6
NL	1.0	0.5	0	0	0	0	0	0	0	0	0	0	0
NM	0	0.5	1.0	0.5	0	0	0	0	0	0	0	0	0
NS	0	0	0	0.5	1.0	0.5	0	0	0	0	0	0	0
O	0	0	0	0	0	0.5	1.0	0.5	0	0	0	0	0
PS	0	0	0	0	0	0	0	0.5	1.0	0.5	0	0	0
PM	0	0	0	0	0	0	0	0	0	0.5	1.0	0.5	0
PL	0	0	0	0	0	0	0	0	0	0	0	0.5	1.0

6）制定模糊控制规则

模糊控制规则根据控制规律、专家经验和手动控制试验结果制定。对于 SISO 型二维模糊控制，通常用“IF THEN” 形式语句表述为

$$R_{ijk}: \text{IF } A_i \text{ and } B_j, \text{THEN } C_k$$

其中，R_{ijk} 表示控制规则；A_i 表示 E 的模糊子集，B_j 表示 EC 的模糊子集；C_k 表示 U 的模糊子集。如规则 R_{11}：IF E=NL and EC=NL，THEN U=NL，表示如果排量比偏差 E 为负大(NL)，并且变化率 EC 也是负大(NL)，说明输出值大于指令值，并且输出有增大趋势，为尽快消除偏差，控制量应取为负大(NL)输出，即令输出量快速减小，以便趋近于指令值。所有的控制规则(56 个)集合在一起组成表 8.4的模糊控制规则表。

表 8.4　排量比模糊控制规则表

EC↓U↘E→	NL	NM	NS	NO	PO	PS	PM	PL
NL	NL	NL	NM	NM	NS	NS	NS	PS
NM	NL	NM	NM	NS	NS	NS	O	PS
NS	NL	NM	NM	NS	NS	O	PS	PS
O	NM	NS	NS	O	O	PS	PS	PM
PS	NM	NS	O	PS	PS	PM	PM	PL
PM	NS	O	PS	PS	PM	PM	PM	PL
PL	NS	PS	PS	PS	PM	PM	PL	PL

7）模糊推理和模糊判决

模糊推理根据输入输出模糊变量的模糊集，按照模糊控制规则要求，推理出 E、EC、U 之间的三元模糊关系矩阵 R，从而对于给定的一组输入模糊量(E^*，EC*)，通过合成运算求出输出量 U^* 在离散论域中的隶属度矢量$\{\mu_U(U_i)\}$。

模糊判决则是根据模糊输出的隶属度矢量 $\mu_U(U^*)$，求出具体的输出模糊量 U^*。

三元模糊关系矩阵 R 通常采用最大-最小(Mamdani)推理方法计算。R 是二维矩阵，行数等于 E、EC 集合的元素数乘积(13×13)，列数等于 U 集合的元素数(13)。

模糊判决常用三种方法：最大隶属度法、中位数法和加权平均法。当采用隶属度作为加权系数时，输出模糊量的判决计算式为

$$U^* = \frac{\sum_{i=1}^{13} \mu_{\mathrm{U}}(U_i) U_i}{\sum_{i=1}^{13} \mu_{\mathrm{U}}(U_i)} \tag{8.8}$$

8）建立模糊控制查询表

针对 E、EC 集合中的所有元素组合，利用模糊推理和模糊判决过程，离线计算出对应的 U 值，得到表 8.5 所示的排量比模糊控制输出量查询表，存于 TCU 中供实时控制应用。

表 8.5　排量比模糊控制输出量 U 查询表

EC↓U↘E→	-6	-5	-4	-3	-2	-1	0	1	2	3	4	5	6
-6	-6	-6	-5	-5	-4	-4	-3	-2	-2	-1	-1	0	1
-5	-6	-5	-5	-5	-4	-3	-3	-2	-1	-1	0	1	1
-4	-5	-5	-5	-4	-4	-3	-2	-1	-1	0	0	1	2
-3	-5	-4	-4	-3	-3	-2	-1	-1	0	1	1	1	2
-2	-4	-4	-4	-3	-2	-2	-1	0	0	1	2	2	2
-1	-4	-3	-3	-3	-2	-1	0	0	1	1	2	3	3
0	-4	-3	-2	-2	-1	-1	0	1	1	2	2	3	4
1	-3	-3	-2	-1	-1	0	0	1	2	3	3	3	4
2	-2	-2	-2	-1	0	0	1	2	2	3	4	4	4
3	-2	-1	-1	-1	0	1	1	3	3	3	4	4	5
4	-2	-1	0	0	1	1	3	3	4	4	5	5	5
5	-1	-1	0	1	1	1	3	3	4	5	5	5	6
6	-1	0	1	1	2	2	3	4	4	5	5	6	6

模糊控制实际输出的比例阀控制电压增量为

$$u_{\mathrm{f}}=\frac{U}{K_{\mathrm{U}}} \tag{8.9}$$

量化因子参数 K_{E}、K_{EC}、K_{U} 可在实际控制应用中适当调整。

3. PID 控制器设计

PID 控制器应用广泛，在计算机控制系统中，通常采用增量式输出控制，表达式为

$$u_{\mathrm{p}}=K_{\mathrm{P}}[\Delta e(k)-\Delta e(k-1)]+K_{\mathrm{I}}\Delta e(k)+K_{\mathrm{D}}[\Delta e(k)-2\Delta e(k-1)-\Delta e(k-2)] \tag{8.10}$$

参数 K_{P}、K_{I}、K_{D} 可在实际控制应用中适当调整。

4. 加权选择器设计

加权选择器决定模糊-PID 动态加权综合控制器的实际控制量。在排量比偏差大时，加权选择器强化模糊控制的作用，偏差小时，则强化 PID 控制作用。实际

输出控制量为

$$u_e = u_f W_f + u_p (1 - W_f) \tag{8.11}$$

式中，W_f 为权值系数。W_f 限制在[0,1]区间内，根据 Δe 实时计算确定，即

$$W_f = K_W |\Delta e| \tag{8.12}$$

式中，K_W 为选择系数，$K_W = 2/(\Delta e_2 - \Delta e_1)$，可在实际控制应用中适当调整。

8.4.3　模糊-PID 动态加权综合控制性能试验

在模糊-PID 动态加权综合控制算法设计的基础上，开发 HMCVT 电控单元，进行 HMCVT 控制的台架试验，考察排量比和 HMCVT 传动比控制的动态性能。

HMCVT 台架试验装置如图 8.13 所示，动力为 LR6105ZT10 型柴油发动机，加载装置为 CW150 型电涡流测功机。性能试验主要在 F4 段进行，允许排量比在[−1,+1]区间调节，输出转速为 690～2200r/min。

图 8.13　HMCVT 台架试验装置

对开环控制、PID 控制、模糊控制、模糊-PID 动态加权综合控制 4 种方案分别进行台架试验，对比控制效果。4 种控制方案的主要参数在设计确定的基础上，经过试验调整优化，结果见表 8.6。表中 T 为控制采样周期。

表 8.6　主要参数数据表

方案	K_P	K_I	K_D	K_E	K_{EC}	K_U	K_W	T
开环	—	—	—	—	—	—	—	0.005
PID	7	0.1	0.03	—	—	—	—	0.005
模糊	—	—	—	4	0.05	2	—	0.005
模糊-PID	9	0.1	0	4	2	5	0.18	0.005

1. 传动比阶跃变化试验

调整发动机转速为 2300r/min，HMCVT 在 F4 段，负载转矩 500N · m。令变速器传动比在第 15s 从 0.5 到 0.75 阶跃变化，则 TCU 控制排量比从 0.38 到 −0.38阶跃变化。图 8.14 为变速器传动比、排量比的响应结果，表明开环控制产生振荡、超调、调整时间长和稳态误差，PID 控制无稳态误差，但产生振荡、超调、调整时间长，模糊控制调整时间短、超调小，但围绕期望值存在脉动的微弱稳态误差，模糊-PID 动态加权综合控制调整时间最短、超调小，无稳态误差，控制效果最佳。

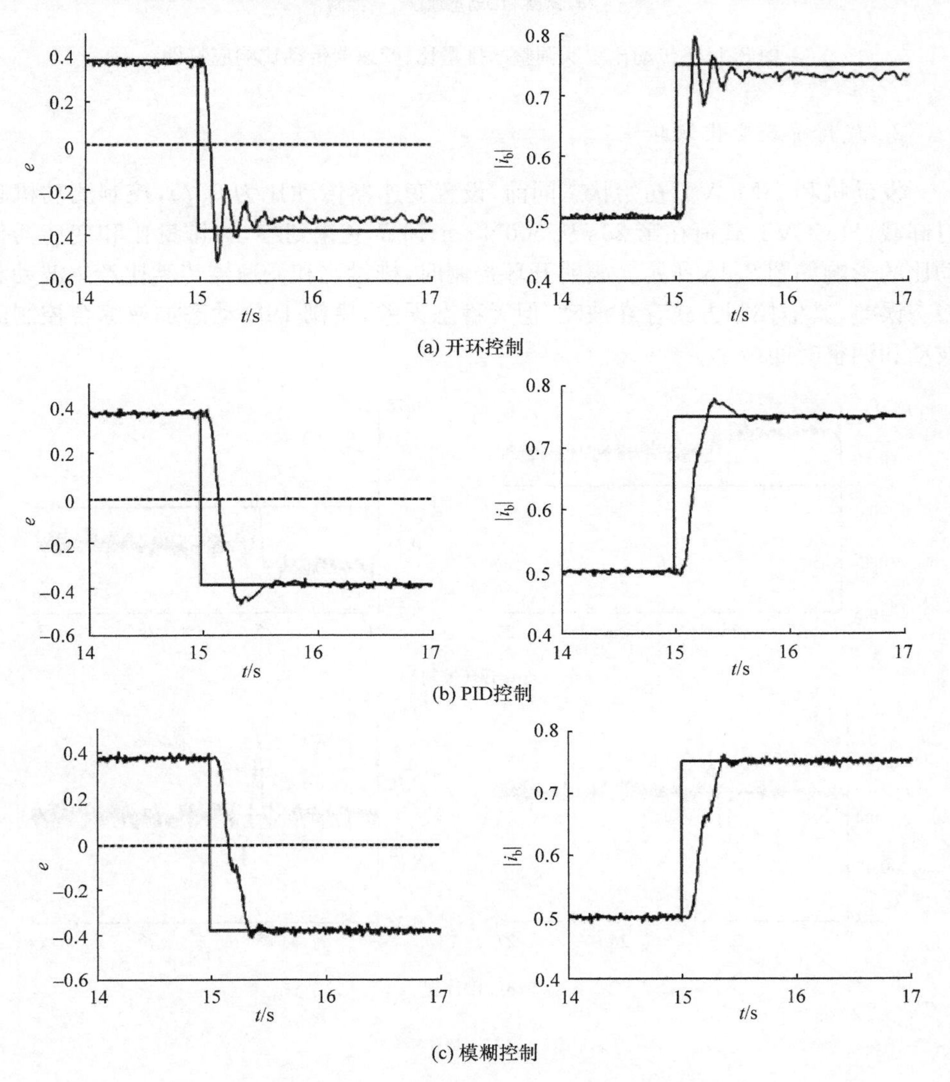

(a) 开环控制

(b) PID控制

(c) 模糊控制

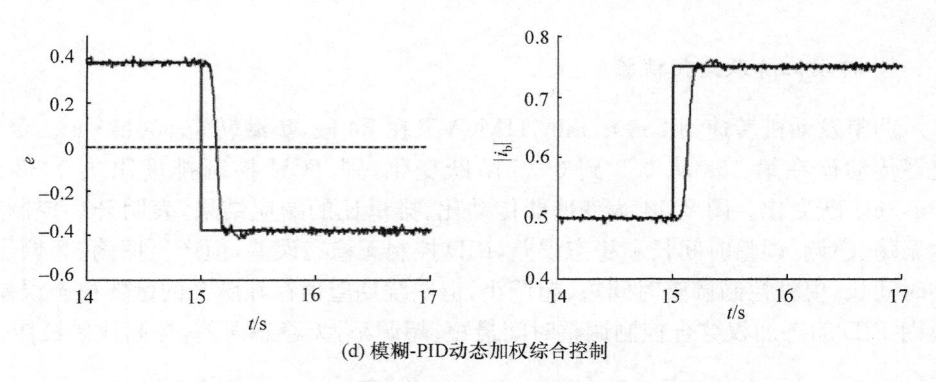

(d) 模糊-PID动态加权综合控制

图 8.14　传动比阶跃调整的排量比、变速器传动比响应特性

2. 载荷阶跃变化试验

发动机和 HMCVT 初始状态同前，设置变速器传动比为 0.75，控制测功机瞬时卸载，HMCVT 载荷在第 25s 从 500N · m 阶跃变化到零，对排量比和变速器传动比的影响如图 8.15 所示。表明开环控制时，排量比和变速器传动比产生波动和稳态误差，其他控制方式存在波动，但无稳态误差，模糊-PID 动态加权综合控制的波动和调整时间最小。

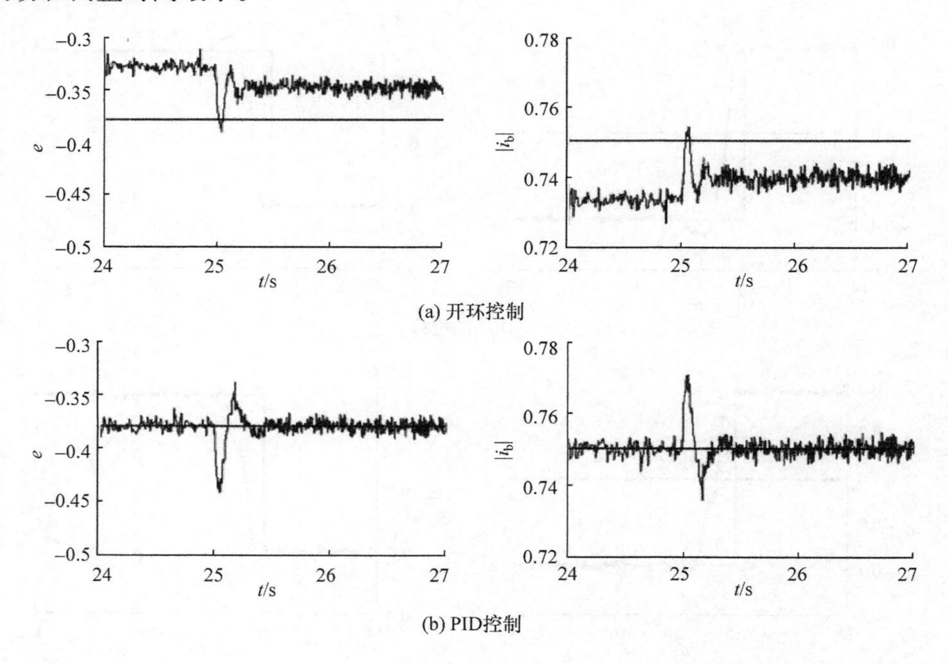

(b) PID控制

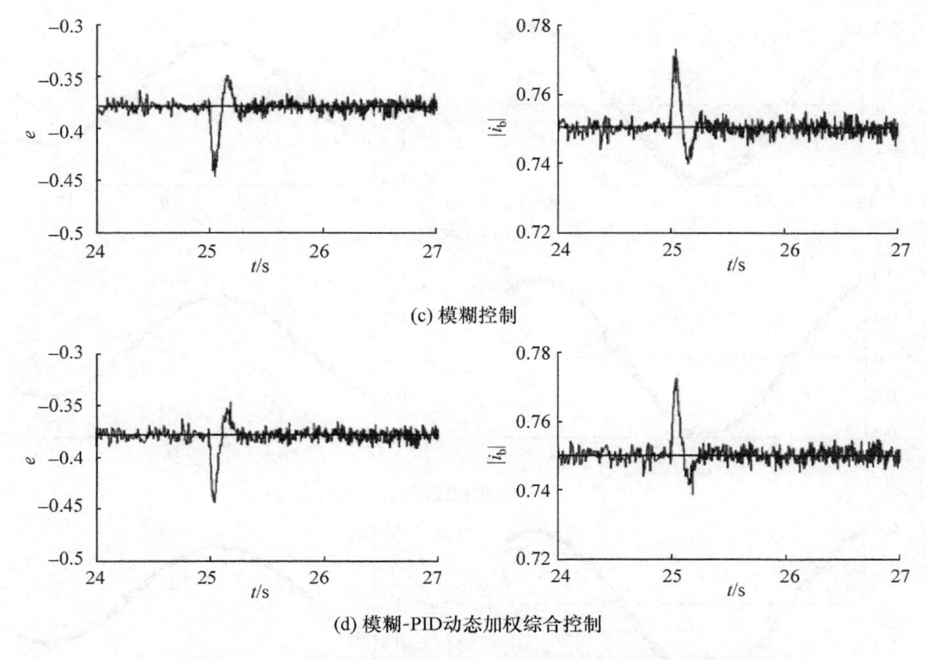

(c) 模糊控制

(d) 模糊-PID动态加权综合控制

图 8.15　载荷突变的排量比、变速器传动比响应特性

3. 变速器传动比缓变跟踪和马达换向试验

为了对变速器传动比缓变和马达换向时控制的跟踪效果进行试验，在初始条件同前的情况下，令变速器传动比按照 0.15Hz 的正弦信号在 0.5～0.75 变化。排量比和变速器传动比控制结果如图 8.16 所示。结果显示，开环和 PID 控制在变速器传动比缓变时存在较大跟踪误差，模糊控制和模糊-PID 动态加权综合控制在变速器传动比缓变时跟踪误差较小。由于泵-马达液压传动系存在换向死区，四种控制方式下在换向点都存在明显的传动比跟踪误差。

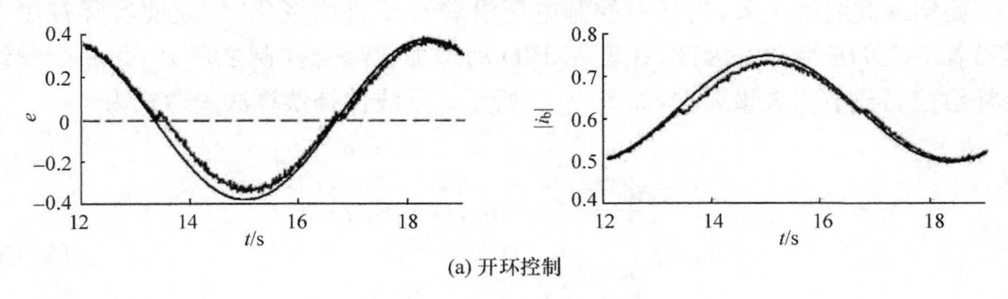

(a) 开环控制

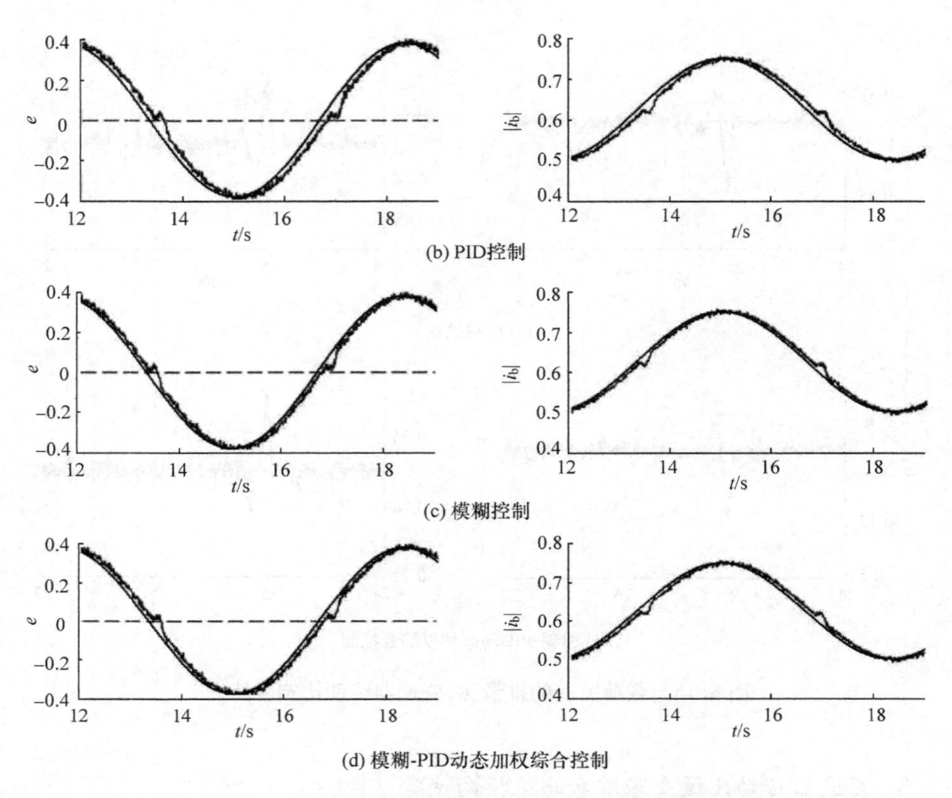

(b) PID控制

(c) 模糊控制

(d) 模糊-PID动态加权综合控制

图 8.16　i_{bcmd}缓变调整的排量比、变速器传动比响应特性

针对泵-马达液压传动系存在的换向死区现象，采用一种非线性补偿算法，提高传动比控制精度。如图 8.17 所示，实线 $ABCDEF$ 表示泵-马达液压传动系排量比与控制电压之间的非线性特性，CO、DO 分别为排量比正负向死区，当控制电压低于死区电压时，实际排量比等于零。非线性补偿的目的是实现排量比随着控制电压的调节，使其沿着 GH 直线变化。

要实现此线性关系，当指令控制电压沿着 GH 直线变化时，应使实际控制电压沿着 $BCODE$ 变化。因此，在模糊-PID 动态加权综合控制之后，串联一个非线性补偿控制环节实现该要求，如图 8.18 所示。非线性补偿算法表达式为

$$u_{el}=\begin{cases} u_B, & u_e\leqslant u_B \\ \dfrac{u_B-u_C}{u_B}u_e+u_c, & u_B\leqslant u_e<0 \\ \dfrac{u_E-u_D}{u_E}u_e+u_D, & 0\leqslant u_e<u_D \\ u_E, & u_E \end{cases} \tag{8.13}$$

式中，u_e、u_{el}分别为非线性补偿前、后的控制电压；u_E、u_B 分别为正负向极限控制电压；u_D、u_C 分别为正负向死区电压。

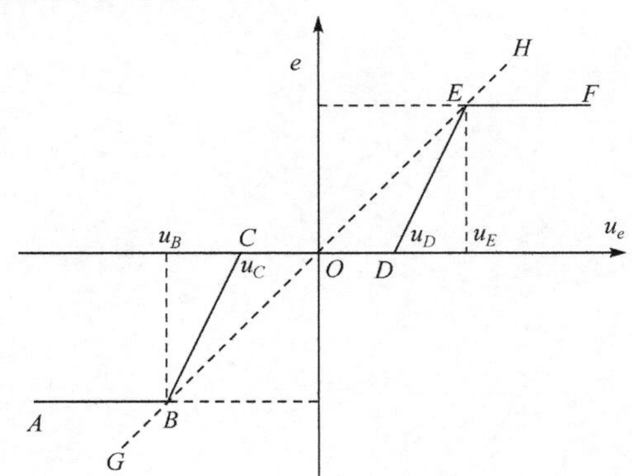

图 8.17　排量比非线性补偿控制算法

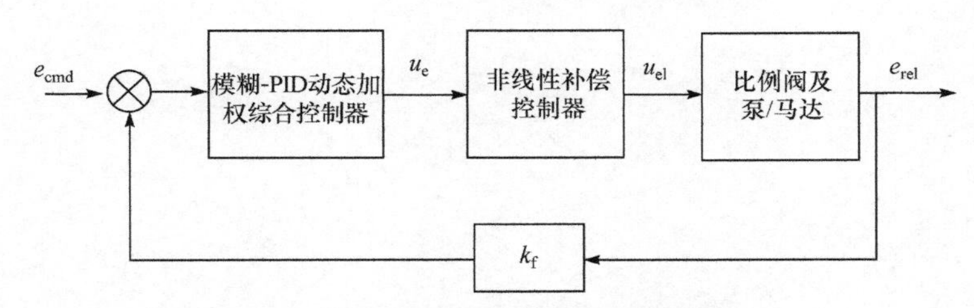

图 8.18　排量比非线性补偿控制原理

非线性补偿后的传动比模糊-PID 动态加权综合控制结果如图 8.19 所示，控制结果表明，显著减小了换向点的排量比跟踪误差，进一步提高了传动比控制精度。

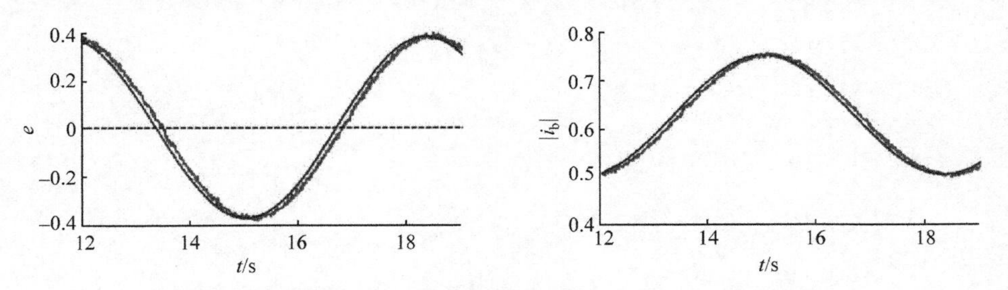

图 8.19　非线性补偿控制的排量比、变速器传动比响应特性

上述变速器传动比阶跃变化、载荷阶跃变化、变速器传动比缓变跟踪的试验结果表明：模糊-PID 动态加权综合控制能够动态跟踪传动比误差，在误差大时强化模糊控制作用，在误差小时强化 PID 控制作用，从而提高了传动比控制的快速响应性，实现了无超调、无稳态误差、动态跟踪误差小的控制效果，是一种较为理想的 HMCVT 传动比闭环控制方法。串联应用换向死区非线性补偿算法，能够进一步提高泵-马达液压系统换向时的传动比控制精度。

第三篇

农业履带车辆液压机械复合转向系

第 9 章　履带车辆液压机械复合转向

履带车辆作为一种“自铺”路面车辆，有着特有的行走系统，这使它较轮式车辆具有许多突出优点：牵引力大，适合重载荷作业，如耕、耙及推土作业等；接地比压小，对农田压实、破坏程度轻；跨沟越埂能力强等。这些优点决定了履带车辆在农业、交通、水利、建筑及现代军事领域中具有十分广泛的用途。

9.1　履带车辆及其转向

9.1.1　履带车辆发展趋势

履带车辆的转向系大致经历了转向离合器-制动器、机械-机械复合传动转向系和液压机械复合转向系等。长期以来，履带车辆的转向常采用转向离合器-制动器，它具有结构简单、制造方便等优点，但也具有操作性、转向灵活性及稳定性差、功率损失大、转向行驶速度低、驾驶员劳动强度大等缺点；机械-机械复合传动转向系是直驶和转向两路动力均由机械传动装置来实现，采用该转向系的履带车辆，其转向半径仍然是有级的，挡位越低，得到的转向半径越小，仍然不能适应车辆在所有不同曲率道路上用圆滑轨迹转向行驶的需要。应用液压机械复合转向系能有效改善履带车辆的转向性能，这种转向系将会成为未来履带车辆转向的主要形式，其研究与开发是一个复杂的、多学科参与的系统过程，所需解决的关键技术较多。对履带车辆液压机械复合转向性能及参数匹配方法进行研究，能解决实际工程中液压机械复合转向系设计与开发及装备该转向系的履带车辆转向性能的基本理论问题。

9.1.2　履带车辆转向特点

履带车辆和轮式车辆不同的行走系统决定了二者在转向原理、转向性能上具有较大的差异。轮式车辆在方向盘输入下，前轮在没有横向移动的情况下转动一角度改变车辆的行驶方向，以实现转向，转向轨迹只取决于方向盘的转动角度，其轨迹可控性较好。履带车辆通过动力传动系使两侧履带产生速度差实现转向，转向时，接地履带存在横向移动，转向轨迹不仅取决于转向操纵拉杆位移或方向盘的转动角度，还与行驶地面条件、变速箱挡位及转向系类型有关，其转向轨迹可控性较差。

较为理想的履带车辆转向系一般应具有以下特点：

(1) 力求有最小的转向半径(理论上最小转向半径应为零)，以提高履带车辆的转向灵活性。

(2) 能使转向时发动机的附加载荷较小，以免发动机熄火。

(3) 转向时平均速度不应比直线行驶速度有显著下降。

(4) 使履带车辆有良好的直线行驶稳定性和转向轨迹准确性。

(5) 无论正向或倒向行驶，两侧履带可具有不同大小的、正或负的速度差，以满足在不同曲线道路或地形上向左或向右转向的需要。

(6) 每侧都允许输出全部发动机功率，最好还能利用另一侧从路面输入的功率，即转向再生功率，以提高在困难路面进行小半径转向的能力。

(7) 操纵省力。

9.2 液压机械复合转向系

液压机械复合转向系是液压机械复合传动的一种应用形式，是由液压传动、定轴齿轮传动及行星齿轮传动复合的一种双功率流传动形式。

9.2.1 系统构成及工作原理

液压机械复合传动是液压传动与机械传动并联，通过机械传动实现高效率，通过液压传动与机械传动相结合实现无级变速的功率分流传动形式。液压机械复合传动根据功率分、汇流的不同可构成图 9.1 所示的两种基本传动形式，图 9.1(a)为输出分流传动形式，行星排在输出端起功率汇流作用，图 9.1(b)为输入分流传动形式，行星排在输入端起功率分流作用。行星排可由单排或多排行星轮系组成，图中 I、O 分别为系统输入、输出，a、b、c 分别为行星排三元件(太阳轮、行星架及齿圈)。由单排行星轮系构成的液压机械复合传动是最简单的液压机械复合传动形式，是构成多段液压机械复合传动的基础。对单排行星轮系来说，当行星排的三元件分别与液压传动、机械传动及输入(输出)连接时也可构成多种传动形式，具有多种无级变速特性。

由图 9.1 所示的液压机械复合传动的工作过程可分为机械单功率流工况(液压传动制动)、液压单功率流工况(机械传动制动)和液压机械双功率流工况(机械、液压传动同时工作)三种。除机械单功率流工况外，通过改变液压传动排量比和机械传动的传动比，保证得到整个传动范围的输出转速连续无级变化。

履带车辆的转向要靠两侧履带的速度差实现，液压机械复合传动能实现无级变速，液压机械复合转向就是根据履带车辆的转向特点，利用液压机械复合传动原理，使一侧履带速度升高，另一侧履带速度降低，实现车辆的转向行驶。因此液压

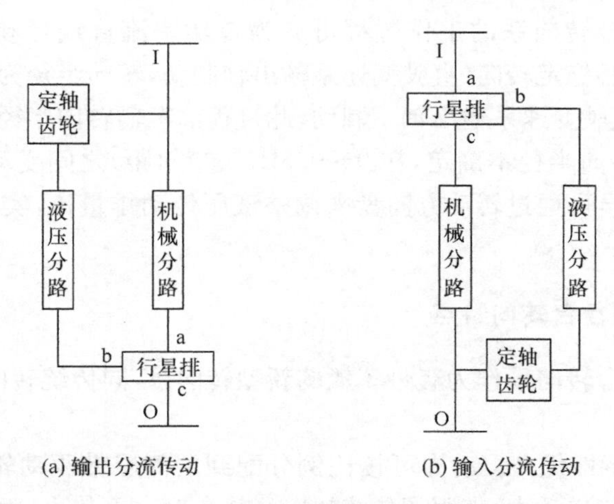

图 9.1　液压机械复合传动形式

机械复合转向系包括四个必不可少的组成部分，即直驶变速系、液压传动系、反向系统和汇流行星排，其中，直驶变速系与液压传动系并联，都可单独完成车辆的动力传递功能，其构成可用图 9.2 框图形式表示。这四个组成部分的不同连接形式及参数组合决定液压机械复合转向系的不同传动性能，行星排三元件(太阳轮、行星架及齿圈)与液压传动系、直驶变速系及系统输出的连接形式共有 6 种，连接形式不同，系统的传动特性也不同。

如图 9.2 所示，车辆转向时，发动机功率分两路传递：一路功率经直驶变速系，传递至左右行星排元件 a；另一路经定轴齿轮、液压传动系，一部分直接传递至左行星排元件 b，另一部分经过反向系统传递至右行星排元件 b，两路功率经行星排汇流后输出。反向系统使传递至左右行星排元件 b 的转速方向相反，从而使两侧产生速度差。根据履带车辆行驶要求，如果要求一侧履带增加的速度理论上等于另一侧履带减小的速度，反向系统的传动比应等于 1。

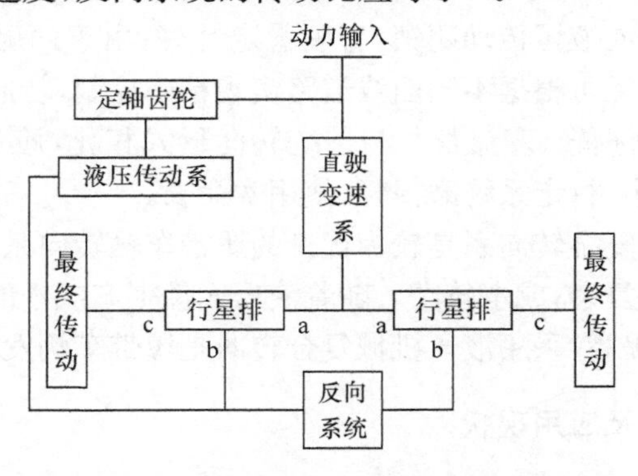

图 9.2　液压机械复合转向系构成

液压机械复合转向系的工作过程可分为单功率流直线行驶(液压传动系自锁)、单功率流中心稳定转向(直驶变速系输出轴制动,转向半径为零)、单功率流中心不稳定转向(直驶变速系输出轴不制动,此过程的车辆转向半径受两侧履带接地外载荷的影响,转向半径不确定,在 0~0.5B(履带轨距)之间变动)和双功率流转向行驶等。驾驶员可通过转动方向盘来调整液压传动排量比,实现上述不同行驶要求。

9.2.2 液压机械复合转向特点

液压机械复合转向系作为履带车辆的新型转向系,同传统转向形式相比,具有许多优点。

(1) 动力学特性优良。动力可按比例分配到两侧履带驱动轮上,转向时两侧履带驱动轮始终传递动力,克服了传统转向系转向时一侧传力,而另一侧动力中断的缺陷,实现动力转向。另外,由于系统属于双功率流传动系,在困难路面进行小半径转向时还能利用转向再生功率,从而提高车辆的转向行驶能力。

(2) 无级转向。系统通过液压传动的无级变速使两侧履带产生速度差,因此车辆可有无穷多个转向半径,空挡时转向半径为零,大幅度提高了履带车辆的行驶机动性和转向灵活性。

(3) 作业效率高。液压机械复合转向系是直驶和转向并联传递功率,车辆转向时同时向两侧履带驱动轮附加上大小相等、方向相反的转速,因此,履带车辆的平均行驶速度不降低,动力不中断,比采用传统转向形式的转向作业效率高。

(4) 操作轻便、劳动强度低。系统采用液压先导控制、方向盘操纵,两侧履带驱动轮转速差与方向盘行程成正比,驾驶员通过转动方向盘,控制先导阀压力的大小,从而实现车辆的转向行驶,与采用传统转向形式的转向拉杆相比,驾驶员操作轻便、劳动强度低。

(5) 直驶稳定性好、转向轨迹精确。由于液压传动系具有液压闭锁能力,履带车辆直线行驶时,转向液压传动闭锁,直驶稳定性好;由于两侧履带驱动轮转速差可无级控制,转向半径可根据不同曲线道路实现精确控制,转向轨迹精确性高。

(6) 行走系统磨损轻、寿命长。与传统转向形式相比,履带车辆转向时,接地履带的滑转(滑移)小,行走系统磨损轻,使用寿命长。

因此,液压机械复合转向系是较为优良的履带车辆转向系,但与传统转向形式相比,该转向系结构复杂,成本较高。随着液压元件生产成本的降低和人们对履带车辆性能要求不断提高,采用液压机械复合转向是履带车辆发展的必然趋势。

9.2.3 国内外研究及应用现状

液压机械复合转向系是在机械式双功率流转向系的基础上,利用液压机械复合传动原理发展而来的。最初由于液压泵、液压马达等元件的性能与规格均难以满足履带车辆行驶性能的要求，曾采用过多种复合双功率流转向系，如液压机械复合、液压液力复合及双泵双马达传动方案。

液压机械复合双功率流转向系是指机械式和液压式进行叠加，履带车辆大半径转向或直驶修正行驶方向时仍由机械传动装置完成，小半径转向采用液压传动装置，如 Strv103 坦克就采用液压机械复合双功率流转向系。液压液力复合转向系是指一般转向工况，液力助力耦合器呈无油空转状态，转向由液压泵和液压马达实现，当转向阻力使液压泵马达的高压升至最高油压时，压力信号打开液力助力耦合器的阀门使其充油，从而为转向提供助力矩，完成车辆的小半径、大转向阻力矩转向，如 TAM 坦克上采用的是液压液力复合转向综合传动装置。双泵双马达传动方案是指履带车辆两侧驱动轮各有一套泵马达系统提供驱动力矩来实现转向，如 David Brox 公司在 20 世纪 70 年代末为主战坦克研制的 TN-37 双泵双马达传动装置。20 世纪 70 年代研制的 MBT-70 坦克上采用液压转向综合传动装置，才实现了真正意义上的液压机械复合转向，然后逐渐在军用装甲车辆领域得到推广应用。

随着液压元件制造成本的降低及人们对农用履带车辆性能要求的提高，一些国外拖拉机和工程机械制造公司开始采用液压机械复合转向和液压机械复合无级变速传动技术，并在所生产的大中型拖拉机、推土机等工程车辆上采用。Caterpillar 公司、Komatsu 公司等在所生产的大功率高速橡胶履带拖拉机、推土机上都成功应用了液压机械复合转向系，实现了无级转向，最高车速可达 50km/h，可进行最大速度和极限载荷的调整，易实现行驶的自动控制，作业效率高。

Caterpillar 公司和 Komatsu 公司开发的液压机械复合转向系的连接形式不同，但其转速、转矩及功率的分配形式完全一样，Caterpillar 公司的传动方案有降速增扭作用，适合农业履带拖拉机在田间使用，Komatsu 公司的传动方案有增速降扭作用，适合工业履带推土机进行推土作业。

国内在液压机械复合转向理论研究及技术应用方面与国外相比还有较大差距，对军用装甲车辆液压机械复合转向分别从液压机械传动原理、理论性能、设计分析方法、动态性能仿真及系统控制等多方面进行了较深入的研究。

9.3　履带车辆转向系性能研究现状

履带车辆的转向性能作为整车性能评价的重要方面，不仅直接反映了履带车辆转向行驶的机动性、准确性，而且影响着履带车辆的动力性、稳定性和作业效率。履带车辆的转向过程是多参数参与、非线性的动力学过程，其转向性能不仅与转向操纵输入、发动机工况、地面性质、履带与地面的相互作用关系有关，还取决于车辆具体的转向机构类型，转向性能与其影响因素可用图 9.3 表示。

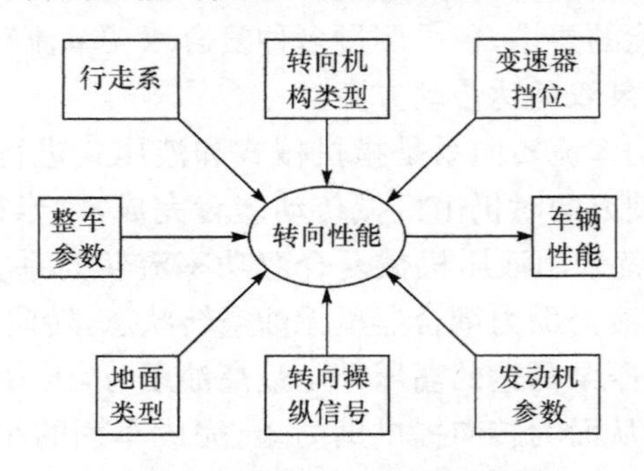

图 9.3　转向性能与其影响因素

由于履带车辆的转向性能影响因素较多，并且各因素相互耦合，通过样机试验可对履带车辆的转向性能进行试验研究，但其成本高、周期长，在方案设计、参数匹配初期也不是一种理想方法，计算机仿真技术为研究履带车辆的转向性能提供了技术平台。通过计算机仿真不仅可研究各种因素对履带车辆转向性能的影响变化规律，而且可以减少试验工作量，降低其开发成本，缩短开发周期，尤其在概念（方案）设计和产品开发阶段，通过计算机仿真可尽可能考虑更多的设计方案，使设计方案和设计参数更趋合理。

履带车辆转向性能计算机仿真的一般步骤为：首先对履带车辆的转向运动学及动力学进行分析，根据机械系统动力学建立转向模型；采用数值迭代算法，编程求解；最后进行性能分析、评价与参数优化。

第 10 章　履带车辆液压机械复合转向系理论分析与设计

履带车辆液压机械复合转向系是利用液压机械传动原理实现履带车辆转向的一种新型双功率流转向系，该类转向系设计及特性分析的基础是液压机械复合传动系的设计理论和特性分析方法。本章根据液压机械复合传动形式及特性分析方法，对液压机械复合转向系进行设计，对转向操纵原理进行分析，以满足履带车辆转向要求。

10.1　液压机械复合传动特性

液压机械复合传动是液压传动与机械传动复合实现无级变速的传动形式，基本传动形式有输出分流传动和输入分流传动，如图 9.1 所示。依据机械液压复合传动在车辆转向系中应用的实际，从设计转向系出发，对图 9.1 所示系统的无级变速特性、转矩特性、功率分流特性和效率特性进行分析和评价。

10.1.1　无级变速特性

无级变速特性是指液压机械复合传动系输出转速随液压传动排量比的变化关系，用系统速比表示，定义为系统输出转速与输入转速的比值，系统速比为

$$i_{oi}=\frac{n_O}{n_I} \tag{10.1}$$

式中，i_{oi}为系统速比；n_O 为系统输出转速，r/min；n_I 为系统输入转速，r/min。

1. 输出分流传动

输出分流传动是指行星排在系统输出端起功率汇流作用的液压机械复合传动，系统构成原理如图 9.1(a)所示。

由行星传动的基本理论知

$$n_O=n_c=i_{ca}^{b}n_a+i_{cb}^{a}n_b \tag{10.2}$$

式中，n_c 为行星排元件 c 的转速，r/min；n_a 为行星排元件 a 的转速，r/min；n_b 为行星排元件 b 的转速，r/min；i_{ca}^{b}为行星排元件 b 固定时，元件 c 对元件 a 的传动比；

i_{cb}^{a}为行星排元件 a 固定时,元件 c 对元件 b 的传动比。

行星排元件 a 的转速为

$$n_a = \frac{n_I}{i_M} \tag{10.3}$$

式中,i_M 为机械路传动比。

行星排元件 b 的转速为

$$n_b = \frac{e n_I}{i_f} \tag{10.4}$$

式中,e 为排量比;i_f 为定轴齿轮传动比。

行星排元件 b 固定时,元件 c 对元件 a 的传动比为

$$i_{ca}^{b} = \frac{1}{i_{ac}^{b}} \tag{10.5}$$

行星排元件 a 固定时,元件 c 对元件 b 的传动比为

$$i_{cb}^{a} = \frac{1}{i_{bc}^{a}} = \frac{i_{ac}^{b}}{i_{ac}^{b} - 1} \tag{10.6}$$

式中,i_{ac}^{b}为行星排元件 b 固定时,元件 a 对元件 c 的传动比;i_{bc}^{a}为行星排元件 a 固定时,元件 b 对元件 c 的传动比。

将式(10.2)～式(10.6)代入式(10.1)可得

$$i_{oi} = \frac{1}{i_{ac}^{b} i_M} + \frac{i_{ac}^{b} - 1}{i_{ac}^{b} i_f} e \tag{10.7}$$

式(10.7)表示输出分流传动的液压机械无级变速特性。系统工作时,i_M、i_{ac}^{b}、i_f 均为定值,仅有液压传动排量比变化。通过调节液压传动排量比,即可得到一个变化的系统速比,液压传动排量比可无级变化,因此液压机械复合传动系能无级变速。

当液压传动排量比为零时,液压传动自锁,行星排元件 b 制动,此时

$$i_{oi} = \frac{1}{i_{ac}^{b} i_M} \tag{10.8}$$

系统处于纯机械传动工况。

单排行星轮系共有 6 种连接形式,不同连接形式的 i_{ac}^{b} 取值不同,如表 10.1 所示。从式(10.7)和表 10.1 可知,液压机械无级变速特性不但与机械路传动比、液压路传动比有关,而且与行星排三元件和液压传动、机械传动及输入(输出)的连接形式有关。

表 10.1　不同连接形式的 i_{ac}^{b} 值

方案	太阳轮	齿圈	行星架	i_{ac}^{b}
1	a	b	c	$1+k$
2	a	c	b	$-k$
3	b	a	c	$\frac{1+k}{k}$
4	b	c	a	$\frac{k}{1+k}$
5	c	a	b	$-\frac{1}{k}$
6	c	b	a	$\frac{1}{1+k}$

注：k 为行星排特性参数，定义为行星排的齿圈齿数与太阳轮齿数的比值。

不同连接形式的输出分流传动系速比随液压传动排量比的关系曲线如图 10.1(a)所示，输出分流传动系速比与液压传动排量比呈线性关系，易于实现控制。方案 1、方案 2、方案 3、方案 5 的输出分流传动系速比随液压传动排量比的增大而增大，属于正相位工作；方案 4、方案 6 的输出分流传动系速比随液压传动排量比的增大而减小，属于反相位工作。

2. 输入分流传动

输入分流传动是指行星排在系统输入端起功率分流作用的液压机械复合传动，系统构成原理如图 10.1(b)所示。

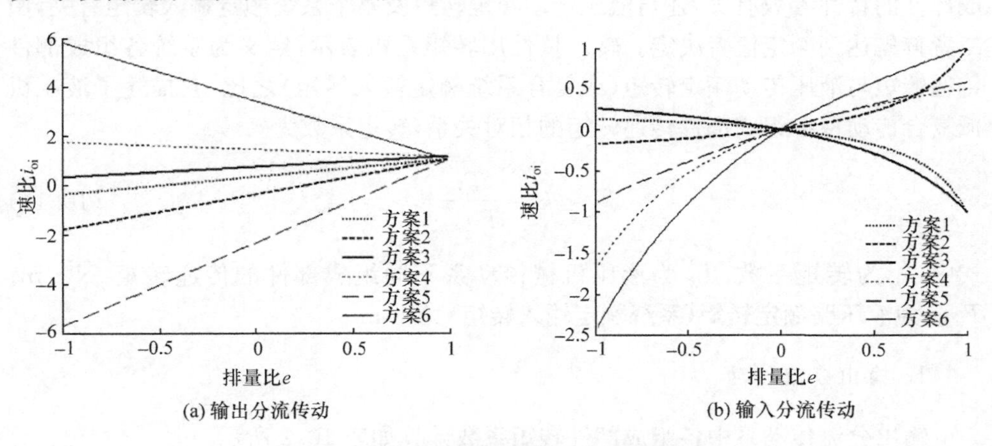

图 10.1　液压机械复合传动无级调速特性

由行星传动的基本理论知

$$n_{\mathrm{I}}=n_{\mathrm{a}}=i_{\mathrm{ab}}^{\mathrm{c}}n_{\mathrm{b}}+i_{\mathrm{ac}}^{\mathrm{b}}n_{\mathrm{c}} \tag{10.9}$$

$$i_{\mathrm{ab}}^{\mathrm{c}}=1-i_{\mathrm{ac}}^{\mathrm{b}} \tag{10.10}$$

式中，$i_{\mathrm{ab}}^{\mathrm{c}}$为行星排元件 c 固定时，元件 a 对元件 b 的传动比。

行星排元件 b 的转速为

$$n_{\mathrm{b}}=\frac{n_{\mathrm{O}}i_{\mathrm{f}}}{e} \tag{10.11}$$

行星排元件 c 的转速为

$$n_{\mathrm{c}}=n_{\mathrm{O}}i_{\mathrm{M}} \tag{10.12}$$

将式(10.9)～式(10.12)代入式(10.1)，经简化可得

$$i_{\mathrm{oi}}=\frac{e}{i_{\mathrm{f}}(1-i_{\mathrm{ac}}^{\mathrm{b}})+i_{\mathrm{M}}i_{\mathrm{ac}}^{\mathrm{b}}e} \tag{10.13}$$

式(10.13)表示了输入分流传动的液压机械无级变速特性。不同连接形式的输入分流传动系速比随液压传动排量比的关系曲线如图 10.1(b)所示，输入分流传动系速比与液压传动排量比呈非线性关系，难于实现控制。在进行液压机械复合传动系设计时，一般选择输出分流传动形式来实现传动系的可控性。

10.1.2　转矩特性

由液压传动系的特点可知，液压机械复合传动系的转矩特性不但与系统各组成部件的特性参数有关，还与液压传动额定转矩及整个系统额定输入转矩有关，由二者首先达到额定值者决定。转矩特性用转矩系数表示，定义为系统各组成部件传递转矩与液压传动额定转矩(或复合系统额定输入转矩)之比，它描述了液压机械复合传动系各组成部件传递转矩的相对关系，转矩系数为

$$k_{\mathrm{t}}=\frac{T_{\mathrm{x}}}{T_{\mathrm{h(i)m}}} \tag{10.14}$$

式中，k_{t} 为转矩系数；T_{x} 为液压机械传动系不同组成部件的传递转矩，N·m；$T_{\mathrm{h(i)m}}$为液压路额定转矩(系统额定输入转矩)，N·m。

1. 输出分流传动

输出分流传动系中各组成部件转矩系数计算如表 10.2 所示。

表 10.2　输出分流传动系转矩系数计算

方案	液压传动输入转矩	机械传动输入转矩	液压传动输出转矩	机械传动输出转矩	复合系统输入转矩	复合系统输出转矩
M_{hm}决定系统转矩	$\frac{ek_{hi}}{i_f}$	$\frac{1-2i_{ac}^b k_{hi}}{i_{ac}^b i_M}$	k_{hi}	$\frac{1-2i_{ac}^b k_{hi}}{i_{ac}^b}$	$\frac{(1-i_{ac}^b)i_{oi}k_{hi}}{i_{ac}^b}$	$\frac{(1-i_{ac}^b)k_{hi}}{i_{ac}^b}$
M_{im}决定系统转矩	$\frac{ei_{ac}^b}{(1-i_{ac}^b)i_{oi}i_f}$	$\frac{1-2i_{ac}^b}{(1-i_{ac}^b)i_{oi}i_M}$	$\frac{i_{ac}^b}{(1-i_{ac}^b)i_{oi}}$	$\frac{1-2i_{ac}^b}{(1-i_{ac}^b)i_{oi}}$	1	$\frac{1}{i_{oi}}$

注：$k_{hi}=\frac{T_{hm}}{T_{im}}$。

由表 10.2 可知，分别按 T_{hm}或 T_{im}计算输出分流传动系中各组成部件转矩系数时，可得不同的转矩系数值，系统有不同的转矩特性。判断系统各组成部件转矩系数按 T_{hm}或 T_{im}计算的条件是系统实际输入转矩是否小于系统额定输入转矩，若系统实际输入转矩小于系统额定输入转矩，输出分流传动系的各组成部件转矩大小由液压传动额定转矩决定，转矩系数按表中第一行所列计算式计算，液压传动输入转矩系数和系统输入转矩系数随液压传动排量比呈线性变化，而系统输出转矩系数、机械传动输入转矩系数、液压传动输出转矩系数、机械传动输出转矩系数均为常数。若系统实际输入转矩等于系统额定输入转矩，输出分流传动系的各组成部件转矩大小由系统额定输入转矩决定，转矩系数按表 10.2 中第二行所列计算式计算，液压传动输入转矩系数、系统输出转矩系数、机械传动输入转矩系数、液压传动输出转矩系数和机械传动输出转矩系数均随液压传动排量比呈非线性变化。

不同连接形式的输出分流传动系输出转矩系数随液压传动排量比的关系曲线如图 10.2 所示，当系统实际输入转矩小于系统额定输入转矩时，系统输出转矩系数仅随连接形式变化，与液压传动排量比无关(图 10.2(a))。当系统实际输入转矩等于系统额定输入转矩时，系统输出转矩系数随液压传动排量比呈非线性变化(图 10.2(b))。

2. 输入分流传动

输入分流传动系中各组成部件转矩系数计算如表 10.3 所示。

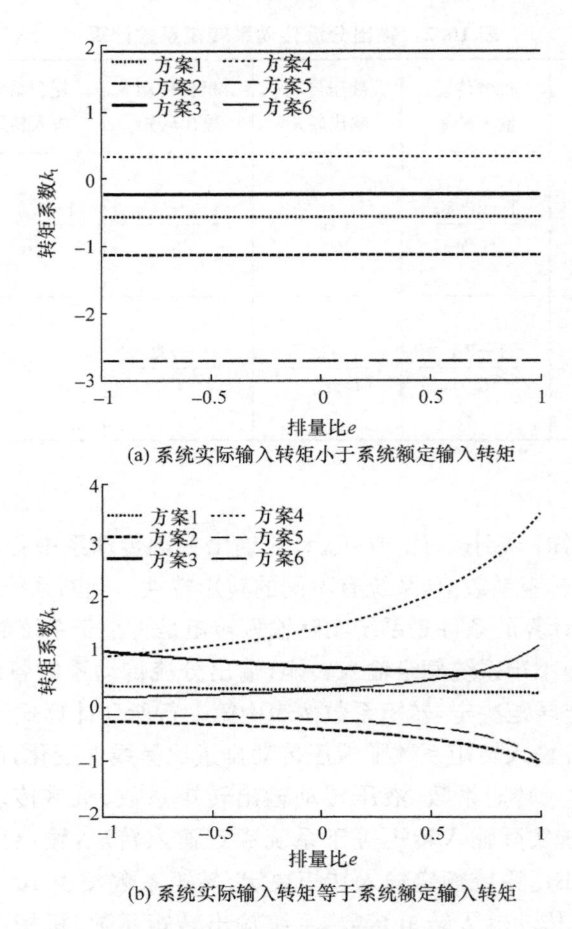

(a) 系统实际输入转矩小于系统额定输入转矩

(b) 系统实际输入转矩等于系统额定输入转矩

图 10.2　输出分流传动系转矩特性

表 10.3　输入分流传动系转矩系数计算

方案	液压传动输入转矩	机械传动输入转矩	液压传动输出转矩	机械传动输出转矩	复合系统输入转矩	复合系统输出转矩
T_{hm}决定系统转矩	$\frac{ek_{hi}}{i_f}$	$\frac{1-2i_{ac}^b}{i_{ac}^b i_f}ek_{hi}$	k_{hi}	$\frac{1-2i_{ac}^b}{i_{ac}^b i_f}i_M ek_{hi}$	$\frac{1-i_{ac}^b}{i_{ac}^b i_f}ek_{hi}$	$\frac{1-i_{ac}^b}{i_{ac}^b i_f i_{oi}}ek_{hi}$
T_{im}决定系统转矩	$\frac{i_{ac}^b}{1-i_{ac}^b}$	$\frac{1-2i_{ac}^b}{(1-i_{ac}^b)}$	$\frac{i_{ac}^b i_f}{(1-i_{ac}^b)e}$	$\frac{(1-2i_{ac}^b)i_M}{(1-i_{ac}^b)}$	1	$\frac{1}{i_{oi}}$

由表 10.3 可知，对输入分流传动，当系统实际输入转矩小于系统额定输入转矩时，液压机械传动系的液压传动输入转矩系数、机械传动输入转矩系数、机械传动输出转矩系数和系统输入转矩系数均随液压传动排量比线性变化，液压传动输出转矩系数为常数，系统输出转矩系数随液压传动排量比呈非线性变化。当系统实际输入转矩等于系统额定输入转矩时，液压机械传动系的液压传动输入转矩系数、机械传动输入转矩系数、机械传动输出转矩系数和系统输入转矩系数均为常数，液压传动输出转矩系数、液压机械传动系输出转矩系数随液压传动排量比呈非线性变化。

不同连接形式的输入分流传动系输出转矩系数随液压传动排量比的关系曲线如图 10.3 所示，输入分流传动系输出转矩系数随液压传动排量比呈非线性变化，系统输出转矩系数还与连接形式及系统实际输入转矩的大小有关。

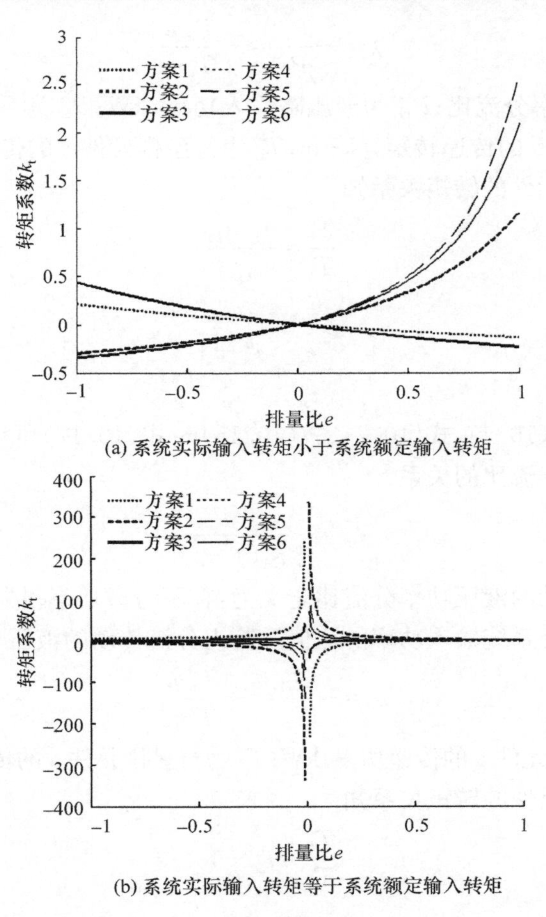

(a) 系统实际输入转矩小于系统额定输入转矩

(b) 系统实际输入转矩等于系统额定输入转矩

图 10.3　输入分流传动系转矩特性

10.1.3 功率分流特性

液压机械复合传动是一种双功率流闭式传动，液压、机械两路功率的分配不但影响到其传动效率和变速范围，而且闭式传动系内部存在循环功率，功率传递较为复杂。本节通过建立液压机械传动系速比与液压功率分流比、液压传动排量比的关系，分析液压功率分流比的合理取值范围。

1. *液压功率分流比*

输出分流传动的液压功率分流比是指在不考虑功率损失的前提下，液压传动输入功率与复合系统输出功率的比值。输入功率为正，输出功率为负，输出分流传动液压功率分流比为

$$\lambda=-\frac{P_{\mathrm{H}}}{P_{\mathrm{C}}}=-\frac{T_{\mathrm{b}}n_{\mathrm{b}}}{T_{\mathrm{c}}n_{\mathrm{c}}} \tag{10.15}$$

式中，λ 为液压功率分流比；P_{H} 为液压路输入功率，kW；P_{C} 为系统输出功率，kW；T_{b} 为行星排元件 b 的传递转矩，N·m；T_{c} 为行星排元件 c 的传递转矩，N·m。

由行星排三元件的转矩关系知

$$\frac{T_{\mathrm{b}}}{T_{\mathrm{c}}}=\frac{1-i_{\mathrm{ac}}^{\mathrm{b}}}{i_{\mathrm{ac}}^{\mathrm{b}}} \tag{10.16}$$

由式(10.2)得

$$n_{\mathrm{c}}=\frac{n_{\mathrm{a}}}{i_{\mathrm{ac}}^{\mathrm{b}}}+\frac{i_{\mathrm{ac}}^{\mathrm{b}}-1}{i_{\mathrm{ac}}^{\mathrm{b}}}n_{\mathrm{b}} \tag{10.17}$$

联立式(10.3)、式(10.4)、式(10.7)、式(10.15)～式(10.17)可得输出分流传动系速比与液压功率分流比的关系

$$i_{\mathrm{oi}}=\frac{1}{i_{\mathrm{ac}}^{\mathrm{b}}i_{\mathrm{M}}(1-\lambda)} \tag{10.18}$$

输入分流传动的液压功率分流比定义为：在不考虑功率损失的前提下，液压传动输出功率与复合系统输入功率的比值。输入分流传动的液压功率分流比为

$$\lambda=-\frac{P_{\mathrm{H}}}{P_{\mathrm{a}}}=-\frac{T_{\mathrm{b}}n_{\mathrm{b}}}{T_{\mathrm{a}}n_{\mathrm{a}}} \tag{10.19}$$

式中，P_{a} 为行星排元件 a 的传递功率，kW；T_{a} 为行星排元件 a 的传递转矩，N·m。

由行星排三元件的转矩关系知

$$\frac{T_{\mathrm{b}}}{T_{\mathrm{a}}}=i_{\mathrm{ac}}^{\mathrm{b}}-1 \tag{10.20}$$

由式(10.9)得

$$n_{\mathrm{a}}=(1-i_{\mathrm{ac}}^{\mathrm{b}})n_{\mathrm{b}}+i_{\mathrm{ac}}^{\mathrm{b}}n_{\mathrm{c}} \tag{10.21}$$

联立式(10.11)～式(10.13)、式(10.19)～式(10.21)可得输入分流传动系速比与液压功率分流比的关系

$$i_{oi}=\frac{1-\lambda}{i_{ac}^{b}i_{M}} \tag{10.22}$$

两种传动形式的液压机械复合传动系速比随液压功率分流比的关系曲线如图 10.4 所示，两种传动形式的液压机械复合传动系速比随液压功率分流比的变化趋势不同。对输出分流传动形式，存在使系统速比发散的液压功率分流比，且在此液压功率分流比附近，系统速比变化剧烈；液压功率分流比为负值时，系统速比稍有变化，就会引起液压功率分流比的较大变化，同时引起系统传动效率的较大波动，系统不易控制，在进行系统设计时，液压功率分流比应有合理的取值范围。而输入分流传动系速比随液压功率分流比线性变化，当液压功率分流比为 1 时，输入分流传动系速比为零，表明无转速输出，也无功率输出。

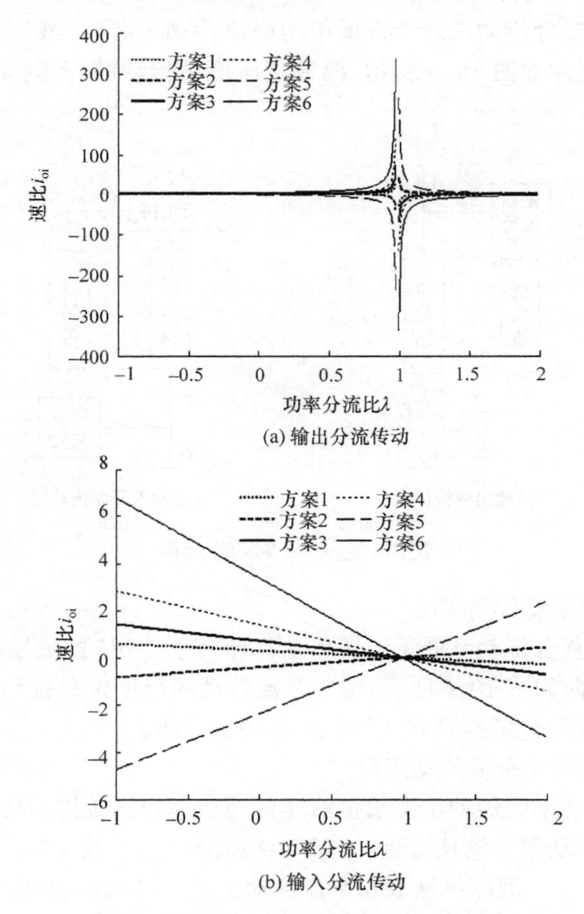

图 10.4　液压机械复合传动系速比与液压功率分流比的关系

从图 10.4 中还可看出，不同连接形式的液压机械复合传动系速比随液压功率分流比的变化趋势也不同，这种变化曲线随 i_{ac}^{b} 值的增大，变化越快，在进行系统设计时，i_{ac}^{b} 的取值不应过大。i_{ac}^{b} 的大小和行星排三元件的连接形式及行星排特性参数有关，在确定连接形式和行星排特性参数时要充分考虑这些因素。

2. 循环功率分析

循环功率是闭式传动系内所特有的一种无用功率，不输入输出系统，但在系统内部传递时会引起摩擦损失。当系统内部产生循环功率时，该分路不再传递有用功率，全部真实功率均在系统的其他分路上传递。根据车辆的行驶需要，液压机械复合传动系的工作过程可分为机械单功率流传动工况、液压单功率流传动工况和液压机械双功率流传动工况，分别对这几种工况进行循环功率分析。

1）机械单功率流传动工况

当液压机械复合传动系处于机械单功率流传动工况时，液压功率分流比等于零($\lambda=0$)，功率流向如图 10.5 所示，两种液压机械传动的行星排只有元件 a、c 有功率传递。

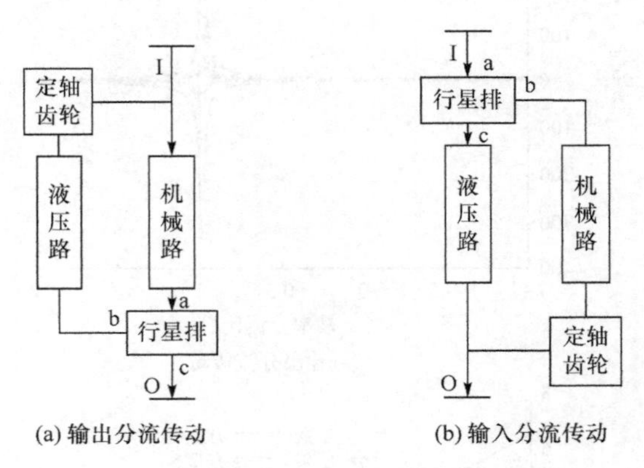

图 10.5 $\lambda=0$ 时功率流向

2）液压单功率流传动工况

当液压机械复合传动系处于液压单功率流传动工况时，液压功率分流比等于1($\lambda=1$)，功率流向如图 10.6 所示，输出分流传动的行星排只有元件 b、c 有功率传递，输入分流传动的行星排只有元件 a、b 有功率传递。

3）液压机械双功率流传动工况

液压机械双功率流传动工况根据液压传动功率和机械传动功率的大小又可分为三种工况，液压功率分流比分别在 $-1<\lambda<0$、$0<\lambda<1$ 及 $\lambda>1$ 下变化。

(1) $-1<\lambda<0$。液压机械双功率流传动工况($-1<\lambda<0$)功率流向如图 10.7 所示，输出分流传动的行星排元件 b、c 均输出功率，只有机械传动有功率输入，液

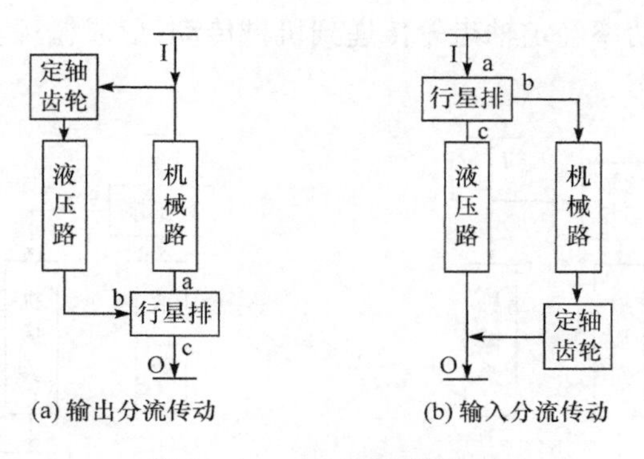

图 10.6　$\lambda=1$ 时功率流向

压传动的输出功率经定轴齿轮传递到机械传动，形成循环功率，传动系处于液压功率循环工作状态。输入分流传动的行星排元件 a、b 均输入功率，只有机械传动有功率输出，机械传动的一部分输出功率经定轴齿轮传递到液压传动，形成循环功率，传动系处于液压功率循环工作状态。

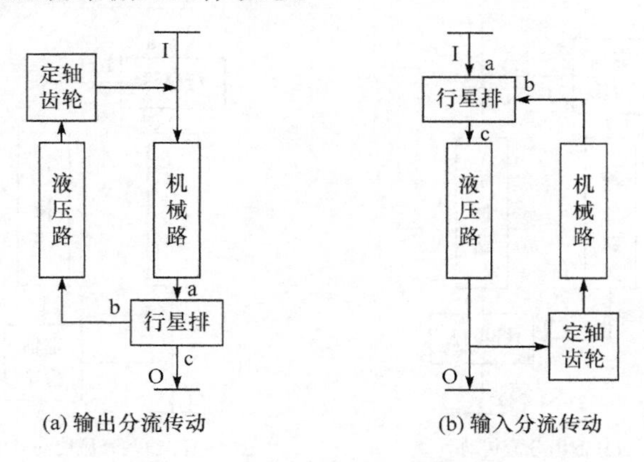

图 10.7　$-1<\lambda<0$ 时功率流向

(2) $0<\lambda<1$。液压机械双功率流传动工况($0<\lambda<1$)功率流向如图 10.8 所示，输出分流传动的行星排元件 a、b 输入功率，元件 c 输出功率，传动系处于液压机械传动工作状态，系统不存在循环功率。输入分流传动的行星排元件 b、c 均输出功率，元件 a 输入功率，传动系处于液压机械传动工作状态，系统不存在循环功率。

(3) $\lambda>1$。液压机械双功率流传动工况($\lambda>1$)功率流向如图 10.9 所示，输出分流传动的行星排元件 a、c 输出功率，只有液压传动有功率输入，机械传动的输出功率经定轴齿轮传递到液压传动，形成循环功率，传动系处于机械功率循环工作状态。输入分流传动的行星排元件 a、c 均输入功率，只有液压传动有功率输出，液压传动的一部分输出功率经定轴齿轮传递到机械传动，形成循环功率，传动系处于机械功率循环工作状态。

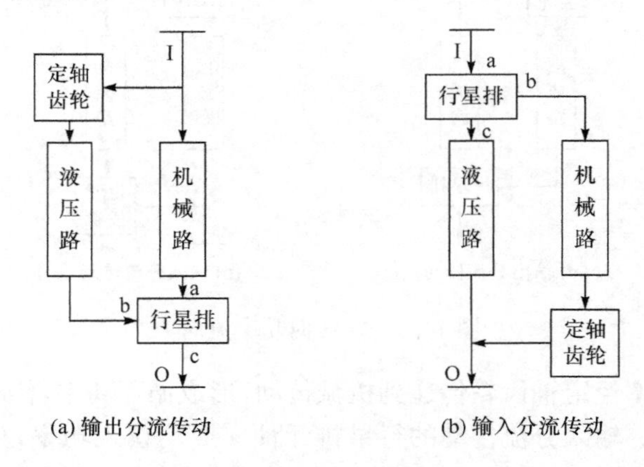

图 10.8　$0<\lambda<1$ 时功率流向

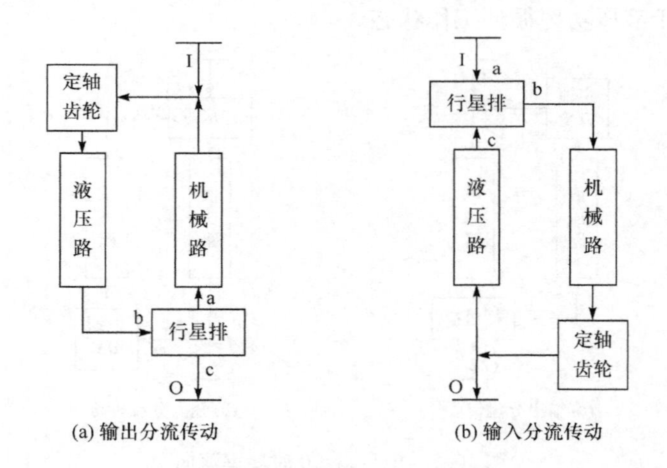

图 10.9　$\lambda>1$ 时功率流向

10.1.4　效率特性

由液压机械传动特点决定，液压机械复合传动系的功率损失等于液压传动的功率损失与机械传动的功率损失之和

$$\Delta P=\Delta P_{H}+\Delta P_{M} \tag{10.23}$$

式中，ΔP 为液压机械复合传动功率损失，kW；ΔP_{H} 为液压传动功率损失，kW；ΔP_{M} 为机械传动功率损失，kW。

按液压机械复合传动系的不同工况分别对两种基本传动形式（输出分流传动和输入分流传动）的液压机械复合传动效率进行分析计算。由于单功率流传动工况的传动效率计算较为简单，仅分析液压机械双功率流传动工况。

1. 输出分流传动

1) $-1<\lambda<0$ 时液压机械双功率流传动工况

当 $-1<\lambda<0$ 时，复合系统存在液压循环功率，功率损失为

$$\Delta P=(1/\eta_{HM}-1)P_c \tag{10.24}$$

式中，η_{HM} 为液压机械复合传动效率。

液压传动功率损失为

$$\Delta P_H=(\eta_H-1)\lambda P_c \tag{10.25}$$

式中，η_H 为液压传动效率。

机械传动功率损失为

$$\Delta P_M=(1-\lambda)(1/\eta_M-1)P_c \tag{10.26}$$

式中，η_M 为机械传动效率。

将式(10.24)～式(10.26)代入式(10.23)化简得液压机械复合传动效率为

$$\eta_{HM}=\frac{\eta_M}{1-\lambda(1-\eta_M\eta_H)} \tag{10.27}$$

2) $0<\lambda<1$ 时液压机械双功率流传动工况

当 $0<\lambda<1$ 时，复合系统不存在循环功率，机械传动功率损失按式(10.26)计算，液压传动功率损失为

$$\Delta P_H=(1/\eta_H-1)\lambda P_c \tag{10.28}$$

将式(10.24)、式(10.26)、式(10.28)代入式(10.23)化简得液压机械复合传动效率为

$$\eta_{HM}=\frac{\eta_M\eta_H}{(1-\lambda)\eta_H+\lambda\eta_M} \tag{10.29}$$

3) $\lambda>1$ 时液压机械双功率流传动工况

当 $\lambda>1$ 时，复合系统存在机械循环功率，液压传动功率损失按式(10.28)计算，机械传动功率损失为

$$\Delta P_M=(1-\lambda)(\eta_M-1)P_c \tag{10.30}$$

将式(10.24)、式(10.28)、式(10.30)代入式(10.23)化简得液压机械传动效率为

$$\eta_{HM}=\frac{\eta_H}{\lambda+(1-\lambda)\eta_H\eta_M} \tag{10.31}$$

式(10.27)、式(10.29)、式(10.31)分别给出了输出分流传动不同工况下的液压机械复合传动效率。液压机械复合传动系中液压传动效率随载荷、液压传动排量比等的变化而变化，常用工况下的液压传动效率变化范围为 0.7～0.9，而机械

传动通常为定轴齿轮传动，定轴齿轮传动效率一般取 0.95。当机械传动效率为定值时，不同液压传动效率下的输出分流传动系，其液压机械复合传动效率随液压功率分流比的关系曲线如图 10.10 所示，液压功率分流比的绝对值越大，液压机械复合传动效率越低，当液压功率分流比为零时，液压机械复合传动效率等于机械传动效率，传动效率最高，这是由于液压传动效率低于机械传动效率，当液压功率分流比的绝对值增大时，液压传动传递功率增大，复合系统传动效率降低。若液压功率分流比不变，液压传动效率越高，液压机械复合传动效率就越高。

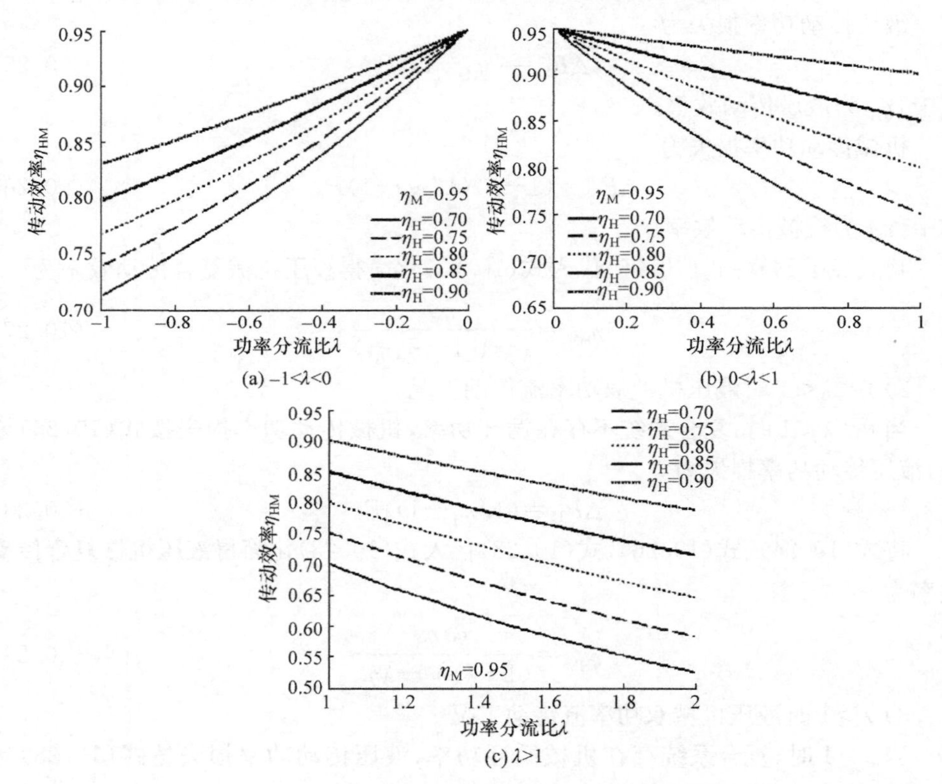

图 10.10 输出分流传动系效率特性

2. 输入分流传动

1）$-1<\lambda<0$ 时液压机械双功率流传动工况

当 $-1<\lambda<0$ 时，复合系统存在液压循环功率，功率损失为

$$\Delta P=(1-\eta_{HM})P_a \tag{10.32}$$

液压传动功率损失为

$$\Delta P_H=(1-1/\eta_H)\lambda P_a \tag{10.33}$$

机械传动功率损失为

$$\Delta P_M=(1-\lambda)(1-\eta_M)P_a \tag{10.34}$$

将式(10.32)～式(10.34)代入式(10.23)化简得液压机械复合传动效率为

$$\eta_{HM}=\eta_M-\lambda(\eta_M-1/\eta_H) \tag{10.35}$$

2) $0<\lambda<1$ 时液压机械双功率流传动工况

当 $0<\lambda<1$ 时，复合系统不存在循环功率，机械传动功率损失按式(10.34)计算，液压传动功率损失为

$$\Delta P_H=(1-\eta_H)\lambda P_a \tag{10.36}$$

将式(10.32)、式(10.34)、式(10.36)代入式(10.23)化简得液压机械复合传动效率为

$$\eta_{HM}=\eta_M-\lambda(\eta_M-\eta_H) \tag{10.37}$$

3) $\lambda>1$ 时液压机械双功率流传动工况

当 $\lambda>1$ 时，复合系统存在机械循环功率，液压传动功率损失按式(10.36)计算，机械传动功率损失为

$$\Delta P_M=(1-\lambda)(1-1/\eta_M)P_a \tag{10.38}$$

将式(10.32)、式(10.36)、式(10.38)代入式(10.23)化简得液压机械复合传动效率为

$$\eta_{HM}=\lambda\eta_H-(\lambda-1)/\eta_M \tag{10.39}$$

式(10.35)、式(10.37)、式(10.39)分别给出了输入分流传动不同工况下的液压机械复合传动效率。

当机械传动效率为定值时，不同液压传动效率下的输入分流传动系，其液压机械传动效率随液压功率分流比的关系曲线如图 10.11 所示，液压功率分流比的绝对值越大，液压机械复合传动效率越低，当液压功率分流比为零时，液压机械复合传动效率等于机械传动效率，传动效率最高。

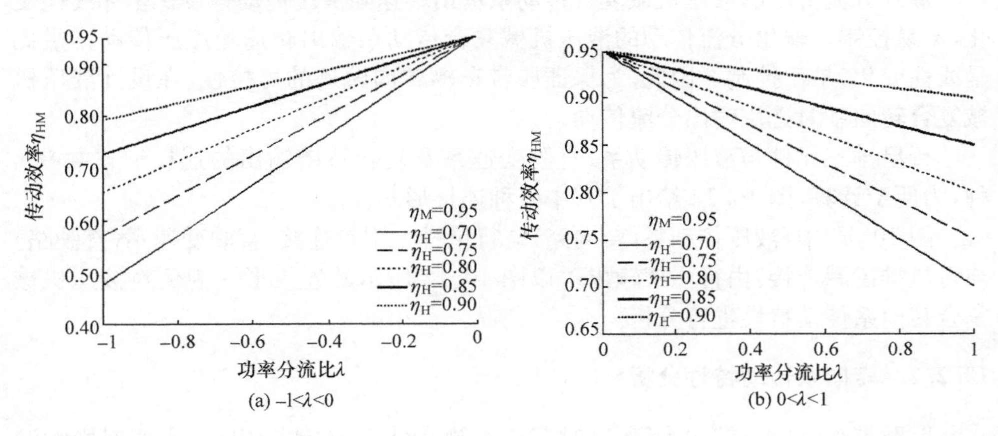

(a) $-1<\lambda<0$　(b) $0<\lambda<1$

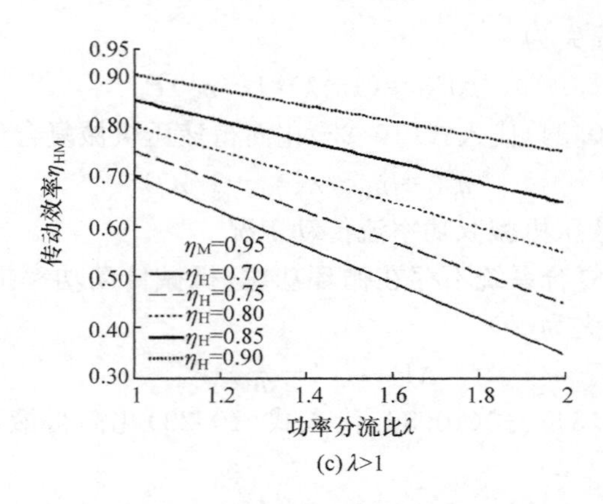

(c) $\lambda>1$

图 10.11　输入分流传动系效率特性

比较图 10.10 和图 10.11 可知，输出分流传动的液压机械复合传动效率与液压功率分流比呈非线性关系，高效区内的液压机械复合传动效率随液压功率分流比变化较大，高效区范围相对较小。输入分流传动的液压机械复合传动效率与液压功率分流比呈线性关系，液压机械复合传动效率随液压功率分流比变化均匀。同一液压功率分流比下，输出分流传动效率大于输入分流传动效率。

10.2　履带车辆液压机械复合转向系传动形式及特性

液压机械复合转向系是利用液压机械复合传动原理，使车辆两侧履带产生速度差完成转向行驶的转向系。

10.2.1　转向系传动形式选择

输入分流传动的液压机械复合传动系输出转速随液压传动排量比呈非线性变化，不易控制。输出分流传动的液压机械复合传动系输出转速随液压传动排量比呈线性变化，易于控制。因此，为保证履带车辆转向轨迹的可控性，在设计液压机械复合转向系时选用输出分流传动。

行星排三元件与液压传动系、直驶变速系及复合系统输出的连接形式共有 6 种，为便于计算，图 10.12 给出了其中一种连接形式。

图 10.12 中，液压传动系（转向路）与行星排太阳轮连接，直驶变速系（直驶路）与行星排齿圈连接，由行星架输出。以图 10.12 所示的连接形式为例对液压机械复合转向系传动特性进行分析。

10.2.2　转向系传动特性分析

以履带车辆向右转向为例，这时车辆左侧为外侧，右侧为内侧，主要对影响液

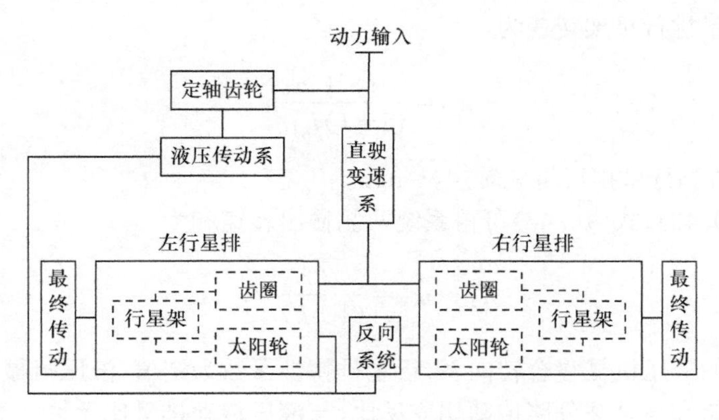

图 10.12　液压机械复合转向系

压机械复合转向系转向特性的传动比、两侧输出转速和及两侧输出转速差进行计算分析。

1. 传动比

传动比是指系统输入转速与输出转速的比值。由图 10.12 知，液压机械复合转向系是直驶与转向双路并联传动系，其传动比分为直驶分路传动比和转向分路传动比。

直驶分路传动比为

$$i_{\mathrm{v}}=i_{\mathrm{g}}\,\frac{1+k}{k} \tag{10.40}$$

式中，i_{v} 为直驶分路传动比；i_{g} 为直驶变速系传动比。

转向分路传动比为

$$i_{\mathrm{t}}=\pm\frac{i_{\mathrm{f}}(1+k)}{e} \tag{10.41}$$

式中，i_{t} 为转向分路传动比。

2. 两侧输出转速和

液压机械复合转向系两侧输出转速和反映了履带车辆的转向行驶速度。参考图 10.12，根据行星传动的基本理论，左侧行星排行星架转速为

$$n_{\mathrm{cL}}=\frac{i_{\mathrm{g}}e+ki_{\mathrm{f}}}{(1+k)i_{\mathrm{g}}i_{\mathrm{f}}}n_{\mathrm{e}} \tag{10.42}$$

式中，n_{cL} 为左侧行星排行星架转速，r/min；n_{e} 为发动机转速，r/min。

右侧行星排行星架转速为

$$n_{cR}=\frac{-i_g e+k i_f}{(1+k)i_g i_f}n_e \tag{10.43}$$

式中，n_{cR}为右侧行星排行星架转速，r/min。

由式(10.42)、式(10.43)可得系统两侧输出转速和为

$$n_{cL}+n_{cR}=\frac{2k}{(1+k)i_g}n_e \tag{10.44}$$

对给定的液压机械复合转向系，行星排特性参数为定值，液压机械复合转向系两侧输出转速和与直驶分路传动比成反比，与液压传动排量比无关。由此说明，采用液压机械复合转向系的履带车辆，其转向行驶速度等于同一挡位下的直线行驶速度，若转向行驶速度不降低，则履带车辆的作业效率提高。

3. 两侧输出转速差

液压机械复合转向系两侧输出转速差反映了履带车辆的转向角速度。由式(10.42)、式(10.43)可得系统两侧输出转速差为

$$n_{cL}-n_{cR}=\frac{2e}{(1+k)i_f}n_e \tag{10.45}$$

对给定的液压机械复合转向系，行星排特性参数和定轴齿轮传动比均为定值，液压机械复合转向系两侧输出转速差与液压传动排量比成正比，与直驶分路传动比无关。

4. 其他连接形式的履带车辆液压机械复合转向系传动特性

液压机械复合转向系的两路输入(转向分路、直驶分路)、一路输出与行星排三元件的连接形式共有 6 种。表 10.4 给出了不同连接形式的液压机械复合转向系传动特性计算关系式。分析表 10.4 可知：由于行星排特性参数总大于 1，在定轴齿轮传动比、直驶分路传动比及液压传动排量比相同的情况下，方案 1、方案 2、方案 3 的转向分路传动比大于方案 4、方案 5、方案 6 的转向分路传动比，从减小液压传动输出转矩和液压元件尺寸的角度出发，方案 1、方案 2、方案 3 较合适，但方案 3 的直驶分路传动比小于方案 1、方案 2 的直驶分路传动比，要想得到相同的直驶输出转矩需增大直驶分路传动比，增大变速箱体积，与方案 1、方案 2 相比，方案 3 不合适，同样，对于方案 1、方案 2，方案 1 的转向分路传动比较大，相同的转向阻力矩所需的液压传动输出转矩较小，液压元件规格较小，因此，选择方案 1，即液压传动接行星排太阳轮、直驶变速系接行星排齿圈、行星架接输出端，即图 10.12 所示连接形式较合适。

表 10.4　不同连接形式的液压机械复合转向系传动特性计算关系式

	方案 1	方案 2	方案 3	方案 4	方案 5	方案 6
i_v	$i_g\dfrac{1+k}{k}$	$\dfrac{i_g k}{1+k}$	$i_g(1+k)$	$i_g k$	$\dfrac{i_g}{1+k}$	$\dfrac{i_g}{k}$
i_t	$\dfrac{i_f(1+k)}{e}$	$\dfrac{i_f k}{e}$	$\dfrac{i_f(1+k)}{ke}$	$\dfrac{i_f k}{(1+k)e}$	$\dfrac{i_f}{ke}$	$\dfrac{i_f}{(1+k)e}$
$n_{cL}+n_{cR}$	$\dfrac{2k}{(1+k)i_g}n_e$	$\dfrac{2(1+k)}{ki_g}n_e$	$\dfrac{2}{(1+k)i_g}n_e$	$\dfrac{2}{ki_g}n_e$	$\dfrac{2(1+k)}{i_g}n_e$	$\dfrac{2k}{i_g}n_e$
$n_{cL}-n_{cR}$	$\dfrac{2e}{(1+k)i_f}n_e$	$\dfrac{2e}{i_f k}n_e$	$\dfrac{2ke}{i_f(1+k)}n_e$	$\dfrac{2(1+k)e}{i_f k}n_e$	$\dfrac{2ke}{i_f}n_e$	$\dfrac{2(1+k)e}{i_f}n_e$

10.3　履带车辆液压机械复合转向系设计

10.3.1　转向系设计要求

对履带车辆转向系的设计要求，是由履带车辆转向性能要求决定的，主要有以下几方面：

(1) 能保证履带车辆平稳、迅速地由直线运动转入沿任意转向半径的曲线运动，实现连续无级转向，空挡时转向半径为零，使履带车辆能随驾驶员意愿在狭窄区域随机转向，提高履带车辆的行驶机动性。能使履带车辆像汽车一样按圆滑曲线转向，而不是采用传统机械式转向系的、类似折线的转向轨迹，提高履带车辆的行驶灵活性。

(2) 能使履带车辆的转向角速度变化平稳，避免履带车辆转向角速度突变而引起的冲击，减小动载荷，提高变速系统、转向系及行走系统的零部件寿命，提高履带车辆的驾驶舒适性及作业质量。

(3) 能提高履带车辆的平均速度。设计的液压机械复合转向系要能使履带车辆在少降或不降低车速时安全稳定地转向，提高农用履带车辆的转向作业效率。

(4) 能提高履带车辆的转向动力性。履带车辆的转向特点决定了其转向时比直驶时需要更大的功率，设计的液压机械复合转向系能使履带车辆在连续转向时不会因功率损失而造成发动机被迫熄火，提高履带车辆的转向动力性。

(5) 能保证履带车辆具有稳定的直线行驶性，不应有自行转向的趋势，提高履带车辆的行驶稳定性。

10.3.2　转向系设计

根据履带车辆的转向特点和设计要求，设计的液压机械复合转向系如图 10.13

所示。该连接形式主要由定轴齿轮、液压传动系、直驶变速系、汇流行星排等组成。直驶变速系输出齿轮与两套行星排的齿圈啮合，液压传动系通过一副齿轮与一侧行星排的太阳轮连接、通过两副齿轮与另一侧行星排的太阳轮连接，两行星排的行星架分别与左、右终传动连接。发动机一路功率流向直驶变速系，另一路功率流向由泵、马达及其他控制元件组成的液压传动系，两路功率汇流后经行星架输出。

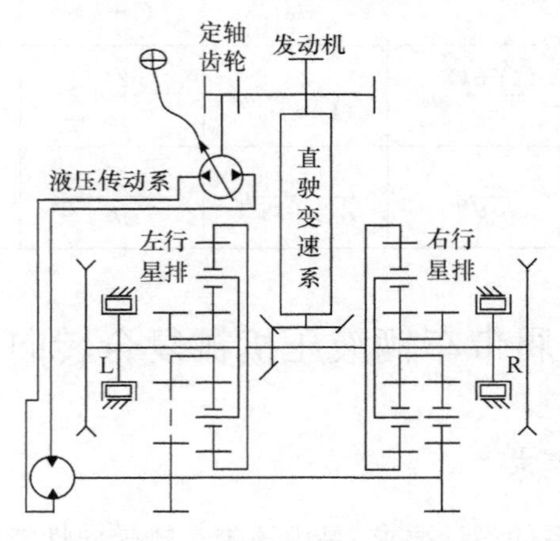

图 10.13　液压机械复合转向系

当液压传动系不工作时，马达输出转速为零，即转向系的左、右行星排只有齿圈输入转速，因两行星排的齿圈联为一体，两侧履带的驱动轮转速大小相等、方向相同，车辆做直线行驶；当直驶变速系输出轴制动，左、右行星排只有太阳轮输入转速，因两行星排的太阳轮与液压传动系之间相差一副齿轮，两侧履带的驱动轮转速大小相等、方向相反，车辆做稳定中心转向行驶（转向半径为零），这一点尤其适合农业履带拖拉机悬挂农机具工作这样需要灵活转向的工况；当直驶变速系输出轴挂空挡不制动时，车辆将根据地面阻力情况做非稳定中心转向行驶（转向半径不为零）；当两路同时工作时，车辆做从最小转向半径到任意转向半径的左、右转向运动，可实现无级转向。

所设计的液压机械复合转向系参数如表 10.5、表 10.6 所示，履带车辆直驶变速系各挡传动比如表 10.7 所示。

表 10.5　泵-马达参数

参数	参数值	参数	参数值
泵排量/(mL/r)	55	马达额定转速/(r/min)	3900
泵额定转速/(r/min)	3900	马达最高转速/(r/min)	4250
泵最高转速/(r/min)	4250	额定压力/MPa	42
马达排量/(mL/r)	55	最高压力/MPa	48

表 10.6　液压机械复合转向系参数

参数	i_f	i_y	i_z	q_p/(mL/r)	q_m/(mL/r)	P_H/MPa	k
参数值	0.905	4.10	2.733	55	55	38	2.391

注：i_y 为马达后传动比；i_z 为中央传动比；q_p 为泵排量；q_m 为马达排量；p_H 为系统额定压力。

表 10.7　直驶变速系传动比

挡位	F1	F2	F3	F4	F5	F6	R1	R2
传动比	3.500	2.389	2.050	1.833	1.480	0.876	3.561	2.420

10.3.3　转向系传动特性比较

液压机械复合转向系作为履带车辆动力传动系，根据其输入输出转速及输入输出转矩变化关系可分为降速增扭型和增速降扭型两种基本类型。这两种基本类型目前均已在国外的履带车辆及工程机械公司装机使用。

图 10.14(a)是由三个行星排组成的液压机械复合转向系，属降速增扭型。三个行星排的太阳轮连为一体，行星排 c 的齿圈固定，直驶功率经行星排 b 的行星架传递，通过行星排 b 的齿圈和太阳轮分流到行星排 a、c 上，行星排 b 的齿圈和行星排 a 的行星架相连，行星排 b 的太阳轮与行星排 c 的太阳轮相连；转向功率经行星排 a 的齿圈传递，通过行星排 a 的行星架和太阳轮分流到行星排 a、c 上，两路功率通过行星排 a、c 的行星架输出到左、右侧履带上。

图 10.14(b)是由两个行星排组成的液压机械复合转向系，属增速降扭型。两个行星排的行星架连为一体，直驶功率通过行星架分流到两个行星排上；转向功率通过太阳轮分流到两个行星排上，两路功率通过两个行星排的齿圈输出到左、右侧履带上。

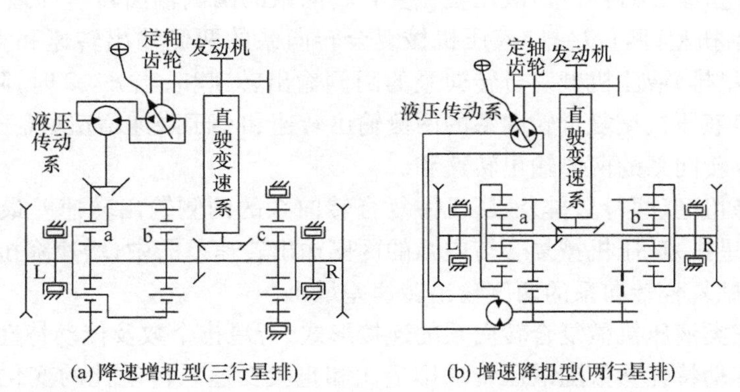

图 10.14　液压机械复合转向系

图 10.13 是由两个行星排组成的液压机械复合转向系，属降速增扭型。两个行星排的齿圈合为一体，直驶功率通过齿圈分流到两个行星排上；转向功率通过太阳轮分流到两个行星排上，两路功率通过两个行星排的行星架输出到左、右侧履带上。

三类液压机械复合转向系传动特性计算如表 10.8 所示。在其他参数相同的情况下，由于行星排特性参数总大于 1，增速降扭型(两行星排)液压机械复合转向系的直驶分路传动比和转向分路传动比最小；降速增扭型(三行星排)、降速增扭型(两行星排)液压机械复合转向系的直驶分路传动比和转向分路传动比的大小与行星排特性参数有关，当 $k>2$ 时，降速增扭型(两行星排)液压机械复合转向系的直驶分路传动比小于降速增扭型(三行星排)液压机械复合转向系的直驶分路传动比，而其转向分路传动比大于降速增扭型(两行星排)的液压机械复合转向系的转向分路传动比；当 $k<2$ 时，降速增扭型(两行星排)液压机械复合转向系的直驶分路传动比大于降速增扭型(三行星排)液压机械复合转向系的直驶分路传动比，而其转向分路传动比小于降速增扭型(两行星排)的液压机械复合转向系转向分路传动比。

表 10.8　三类液压机械复合转向系传动特性计算

类型	i_v	i_t	$n_{cL}+n_{cR}$	$n_{cL}-n_{cR}$
降速增扭型(两行星排)	$\frac{1+k}{k}i_z i_g$	$\frac{1+k}{e}i_f i_y$	$\frac{2k}{(1+k)i_g i_z}n_e$	$\frac{2e}{(1+k)i_f i_y}n_e$
降速增扭型(三行星排)	$\frac{2(1+k)}{2+k}i_g i_z$	$\frac{2(1+k)}{ke}i_f i_y$	$\frac{2+k}{(1+k)i_g i_z}n_e$	$\frac{ke}{(1+k)i_f i_y}n_e$
增速降扭型(两行星排)	$\frac{k}{1+k}i_g i_z$	$\frac{1}{ke}i_f i_y$	$\frac{2(1+k)}{ki_g i_z}n_e$	$\frac{2ke}{i_f i_y}n_e$

增速降扭型(两行星排)液压机械复合转向系的两侧输出转速和最大。当 $k>2$ 时，降速增扭型(两行星排)液压机械复合转向系的两侧输出转速和大于降速增扭型(三行星排)液压机械复合转向系的两侧输出转速和；当 $k<2$ 时，降速增扭型(两行星排)液压机械复合转向系的两侧输出转速和小于降速增扭型(三行星排)液压机械复合转向系的两侧输出转速和。

增速降扭型(两行星排)液压机械复合转向系的两侧输出转速差最大，降速增扭型(三行星排)液压机械复合转向系的两侧输出转速差居中，增速降扭型(两行星排)液压机械复合转向系的两侧输出转速差最小。

尽管三类液压机械复合转向系的连接形式、行星排个数及传动特性参数不同，但三者的传动特性参数随液压传动排量比和直驶变速系传动比的变化趋势相同。降速增扭型(两行星排)液压机械复合转向系具有结构简单、转向驱动力大等优点，适合农用履带车辆使用。

10.4　履带车辆液压机械复合转向操纵系设计

履带车辆液压机械复合转向操纵系是产生转向指令并由其执行机构执行的一种机械液压控制系统，是实现履带车辆液压机械复合转向的关键组成部分。

10.4.1　转向操纵系设计要求

根据履带车辆的实际工况，液压机械复合转向操纵系应满足下列要求：

(1) 履带车辆的转向是左右双向的，转向操纵系应具有双向工作特性，履带车辆左右转向时，系统输出转速的响应特性一致。

(2) 液压机械复合转向系采用方向盘操纵，在方向盘处于极限位置时，车辆的最小转向半径应满足各挡最小转向半径的要求，且能实现零转向半径的中心转向。当方向盘行程增加时，转向半径应随之成比例减小；当左右方向变化时，操纵应平滑、连续过渡。

(3) 转向执行系统应能产生足够的转向驱动力矩，能克服车辆转向行驶过程中的转向阻力矩。

(4) 车辆直线行驶时，转向操纵系功率损失要小，并能保持较好的直线行驶稳定性和转向轨迹准确性，系统要有一定的液压闭锁能力。

(5) 履带车辆倒车转向时，要能像轮式车辆那样做“U”形转向。

(6) 系统工作稳定，可靠性高。

10.4.2　转向操纵系原理及组成

对液压机械复合转向系的操纵实际上就是通过改变液压传动系的马达输出转速，使两侧履带产生速度差，从而实现履带车辆的转向。液压传动系的调速方式主要有节流调速和容积调速两种。由于节流调速功耗大、效率低，所以液压传动系采用容积调速方式。常用的容积调速方式主要有三种：变量泵-定量马达回路、定量泵-变量马达回路及以上两种方式的组合方式变量泵-变量马达回路。

变量泵-定量马达回路通过改变变量泵的排量来改变定量马达的输出转速，具有较大的调速范围，能实现连续无级调速。当变量泵改变供油方向时，马达能平稳换向，满足车辆左右转向的需要。当载荷变化不大时，马达的输出转速和工作压力变化不大，具有恒转矩调速的特点，适用于负载转矩变化不大的场合。履带车辆在转向过程中，其转向阻力变化不大，因此液压传动系采用变量泵-定量马达回路。

通过改变变量泵的排量实现液压传动系的马达输出转速变化，变量泵排量的控制方式主要有三类。表 10.9 列出了这三类控制方式的实施方式及特点。

表 10.9 液压传动系控制方式的实施方式及特点

控制方式	实施方式	特点
机械控制	手动伺服阀	成本低,要加连杆,布置不方便
电气控制	电磁阀	无连杆,布置简单,成本高
液压控制	液压先导阀	无连杆,布置简单,可实现方向盘操纵,排量与方向盘转角有关

图 10.15 为所设计的履带车辆液压机械复合转向操纵系原理图。通过凸轮机构将方向盘的转动转换为液压先导阀柄的摆动,先导压力与先导阀柄摆角成正比,变量泵的排量与先导压力成正比,产生相应的流量供给定量马达,从而使方向盘行程变化与马达输出转速变化相对应,实现履带车辆转向半径的无级、平滑调节。

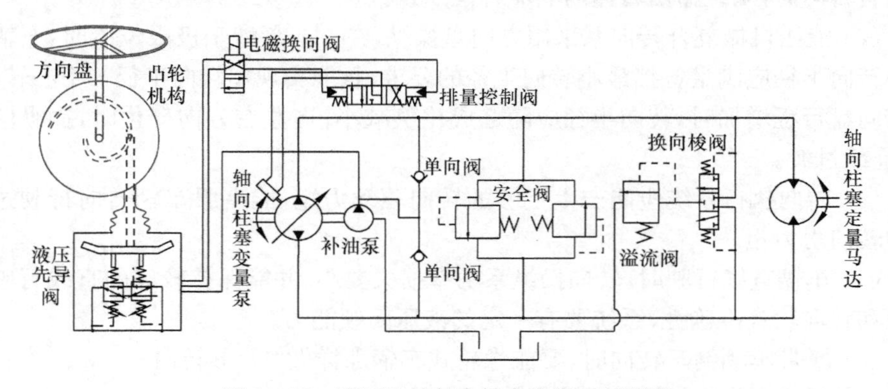

图 10.15 液压机械复合转向操纵系原理图

液压机械复合转向操纵系选用 HRC2-S1-B-1-30-A-00-B00 型液压先导阀,该液压先导阀柄可在零行程及全行程制动,行程能连续变化,可实现履带车辆的直线行驶、中心转向(转向半径为零)和连续无级转向。通过电磁换向阀使液压传动系高低压回路互换,从而实现履带车辆倒车转向时沿"U"形轨迹行驶,选用 24E1-25 型电磁换向阀。选用 90 系列轴向柱塞变量泵和轴向柱塞定量马达组成的液压传动系,能较好地满足履带车辆左(右)转向的需要,系统两侧管路的容积相等,保证了车辆左(右)转向时马达输出转速的响应特性一致。排量控制阀用来控制变量泵排量。补油泵能及时补充液压油,满足系统输出转矩和转速需要。安全阀由两个头尾倒置的溢流阀组成,当高压区的液压油压力超过系统的最高工作压力时,安全阀自动开启,液压油从高压区流向低压区,反向则不能开启,从而满足了系统双向工作的溢流需要,使整个系统工作平稳,同时保证了液压元件不受损坏。换向梭阀把马达输出的高温液压油通过溢流阀流回油箱,再通过补油泵补进常温液压油,进入下一个工作循环。通过这一循环,整个液压传动系的液压油得到循环冷却和滤清,从而保证系统工作正常的液压油温度和清洁度。该系统能实现液压回路闭锁,保证履带车辆有较好的直线行驶稳定性和转向轨迹准确性。

10.4.3　转向操纵过程

当方向盘左转，图10.15中的液压先导阀压下左侧的比例减压阀，由补油泵引出的液压油通过比例减压阀的上位经电磁换向阀进入轴向柱塞变量泵，使轴向柱塞变量泵的排量控制阀换到右位，补油泵输出的液压油推动轴向柱塞变量泵的斜盘，使轴向柱塞变量泵排量增加，液压传动系的流量增加，轴向柱塞定量马达的输出转速增大，从而使履带车辆右侧履带速度增大，相应地减小左侧履带的速度，履带车辆向左转向。反之，当方向盘右转，液压先导阀压下右侧的比例减压阀，轴向柱塞变量泵反向变量，从而使履带车辆左侧履带速度增大，相应地减小右侧履带的速度，履带车辆向右转向。方向盘转动的角度越大，比例减压阀压下的越多，进入轴向柱塞变量泵伺服油缸的油压力越大，轴向柱塞变量泵的斜盘倾角越大，轴向柱塞变量泵排量越大，主油路的流量越大，从而使轴向柱塞定量马达的输出转速越高，履带车辆两侧履带分别增大和减小的速度越大，两侧履带的速度差越大，同一挡位下的履带车辆转向半径越小。当方向盘转到极限位置时，轴向柱塞变量泵的输出流量越大，这时履带车辆的转向半径最小，空挡时转向半径为零。

履带车辆倒车转向时，如果电磁换向阀不换向，会使方向盘的转动方向和履带车辆的转向方向相反，导致履带车辆沿“S”形轨迹行驶。为适应驾驶员的操纵习惯，倒车转向时采用电磁换向阀使先导油路反向，轴向柱塞变量泵的变量过程与上述相反，从而使履带车辆实现像轮式车辆一样沿“U”形轨迹行驶。

第 11 章　液压机械复合转向系建模与仿真

液压机械复合转向系是履带车辆动力传动系的重要组成部分，其性能研究是整车转向性能和系统参数匹配研究的基础。建立液压机械复合转向系模型并进行仿真是研究系统性能的重要环节。液压机械复合转向系是液压机械复合传动的典型应用，前人对液压机械复合传动的研究成果和方法提供了很好的借鉴。本章以设计的液压机械复合转向系为对象，建立液压机械复合转向系性能分析的数学模型及仿真模型，研究系统性能与系统参数间的关系和计算方法，通过仿真分析研究系统参数变化对复合传动转向系性能的影响。

11.1　液压机械复合转向系构成

液压机械复合转向系构成简图可用图 11.1 表示，主要包括直驶变速系、中央传动、定轴齿轮、液压传动系、马达后传动、反向系统及左、右行星排等。其中，中央传动、马达后传动及反向系统均为定轴齿轮传动机构，液压传动系为变量泵-定量马达系统，直驶变速系为多挡位变速箱。

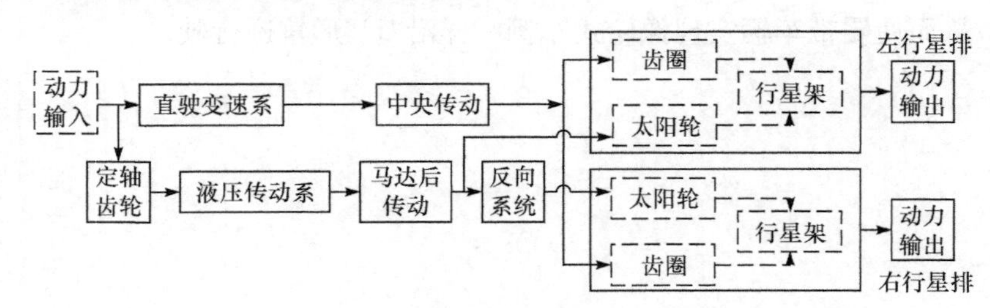

图 11.1　液压机械复合转向系构成

发动机功率分两路传递：一路功率经直驶变速系、中央传动，输入左、右行星排的齿圈；另一路功率经定轴齿轮、液压传动系、马达后传动，输入左、右行星排的太阳轮，两路功率经左、右行星排汇流后从行星架输出。由于左、右行星排太阳轮与液压传动系间相差一级定轴齿轮传动机构(反向系统)，液压机械复合转向系左、右侧输出转速不等，从而实现履带车辆的转向行驶。

液压机械复合转向系左、右侧输出转速和反映了履带车辆的行驶速度，左、右侧输出转速差反映了履带车辆的转向角速度，履带车辆的直驶驱动转矩与液压机械复合转向系左、右侧输出转矩和成正比，履带车辆的转向驱动转矩与液压机械复合转向系左、右侧输出转矩差成正比。

11.2　液压机械复合转向系静态特性分析

液压机械复合转向系静态特性研究的是系统在固定(静态)工作条件下表现出的性能,主要研究液压机械复合转向系的转速特性、转矩特性、功率特性及效率特性等,这些特性表示了液压机械复合转向系输出随输入(工作条件)的静态变化关系。

11.2.1　转速特性

转速特性是指系统输出转速随液压传动排量比及直驶变速系传动比的变化特性,用液压机械复合转向系速比表示,定义为系统输出转速与输入转速的比值。

参考图 10.13,由行星传动的基本理论知

$$\begin{cases} i_{\mathrm{oiL}}=\dfrac{\dfrac{k}{i_{\mathrm{z}}i_{\mathrm{g}}}+\dfrac{e}{i_{\mathrm{f}}i_{\mathrm{y}}}}{1+k} \\ i_{\mathrm{oiR}}=\dfrac{\dfrac{k}{i_{\mathrm{z}}i_{\mathrm{g}}}-\dfrac{e}{i_{\mathrm{f}}i_{\mathrm{y}}}}{1+k} \end{cases} \tag{11.1}$$

式中,i_{oiL}、i_{oiR}分别为液压机械复合转向系左、右侧速比。

根据某农用履带车辆的直驶变速系传动比 $i_{\mathrm{g}}=2.389$(二挡)、$i_{\mathrm{g}}=1.833$(四挡)和 $i_{\mathrm{g}}=0.876$(六挡)及式(11.1)可得,液压机械复合转向系左、右侧速比随液压传动排量比的变化关系曲线如图 11.2 所示。在同一直驶变速系传动比下,液压机械复合转向系左侧速比随液压传动排量比的增大而增大,右侧速比随液压传动排量比的增大而减小。若液压传动排量比为负值(反向调节),二者的变化趋势相反。在同一液压传动排量比下,液压机械复合转向系左、右侧速比随直驶变速系传动比的增大而减小。

通过转向操纵系和变速操纵系分别调整液压传动排量比和直驶变速系传动比,使液压机械复合转向系左、右侧速比变化。液压传动排量比的连续无级调节可实现液压机械复合转向系左、右侧输出转速连续无级变化。

当液压机械复合转向系左、右侧速比已知时,由式(11.1)可求出直驶变速系传动比和液压传动排量比为

$$\begin{cases} i_{\mathrm{g}}=\dfrac{2k}{1+k}\dfrac{1}{i_{\mathrm{oiL}}+i_{\mathrm{oiR}}}\dfrac{1}{i_{\mathrm{z}}} \\ e=\dfrac{1+k}{2}(i_{\mathrm{oiL}}-i_{\mathrm{oiR}})i_{\mathrm{f}}i_{\mathrm{y}} \end{cases} \tag{11.2}$$

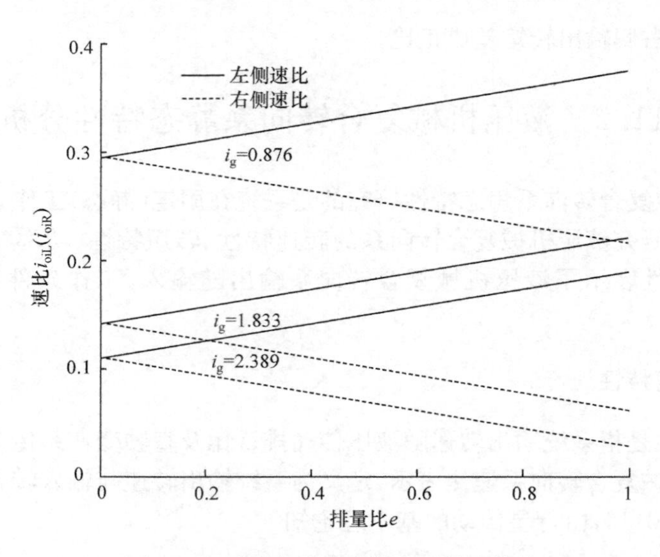

图 11.2 液压机械复合转向系转速特性

由式(11.2)可知，直驶变速系传动比与液压机械复合转向系左、右侧速比之和成反比，与履带车辆的行驶状态(是否转向)无关；而液压传动排量比与液压机械复合转向系左、右侧速比的差值成正比，与它们的具体大小无关。这一特性说明采用液压机械复合转向系的履带车辆转向时行驶速度不降低，转向作业效率高。

11.2.2 转矩特性

转矩特性是指系统输出转矩随输入转矩及系统参数的变化特性。

液压机械复合转向系是双功率流并联传动系，其输出转矩可通过直驶变速系输出转矩和液压传动系输出转矩计算，直驶变速系输出转矩和液压传动系输出转矩取决于所受载荷，即

$$\begin{cases} T_g = \dfrac{2k}{(1+k)i_z}(T_L + T_R) \\ T_y = \dfrac{T_L - T_R}{(1+k)i_y} \end{cases} \tag{11.3}$$

式中，T_g 为直驶变速系输出转矩，N·m；T_y 为液压传动系输出转矩，N·m；T_L 为液压机械差速转向系统左侧输出转矩，N·m；T_R 为液压机械差速转向系统右侧输出转矩，N·m。

当液压传动系负载转矩小于其最大输出转矩时，液压机械复合转向系左、右侧输出转矩为

$$\begin{cases} T_{\mathrm{L}}=-\dfrac{(1+K)i_{\mathrm{f}}i_{\mathrm{g}}i_{\mathrm{z}}}{2k(1+i_{\mathrm{f}})}T_{\mathrm{e}}+\dfrac{1+k}{2}T_{\mathrm{y}} \\ T_{\mathrm{R}}=-\dfrac{(1+K)i_{\mathrm{f}}i_{\mathrm{g}}i_{\mathrm{z}}}{2k(1+i_{\mathrm{f}})}T_{\mathrm{e}}-\dfrac{1+k}{2}T_{\mathrm{y}} \end{cases} \tag{11.4}$$

液压传动系输出转矩为

$$T_{\mathrm{y}}=\frac{500q_{\mathrm{m}}p}{\pi} \tag{11.5}$$

由式(11.4)可知，液压机械复合转向系左、右侧输出转矩不等，系统左、右侧输出转矩差影响履带车辆的转向力矩，系统左、右侧输出转矩和影响履带车辆的直驶力矩。

当直驶变速系传动比分别为 $i_{\mathrm{g}}=2.389$(二挡)、$i_{\mathrm{g}}=1.833$(四挡)和 $i_{\mathrm{g}}=0.876$(六挡)，发动机转矩为 $T_{\mathrm{g}}=480\mathrm{N\cdot m}$ 时，根据式(11.4)可得液压机械复合转向系左、右侧输出转矩随液压传动系压力的变化关系曲线，如图 11.3 所示。在同一直驶变速系传动比下，液压机械复合转向系左侧输出转矩随液压传动系压力的增大而增大，右侧输出转矩随液压传动系压力的增大而减小。在同一液压传动系压力下，液压机械复合转向系左、右侧输出转矩随直驶变速系传动比的增大而增大。

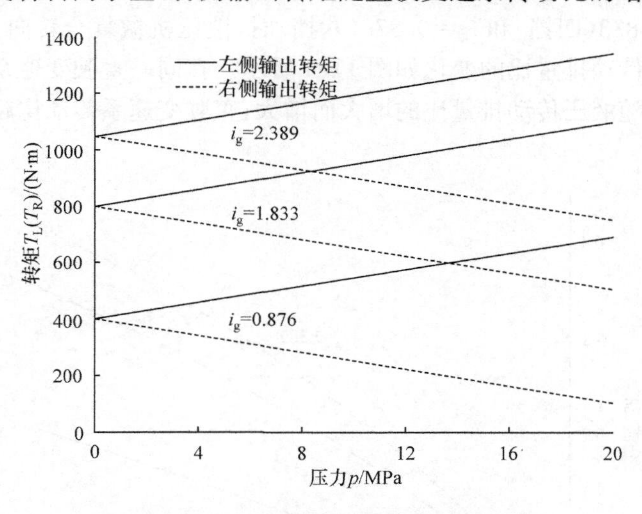

图 11.3　液压机械复合转向系转矩特性

由于行星排特性参数总大于 1，由式(11.1)、式(11.4)可知，所设计的液压机械复合转向系具有降速增扭作用，适合农用履带车辆使用。

11.2.3　功率特性

液压机械复合转向系作为一种闭式双功率流传动系，功率的传递关系影响到液压机械复合转向系性能。功率特性研究的是两路功率随系统参数及使用工况的变化特性。

本节对液压机械复合转向系速比、液压功率分流比、液压传动排量比的变化关系进行分析,采用功率流向图分析不同工况下液压机械复合转向系内的功率传递过程。

1. 液压功率分流比

液压机械复合转向系的液压功率分流比和液压传动排量比的关系为

$$\lambda_L = \frac{i_g i_z e}{k i_f i_y + i_g i_z e} \tag{11.6a}$$

$$\lambda_R = \frac{-i_g i_z e}{k i_f i_y + i_g i_z e} \tag{11.6b}$$

式中,λ_L、λ_R 分别为液压机械复合转向系左、右侧液压功率分流比。

液压机械复合转向系左、右侧液压功率分流比大小相等,式(11.6b)中负号代表系统左、右侧液压功率流向相反。液压机械复合转向系的液压功率分流比与直驶变速系传动比、液压传动排量比有关。当直驶变速系传动比分别为 $i_g = 2.389$(二挡)、$i_g = 1.833$(四挡)和 $i_g = 0.876$(六挡)时,液压机械复合转向系的液压功率分流比随液压传动排量比的变化如图 11.4 所示。在同一直驶变速系传动比下,液压功率分流比随液压传动排量比的增大而增大;直驶变速系传动比越大,液压功率分流比越大。

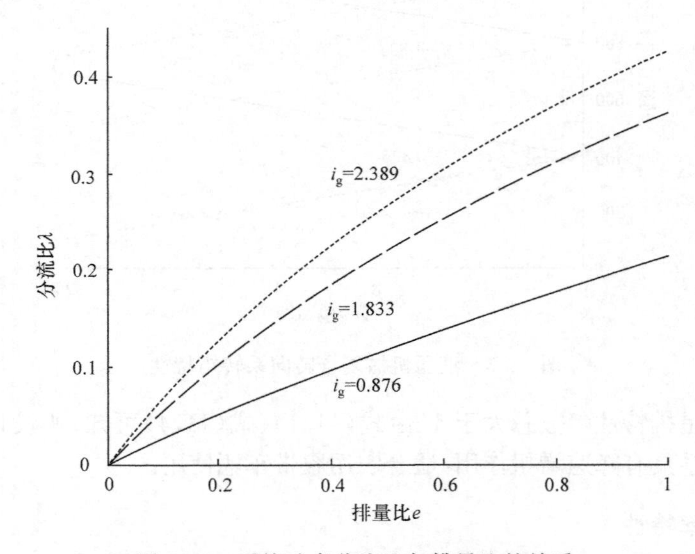

图 11.4　系统功率分流比与排量比的关系

由式(11.1)、式(11.6)可得到液压机械复合转向系左、右侧速比与液压功率分流比的关系为

$$i_{\mathrm{oiL}}=\frac{k}{(1+k)i_{\mathrm{g}}i_{\mathrm{z}}(1-\lambda_{\mathrm{L}})} \tag{11.7a}$$

$$i_{\mathrm{oiR}}=\frac{k}{(1+k)i_{\mathrm{g}}i_{\mathrm{z}}(1+\lambda_{\mathrm{R}})} \tag{11.7b}$$

图 11.5 给出了不同直驶变速系传动比(二挡、四挡和六挡)时，液压机械复合转向系左、右侧速比随液压功率分流比的变化。当液压功率分流比为正值时，随着液压功率分流比的增大，液压机械复合转向系左侧速比增大，右侧速比减小；当液压功率分流比为负值时，二者变化相反。当液压功率分流比较大时，液压机械复合转向系左、右侧速比随液压功率分流比的变化率较大，液压机械复合转向系不易控制，液压功率分流比应有一合理的取值范围，在满足系统性能要求的前提下，应尽量减小液压功率分流比。

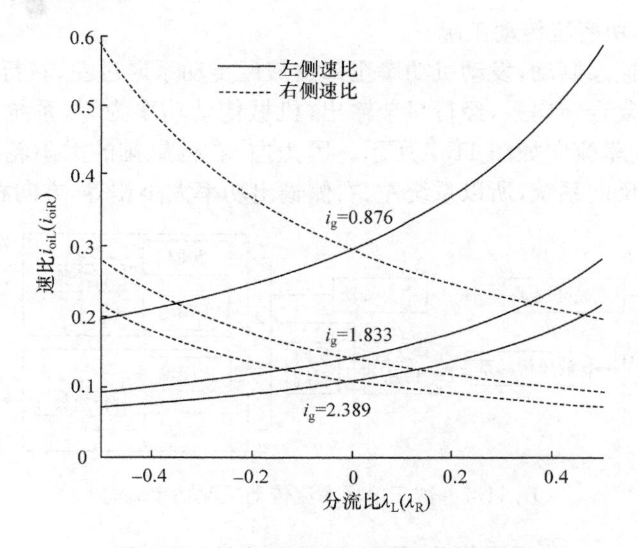

图 11.5　转向系速比与功率分流比关系

2. 功率传递过程分析

根据履带车辆的不同行驶要求，液压机械复合转向系分别处于机械单功率流传动工况、液压单功率流传动工况和液压机械双功率流传动工况。下面分别对不同工况下的液压机械复合转向系中功率传递过程进行分析(图 11.6～图 11.8 中“+”表示系统内功率流向与发动机功率流向相同，“−”表示功率流向与发动机功率流向相反)。

1）机械单功率流传动工况

机械单功率流传动工况功率流向如图 11.6 所示，发动机功率全部由直驶变速系通过左、右行星排的齿圈输入液压机械复合转向系，经行星架输出，液压传动功率为零。因左、右行星排齿圈连为一体，系统左、右侧输出功率大小相等、方向相同。

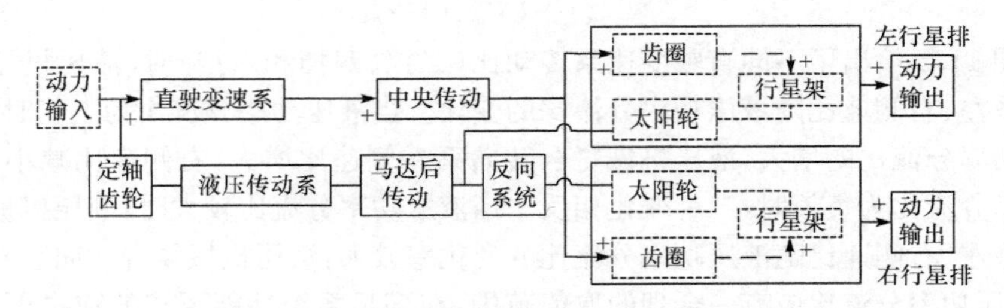

图 11.6　机械单功率流传动工况功率流向

2）液压单功率流传动工况

当直驶变速系制动，发动机功率全部由液压传动系通过左、右行星排的太阳轮输入液压机械复合转向系，经行星架输出，机械传动功率为零，系统属于液压单功率流转向系，功率流向如图 11.7 所示。因为左、右行星排的太阳轮与马达后传动之间相差一个反向系统，所以系统左、右侧输出功率大小相等，方向相反。

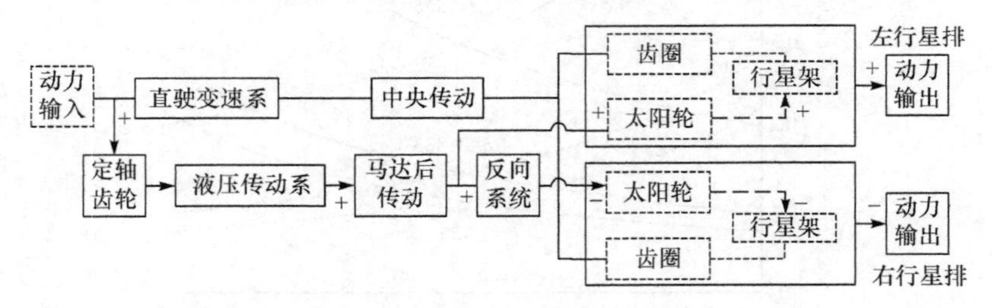

图 11.7　液压单功率流传动工况功率流向

3）液压机械双功率流传动工况

液压机械双功率流传动工况下，发动机功率分两路传递：一路经直驶变速系、中央传动到行星排的齿圈；另一路经定轴齿轮、液压传动系、马达后传动到行星排的太阳轮，两路功率在行星排汇流后经行星架输出。若不考虑摩擦功率损失，系统左、右行星排三构件上的功率关系为(输入为正，输出为负)

$$-P_{cL}=P_{gL}+P_{hL} \tag{11.8}$$

$$-P_{cR}=P_{gR}+P_{hR} \tag{11.9}$$

式中，P_{cL}为左行星排的行星架输出功率，kW；P_{cR}为右行星排的行星架输出功率，kW；P_{gL}为左行星排的齿圈输入功率，kW；P_{gR}为右行星排的齿圈输入功率，kW；

P_{hL}为左行星排的太阳轮输入功率，kW；P_{hR}为右行星排的太阳轮输入功率，kW。

液压机械双功率流传动工况根据液压传动功率、机械传动功率的大小和流向可分为如下三种情况(以右侧两路功率流向相反为例进行分析)。

(1) 当液压传动功率小于机械传动功率时，左行星排的液压传动功率和机械传动功率大小不等，方向相同，两路功率在左行星排汇流后通过左行星架输出，输出功率流向与发动机功率流向相同；右行星排的液压传动功率和机械传动功率大小不等，方向相反，由于$|P_{gR}|>|P_{hR}|$，右行星架输出功率的大小等于机械传动功率与液压传动功率之差，其流向与发动机功率流向相同。此工况下，液压机械复合转向系左、右侧输出功率大小不等，方向相同，功率流向如图 11.8(a)所示。

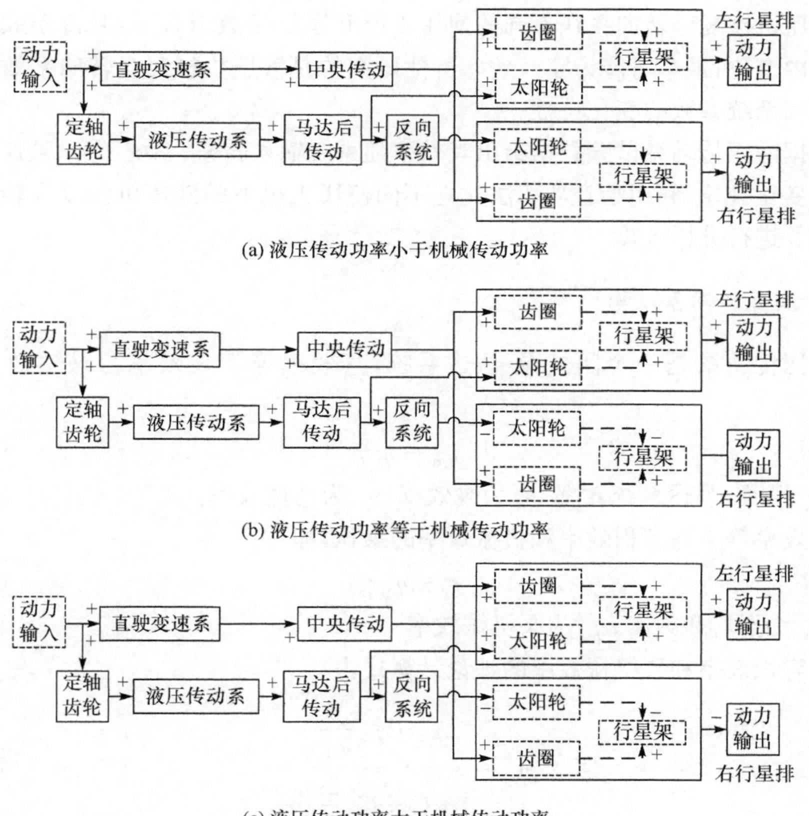

(a) 液压传动功率小于机械传动功率

(b) 液压传动功率等于机械传动功率

(c) 液压传动功率大于机械传动功率

图 11.8　液压机械双功率流工况功率流向

(2) 当液压传动功率等于机械传动功率时，左行星排的液压传动功率和机械传动功率大小相等，方向相同，两路功率在左行星排汇流后通过左行星架输出；右行星排的液压传动功率和机械传动功率大小相等，方向相反，右行星架无功率对外输出,功率流向如图 11.8(b)所示。

(3) 当液压传动功率大于机械传动功率时,左行星排的液压传动功率和机械传动功率大小不等,方向相同,两路功率在左行星排汇流后通过左行星架输出;右行星排的液压传动功率和机械传动功率大小不等,方向相反,由于$|P_{gR}|<|P_{hR}|$,右行星架输出功率的大小等于液压传动功率与机械传动功率之差,其流向与发动机功率流向相反。此工况下,液压机械复合传动系左、右侧输出功率大小不等,方向相反,功率流向如图 11.8(c)所示。

11.2.4 效率特性

液压机械复合转向系在不同的使用工况和系统参数组合下,其传动效率在较大范围内变化,最小可能为零。效率特性研究的是液压机械复合转向系效率随使用工况和系统参数的变化特性。

根据液压传动系试验数据给出其效率随系统输入转速、系统压力、液压传动排量比的变化规律,利用啮合功率法建立不同使用工况下的液压机械复合转向系效率模型并进行分析计算。

1. *液压传动系效率*

液压传动系是一个闭式泵-马达系统,其效率等于泵效率与马达效率的乘积,即

$$\eta_{pm}=\eta_p\eta_m \tag{11.10}$$

式中,η_{pm}为泵-马达系统效率;η_p 为泵效率;η_m 为马达效率。

泵效率等于其容积效率和机械效率的乘积,即

$$\eta_p=\eta_{vp}\eta_{mp} \tag{11.11}$$

式中,η_{vp}为泵容积效率;η_{mp}为泵机械效率。

泵容积效率和泵机械效率的理论计算式为

$$\eta_{vp}=\frac{1-C_s\dfrac{p}{2\pi n_p\sigma}}{1+C_f+C_v\dfrac{2\pi n_p\sigma}{p}} \tag{11.12a}$$

$$\eta_{mp}=\frac{1-C_f-C_v\dfrac{2\pi n_p\sigma e}{p}}{1+C_s\dfrac{p}{2\pi n_p\sigma e}} \tag{11.12b}$$

式中,C_s 为层流泄漏系数;C_f 为机械阻力系数;C_v 为层流阻力系数;σ 为液压油动

力黏度，Pa · s；n_p 为泵转速，r/min。

由式(11.12a)、式(11.12b)可知，泵效率影响因素较多，不但与泵转速、系统压力、系统排量比及液压油动力黏度有关，而且式(11.12a)、式(11.12b)中的系数也随不同的使用工况变化，目前尚无准确的效率计算模型，多根据试验数据得出。

泵转速、系统压力及系统排量比随不同使用工况而变化，当系统排量比最大时，根据试验数据，可得出设计的液压机械复合转向系中泵效率随泵转速比和系统压力的变化规律，如图 11.9 所示，可以看出，在中高速范围和很宽的系统压力范围内，液压传动系中的泵具有较高的传动效率。

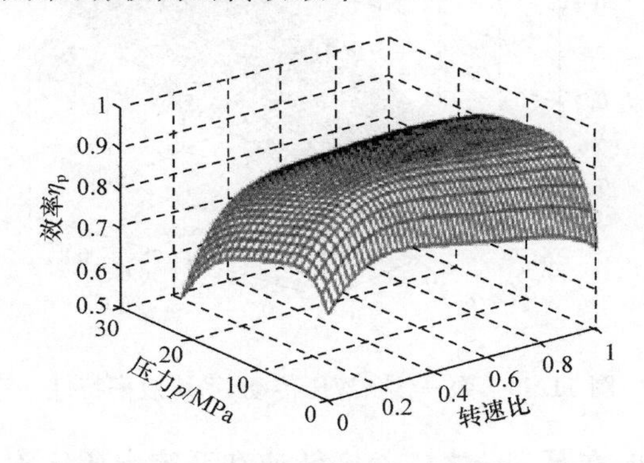

图 11.9　泵效率与转速比、系统压力关系

当泵转速一定时，根据试验数据，可得出设计的液压机械复合转向系中泵效率随系统排量比和系统压力的变化规律，如图 11.10 所示。系统排量比越小，泵效率越低；在中压区，系统排量比在 0.85 左右，泵效率达到最高值，在低压或高压区，全排量时泵效率较高；当泵低速运转时，由于流量小，泄漏比例大，效率较低；在中速和中压区效率较高。

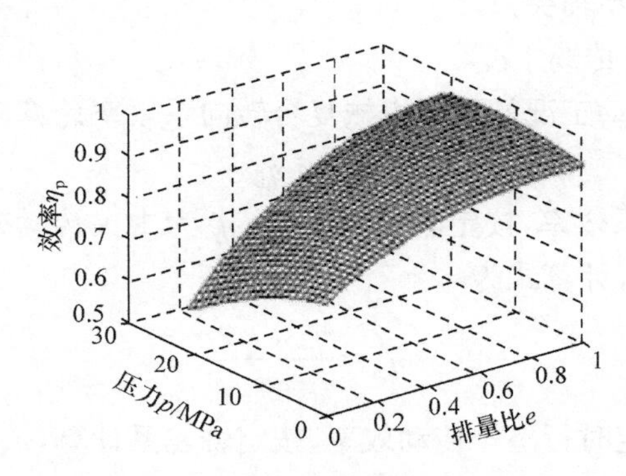

图 11.10　泵效率与系统排量比、压力关系

泵-马达系统中的马达与泵结构相似、运行工况相同，因此，马达效率变化规律

与泵效率相同。在不考虑工作条件参数(液压油黏度、温度等)变化时，由于液压传动系的马达是定排量，马达效率仅随转速比和系统压力的变化而变化，即马达效率按图 11.9 变化；当泵转速一定时，泵效率随系统排量比和系统压力的变化而变化，即泵效率按图 11.10 变化。根据流体传递规律，马达的转速比等于系统排量比，由此可得泵-马达系统效率随系统排量比、压力的变化规律如图 11.11 所示。

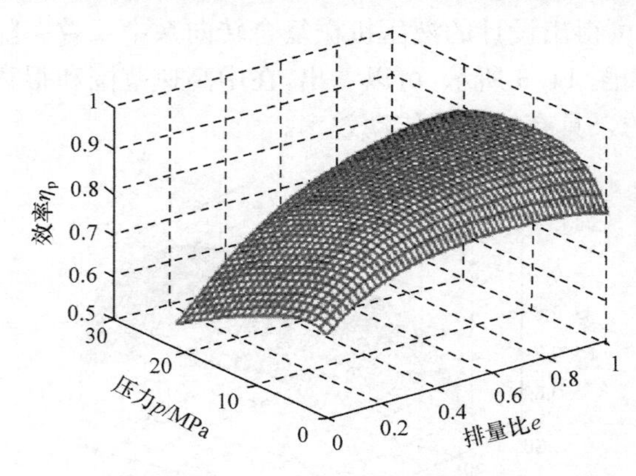

图 11.11　泵-马达(液压传动)系统效率特性

由图 11.11 可知，在泵三分之二额定转速和系统中压区附近，泵-马达系统效率较高，效率随系统排量比的增大而增大。

2. 液压机械复合转向系效率

液压机械复合转向系的使用工况不同，其效率有较大差别，需根据液压机械复合转向系的不同使用工况对其效率进行计算分析(行星排内只计齿轮传动效率，不计轴承摩擦和搅油功率损失)。

1) 机械单功率流传动工况

机械单功率流传动工况的液压机械复合转向系效率计算较为简单，计算式为

$$\eta=\eta_g\eta_z\eta_{ds} \tag{11.13}$$

式中，η_g 为直驶变速系效率，按定轴轮系计算；η_z 为中央传动效率；η_{ds} 为太阳轮固定时行星排传动效率，计算式为

$$\eta_{ds}=\frac{\eta_{rs}^{k}+k}{1+k} \tag{11.14}$$

式中，η_{rs}^{k} 为行星架固定时行星排传动效率，按定轴轮系计算，$\eta_{rs}^{k}=\eta_n\eta_w$($\eta_n$ 为定轴齿轮内啮合效率；η_w 为定轴齿轮外啮合效率)。

将式(11.14)代入式(11.13)得机械单功率流传动工况下的液压机械复合转向系效率为

$$\eta=\eta_g\eta_z\frac{\eta_{rs}^k+k}{1+k} \tag{11.15}$$

式(11.15)中的效率均按定轴轮系计算,因此机械单功率流传动工况下的液压机械复合转向系效率可视为一定值。

2) 液压单功率流传动工况

当液压机械复合转向系处于液压单功率流传动工况时,其效率计算式为

$$\eta=\eta_f\eta_{pm}\eta_y\eta_{dr} \tag{11.16}$$

式中,η_f 为定轴齿轮传动效率;η_y 为马达后传动效率;η_{dr} 为齿圈固定时复合传动转向效率,计算式为

$$\eta_{dr}=\frac{1+\eta_{sr}^k k}{1+k} \tag{11.17}$$

式中,$\eta_{rs}^k=\eta_{sr}^k$。

将式(11.17)代入式(11.16)得液压单功率流传动工况下的液压机械复合转向系效率为

$$\eta=\eta_f\eta_{pm}\eta_y\frac{1+\eta_{sr}^k k}{1+k} \tag{11.18}$$

式(11.18)中的定轴齿轮传动效率、马达后传动效率及齿圈固定时复合传动转向效率均按定轴轮系计算,因此液压单功率流传动工况下的液压机械复合转向系效率的变化规律与液压传动系效率的变化规律相同。

3) 液压机械双功率流传动工况

当液压机械复合转向系处于液压机械双功率流传动工况时,系统效率计算较为烦琐,目前还没有较精确的效率计算关系式,用啮合功率法对包含液压传动系的液压机械复合转向系效率进行分析计算。

(1) 系统左(右)侧输出功率流向的判定。

采用功率流向图对系统内两路功率流向进行定性判定,需要定量对系统左(右)侧输出功率流向进行分析判定。设 i_{oi}^s、i_{oi}^r 分别为太阳轮、齿圈固定时的转向系速比。根据啮合功率法,液压机械复合转向系左(右)侧输出功率流向的判断方法是:当 $i_{oi}^s i_{oi}^r\geqslant 0$ 时,系统左(右)侧输出功率流向与发动机功率流向相同;当 $i_{oi}^s i_{oi}^r<0$ 时,分两种情况:若 $|i_{oi}^s|<|i_{oi}^r|$,系统左(右)侧输出功率流向与发动机功率流向相同;若 $|i_{oi}^s|>|i_{oi}^r|$,系统左(右)侧输出功率流向与发动机功率流向相反。

太阳轮、齿圈固定时的转向系速比计算式为

$$i_{oi}^s=\frac{k}{(1+k)i_g i_z} \tag{11.19a}$$

$$i_{oi}^r=\frac{e}{(1+k)i_f i_y} \tag{11.19b}$$

液压机械双功率流传动工况下，一侧闭式行星齿轮传动系的 i_{oi}^{s}、i_{oi}^{r} 同号，另一侧闭式行星齿轮传动系的 i_{oi}^{s}、i_{oi}^{r} 异号。

(2) 效率计算。

当 $i_{oi}^{s}i_{oi}^{r}\geqslant 0$ 时，采用啮合功率法，可得到液压机械复合转向系效率为

$$\eta=\left\{1+|i_{io}|\left[|i_{oi}^{s}-i_{or}^{s}i_{oi}|(1-\eta_{rs}^{k})+|i_{oi}^{s}|\frac{1-\eta_{g}\eta_{z}}{\eta_{g}\eta_{z}}+|i_{oi}^{r}|\frac{1-\eta_{f}\eta_{pm}\eta_{y}}{\eta_{f}\eta_{pm}\eta_{y}}\right]\right\}^{-1} \tag{11.20}$$

式中，i_{io} 为液压机械复合转向系传动比，$i_{io}=\left[\dfrac{k}{(1+k)i_{g}i_{z}}+\dfrac{e}{(1+k)i_{f}i_{y}}\right]^{-1}$；$i_{or}^{s}$ 为太阳轮固定时从行星架到齿圈的传动比，$i_{or}^{s}=\dfrac{k}{1+k}$。

当 $i_{oi}^{s}i_{oi}^{r}<0$ 时，若 $|i_{oi}^{s}|<|i_{oi}^{r}|$，采用啮合功率法，可得到液压机械复合转向系效率为

$$\eta=\left\{1+|i_{io}|\left[|i_{oi}^{s}-i_{or}^{s}i_{oi}|(1-\eta_{rs}^{k})+|i_{oi}^{s}|\frac{1-\eta_{g}\eta_{z}}{\eta_{g}\eta_{z}}+|i_{oi}^{r}|(1-\eta_{f}\eta_{pm}\eta_{y})\right]\right\}^{-1} \tag{11.21}$$

若 $|i_{oi}^{s}|>|i_{oi}^{r}|$，采用啮合功率法，可得到液压机械复合转向系效率为

$$\eta=\left\{1+|i_{io}|\left[|i_{oi}^{s}-i_{or}^{s}i_{oi}|(1-\eta_{rs}^{k})+|i_{oi}^{s}|(1-\eta_{g}\eta_{z})+|i_{oi}^{r}|\frac{1-\eta_{f}\eta_{pm}\eta_{y}}{\eta_{f}\eta_{pm}\eta_{y}}\right]\right\}^{-1} \tag{11.22}$$

(3) 液压机械复合转向系效率计算。

从液压机械复合转向系效率计算式可以看出，其影响因素较多，为计算方便，计算式中的各级齿轮传动比及定轴齿轮传动效率可视为定值，液压机械复合转向系效率随系统输入转速、液压传动排量比、液压传动系输出转矩及直驶变速系传动比等的变化而变化。

根据液压机械复合转向系的已知参数及式(11.19)，可得出不同直驶变速系挡位下的系统左(右)侧输出功率流向改变的转换点，从而可分别按式(11.20)～式(11.22)计算液压机械复合转向系效率。以直驶变速系一挡($i_{g}=3.5$)为例，该挡位下系统左、右侧输出功率流向改变的转换点的排量比约为 0.875，液压机械复合转向系效率随液压传动系输出转矩、排量比的变化规律如图 11.12 所示。两路功率流向相同时的液压机械复合转向系效率高于两路功率流向相反时的液压机械复合转向系效率，在中等液压传动系输出转矩下的效率较高，随着液压传动排量比的增大，液压传动功率增大，液压机械复合转向系效率随液压传动排量比的增大而降低。当两路功率流向相反时，若 $|i_{oi}^{s}|<|i_{oi}^{r}|$，随着液压传动排量比的增大，液压

传动功率增大，液压机械复合转向系效率随液压传动排量比的增大而降低；若 $|i_{oi}^{s}|>|i_{oi}^{r}|$，随着液压传动排量比的增大，机械传动功率减小，液压机械复合转向系效率随液压传动排量比的增大而升高。

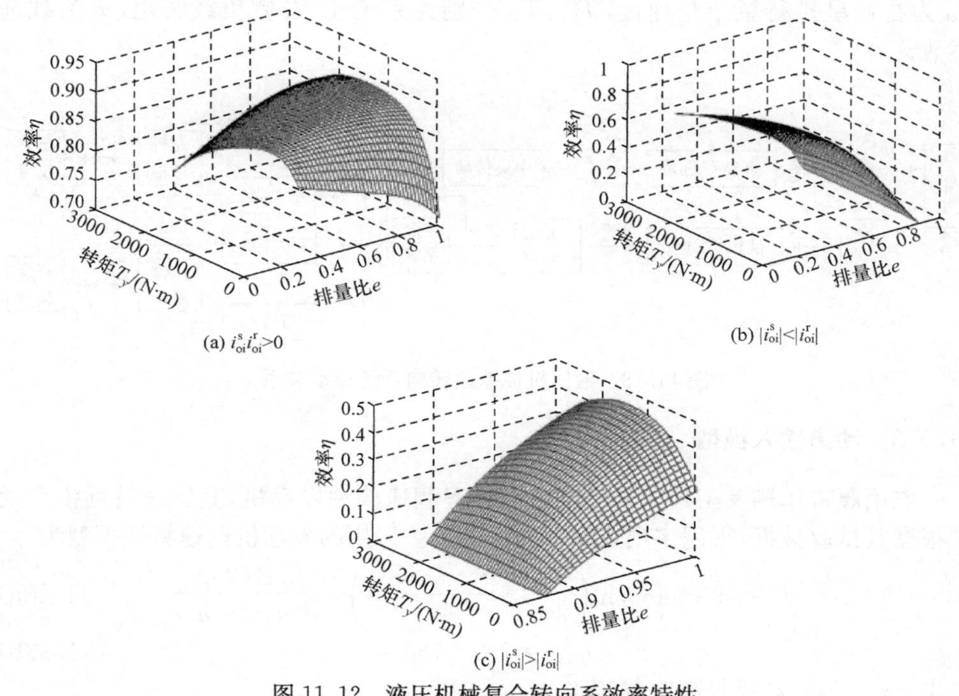

图 11.12　液压机械复合转向系效率特性

11.3　液压机械复合转向系动态特性建模

在分析液压机械复合转向系动态特性时，计算机仿真是一种有效方法。根据液压机械复合转向系传动关系，运用动力学原理，建立包括动力输入及载荷在内的系统动态特性模型，从而为液压机械复合转向系动态特性仿真分析奠定基础。

11.3.1　转向系传动关系

液压机械差速转向系统作为履带车辆的动力传动系，通过调节发动机油门开度、液压传动排量比和直驶变速系传动比满足车辆左、右侧载荷变化和车辆行驶速度需要，其传动关系如图 11.13 所示。图中，α 为发动机油门开度，ω_e 为发动机角速度，T_e 为发动机转矩，T_{1h}为作用在发动机输出轴上的转向负载转矩，T_{1g}为作用在发动机输出轴上的直驶负载转矩，T_p 为泵加载转矩，ω_p 为泵角速度，ω_g 为直驶变速系统输出角速度，ω_m 为马达角速度，T_z 为中央传动输出转矩，T_{mh}为马达后传动输出转矩，ω_{rL}、ω_{sL}分别为左行星排齿圈角速度、太阳轮角速度，ω_{rR}、ω_{sR}分别为右行星排齿圈角速度、太阳轮角速度，T_{rL}、T_{sL}分别为左行星排齿圈转矩、太阳轮转矩，T_{rR}、T_{sR}分别为右行星排齿圈转矩、太阳轮转矩，ω_{kL}为左行星排行星架角速度，ω_{kR}为右行星排行星架角速度，T_{kL}、T_{kR}分别为系统左、右侧负载转矩，w为载荷系数。

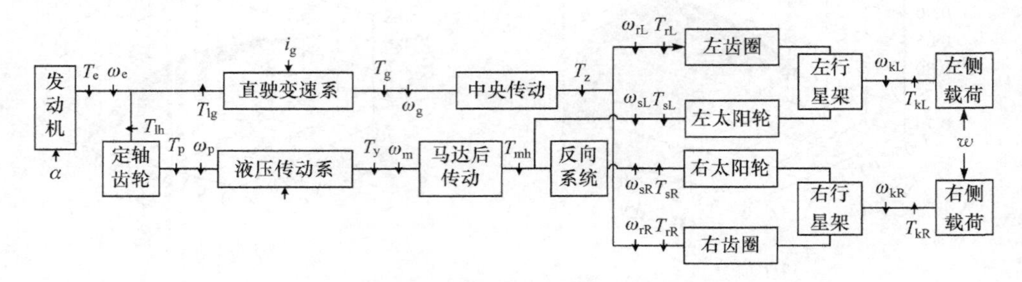

图 11.13 液压机械差速转向系统传动关系

11.3.2 动力输入模型

农用履带车辆及工程车辆广泛采用全程调速柴油发动机，其调速特性模型通常根据其试验数据，采用多项式拟合方法得出。采用的发动机调速特性模型为

$$T_e=490+480\sin\left(\frac{\pi}{2}\left|1+\frac{n_e-1500}{800}\right|\right)-\frac{4.5\times2300}{\alpha(n_{emax}-n_e)} \tag{11.23a}$$

$$n_{emax}=800+1680\alpha \tag{11.23b}$$

式中，n_{emax}为发动机最高空载转速，r/min。

发动机的动力学模型为

$$J_e\dot{\omega}_e=T_e-T_1 \tag{11.24a}$$

$$T_1=T_{1h}+T_{1g} \tag{11.24b}$$

$$\omega_e=\frac{\pi n_e}{30} \tag{11.24c}$$

式中，J_e 为换算到发动机输出轴上的等效转动惯量，kg · m^2；$\dot{\omega}_e$ 为发动机角加速度，rad/s^2；T_1 为作用在发动机输出轴上的负载转矩，N · m。

11.3.3 液压传动系模型

许多研究者针对不同应用目的、采用不同理论方法对泵-马达系统进行了建模分析。液压传动系靠马达转速改变履带车辆左、右侧的速度差完成转向运动，同时将履带车辆的转向阻力，以系统压力的方式转换成泵负载转矩。

1. *液压传动系构成*

图 11.14 所示的是液压传动系构成原理图，该系统是一个采用液压先导排量

控制的容积调速闭式回路系统。系统采用排量大、转速高、压力大的轴向柱塞变量泵和轴向柱塞定量马达，能够满足排量控制机构和轴向柱塞定量马达双向运转特性。系统两侧管道容积相等，安全阀调定压力相等，保证了履带车辆向左或向右转向时系统输出转速变化的动态响应特性的一致。当系统压力超过其最高压力时，安全阀自动开启，液压油从高压区流向低压区，反向则不能开启，从而满足了系统双向溢流需要，使整个系统工作平稳，同时保证了液压元件不受损坏。系统中安装有补油泵，单向阀使补油泵出油口与系统油路低压区相连接，避免造成系统高压回油的危险。换向梭阀把马达输出的高温液压油通过溢流阀流回油箱，再通过补油泵补进低温液压油，进入下一个工作循环，使整个液压传动系的液压油得到循环冷却，保证液压传动系中液压油的正常工作温度。

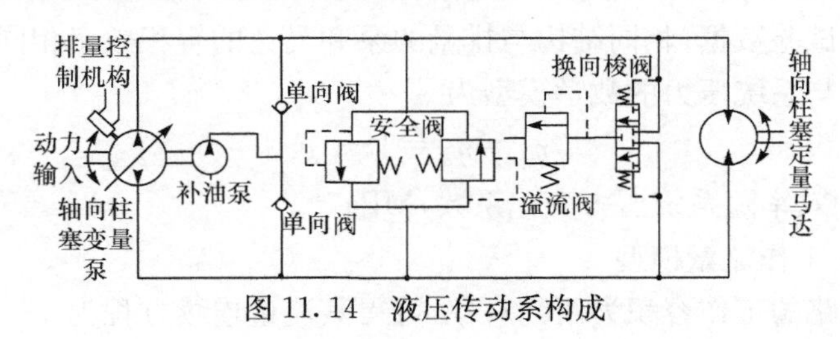

图 11.14　液压传动系构成

2. 假设条件

为了便于对液压传动系进行动态特性分析，突出影响其动态特性的主要因素，做如下假设：

(1) 泵和马达的泄漏为层流，泵的吸油口和马达的排油口压力等于零，忽略低压腔向壳体内的外泄漏。

(2) 补油系统补油量足够，低压管道内的压力不变，等于补油压力，只有高压管道内的压力变化。

(3) 系统中的安全阀不会因马达的负载转矩过大而开启。

(4) 不考虑液压管路的压力损失、管路动态和油流的脉动性。

(5) 高压管路与低压管路内的压力分别均匀相等，液压油的温度、密度和弹性模量为常数。

3. 液压传动系数学模型

根据假设条件，系统主要由动力元件(泵)、执行元件(马达)和管路的相关数学模型组成。

1) 泵泄漏模型

泵泄漏计算式为

$$\Delta q_{\mathrm{p}}=(1-\eta_{\mathrm{vp}})n_{\mathrm{p}}q_{\mathrm{p}} \tag{11.25a}$$

$$n_{\mathrm{p}}=\frac{30}{\pi}\omega_{\mathrm{p}} \tag{11.25b}$$

式中，Δq_{p} 为泵泄漏量，L；n_{p} 为泵转速，r/min。

2）马达泄漏模型

马达泄漏计算公式为

$$\Delta q_{\mathrm{m}}=\left(\frac{1}{\eta_{\mathrm{mv}}}-1\right)n_{\mathrm{m}}q_{\mathrm{m}} \tag{11.26a}$$

$$n_{\mathrm{m}}=\frac{30}{\pi}\omega_{\mathrm{m}} \tag{11.26b}$$

式中，Δq_{m} 为马达泄漏量，L；η_{mv} 为马达容积效率；n_{m} 为马达转速，r/min。

根据样本试验数据，相同结构与排量的泵和马达的容积效率相同，在仿真中使用的容积效率与系统压力的数学模型为

$$\eta_{\mathrm{vp}}=\eta_{\mathrm{mv}}=1-ap \tag{11.27}$$

式中，a 为容积效率随系统压力变化系数，MPa^{-1}。

3）液压油工作流量模型

以高压回路的工作容积为研究对象，可得其流量连续方程为

$$q_{\mathrm{pmax}}n_{\mathrm{p}}e=q_{\mathrm{m}}n_{\mathrm{m}}+\Delta q_{\mathrm{p}}+\Delta q_{\mathrm{m}}+\frac{V_0}{E}\frac{\mathrm{d}p}{\mathrm{d}t} \tag{11.28}$$

式中，q_{pmax} 为泵最大排量，L/r；V_0 为管路容积，L；E 为液压油弹性模量，MPa。

将式(11.25a)、式(11.26a)、式(11.27)代入式(11.28)得

$$q_{\mathrm{pmax}}n_{\mathrm{p}}e=q_{\mathrm{m}}n_{\mathrm{m}}+aq_{\mathrm{p}}n_{\mathrm{p}}p+\frac{apq_{\mathrm{m}}n_{\mathrm{m}}}{1-ap}+\frac{V_0}{E}\frac{\mathrm{d}p}{\mathrm{d}t} \tag{11.29}$$

如果综合考虑整个液压传动系的泄漏，引入总泄漏系数 γ，式(11.29)为

$$q_{\mathrm{pmax}}n_{\mathrm{p}}e=q_{\mathrm{m}}n_{\mathrm{m}}+\gamma p+\frac{V_0}{E}\frac{\mathrm{d}p}{\mathrm{d}t} \tag{11.30}$$

4）马达载荷模型

马达作为液压传动系的执行元件，在工作过程中要拖动一定载荷，包括惯性载荷、黏性阻尼载荷和外载荷。马达载荷计算公式为

$$T_{\mathrm{m}}=\frac{500q_{\mathrm{m}}p\eta_{\mathrm{mm}}}{\pi}=J_{\mathrm{m}}\frac{\pi}{30}\frac{\mathrm{d}n_{\mathrm{m}}}{\mathrm{d}t}+\frac{\pi}{30}\xi n_{\mathrm{m}}+T_{\mathrm{y}} \tag{11.31}$$

式中，T_{m} 为马达载荷，N·m；η_{mm} 为马达机械效率；J_{m} 为马达输出轴上等效转动惯量，kg·m^2；ξ 为黏性阻尼系数，(N·m)·(s/rad)。

将式(11.30)、式(11.31)进行小增量线性化，并进行拉普拉斯变换，消去系统压力可得

$$\Delta n_{\mathrm{m}}=\frac{\dfrac{Eq_{\mathrm{m}}\eta_{\mathrm{mm}}q_{\mathrm{pmax}}}{Eq_{\mathrm{m}}^{2}\eta_{\mathrm{mm}}+\gamma\xi E}\Delta n_{\mathrm{p}}\Delta e-\dfrac{30}{\pi}\dfrac{\gamma E+V_{0}s}{Eq_{\mathrm{m}}^{2}\eta_{\mathrm{mm}}+\gamma\xi E}\Delta T_{\mathrm{m}}}{1+\dfrac{\gamma JE+V_{0}\xi}{Eq_{\mathrm{m}}^{2}\eta_{\mathrm{mm}}+\gamma\xi E}s+\dfrac{JV_{0}}{Eq_{\mathrm{m}}^{2}\eta_{\mathrm{mm}}+\gamma\xi E}s^{2}} \tag{11.32}$$

式中，s 为拉普拉斯算子。

由于 $\gamma\xi$ 远小于 $q_{\mathrm{m}}^{2}\eta_{\mathrm{mm}}$，将式(11.32)进一步简化得

$$\Delta n_{\mathrm{m}}=\frac{\dfrac{Eq_{\mathrm{m}}\eta_{\mathrm{mm}}q_{\mathrm{pmax}}}{Eq_{\mathrm{m}}^{2}\eta_{\mathrm{mm}}}\Delta n_{\mathrm{p}}\Delta e-\dfrac{30}{\pi}\dfrac{\gamma E+V_{0}s}{Eq_{\mathrm{m}}^{2}\eta_{\mathrm{mm}}}\Delta T_{\mathrm{m}}}{1+\dfrac{2\zeta}{\omega_{\mathrm{n}}}s+\dfrac{s^{2}}{\omega_{\mathrm{n}}^{2}}} \tag{11.33}$$

式中

$$\omega_{\mathrm{n}}=\sqrt{\frac{Eq_{\mathrm{m}}^{2}\eta_{\mathrm{mm}}}{J_{\mathrm{m}}V_{0}}} \tag{11.34}$$

$$\zeta=\frac{\gamma J_{\mathrm{m}}E+V_{0}\xi}{2}q_{\mathrm{m}}\sqrt{J_{\mathrm{m}}V_{0}E\eta_{\mathrm{mm}}} \tag{11.35}$$

式中，ω_{n} 为液压传动系的无阻尼固有频率，Hz；ζ 为液压传动系的阻尼系数，N · m/s。

由式(11.33)可以看出，对于一个给定的系统，马达转速的变化主要受泵转速、系统排量比及负载转矩的影响。

采用单输入单输出的传递函数分析液压传动系的动态特性时，对不同输入可求得相应的传递函数。

若以泵转速为输入，马达转速为输出，其传递函数为

$$G(s)_{1}=\frac{n_{\mathrm{m}}}{n_{\mathrm{p}}}=\frac{\dfrac{E\eta_{\mathrm{mm}}q_{\mathrm{pmax}}}{Eq_{\mathrm{m}}\eta_{\mathrm{mm}}}e}{1+\dfrac{2\zeta}{\omega_{\mathrm{n}}}s+\dfrac{s^{2}}{\omega_{\mathrm{n}}^{2}}} \tag{11.36}$$

若以系统排量比为输入，马达转速为输出，其传递函数为

$$G(s)_{2}=\frac{n_{\mathrm{m}}}{e}=\frac{\dfrac{E\eta_{\mathrm{mm}}q_{\mathrm{pmax}}}{Eq_{\mathrm{m}}\eta_{\mathrm{mm}}}n_{\mathrm{p}}}{1+\dfrac{2\zeta}{\omega_{\mathrm{n}}}s+\dfrac{s^{2}}{\omega_{\mathrm{n}}^{2}}} \tag{11.37}$$

若以马达载荷为输入，马达转速为输出，其传递函数为

$$G(s)_{3}=\frac{n_{\mathrm{m}}}{T_{\mathrm{m}}}=\frac{30}{\pi}\frac{-\dfrac{\gamma E+V_{0}s}{Eq_{\mathrm{m}}^{2}\eta_{\mathrm{mm}}}}{1+\dfrac{2\zeta}{\omega_{\mathrm{n}}}s+\dfrac{s^{2}}{\omega_{\mathrm{n}}^{2}}} \tag{11.38}$$

可通过式(11.36)～式(11.38)的传递函数,分析泵转速、系统排量比及马达负载转矩对系统输出转速的影响。

11.3.4　直驶变速系模型

直驶变速系模型简化为随不同挡位改变其传动比的简化模型,不考虑换挡时的过渡过程和直驶变速系的动态特性,其数学模型为

$$\omega_g=\frac{\omega_e}{i_g} \tag{11.39a}$$

$$T_g=T_{1g}i_g\eta_g \tag{11.39b}$$

11.3.5　行星排模型

液压机械复合转向系中的行星排模型可由三元件基本关系式给出。行星排的太阳轮、齿圈、行星架之间角速度满足

$$\omega_s+k\omega_r-(1+k)\omega_k=0 \tag{11.40}$$

式中,ω_s 为行星排太阳轮角速度,rad/s;ω_r 为行星排齿圈角速度,rad/s;ω_k 为行星排行星架角速度,rad/s。

在不考虑传动效率时,行星排的太阳轮、齿圈、行星架之间转矩满足

$$T_s=\frac{T_r}{k}+\frac{T_k}{1+k} \tag{11.41}$$

式中,T_s 为行星排太阳轮转矩,N·m;T_r 为行星排齿圈转矩,N·m;T_k 为行星排行星架转矩,N·m。

液压机械差速转向系统使用工况不同,行星排的太阳轮、齿圈、行星架之间转矩传递方式及传动效率不同。

动力由行星排的齿圈传给行星架时,齿圈转矩为

$$T_r=\frac{kT_k}{\eta_n\eta_w+k} \tag{11.42}$$

动力由行星排的行星架传给齿圈时,齿圈转矩为

$$T_r=\frac{k(\eta_n\eta_w+k)T_k}{(1+k)^2} \tag{11.43}$$

动力由行星排的太阳轮传给行星架时,太阳轮转矩为

$$T_s=\frac{T_k}{1+\eta_n\eta_w k} \tag{11.44}$$

动力由行星排的行星架传给太阳轮时,太阳轮转矩为

$$T_s=\frac{1+\eta_n\eta_w k}{(1+k)^2}T_k \tag{11.45}$$

11.3.6　载荷模型

液压机械复合转向系的使用工况不同,系统左、右侧载荷不等。机械单功率流传动工况的系统左、右侧载荷大小相等、方向相同,液压单功率流传动工况的系统左、右侧载荷大小相等、方向相反,在对系统性能仿真时,这两种工况的液压机械复合转向系载荷可根据使用条件给出合理的定载荷,而液压机械双功率流传动工况的系统左、右侧载荷存在着一定差值,其差值大小与所装车辆的结构参数、使用条件及系统左、右侧行星排行星架角速度大小有关,经过一定换算可得液压机械复合转向系双功率流传动工况的载荷模型为

$$\begin{cases} T_{kL}=T_d\left(1+\dfrac{w}{\beta+\zeta\left|\dfrac{\omega_{kL}+\omega_{kR}}{\omega_{kL}-\omega_{kR}}\right|}\right) \\ T_{kR}=T_d\left(1-\dfrac{w}{\beta+\zeta\left|\dfrac{\omega_{kL}+\omega_{kR}}{\omega_{kL}-\omega_{kR}}\right|}\right) \end{cases} \tag{11.46}$$

式中,T_d 为机械单功率流传动工况的系统载荷,N · m,根据所装车辆的质量及使用条件给定;β、ζ 为常数。

11.3.7　其他定轴齿轮传动机构模型

功率分流机构、中央传动和马达后传动均为定轴齿轮传动机构。功率分流机构数学模型为

$$\begin{cases} \omega_p=\dfrac{\omega_e}{i_f} \\ T_p=T_{1h}i_f\eta_f \end{cases} \tag{11.47}$$

中央传动数学模型为

$$\begin{cases} \omega_{rL}=\omega_{rR}=\dfrac{\omega_g}{i_z} \\ T_z=T_g i_z\eta_z=T_{rL}+T_{rR} \end{cases} \tag{11.48}$$

马达后传动数学模型为

$$\begin{cases} \omega_{sL}=\omega_{sR}=\dfrac{\omega_m}{i_y} \\ T_{sL}=T_y i_y\eta_y \\ T_{sR}=T_y i_y\eta_y^2 \\ T_{mh}=T_{sL}+T_{sR} \end{cases} \tag{11.49}$$

11.3.8 转向系动态特性仿真模型

根据前述数学模型分别建立液压传动系动态特性仿真模型和液压机械复合转向系动态特性仿真模型，仿真分析系统参数对液压传动系和液压机械复合转向系动态特性的影响。MATLAB/Simulink 能利用图形化和分层模块化方法对系统建模、仿真和显示，应用较方便。

1. MATLAB/Simulink 软件简介

MATLAB 软件是 MathWorks 公司推出的一套高性能数值计算和可视化软件，它集数值分析、矩阵运算、信号处理和图形显示于一体，构成了一个方便、界面友好的用户环境，现已成为国际公认的、优秀的数值计算和仿真分析软件，被广泛用于科学研究及解决具体问题，它给用户带来了直观的、简洁的程序开发环境，其主要功能有数值计算、符号计算、资料分析、可视化及文字处理等。针对不同的学科，MATLAB 软件有许多专用工具箱，如信号处理工具箱、控制系统工具箱、神经网络工具箱、优化设计工具箱及模糊推理系统工具箱等。其中，Simulink 模块是一个用来对动态系统进行建模、仿真和分析的软件包。利用 Simulink 模块可以对液压机械复合转向系进行仿真分析，可实现高效开发系统、优化系统性能的目的。

Simulink 模块既可以根据系统的传递函数、方块图对系统进行仿真，也可以根据系统的状态空间模型进行仿真。它可以仿真线性或非线性系统，并能够构建连续时间、离散时间或二者混合的系统，甚至支持多采样频率(multirate)系统，可仿真较大、较复杂的系统。它与传统的仿真软件包用微分方程和差分方程建模相比，具有更直观、方便、灵活的优点。Simulink 提供了丰富的模型库，供构建完整的系统使用，主要包括 Sinks(输出方式)、Source(输入源)、Linear(线性环节)、Nonlinear(非线性环节)、Connections(连接与接口)和其他环节的子模块库。它具有模块化、可重载、可封装、面向结构图编程及可视化等特点，可以大大提高仿真的效率和可靠性。

MATLAB/Simulink 自带的仿真算法包括 ode45、ode23、ode113 等，缺省采用 ode45，这种算法在保证精度下能自动改变仿真步长，避免了仿真步长和输出之间的相互制约，使仿真结果更准确，仿真采用 ode45 算法。

2. 液压传动系动态特性仿真模型

利用 MATLAB/Simulink，根据液压传动系数学模型，建立如图 11.15 所示的液压传动系动态特性仿真模型，此模型包括泵流量、泵泄漏、马达泄漏、液压油工作流量、系统压力、马达载荷、马达流量和马达转速等。仿真模型的输入量为系统排量比、泵转速和外载荷，输出量为马达转速和系统压力，根据该仿真模型可对液压传动系动态特性进行仿真分析。

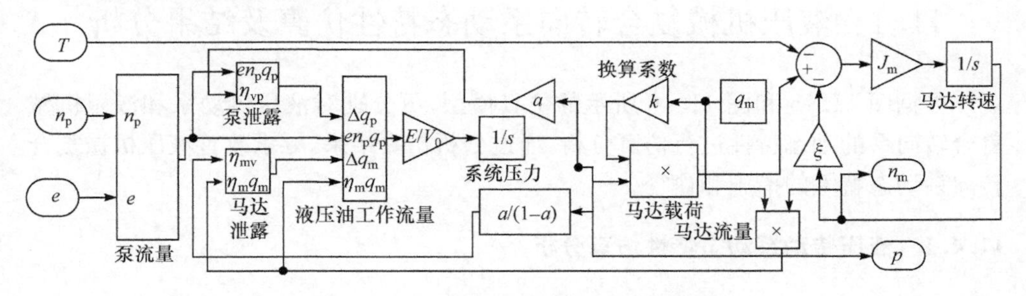

图 11.15　液压传动系动态特性仿真模型

3. 液压机械复合转向系动态特性仿真模型

利用 MATLAB/Simulink，根据液压机械复合转向系的数学模型，建立如图 11.16 所示的液压机械复合转向系动态特性仿真模型。此模型包括发动机、直驶变速系、中央传动、定轴齿轮、液压传动系、马达后传动、行星排、载荷和辅助计算模块等。仿真模型的输入量为发动机油门开度、液压传动排量比、直驶变速系传动比和载荷系数等，输出量为液压机械复合转向系左、右侧输出转速差与输出转速和。根据该仿真模型可对液压机械复合转向系动态特性进行仿真分析。

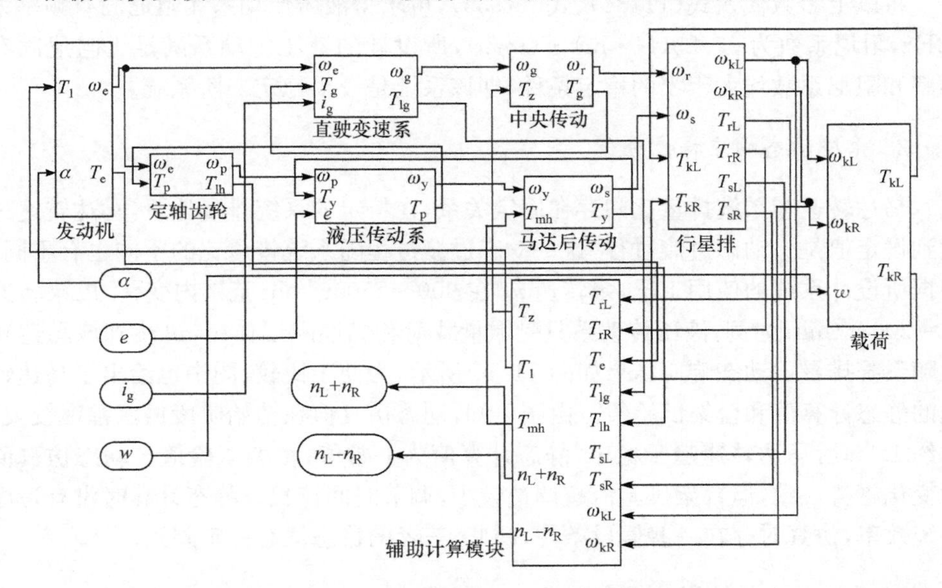

图 11.16　液压机械复合转向系动态性能仿真模型

11.4 液压机械复合转向系动态特性仿真及结果分析

根据图 11.15 和图 11.16 所示的仿真模型，可分别对液压传动系和液压机械复合转向系的动态特性进行仿真分析，通过分析仿真结果，寻求改善液压机械复合转向系动态特性的措施和途径。

11.4.1 液压传动系动态特性仿真分析

1. 系统稳定性分析

由式(11.36)～式(11.38)可知，液压传动系是一个二阶系统。根据控制理论知识，二阶系统的稳定条件是系统特性方程式的系数全部为正值，即回路的无阻尼固有频率和阻尼系数均大于零。

液压传动系的液压油弹性模量为 2000MPa，马达轴上的等效转动惯量为 0.45kg・m^2，泵(马达)容积效率随系统压力的变化系数为 0.0017(MPa^{-1})，管路容积为 0.64L，黏性阻尼系数为 0.111(N・m)・(s/rad)，液压马达机械效率为 0.95。

将以上参数代入式(11.34)、式(11.35)，可求得液压传动系无阻尼固有频率为 12Hz，阻尼系数为 0.525(N・m)・(m/s)，所设计的液压传动系满足无阻尼固有频率和阻尼系数均大于零的稳定条件，即该系统是一个稳定二阶系统。

2. 系统动态响应特性分析

马达转速与系统排量比间存在固定关系，在特定的系统排量比下，马达转速过渡到设定值是一动态过渡过程，这一动态过渡过程随系统排量比的不同也有不同。根据所设计系统的使用工况，泵转速 n_p 在 900～2500r/min 范围内变化，以泵转速 n_p=2000r/min 为例，液压传动系只受惯量载荷和黏性阻尼作用，过渡到该马达转速随系统排量比动态响应结果如图 11.17 所示，为便于比较，图中也给出了马达转速的静态计算值和台架试验值。由图可知，动态仿真值在初始阶段振荡幅度较大，大约 1.7s 后马达转速趋于稳定，静态计算值为一常值，台架试验值与动态仿真值的变化趋势一致，但台架试验值超调量较小，调节时间较长。静态计算时没有考虑系统效率，仿真时存在一些假设条件，因此，三者的稳态值有一定差别。

3. 系统动态特性影响因素分析

1)泵转速的影响

履带车辆在转向过程中，发动机转速不会经常固定在一个稳定值，即泵转速在

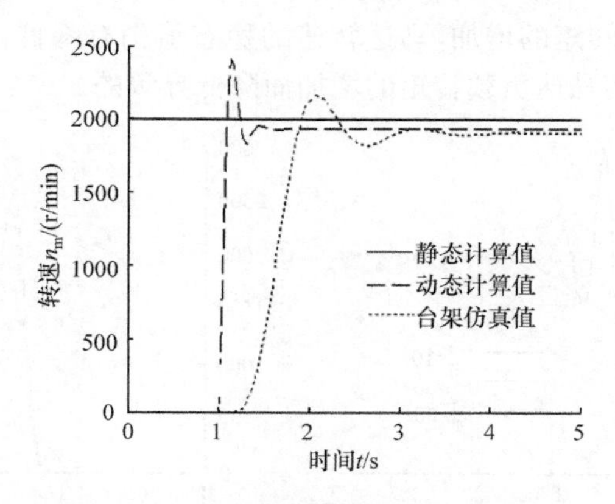

图 11.17　系统动态响应特性曲线

不断变化。为比较泵转速变化的系统动态特性，分别以泵转速 $n_p=2000$r/min、$n_p=1800$r/min、$n_p=1500$r/min 为例，系统只受惯量载荷和黏性阻尼作用，过渡到该马达转速随系统排量比动态变化的仿真结果如图 11.18 所示。随着泵转速的提高，马达转速动态响应曲线的上升时间几乎不变，调节时间变短，超调量变小，说明马达转速会更快地达到稳定状态。泵转速越高，马达转速的稳定值越大。

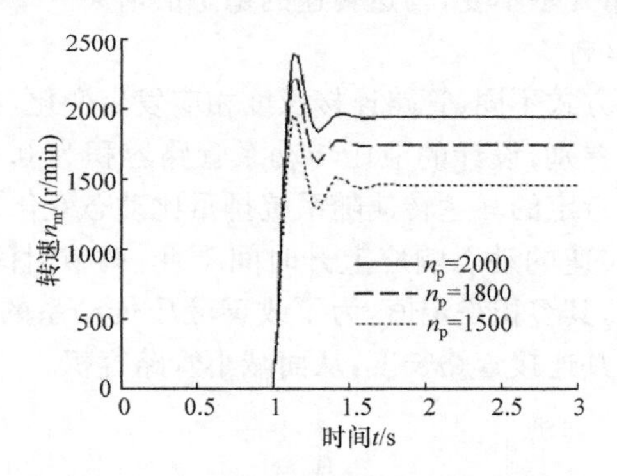

图 11.18　泵转速对系统动态特性的影响

2）马达负载转矩的影响

履带车辆转向时，由于地面参数及外载荷的变化，液压传动系的马达负载转矩也在不断变化，根据所设计系统的使用工况，马达负载转矩在 $T_m=0\sim330$N·m 范围内变化，仿真时通常按静态载荷和阶跃载荷研究马达负载转矩对系统输出的影响。

为比较不同静态载荷对系统动态特性的影响，分别以马达负载转矩 $T_m=10$N·m、$T_m=30$N·m、$T_m=50$N·m 为例，过渡到该马达转速随系统排量比动态变化的仿真结果如图 11.19(a)所示。马达负载转矩的变化基本上不影响马达转速的动态响应，随着马达负载转矩的增加，马达转速的稳态值稍有降低，稳态值降低的原因是由系统容积效率随马达负载转矩的增加而降低导致的。

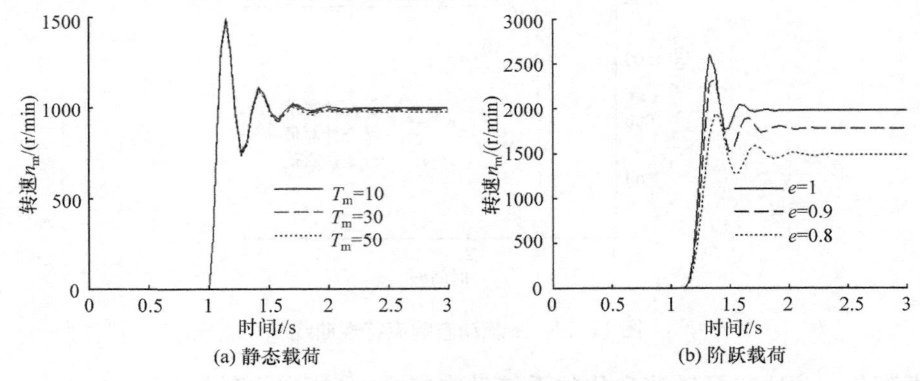

图 11.19　载荷对系统动态特性的影响

当系统排量比或系统使用工况突然变化时，马达负载转矩近似阶跃变化特征。图 11.19(b)是不同系统排量比下的马达转速随特定负载转矩阶跃变化的动态仿真结果。由图可知，随着系统排量比的增加，马达转速动态响应曲线的上升时间和调节时间变短，超调量几乎不变，马达转速的稳态值增大。

3）管路容积的影响

液压传动系布置方式不同，管路连接长度相应发生变化，在相同管径条件下造成的管路容积也会有差别，设计的液压传动系管路容积为 0.64L。图 11.20 是不同管路容积时过渡到特定的马达转速随系统排量比动态变化的仿真结果。随着管路容积的减小，马达转速的动态响应上升时间不变，调节时间变短，超调量下降。对于选定的泵(马达)，其容积是定值，为了改善液压传动系的动态响应品质，系统设计时应尽可能缩短其连接管路长度，从而减小管路容积。

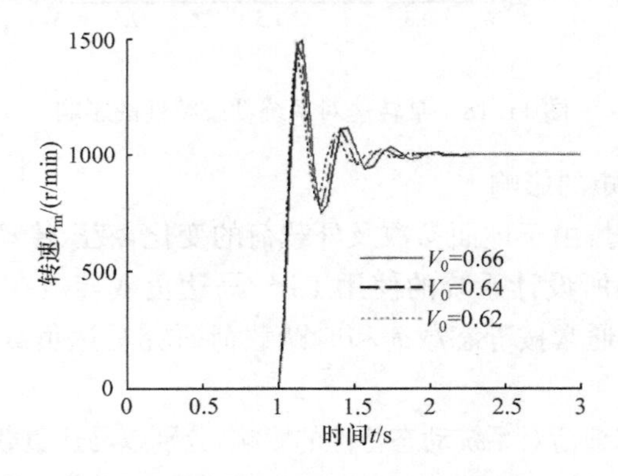

图 11.20　管路容积对系统动态特性影响

4）液压油弹性模量的影响

液压油弹性模量不但与液压油本身的特性有关，还与油管材料、液压传动系密封性有关，设计的液压传动系液压油弹性模量为 $E=2000\text{MPa}$。为分析液压油弹性模量变化对系统动态特性的影响，对不同液压油弹性模量时过渡到特定马达的转速随系统排量比动态变化进行仿真，结果如图 11.21 所示。随着液压油弹性模量的减小，马达转速动态响应的上升时间不变，调节时间变长，超调量上升。为保持系统有较高的液压油弹性模量，系统设计时应尽可能采用硬管和提高系统密封性，从而提高液压传动系的动态响应速度。

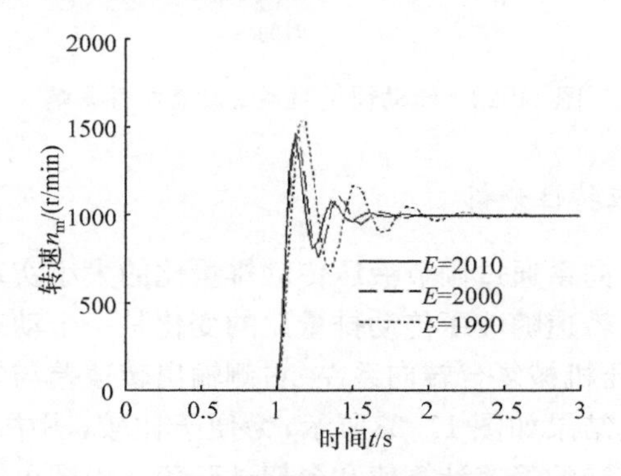

图 11.21　弹性模量对系统动态特性影响

5）马达输出轴上等效转动惯量的影响

马达输出轴上等效转动惯量与马达后传动比有关，设计的液压传动系的马达输出轴上等效转动惯量为 $J_m=0.45\text{kg}\cdot\text{m}^2$。图 11.22 是不同等效转动惯量时过渡到特定马达转速随系统排量比动态变化的仿真结果。等效转动惯量越大，马达转速的动态响应上升时间稍有减小，调整时间越短，超调量越小。为提高液压传动系的动态响应速度，应尽量减小马达输出轴上的等效转动惯量，系统设计时可采用增大马达后传动比的办法来减小马达输出轴上的等效转动惯量。

11.4.2　转向系动态特性仿真分析

在对液压机械复合转向系动态特性进行仿真分析时，首先需选定系统的仿真工况参数，设计的液压机械复合转向系装备于农用履带车辆，根据该农用履带车辆的结构参数和使用条件，载荷模型中的载荷系数 w 为 0.1～0.25。仿真时，设定发动机油门开度 $\alpha=0.8$，直驶变速系传动比 $i_g=3.5$，载荷系数 $w=0.2$，结构参数取为研究对象的设计参数。

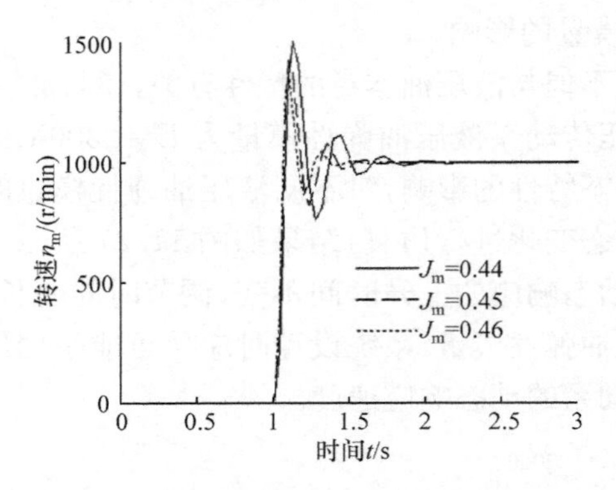

图 11.22　转动惯量对系统动态特性影响

1. 系统动态响应特性分析

液压机械复合转向系通过调节液压传动排量比的大小实现履带车辆的转向行驶，系统左、右侧输出转速随液压传动排量比的变化是一个动态响应过程。在上述仿真工况参数下，液压机械复合转向系左、右侧输出转速差与转速和随液压传动排量比动态变化的仿真结果如图 11.23所示，为便于比较，图中也给出了系统左、右侧输出转速差与转速和的静态计算值和台架试验值。由图可知，系统左、右侧输出转速差的动态仿真值在初始阶段振荡幅度较大，转速和的动态仿真值振荡幅度较小，经过一定时间，二者都能趋于稳定，静态计算值为一常值，台架试验值与动态仿真值的变化趋势一致，但台架试验值超调量较小。静态计算时没有考虑系统效率，仿真时忽略了部分因素的影响，因此，三者的稳态值有一定差别。

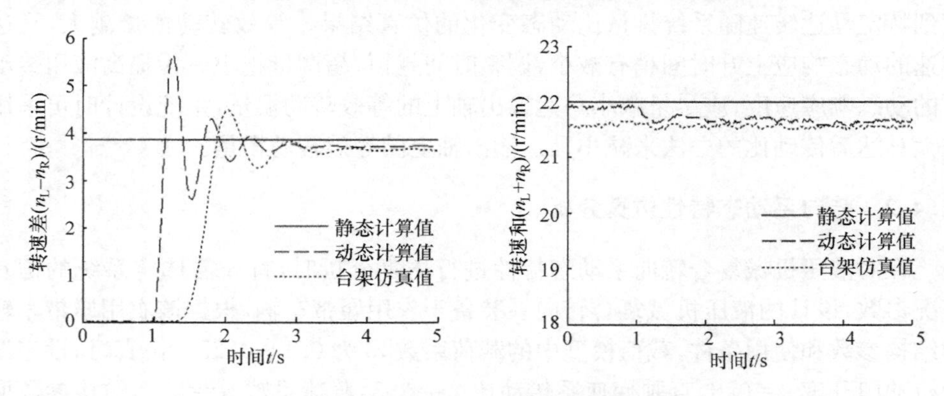

图 11.23　系统动态响应特性曲线

2. 系统动态特性影响因素分析

液压机械复合转向系动态特性影响因素较多，主要分析直驶变速系传动比、发动机油门开度、系统载荷、定轴齿轮传动比、行星排特性参数及马达后传动比的影响。

1）直驶变速系传动比影响

不同直驶变速系传动比下的液压机械复合转向系左、右侧输出转速差与转速和随液压传动排量比阶跃变化的仿真结果如图 11.24 所示。直驶变速系传动比变化不影响液压机械复合转向系左、右侧输出转速差，仅改变液压机械复合转向系左、右侧输出转速和的稳态值。液压传动排量比阶跃变化对液压机械复合转向系左、右侧输出转速和影响较小。因此，对液压机械复合转向系来说，其液压传动和机械传动相互独立，这一点有别于履带车辆的传统转向系。

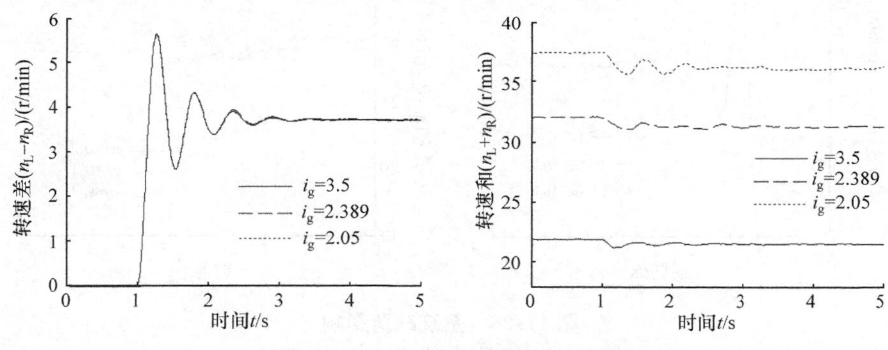

图 11.24　直驶变速系传动比影响

2）发动机油门开度影响

为分析发动机油门开度变化对系统动态特性的影响，在上述仿真工况参数下仅改变发动机油门开度，其他条件不变，不同发动机油门开度下的液压机械复合转向系输出转速差与转速和随液压传动排量比动态变化的仿真结果如图 11.25 所示。发动机油门开度变化只影响液压机械复合转向系左、右侧输出转速差与转速和的稳态值，对液压机械复合转向系的动态响应影响较小，这一点有利于发动机控制。

3）系统载荷影响

为分析系统载荷变化对其动态特性的影响，在上述仿真条件下仅改变载荷系数，其他条件不变，不同载荷系数下的液压机械复合转向系动态特性仿真结果如图 11.26 所示。系统载荷对液压机械复合转向系动态特性影响较小。因此，在对液压机械复合转向系控制系统进行开发时，针对不同的系统运行工况可采用相同的控制策略。

4）定轴齿轮传动比影响

由表 10.6 可知，液压机械复合转向系中的定轴齿轮传动比设计值 $i_f=0.905$

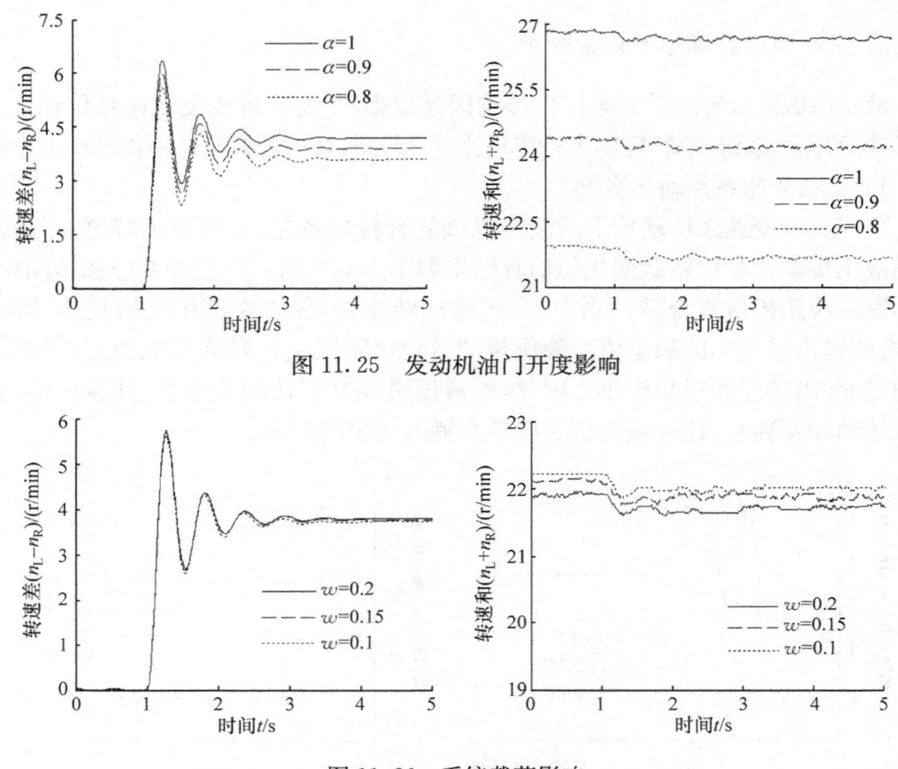

图 11.25　发动机油门开度影响

图 11.26　系统载荷影响

（泵轴上被动、主动齿轮齿数比 38/42）。为比较不同定轴齿轮传动比对系统动态特性的影响，改变定轴齿轮传动比，其他参数不变，仿真液压机械复合转向系随液压传动排量比的动态变化，仿真结果如图 11.27 所示。定轴齿轮传动比的变化仅影响液压机械复合转向系左、右侧输出转速差的稳态值，对液压机械复合转向系左、右侧输出转速和没有明显影响。

5）行星排特性参数影响

由表 10.6 知，液压机械复合转向系中的行星排特性参数设计值为 $k=2.391$（即行星排齿圈齿数与太阳轮齿数比 55/23），为比较不同行星排特性参数对系统动态特性的影响，改变行星排特性参数的设计值，其他参数不变，液压机械复合转向系左、右侧输出转速差与转速和随液压传动排量比的动态变化结果如图 11.28 所示。行星排特性参数变化仅影响液压机械复合转向系左、右侧输出转速差与转速和的稳态值，对系统的动态特性影响较小。

6）马达后传动比影响

由表 10.6 知，马达后传动比的设计值为 $i_y=4.11$（即 78/19），为比较不同马达后传动比对系统动态特性的影响，将马达后传动比变化，其他参数不变，液压机械复合转向系左、右侧输出转速差与转速和随液压传动排量比的动态变化结果如图 11.29 所示。马达后传动比越小,液压机械复合转向系左、右侧输出转速差的动态响应超调量越大,调节时间越长,稳态值越大。马达后传动比变化对液压机械复合转向系左、右侧输出转速和的影响较小。

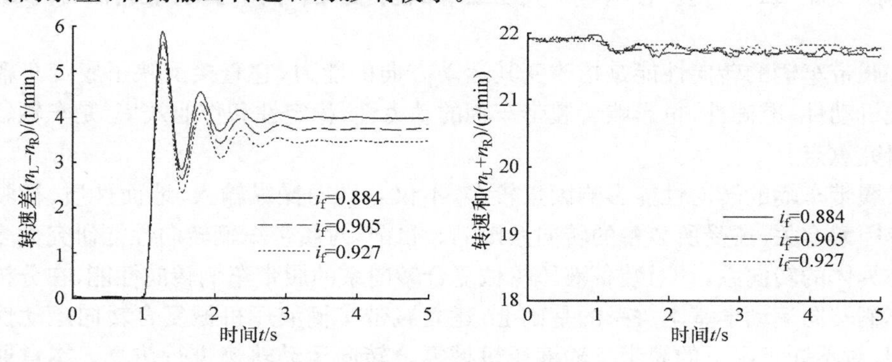

图 11.27　定轴齿轮传动比影响

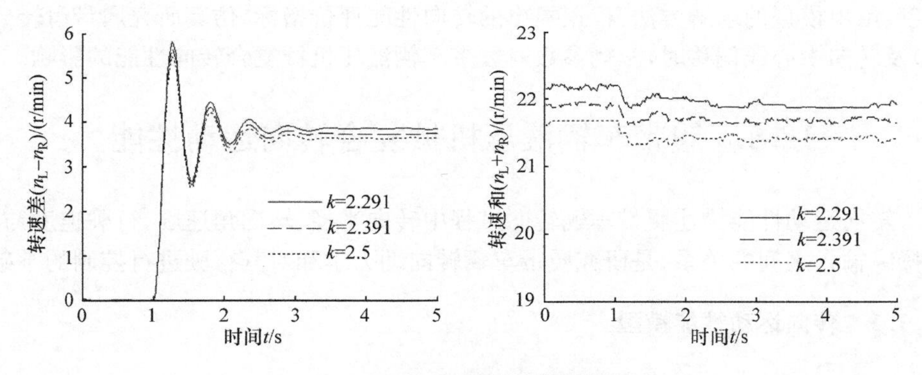

图 11.28　行星排特性参数影响

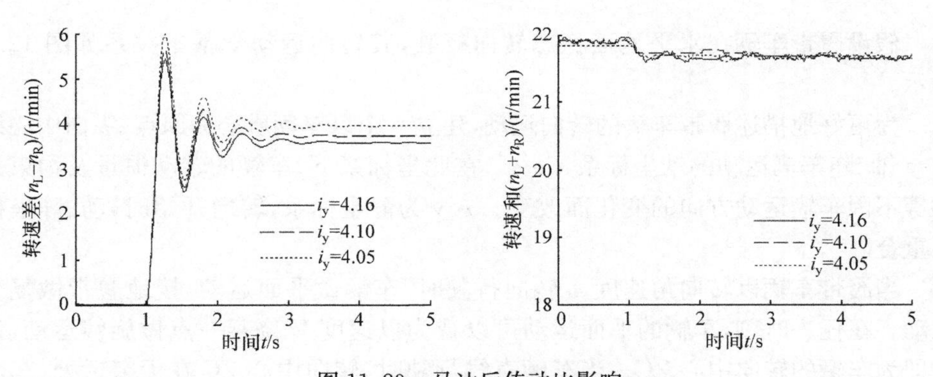

图 11.29　马达后传动比影响

第 12 章　履带车辆液压机械复合转向系性能研究

履带车辆的转向性能是指改变其运动方向的能力，它直接反映了履带车辆的行驶机动性、准确性，也影响着履带车辆的动力性、稳定性和作业效率，是车辆领域的研究重点。

履带车辆的转向性能影响因素较多，不仅与转向操纵输入、地面性质、行驶速度等因素有关，还受所装备的转向系影响。目前，对履带车辆转向性能研究大多不考虑具体的转向系，针对装备液压机械复合转向系的履带车辆转向性能，在分析履带车辆转向运动学基本关系的基础上，建立履带车辆液压机械复合转向运动性能模型，对不同工况下的履带车辆液压机械复合转向运动轨迹进行仿真。本章通过对履带车辆的转向受力进行分析与计算，建立履带车辆液压机械复合转向动力学模型，给出模型的求解方法；根据提出的转向性能评价指标，仿真研究履带滑转(滑移)及转向中心线偏移时，车辆参数对履带车辆液压机械复合转向性能的影响。

12.1　履带车辆液压机械复合转向运动性能

转向运动性能描述履带车辆转向过程中转向半径、转向角速度、行驶速度与转向操纵输入之间的关系，是研究履带车辆转向动力学和对其行驶进行控制的基础。

12.1.1　转向运动性能模型

1. 转向运动学基本关系分析

假设履带车辆在水平地面稳态转向行驶，其转向运动学基本关系如图 12.1 所示。

为更好地描述履带车辆的转向运动，建立一个以车辆质心为原点、纵向中心线为 y' 轴、随车辆运动的动坐标系 $x'o'y'$，在此坐标系下，车辆的转动惯量及约束条件等不因车辆运动方向的变化而改变。xoy 为静坐标系，转向开始时，动、静坐标系重合。

当履带车辆以转向角速度 ω 转向行驶时，车辆做平面运动，接地履带做复合运动。在任一时刻，车辆的平面运动可以视为以速度 V 绕某一点做旋转运动，该点即为车辆的转向中心 ZC。当车辆直线行驶时，转向中心 ZC 在无穷远处；车辆稳态转向行驶时，理论上可以认为转向中心 ZC 固定不变。转向中心 ZC 与车辆质

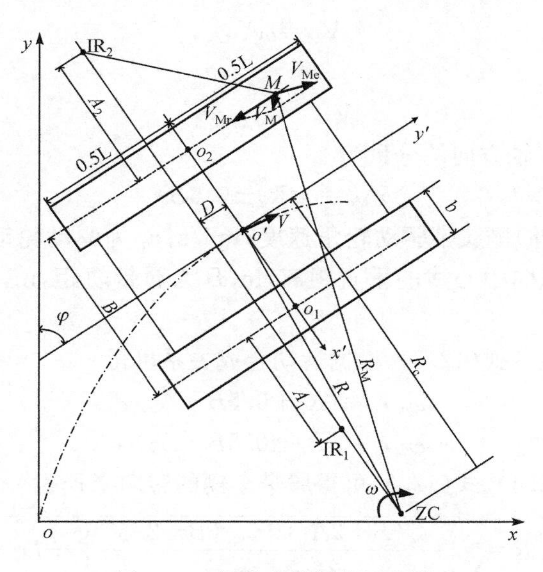

图 12.1 履带车辆转向运动图

心 o'的距离为转向半径 R。接地履带上任一点 M 的运动速度 V_{M}由两种运动速度复合而成:一种是牵连运动速度,即车辆上与接地履带重合点的平面运动速度 V_{Me};另一种是相对运动速度,即接地履带相对于车体的卷绕运动速度 V_{Mr}。在某一时刻,接地履带任一点的复合运动也可视为绕某一点做旋转运动,该点为接地履带的速度瞬心,IR_1、IR_2分别为内、外侧接地履带的速度瞬心,由于滑转(滑移)的存在,内、外侧接地履带的速度瞬心 IR_1、IR_2分别偏离各自几何中心 o_1、o_2的距离为 A_1、A_2。ZC、IR_1、IR_2位于同一直线上,构成履带车辆的转向中心线。当履带车辆高速转向或挂接工作装置转向时,由于离心力或工作阻力的作用,转向阻力的合力不等于零,与离心力或工作阻力保持平衡,从而使车辆的转向中心线向前(后)相对其横向中心线产生偏移量 D,转向中心线偏移量 D 影响履带车辆的转向稳定性。

2. 转向运动性能计算

履带车辆通过改变内、外侧履带的速度实现转向行驶,转向运动性能传统计算方法不考虑履带滑转(滑移)、转向中心偏移及所采用的转向系类型,仅根据几何运动关系计算其转向半径和转向角速度,显然,这种计算方法所得到的转向半径和转向角速度与实际值有较大差别。根据履带车辆转向运动学基本关系,建立考虑履带滑转(滑移)和转向中心偏移,采用液压机械复合转向系的履带车辆转向半径和转向角速度计算式。

由转向运动学基本关系分析可知,接地履带纵向中心线与车辆转向中心线交点的绝对速度为

$$V_{M}=\omega A_{1(2)} \tag{12.1}$$

相对速度为

$$V_{Mr}=\omega_{q1(q2)}r_{q} \tag{12.2}$$

牵连速度在 y'轴方向的分量为

$$V_{Me}=\omega(R_{c}\pm 0.5B) \tag{12.3}$$

式中，$\omega_{q1(q2)}$为内(外)侧履带驱动轮角速度，rad/s；r_{q} 为驱动轮动力半径，m；R_{c} 为转向中心到车辆纵向中心线的垂直距离，m；B 为履带轨距，m，外侧履带取正号，内侧履带取负号。

参考式(12.1)～式(12.3)，根据运动合成关系可得

$$\omega_{q2}r_{q}=(R_{c}+0.5B+A_{2})\omega \tag{12.4}$$

$$\omega_{q1}r_{q}=(R_{c}-0.5B-A_{1})\omega \tag{12.5}$$

由图 12.1 及式(12.4)、式(12.5)可得履带车辆的转向半径为

$$R=\sqrt{\left[\frac{\omega_{q2}(B+2A_{1})+\omega_{q1}(B+2A_{2})}{2(\omega_{q2}-\omega_{q1})}\right]^{2}+D^{2}} \tag{12.6}$$

考虑履带滑转(滑移)及转向中心线偏移的车辆转向角速度为

$$\omega=\frac{(\omega_{q2}-\omega_{q1})r_{q}}{B+A_{1}+A_{2}} \tag{12.7}$$

当采用传统转向系时，式(12.6)、式(12.7)中的内、外侧履带驱动轮角速度具有不确定的计算关系，例如，采用转向离合器的履带车辆，其外侧履带驱动轮角速度可由发动机转速计算得到，而内侧履带驱动轮角速度由于离合器或制动器的作用不能根据发动机转速计算，履带车辆的转向运动轨迹很难实现精确控制。

采用液压机械复合转向系的履带车辆，其内、外侧履带驱动轮角速度均可根据发动机转速计算得到，二者具有确定的计算关系，分析液压机械复合转向系静态特性，由式(11.1)得内、外侧履带驱动轮角速度分别为

$$\omega_{q1}=\frac{\dfrac{k}{i_{z}i_{g}}-\dfrac{e}{i_{f}i_{y}}}{30(1+k)i_{m}}\pi n_{e} \tag{12.8}$$

$$\omega_{q2}=\frac{\dfrac{k}{i_{z}i_{g}}+\dfrac{e}{i_{f}i_{y}}}{30(1+k)i_{m}}\pi n_{e} \tag{12.9}$$

将式(12.8)、式(12.9)代入式(12.6)、式(12.7)化简得

$$R=\sqrt{\left[\frac{ki_{f}i_{y}(B+A_{1}+A_{2})-ei_{z}i_{g}(A_{2}-A_{1})}{2ei_{z}i_{g}}\right]^{2}+D^{2}} \tag{12.10}$$

$$\omega=\frac{\pi en_{e}r_{q}}{15(B+A_{1}+A_{2})i_{f}i_{y}i_{m}(1+k)} \tag{12.11}$$

式(12.10)和式(12.11)分别为考虑履带滑转(滑移)和转向中心线偏移时,液压机械复合转向的履带车辆的转向半径和转向角速度的计算公式,式中 i_m 为终端转动比。当求得 A_1、A_2 及 D 时,通过该两式可计算出车辆的实际转向半径、实际转向角速度,从而可研究考虑履带滑转(滑移)和转向中心线偏移时的履带车辆液压机械复合转向性能。

3. 转向运动轨迹模型

由于 A_1、A_2 及 D 值需通过接地履带与地面的相互作用求得,后述将对 A_1、A_2 及 D 值的求解方法进行论述。在对履带车辆液压机械复合转向运动轨迹建模时,假设接地履带的履带板与地面横向线接触,不考虑履带板宽度、履带滑转(滑移)和转向中心线偏移。

由图 12.1 可知,当履带车辆转过 φ 角后,接地履带上任一点 M 在动坐标系 $x'o'y'$ 中的坐标为

$$x'_M = x'_{M0} \tag{12.12a}$$

$$y'_M = y'_{M0} - V_{1(2)}t \tag{12.12b}$$

式中,x'_M、y'_M 为接地履带上任一点 M 在动坐标系中的坐标;x'_{M0}、y'_{M0} 为履带车辆转向开始时,接地履带上任一点 M 在动坐标系中的坐标($x'_{M0}=x_{M0}$、$y'_{M0}=y_{M0}$);$V_{1(2)}$ 为内(外)侧接地履带在动坐标系中的绝对速度,m/s。

点的复合运动速度关系式为

$$\vec{V}_M = \vec{V}_{Mr} + \vec{V}_{Me} \tag{12.13}$$

式中,$\vec{V}_M$、$\vec{V}_{Mr}$、$\vec{V}_{Me}$ 分别为接地履带上任一点 M 的绝对速度矢量、相对速度矢量、牵连速度矢量,m/s。

在动坐标系中,有

$$\vec{V}_{Mr} = -V_{1(2)} \cdot \vec{i}' \tag{12.14a}$$

$$\vec{V}_{Me} = x'_M\omega \cdot \vec{j}' + y'_M\omega \cdot \vec{i}' \tag{12.14b}$$

式中,$\vec{i}'$、$\vec{j}'$ 分别为动坐标系中 x'、y' 轴的单位矢量,$\begin{vmatrix} \vec{i}' \\ \vec{j}' \end{vmatrix} = \begin{vmatrix} \cos\varphi & \sin\varphi \\ -\sin\varphi & \cos\varphi \end{vmatrix} \begin{vmatrix} \vec{i} \\ \vec{j} \end{vmatrix}$,$\vec{i}$、$\vec{j}$ 分别为静坐标系中 x、y 轴的单位矢量,φ 为动坐标系 y' 轴与静坐标系 y 轴正方向的夹角,$\varphi=\omega t$。

将式(12.12a)、式(12.12b)、式(12.14a)、式(12.14b)代入式(12.13)得

$$\vec{V}_M = (-V_{1(2)} + y'_{M0}\omega - V_{1(2)}t\omega)(\cos\varphi\vec{i} + \sin\varphi\vec{j}) + x'_{M0}\omega(-\sin\varphi\vec{i} + \cos\varphi\vec{j}) \tag{12.15}$$

将式(12.15)分解在静坐标系的两坐标轴上,有

$$V_{Mx} = (y_{M0}\omega - V_{1(2)}t\omega - V_{1(2)})\cos\varphi - x_{M0}\omega\sin\varphi \tag{12.16a}$$

$$V_{My} = (y_{M0}\omega - V_{1(2)}t\omega - V_{1(2)})\sin\varphi + x_{M0}\omega\cos\varphi \tag{12.16b}$$

将 $\varphi=\omega t$ 代入式(12.16a)、式(12.16b)得

$$V_{Mx}=(y_{M0}\omega-V_{1(2)}t\omega-V_{1(2)})\cos(\omega t)-x_{M0}\omega\sin(\omega t) \tag{12.17a}$$

$$V_{My}=(y_{M0}\omega-V_{1(2)}t\omega-V_{1(2)})\sin(\omega t)+x_{M0}\omega\cos(\omega t) \tag{12.17b}$$

将式(12.17a)、式(12.17b)积分可得接地履带上任一点 M 的转向运动轨迹

$$x_M=x_{M0}\cos(\omega t)+(y_{M0}-V_{1(2)}t)\sin(\omega t)+x_{M0} \tag{12.18a}$$

$$y_M=x_{M0}\sin(\omega t)-(V_{1(2)}t-y_{M0})\cos(\omega t)+y_{M0} \tag{12.18b}$$

由式(12.8a)、式(12.8b)得内、外侧接地履带在动坐标系中的绝对速度分别为

$$V_1=\pi r_q n_e\frac{\dfrac{k}{i_z i_g}-\dfrac{e}{i_y i_f}}{30(1+k)i_m} \tag{12.19}$$

$$V_2=\pi r_q n_e\frac{\dfrac{k}{i_z i_g}+\dfrac{e}{i_y i_f}}{30(1+k)i_m} \tag{12.20}$$

不考虑滑转(滑移)和转向中心线偏移时,式(12.11)的车辆转向角速度计算可简化为

$$\omega=\frac{\pi r_q n_e e}{15Bi_y i_f i_m(1+k)} \tag{12.21}$$

将式(12.19)～式(12.21)代入式(12.18a)、式(12.18b)可得内、外侧履带上任一点 M 的转向运动轨迹模型分别为

$$x_{1M}=x_{1M0}\cos\left[\frac{\pi r_q n_e e}{15Bi_y i_f i_m(1+k)}t\right]+\left[y_{1M0}-\frac{\pi r_q n_e(ki_y i_f-ei_z i_g)}{30(1+k)i_m i_z i_g i_f i_y}t\right]\sin\left[\frac{\pi r_q n_e e}{15Bi_y i_f i_m(1+k)}t\right] \tag{12.22a}$$

$$y_{1M}=x_{1M0}\sin\left[\frac{\pi r_q n_e e}{15Bi_y i_f i_m(1+k)}t\right]-\left[\frac{\pi r_q n_e(\alpha i_y i_f-ei_z i_g)}{30(1+k)i_m i_z i_g i_f i_y}t-y_{1M0}\right]\cos\left[\frac{\pi r_q n_e e}{15Bi_y i_f i_m(1+k)}t\right] \tag{12.22b}$$

$$x_{2M}=x_{2M0}\cos\left[\frac{\pi r_q n_e e}{15Bi_y i_f i_m(1+k)}t\right]+\left[y_{2M0}-\frac{\pi r_q n_e(\mathrm{k}i_y i_f-ei_z i_g)}{30(1+k)i_m i_z i_g i_f i_y}t\right]\sin\left[\frac{\pi r_q n_e e}{15Bi_y i_f i_m(1+k)}t\right] \tag{12.23a}$$

$$y_{2M}=x_{2M0}\sin\left[\frac{\pi r_q n_e e}{15Bi_y i_f i_m(1+k)}t\right]-\left[\frac{\pi r_q n_e(ki_y i_f-ei_z i_g)}{30(1+k)i_m i_z i_g i_f i_y}\mathrm{t}-y_{2M0}\right]\cos\left[\frac{\pi r_q n_e e}{15Bi_y i_f i_m(1+k)}t\right] \tag{12.23b}$$

式中,x_{1M}、y_{1M} 为转向过程中内侧接地履带上任一点 M 在静坐标系中的坐标;

x_{1M0}、y_{1M0}为履带车辆转向开始时，内侧接地履带上任一点 M 在静坐标系中的坐标；x_{2M}、y_{2M}为转向过程中外侧接地履带上任一点 M 在静坐标系中的坐标；x_{2M0}、y_{2M0}为履带车辆转向开始时，外侧接地履带上任一点 M 在静坐标系中的坐标。

根据式(12.22a)～式(12.23b)可仿真研究履带车辆液压机械复合转向运动轨迹随液压传动排量比和直驶变速系传动比的变化规律，根据转向运动轨迹可分析履带车辆转向过程中接地履带相对地面的运动规律及车辆转向阻力矩的变化。

12.1.2　转向运动轨迹仿真

采用 MATLAB 软件编程仿真履带车辆液压机械复合转向运动轨迹。仿真所需的履带车辆参数如表 12.1 所示，液压机械复合转向系参数见表 10.6、表 10.7。

表 12.1　履带车辆参数

参数	r_q/m	n_e/(r/min)	i_m	B/m
参数值	0.346	2300	5.5	1.435

根据已知参数分别对不同液压传动排量比下的履带车辆稳态转向过程和瞬态转向过程进行仿真，仿真时间为 2s，为使仿真结果更清晰，图中仅给出接地履带的前、中、后三块履带板的运动轨迹，点线为前履带板，虚线为中履带板，实线为后履带板。

1) 稳态转向过程

稳态转向过程是指履带车辆以固定转向半径、不变转向角速度的转向行驶过程。履带车辆稳态转向行驶时，液压传动排量比为定值。

以直驶变速系二挡稳态转向行驶工况为例，当液压传动排量比分别为 0.2、0.3 时，履带车辆液压机械复合转向履带运动轨迹仿真结果如图 12.2 所示。

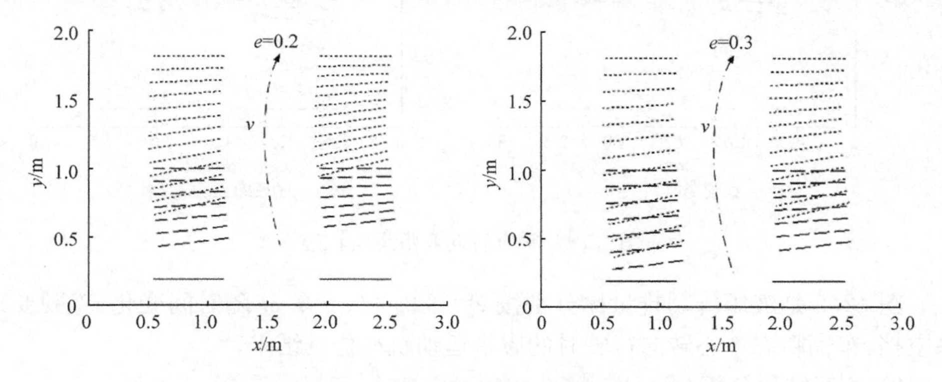

图 12.2　直驶变速系二挡时稳态转向履带运动轨迹

当直驶变速系空挡时，履带车辆做转向半径为零的稳态中心转向行驶。仿真时液压传动排量比分别设定为 0.2 和 0.3，车辆稳态中心转向履带运动轨迹仿真结果如图 12.3 所示。

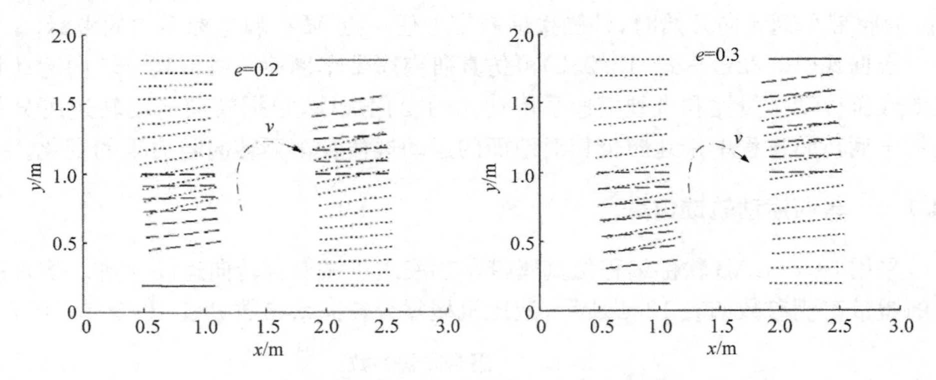

图 12.3　直驶变速系空挡时稳态中心转向履带运动轨迹

2）瞬态转向过程

瞬态转向过程是指履带车辆从直线行驶过程向稳态转向过程或从一种稳态转向过程向另一种稳态转向过程的过渡转向行驶过程。履带车辆瞬态转向行驶时，液压传动排量比随时间发生变化。

当液压传动排量比按 $e=0.3t$ 随时间线性变化时，车辆分别以直驶变速系二挡、三挡转向行驶，履带运动轨迹仿真结果如图 12.4 所示。

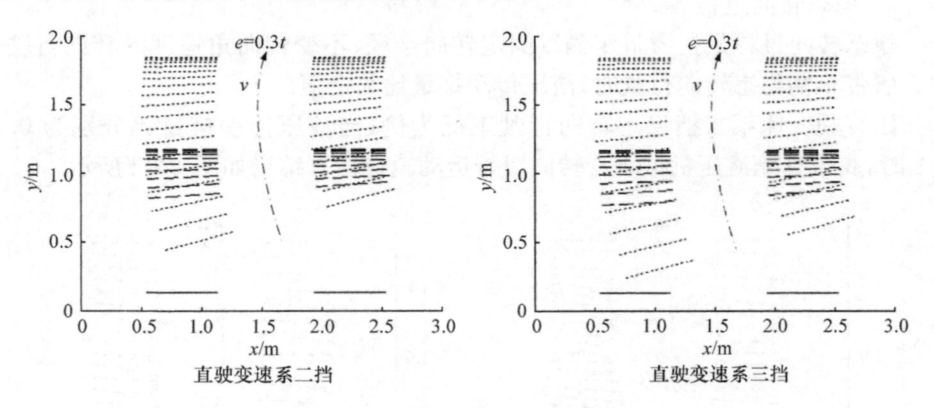

图 12.4　瞬态转向履带运动轨迹

图 12.5 是液压传动排量比分别按 $e=0.2t$ 和 $e=0.3t$ 随时间变化，直驶变速系空挡，车辆瞬态中心转向行驶时的履带运动轨迹仿真结果。

3）仿真结果分析

图 12.2～图 12.5 表示了车辆稳态和瞬态转向行驶时的履带运动轨迹。履带运动轨迹仿真结果不但可以反映履带车辆在转向过程中，某一履带板从刚接触地

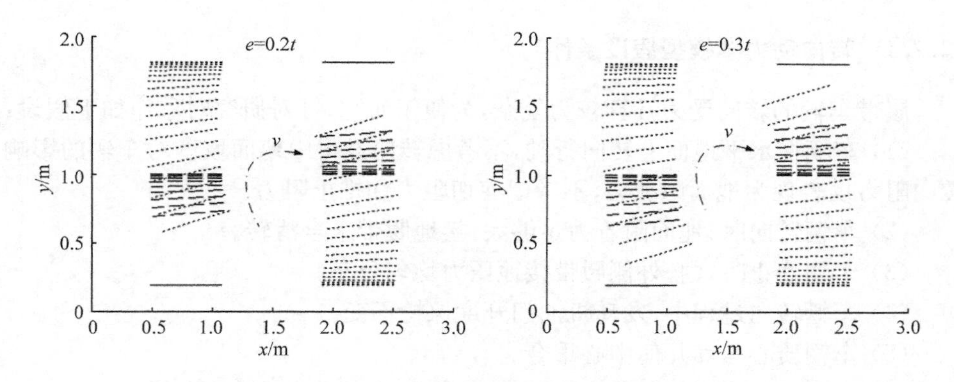

图 12.5　瞬态中心转向履带运动轨迹

面到将要离开地面时的运动轨迹，还表明了在某一履带板将要离开地面时所有接地履带板所经历的运动轨迹，同时也清晰地显示了在车辆转向的某一时刻所有接地履带板的位置坐标。

从履带运动轨迹可看出接地履带剪切新地面或从已经剪切过的地面上划过的部分，当履带车辆在软地面转向行驶时，接地履带剪切新地面时的转向阻力大于已经剪切过地面的转向阻力，因此，可以从履带运动轨迹分析履带车辆转向阻力的变化。

由图 12.2、图 12.3 可知，液压传动排量比越大，前接地履带划过后接地履带区域的面积越小，即前接地履带剪切新地面的面积越大，转向阻力越大。图 12.3 还表明履带车辆稳态中心转向行驶时，内、外侧履带运动轨迹相对于转向中心呈对称分布，内、外侧履带的转向阻力相同。

履带车辆瞬态转向行驶时，随着液压传动排量比的增大，前接地履带划过后接地履带区域的面积减小，即前接地履带划过新地面的面积增大，履带车辆的转向阻力增大。由图 12.4 可知，直驶变速系挡位越高，前接地履带划过后接地履带区域的面积越大，即前接地履带剪切新地面的面积越小，履带车辆的转向阻力越小。由图 12.5 可知，液压传动排量比变化率越大，前接地履带剪切新地面的面积越大，履带车辆的转向阻力越大。内、外侧接地履带剪切新地面的面积变化快慢相同，内、外侧接地履带的转向阻力变化快慢相同。

12.2　履带车辆液压机械复合转向动力学模型

履带车辆的转向运动是其所受力共同作用的结果，转向动力学模型描述履带车辆转向运动参数与转向受力之间的关系。本节在分析履带车辆转向受力的基础上，建立履带车辆液压机械复合转向稳态及瞬态动力学模型。

12.2.1 转向动力学模型假设条件

履带车辆的转向受力计算较为复杂，为便于研究，针对研究对象作如下假设：

(1) 车辆在水平地面上转向行驶，不考虑转向过程中地面坡度对车辆的影响，转向阻力仅表现为地面附着力，不考虑剪切阻力和推土阻力。

(2) 车辆转向时，地面附着力足够大，接地履带未全滑转。

(3) 车辆静止时，内、外侧履带接地压力均匀分布。

(4) 车辆转向过程中，发动机油门开度保持不变。

(5) 车辆质心与其几何中心重合。

(6) 忽略空气阻力的影响，滚动阻力系数和地面附着系数为定值。

12.2.2 转向受力分析与计算

基于上述假设条件，履带车辆转向时水平面内的受力如图 12.6 所示，履带车辆受到驱动力 F_q(内侧履带 F_{q1}、外侧履带 F_{q2})、转向阻力 F_z(内侧履带 F_{z1}、外侧履带 F_{z2})、工作阻力 F_w 及行驶阻力 F_f(内侧履带 F_{f1}、外侧履带 F_{f1})等的共同作用，对高速转向的履带车辆还要考虑转向离心力 F_{cent}(F_{centx}、F_{centy})的影响。

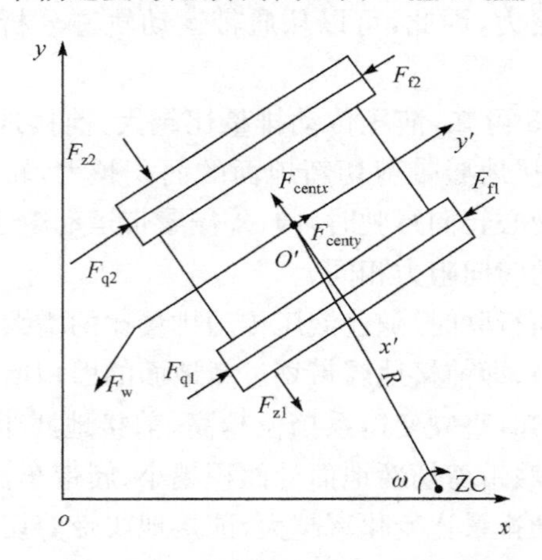

图 12.6 履带车辆转向受力图

1. 附着力

根据建模假设条件，履带车辆所受到的驱动力(与运动方向相反时为制动力)和转向阻力均与地面附着力有关，地面附着力的大小与履带接地压力、地面附着系数有关，地面附着力的方向与接地履带的绝对速度方向相反。对于履带接地压力，虽然假设过不少关于履带接地压力分布曲线，但由于履带接地压力的影响因素较多，在定量方面的研究比轮式车辆要少，常采用两种方法计算履带接地压力：一种是按静态平均接地压力(即整车重力除以履带接地面积)与由于质心位置偏移、离心力引起的履带接地压力的变化之和作为履带实际接地压力；另一种是认为负重轮与履带是点接触，履带接地压力沿履带纵向中心线集中作用在这些点上，采用第一种计算方法。

以内侧履带为例计算地面附着力，接地履带上的每一微元 $\mathrm{d}x\mathrm{d}y$ 有微小地面附着力 $\mathrm{d}F_1$ 作用，微小地面附着力 $\mathrm{d}F_1$ 计算式为

$$\mathrm{d}F_1=\phi p_1(x,y)\mathrm{d}x\mathrm{d}y \tag{12.24}$$

式中，$p_1(x,y)$ 为内侧履带接地压力，$\mathrm{N/m^2}$；ϕ 为地面附着系数。

当车辆高速转向时，离心力使内、外侧履带接地压力发生变化，内侧履带接地压力计算式为

$$p_1(x,y)=p_1^1(x,y)+p_1^2(x,y)+p_1^3(x,y) \tag{12.25}$$

式中，$p_1^1(x,y)$ 为重力作用下的内侧履带接地压力，$p_1^1(x,y)=\dfrac{mg}{2bL}$，$b$ 为履带接地宽度，m，L 为履带接地长度，m；$p_1^2(x,y)$ 为离心力 x' 轴方向分力作用下的内侧履带接地压力，$p_1^2(x,y)=-\dfrac{6F_{\mathrm{cent}x}h_{\mathrm{g}}x}{bL^3}$，$h_{\mathrm{g}}$ 为质心高，m；$p_1^3(x,y)$ 为离心力 y' 轴方向分力作用下的内侧履带接地压力，该分力使内侧履带接地压力减少，外侧履带接地压力增加，即 $p_1^3(x,y)=-\dfrac{F_{\mathrm{cent}y}h_{\mathrm{g}}}{bBL}$。

由此可得内、外侧履带的接地压力分别为

$$p_1(x,y)=\frac{mg}{2bL}-\frac{6F_{\mathrm{cent}x}h_{\mathrm{g}}x}{bL^3}-\frac{F_{\mathrm{cent}y}h_{\mathrm{g}}}{bBL} \tag{12.26}$$

$$p_2(x,y)=\frac{mg}{2bL}-\frac{6F_{\mathrm{cent}x}h_{\mathrm{g}}x}{bL^3}+\frac{F_{\mathrm{cent}y}h_{\mathrm{g}}}{bBL} \tag{12.27}$$

将式(12.26)、式(12.27)代入式(12.24)可得内、外侧履带的微小地面附着力分别为

$$\mathrm{d}F_1=\phi\left(\frac{mg}{2bL}-\frac{6F_{\mathrm{cent}x}h_{\mathrm{g}}x}{bL^3}-\frac{F_{\mathrm{cent}y}h_{\mathrm{g}}}{bBL}\right)\mathrm{d}x\mathrm{d}y \tag{12.28}$$

$$\mathrm{d}F_2=\phi\left(\frac{mg}{2bL}-\frac{6F_{\mathrm{cent}x}h_{\mathrm{g}}x}{bL^3}+\frac{F_{\mathrm{cent}y}h_{\mathrm{g}}}{bBL}\right)\mathrm{d}x\mathrm{d}y \tag{12.29}$$

2. 驱动力(制动力)

履带车辆转向时，接地履带的滑转(滑移)使地面对履带产生纵向作用力，纵向作用力与运动方向相同时表现为驱动力，与运动方向相反时表现为制动力，两侧履

带驱动力(制动力)对车辆几何中心的矩为车辆的转向力矩。两侧履带驱动力(制动力)与地面性质、接地履带的滑转(滑移)有关,但其产生的根源是通过车辆动力传动系传递的发动机动力。对不同的转向系,发动机传递到内、外侧履带的驱动力不同,进而影响到履带车辆的转向性能,目前已有的履带车辆转向动力学模型在计算履带车辆驱动力(制动力)时并未考虑转向系的影响,仅从地面与接地履带的相互作用关系进行计算,式(12.28)、式(12.29)所示的微小地面附着力在 x' 方向分力的积分为履带车辆的驱动力(制动力)。在接地履带未全滑转时,履带车辆的驱动力(制动力)可由发动机转矩求出。

采用不同的转向系,由发动机转矩计算的内、外侧履带驱动力(制动力)差别较大,当采用传统转向系时,如采用转向离合器-制动器,其外侧履带驱动力可根据发动机转矩计算得到,而内侧履带驱动力(制动力)需根据离合器、制动器的分离和制动状态分别按制动器的制动力矩和发动机转矩计算,内、外侧履带驱动力(制动力)具有不确定的计算关系。

采用液压机械复合转向系的履带车辆,其内、外侧履带驱动力(制动力)均可根据发动机转矩计算得到,二者具有确定的计算关系,可得内、外侧履带驱动力(制动力)分别为

$$F_{q1}=\frac{(1+k)[(1-\lambda_1)i_g i_z+k\lambda_1 i_f i_y]i_m}{2kr_q}T_e \tag{12.30}$$

$$F_{q2}=\frac{(1+k)[(1-\lambda_2)i_g i_z+k\lambda_2 i_f i_y]i_m}{2kr_q}T_e \tag{12.31}$$

当履带车辆以定直驶变速系传动比、定液压传动排量比转向行驶时,可根据发动机转矩求得内、外侧履带的驱动力(制动力)。

3. 转向阻力

履带车辆转向时,接地履带相对于地面存在横向运动,地面将产生阻止履带横向运动的横向反力,该横向反力即为履带车辆的转向阻力,内、外侧履带的转向阻力对车辆几何中心的矩为车辆的转向阻力矩。

根据建模假设条件,内、外侧履带的转向阻力可按横向反力计算,即由式(12.28)、式(12.29)所示的微小地面附着力在 y' 方向分力的积分可得履带车辆的转向阻力分别为

$$F_{z1}=\iint \mathrm{d}F_{1y}=\int_{-0.5L}^{0.5L}\int_{-0.5B-0.5b}^{-0.5B+0.5b}\frac{x}{\sqrt{x^2+y^2}}\phi p_1(x,y)\mathrm{d}x\mathrm{d}y \tag{12.32}$$

$$F_{z2}=\iint \mathrm{d}F_{2y}=\int_{-0.5L}^{0.5L}\int_{-0.5B-0.5b}^{0.5B+0.5b}\frac{x}{\sqrt{x^2+y^2}}\phi p_2(x,y)\mathrm{d}x\mathrm{d}y \tag{12.33}$$

4. 工作阻力

履带车辆是工农业生产的主要动力装备，通常是与配套工作装置一起组成一个完整的机组，以完成人们所确定的各种作业。与轮式车辆相比，履带车辆作业种类多，作业方式复杂，可分为田间牵引作业、运输作业、农田基本建设作业和多种作业同时进行的复式作业等。工作阻力计算较为复杂，很难给出同一工作阻力计算模型，建模时要按不同作业类型分别进行。

铧式犁是农用履带车辆的最常用田间牵引作业机具类型，其工作阻力模型为

$$F_w = k_p z b_p h_p \tag{12.34}$$

式中，z 为犁铧数；b_p 为单体犁铧的宽度，m；h_p 为耕作深度，m；k_p 为土壤比阻，N/m^2。

当履带车辆带拖车进行运输作业时，其工作阻力模型为

$$F_w = f_T m_T g \tag{12.35}$$

式中，m_T 为拖车质量，kg；f_T 为拖车滚动阻力系数。

当履带车辆进行推土作业时，其工作阻力模型为

$$F_w = k_b h_b b_b \sin\vartheta + 0.8 m_t g \tag{12.36}$$

式中，k_b 为单位面积土壤切削阻力，Pa；h_b 为平均切削深度，m；b_b 为推土板宽度，m；ϑ 为推土板水平面回转角；m_t 为推土装置质量，kg。

5. 行驶阻力

履带车辆转向时，也受到行驶阻力作用，通常根据滚动阻力系数和履带接地压力计算，内、外侧履带行驶阻力为

$$F_{f1} = F_{f2} = 0.5 fmg \tag{12.37}$$

式中，f 为履带滚动阻力系数。

6. 转向离心力

履带车辆在低速转向时，不考虑转向离心力影响，但在高速转向时，转向离心力的影响不可忽略，在离心力作用下，车辆有侧滑的趋势，此时，转向阻力的合力不等于零，与转向离心力及工作装置的横向阻力保持平衡(匀速转向情况下)。转向离心力可分解为横向分力和纵向分力，这两个分力对履带接地压力产生影响，进而使两侧履带的驱动力(制动力)和转向阻力发生变化。转向离心力在 x'、y' 方向的分力分别为

$$F_{centx} = m\frac{V^2 D}{R_c^2 + D^2} \tag{12.38}$$

$$F_{centy}=m\frac{V^2R_c}{R_c^2+D^2} \tag{12.39}$$

12.2.3 转向动力学模型建立

根据履带车辆的转向过程和受力分析，可分别建立履带车辆的稳态转向模型和瞬态转向模型。

1. 稳态转向模型

当履带车辆在水平地面上稳态转向行驶时，其纵、横向所受力的合力及各力对车辆质心的合力矩为零。在图 12.6 所示坐标系下建立履带车辆的稳态转向模型为

$$F_{q2}-F_{q1}-F_{f1}-F_{f2}-F_{centx}-F_w\cos\beta=0 \tag{12.40a}$$

$$-F_{z1}-F_{z2}+F_{centy}-F_w\sin\beta=0 \tag{12.40b}$$

$$\frac{B}{2}(F_{q1}+F_{q1})-\iint x\mathrm{d}F_{z1}-\iint x\mathrm{d}F_{z2}-F_W l_T\sin\beta=0 \tag{12.40c}$$

式中，β 为工作阻力与 y' 轴的夹角；l_T 为工作装置挂接点到车辆质心的距离，m。

式(12.10)、式(12.11)、式(12.30)～式(12.40c)组成履带车辆的稳态转向动力学模型。

2. 瞬态转向模型

当履带车辆在水平地面上瞬态转向行驶时，其纵、横向所受力的合力及各力对车辆质心的合力矩不为零。在图 12.6 所示坐标系下建立履带车辆的瞬态转向模型为

$$F_{q2}-F_{q1}-F_{f1}-F_{f2}-F_{centx}-F_w\cos\beta=ma_x \tag{12.41a}$$

$$-F_{z1}-F_{z2}+F_{centy}-F_w\sin\beta=ma_y \tag{12.41b}$$

$$\frac{B}{2}(F_{q1}+F_{q1})-\iint x\mathrm{d}F_{z1}-\iint x\mathrm{d}F_{z2}-F_W l_T\sin\beta=I\frac{\mathrm{d}\omega}{\mathrm{d}t} \tag{12.41c}$$

式中，I 为履带车辆对其质心的转动惯量，$\mathrm{kg\cdot m^2}$。

质心加速度在 x'、y'方向的分量分别为

$$a_x=\dot{V}_x-\vec{V}_y\times\vec{\omega} \tag{12.42}$$

$$a_y=\dot{V}_y-\vec{V}_x\times\vec{\omega} \tag{12.43}$$

联立式(12.10)、式(12.11)、式(12.30)～式(12.39)、式(12.41a)～式(12.43)组成履带车辆瞬态转向的动力学模型。

分别对稳态转向模型和瞬态转向模型进行求解即可求出履带车辆在给定参数下的内、外侧履带的滑转(滑移)量(A_1、A_2)及转向中心线偏移量(D)，从而可仿真分析履带车辆稳态及瞬态转向性能。

12.2.4　转向动力学模型求解

履带车辆的稳态及瞬态转向动力学模型为非线性方程组，模型中有三个未知量（A_1、A_2 和 D），其他参数都可以表示为这三个未知量的函数，采用常规方法难以求解，采用 Newton-Raphson 方法进行求解。

1. *Newton-Raphson 方法*

Newton-Raphson 方法是用逐步迭代求解非线性方程组近似解的一种有效方法，对于含有 N 个变量 x_i、N 个方程的非线性方程组，有

$$f(x)=0 \tag{12.44}$$

式中，$f(x)=(f_1(x),f_2(x),\cdots,f_N(x))^{\mathrm{T}}$，$x=(x_1,x_2,\cdots,x_N)^{\mathrm{T}}$。

在 x 的邻域内可用泰勒级数展开为

$$f_i(x+\nabla x)=f_i(x)+\sum_{i=1}^{N}\frac{\partial f_i(x)}{\partial x_i}\nabla x_i+\sum_{i=1}^{N}\frac{\partial f_i^2(x)}{\partial x_i^2}\nabla x_i^2+\cdots \tag{12.45}$$

式(12.45)中的一阶偏导构成的矩阵是雅可比(Jacobian)矩阵。忽略二阶及更高阶偏导，并置 $f_i(x+\nabla x)=0$，可得到一个关于修正项的线性方程组，即

$$J\,\nabla x=-f(x) \tag{12.46}$$

式中，J 为雅可比矩阵，$J=\dfrac{\partial f(x)}{\partial x}$；$\nabla x$ 为牛顿步长。

由式(12.46)可求得牛顿步长∇x，将求出的∇x 添加到上一步的解向量中，完成一步迭代过程。利用这种迭代方法重复以上流程，直到满足方程组的条件，即可求得非线性方程组的解。

2. *求解流程*

采用 MATLAB 软件编程对转向动力学模型进行求解，程序框图如图 12.7 所示。

模型求解具体步骤如下：

(1) 输入整车参数、行走系统参数、直驶变速系参数、转向系参数及地面参数等已知参数。

(2) 输入 A_1、A_2 和 D 的初始值，根据三个未知量的初始值，通过式(12.10)计算出实际转向半径，根据式(12.11)求出实际转向角速度。

(3) 根据计算的实际转向角速度、实际转向半径以及三个未知量的初始值，通过式(12.32)、式(12.33)求出内、外侧履带的转向阻力，通过式(12.30)、式(12.31)求出内、外侧履带的驱动力(制动力)，通过式(12.38)、式(12.39)求出离心力的两个分量、通过式(12.37)求出行驶阻力，按式(12.34)、式(12.35)或式(12.36)计算

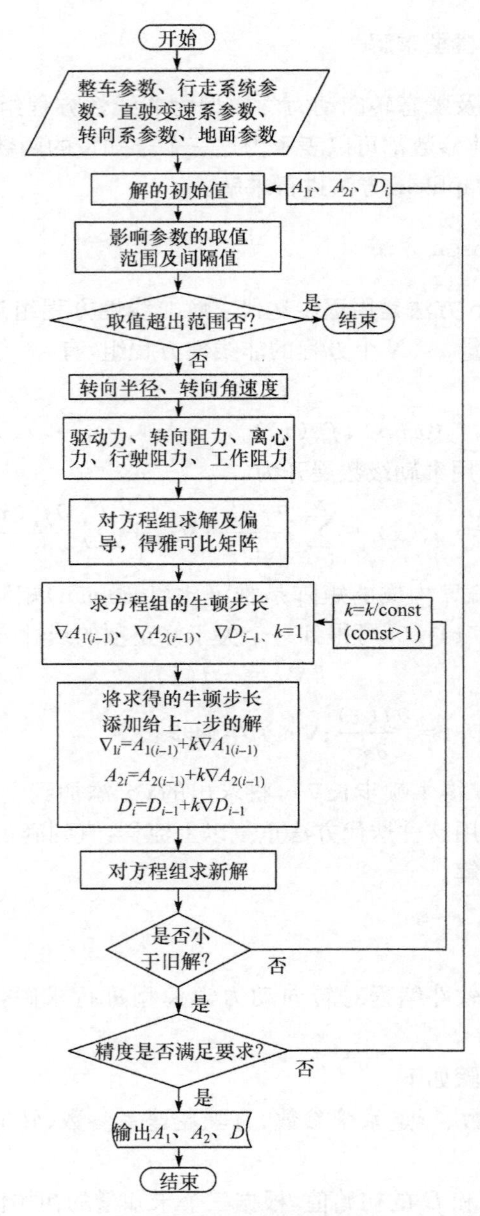

图 12.7　模型求解流程

工作阻力，然后将各力及 A_1、A_2 和 D 的初始值代入转向动力学模型。

(4) 对转向动力学模型进行求解及偏导，得雅可比矩阵，可以计算出方程组的牛顿步长(即 A_1、A_2 和 D 的修正值 $\nabla A_{1(i-1)}$、$\nabla A_{2(i-1)}$ 及 ∇D_{i-1}，然后将修正值 $\nabla A_{1(i-1)}$、$\nabla A_{2(i-1)}$ 及 ∇D_{i-1} 加到 A_1、A_2 和 D 上。利用这种逐步迭代方法重复以上

流程，直到满足方程组的条件。

(5) 根据影响履带车辆转向性能的各参数取值范围，按此方法重复计算 A_1、A_2 和 D 的值，当所取参数大于研究对象各结构参数和使用参数的取值范围时，整个程序计算结束，输出不同参数时所求得的 A_1、A_2 和 D 的值。

不难看出，每重复一次迭代过程，解的近似值就越接近准确值，这样经过有限次数的重复，可得到较为准确的近似解。

12.3　履带车辆液压机械复合转向性能仿真

根据上述模型及求解方法得到 A_1、A_2 和 D 值，可对履带车辆液压机械复合转向性能进行分析。

12.3.1　转向性能评价指标

履带车辆的转向性能通常用转向半径和转向角速度评价，尽管式(12.10)、式(12.11)给出了考虑履带滑转(滑移)及转向中心偏移的履带车辆实际转向半径和实际转向角速度计算式，但由于 A_1、A_2 和 D 值只能通过仿真或试验得到，并且它们对履带车辆的实际转向半径和实际转向角速度的影响相互耦合，在对履带车辆进行实时操纵时，较难控制其实际转向半径和实际转向角速度的大小，为此提出用转向半径变化率和转向角速度变化率作为履带车辆的实时控制参数，在对履带车辆液压机械复合转向性能进行仿真时可用如下指标评价。

1. 稳态转向性能评价指标

1) 履带滑移(滑转)率

履带滑移(滑转)率是指履带相对速度和牵连速度之差与履带相对速度的比值，其大小影响着履带车辆的转向效率。内、外侧履带滑移(滑转)率分别为

$$\delta_1=\frac{V_{e1}-V_{r1}}{V_{r1}} \tag{12.47}$$

$$\delta_2=\frac{V_{r2}-V_{e2}}{V_{r2}} \tag{12.48}$$

式中，V_{r1}、V_{r2} 分别为内、外侧履带相对速度，m/s；V_{e1}、V_{e2} 分别为内、外侧履带牵连速度，m/s。

由运动关系分析可知，内、外侧履带与驱动轮接触处的绝对速度分别为 $A_1\omega$、$A_2\omega$。

内、外侧履带的相对速度分别为

$$V_{r1}=(R_c-0.5B-A_1)\omega \tag{12.49}$$

$$V_{r2}=(R_c-0.5B-A_2)\omega \tag{12.50}$$

由式(12.47)～式(12.50)可得内、外侧履带的滑移(滑转)率分别为

$$\delta_1=\frac{A_1}{R_c-0.5B-A_1} \tag{12.51}$$

$$\delta_2=\frac{A_2}{R_c-0.5B-A_2} \tag{12.52}$$

由稳态转向动力学模型求出 A_1、A_2 和 D 值,代入式(12.51)、式(12.52),可分析车辆转向时履带滑移(滑转)率随车辆参数的变化规律。

2) 转向中心偏移率

当履带车辆带工作装置高速转向时,由于工作阻力或转向离心力的作用,履带车辆的转向中心通常沿其纵向中心线发生前(后)偏移。当转向中心偏移量 D 大于履带接地长度的一半时,车辆将失去转向稳定性,发生侧滑。转向中心偏移率定义为转向中心偏移量与履带接地长度一半的比值,其大小影响着履带车辆的转向稳定性。转向中心偏移率为

$$\delta_3=\frac{D}{0.5L} \tag{12.53}$$

由稳态转向动力学模型求出 D 值,代入式(12.53),可分析履带车辆转向时转向中心偏移率随车辆参数的变化规律。

3) 转向半径变化率

转向半径变化率定义为履带车辆实际转向半径和理论转向半径之差与理论转向半径的比值,其大小反映了履带车辆转向轨迹的准确程度。转向半径变化率为

$$\delta_4=\frac{R-R_1}{R_1} \tag{12.54}$$

式中,R_1 为理论转向半径,m,不考虑履带滑移(滑转)及转向中心偏移,仅根据几何运动关系计算得出。

由稳态转向动力学模型求出 A_1、A_2 和 D 值,代入式(12.10)即可求出履带车辆的实际转向半径,根据式(12.54)可分析履带车辆转向时转向半径变化率随车辆参数的变化规律。

4) 转向角速度变化率

转向角速度变化率定义为履带车辆理论转向角速度和实际转向角速度之差与理论转向角速度的比值,其大小反映了履带车辆转向的滞后程度。转向角速度变化率为

$$\delta_5=\frac{\omega_1-\omega}{\omega_1} \tag{12.55}$$

式中,ω_1 为理论转向角速度,rad/s,不考虑履带滑移(滑转)及转向中心偏移,仅根

据几何运动关系计算得出。

由稳态转向动力学模型求出 A_1、A_2 值,代入式(12.11)即可求出履带车辆的实际转向角速度,根据式(12.44)可分析履带车辆转向时转向角速度变化率随车辆参数的变化规律。

2. 瞬态转向性能评价指标

瞬态转向性能是指履带车辆的转向半径、转向角速度及行驶速度随转向操纵输入(转向拉杆位移或液压传动排量比)的瞬态响应性能。

12.3.2　转向性能仿真参数

仿真的农用履带车辆的质量为 7000kg,车辆对其质心的转动惯量为 2872.69kg·m^2,质心高为 0.6m,其他已知参数如表 10.5～表 10.7 和表 12.1 所示。

12.3.3　稳态转向性能仿真

履带车辆稳态转向时,液压传动排量比、直驶变速系传动比为一定值。通过上述方法求出内、外侧履带滑移(滑转)量(A_1、A_2)和转向中心线偏移量(D),可仿真分析履带车辆的稳态转向性能。

1. 使用参数影响

履带车辆转向时的稳态转向性能主要受液压传动排量比、直驶变速系传动比、工作阻力及地面参数等使用参数的影响。

1) 液压传动排量比影响

为分析液压传动排量比对车辆转向性能的影响,以直驶变速系一挡($i_g=3.5$)、发动机油门开度 $\alpha=0.8$、不带工作装置(工作阻力为零)、履带车辆在水泥地面上转向行驶为例,车辆稳态转向性能随液压传动排量比的变化关系如图 12.8(a)所示。

由理论分析知,当液压传动排量比增大时,车辆理论转向角速度增大、理论转向半径减小,转向阻力矩增加。为平衡增加的转向阻力矩,增加转向力矩,使外侧履带滑转率、内侧履带滑移率和转向中心偏移率增大,参考式(12.10)、式(12.11)可知,车辆转向半径变化率和转向角速度变化率增大,由于内侧履带的转向阻力大于外侧履带的转向阻力,内侧履带滑移率大于外侧履带滑转率,图 12.8(a)较好地反映了这一变化趋势。

2) 直驶变速系传动比影响

直驶变速系传动比大小不仅影响履带车辆的直驶性能,而且和其转向性能有关。当液压传动排量比为 0.5 时，改变直驶变速系传动比，其他条件不变，车辆稳态转向性能随直驶变速系传动比的变化关系如图 12.8(b)所示。

由图 12.8(b)可知，当直驶变速系传动比增大时，由发动机决定的驱动力增大，地面驱动力不变，从而使外侧履带滑转率、内侧履带滑移率增大；车辆行驶速度降低，转向离心力对转向中心的矩减小，从而使转向中心偏移率减小。由式(12.11)可知，车辆的实际转向角速度减小，而理论转向角速度不变，使转向角速度变化率和转向半径变化率增大，外侧履带滑转率小于内侧履带滑移率。

3）工作阻力影响

为分析工作阻力对履带车辆转向性能的影响，当液压传动排量比为 0.5、直驶变速系一挡(i_g=3.5)、发动机油门开度 α=0.8，履带车辆在水泥地面上转向行驶时，车辆稳态转向性能随工作阻力变化的仿真结果如图 12.8(c)所示。当履带车辆工作阻力增加时，需要地面对履带车辆提供更大的驱动力，从而使外侧履带滑转率和内侧履带滑移率增大，为平衡增加的工作阻力所产生的转向阻力矩，转向中心

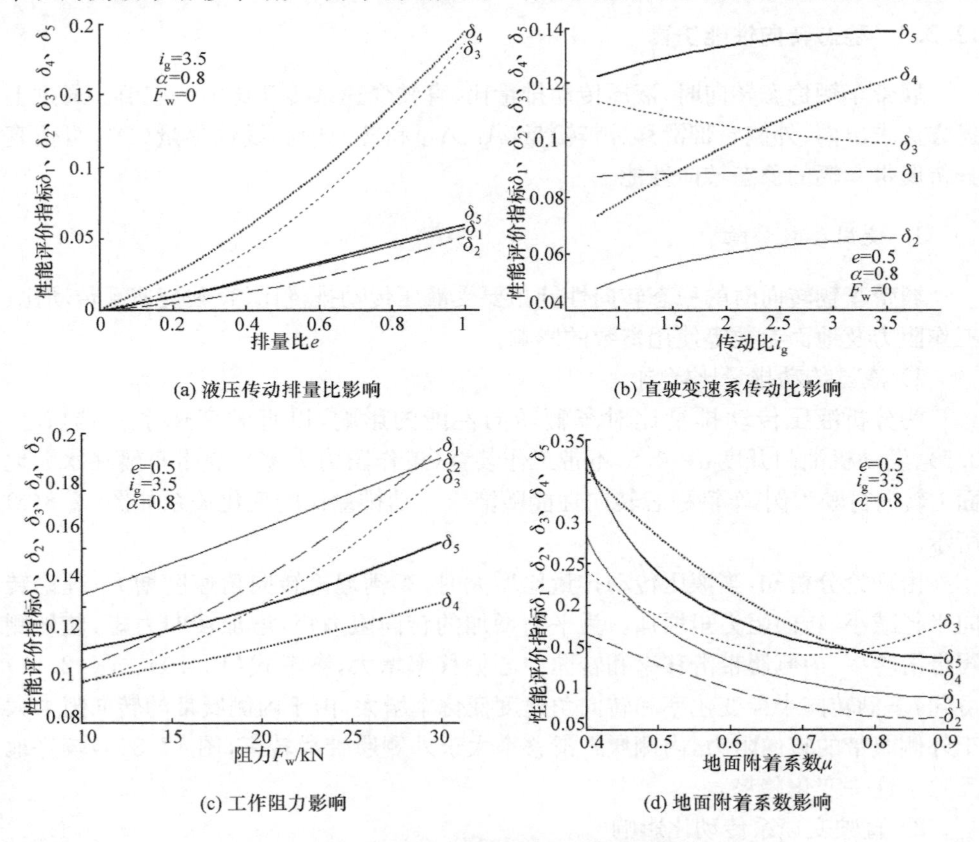

(a) 液压传动排量比影响

(b) 直驶变速系传动比影响

(c) 工作阻力影响

(d) 地面附着系数影响

图 12.8 履带车辆稳态转向性能(使用参数影响)

偏移率增大，由式(12.10)、式(12.11)可知，转向半径变化率和转向角速度变化率增大，仿真结果较好地验证了这一变化趋势。由图 12.8(c)还可知，当工作阻力小于一定值时，外侧履带滑转率大于内侧履带滑移率。

4) 地面参数影响

行驶地面不同，地面附着系数也会发生变化，从而影响地面对履带车辆的作用力。在分析工作阻力影响的仿真条件下，改变地面附着系数的大小，保持工作阻力不变，履带车辆稳态转向性能随地面附着系数变化的仿真结果如图 12.8(d)所示。

由图 12.8(d)可知，随着地面附着系数的增大，地面附着力增大，降低了接地履带的滑移(滑转)，内、外侧履带滑移(滑转)率减小，当地面附着系数增加到一定值后，离心力产生的转向力矩增加值大于地面附着力产生的转向阻力矩增加值，从而使转向中心偏移率开始减小，但有一最小值，转向半径变化率和转向角速度变化率减小，外侧履带滑转率小于内侧履带滑移率。

2. 结构参数影响

分析结构参数对履带车辆转向时的性能影响主要是分析车体长宽比与接地履带长宽比对履带车辆稳态转向性能的影响。

1) 车体长宽比影响

车体长宽比是指履带接地长度与履带轨距之比，履带接地长度受车辆行驶稳定性的限制，不可随意改变，履带轨距影响车辆转向阻力矩的大小，从而影响履带车辆稳态转向性能。

当液压传动排量比为 0.5、直驶变速系一挡($i_g=3.5$)、发动机油门开度 $\alpha=0.8$、不带工作装置(工作阻力为零)，履带车辆在水泥地面上转向行驶时，车辆稳态转向性能随车体长宽比变化的仿真结果如图 12.9(a)所示。

由图 12.9(a)可知，当车体长宽比增大时，内侧履带的滑移率略有减小，外侧履带的滑转率略有增加。这是由于当车体长宽比增大，履带接地长度不变时，履带轨距变小，内侧履带的接地压力变大，外侧履带的接地压力变小。同时由于履带轨距的变小，离心力对转向中心的矩减小，从而使转向中心偏移率减小。车辆的实际转向角速度和理论转向角速度随着履带轨距的减小而增大，但由于内、外侧履带滑移(滑转)的存在使转向角速度变化率随履带轨距的减小略有减小。如图 12.9(a)所示，存在一个使转向半径变化率最小的最佳车体长宽比。

2) 接地履带长宽比影响

接地履带长宽比是指履带接地长度与履带宽度之比。在分析车体长宽比影响的仿真条件下改变接地履带长宽比，保持车体长宽比不变，仿真结果如图 12.9(b)所示。

由图 12.9(b)可知，当接地履带长宽比增大，履带接地长度不变时，履带宽度变小，由式(12.25)可知，内、外侧履带的接地压力变大，使内、外侧履带的滑移(滑转)率变小。由于滑移(滑转)率的减小，车辆的实际转向角速度增大，从而使离心力对转向中心的矩增大，转向中心偏移率增大，转向半径变化率和转向角速度变化率增大。

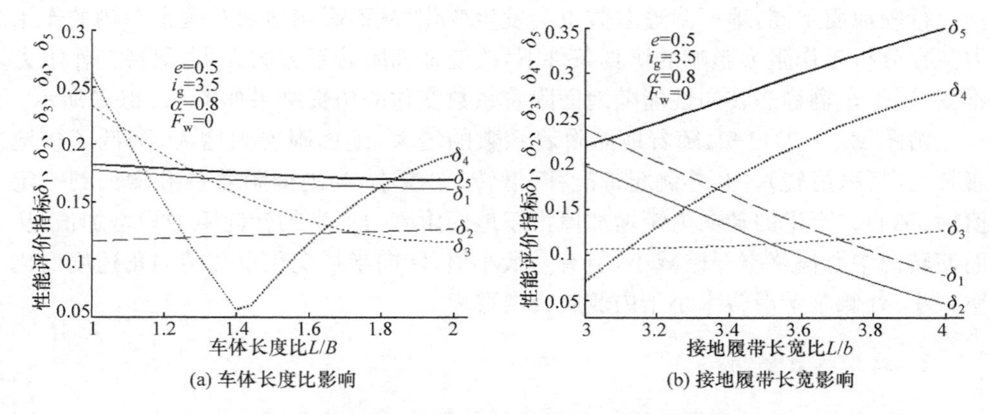

图 12.9　履带车辆稳态转向性能(结构参数影响)

12.3.4　瞬态转向性能仿真

履带车辆瞬态转向时，液压传动排量比随时间发生变化。履带车辆转向前处于平稳、匀速直线行驶状态，这时液压转向功率为零，对液压传动排量比施加一阶跃输入，稳态值为 0.3，车辆由直线行驶状态开始转向。当直驶变速系分别为一挡(i_g=3.5)、二挡(i_g=2.389)、三挡(i_g=2.05)，对应油门开度分别为 0.8、0.9、1，转向角速度、转向半径和行驶速度的响应曲线如图 12.10 所示。

当液压传动排量比变化时，内侧履带由于速度降低向前滑移，驱动力减小，外侧履带由于速度升高产生滑转，驱动力增大。这两个力的差形成转向力矩使履带车辆开始转向，地面对接地履带产生转向阻力，形成转向阻力矩。转向开始时，转向力矩最大，此后逐渐减小。转向阻力矩开始为零，逐渐增大。当转向力矩与转向阻力矩相等时，车辆进入稳态转向状态，转向角速度、转向半径和转向行驶速度趋于稳定，瞬态转向过程结束，图 12.10 中转向角速度、转向半径和行驶速度的变化验证了这一转向过程。

由图 12.10 可知，对于相同的液压传动排量比，直驶变速系传动比越大，转向角速度越大，转向半径越小，行驶速度越低，车辆进入稳态转向的时间(瞬态转向过程)越短，并且转向角速度的增量大于转向半径的增量，车辆表现出过度转向特性。由于转向时履带的滑转(滑移)率大于直驶时履带的滑转(滑移)率，造成同一直驶变速系传动比下的车辆转向行驶速度比直驶速度低。

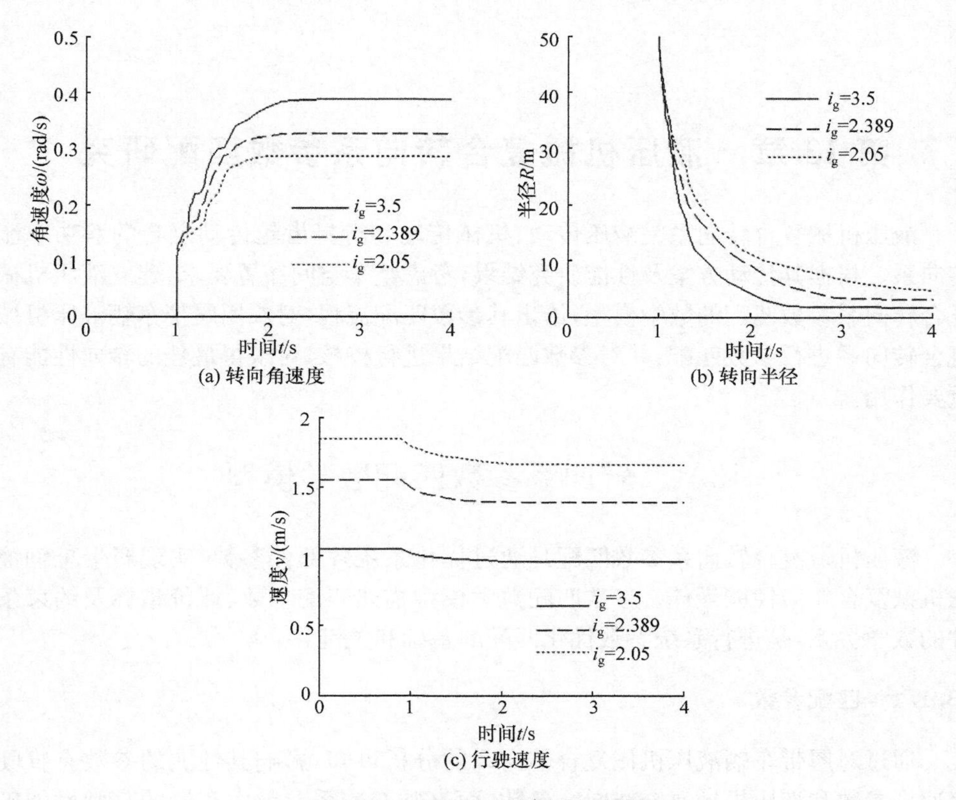

(a) 转向角速度　(b) 转向半径

(c) 行驶速度

图 12.10　履带车辆瞬态转向性能

第 13 章　液压机械复合转向系参数匹配研究

液压机械复合转向系是液压传动、机械传动和行星齿轮传动复合的双功率流转向系。根据其传动方案及性能研究结果，考虑整车空间布置要求，建立液压机械复合转向系参数匹配的数学模型，给出其参数匹配流程，对农用履带车辆液压机械复合转向系进行参数匹配，并对参数匹配结果进行校核，对求得最佳的转向性能有重要作用。

13.1　转向系参数匹配数学模型

液压机械复合转向系参数匹配是通过优化系统各部件参数，实现履带车辆液压机械复合转向性能最佳。参数匹配数学模型描述匹配参数、评价指标及约束条件的数学关系，是进行系统参数优化匹配的基础和关键。

13.1.1　匹配参数

通过对履带车辆液压机械复合转向系的分析可知，影响其性能的参数有直驶变速系参数和液压机械复合转向系参数，而直驶变速系参数由车辆的直驶性能确定，因此选取液压机械复合转向系中的定轴齿轮传动比、马达排量、液压传动系额定压力、马达后传动比及行星排特性参数等作为系统的匹配参数，即优化数学模型的设计变量为

$$X=[x_1,x_2,\cdots,x_5]^{\mathrm{T}}=[i_{\mathrm{f}},q_{\mathrm{m}},p_{\mathrm{H}},i_{\mathrm{y}},k]^{\mathrm{T}} \tag{13.1}$$

式中参数意义同前。

13.1.2　评价指标

液压机械复合转向系参数匹配的评价指标有车辆的转向动力性(转向牵引性能)、转向灵活性和转向快速性等。履带车辆种类繁多，有农用履带车辆(履带拖拉机、推土机等)和军用装甲车辆等。车型不同，其性能要求也不尽相同。农用履带车辆主要用于动力输出作业，液压机械复合转向系参数匹配要满足车辆的转向动力性(转向牵引性能)，而军用装甲车辆不带工作装置，系统参数匹配时主要考虑其转向灵活性和转向快速性。不同车型均要在满足其整车布置空间、制造成本及性能要求的基础上，实现液压机械复合转向系部件的优化组合和参数最优匹配。

1. 转向动力性

农用履带车辆的转向动力性是液压机械复合转向系参数匹配的主要指标，转向动力性用转向动力因数评价。转向动力因数是指履带车辆转向时每单位重力所分配的两侧履带牵引力之和，它表示了车辆转向时所能克服的内、外侧阻力大小，其值越大，转向越容易，转向动力性能越好。

液压机械复合转向的履带车辆两侧履带牵引力的大小与发动机转矩、液压传动系输出转矩及地面附着力有关，发动机、液压传动系及地面所提供的车辆转向牵引能力可分别用发动机动力因数、液压传动系动力因数及地面动力因数表示。

1）发动机动力因数

由履带车辆转向受力分析可知，当 $R<0.5B$ 时，内、外侧履带牵引力均为驱动力，当 $R\geqslant 0.5B$ 时，外侧履带牵引力为驱动力，内侧履带牵引力为制动力。由转向动力因数定义及式(12.30)、式(12.31)可得两种工况下的发动机动力因数分别为

$$D_e=\frac{k(1+k)i_f i_y i_m T_e}{mgekr_q},\quad R<0.5B \tag{13.2}$$

$$D_e=\frac{k(1+k)i_f i_y i_m}{ke^2}\left[\frac{T_e}{mgr_q}-\frac{fk}{i_g i_z i_m(1+k)}\right],\quad R\geqslant 0.5B \tag{13.3}$$

式中，D_e 为发动机动力因数。发动机动力因数的计算关系式代表了其所提供的车辆转向牵引能力。在终传动比、驱动轮驱动半径、直驶变速系传动比及中央传动比一定时，发动机动力因数受行星排特性参数、定轴齿轮传动比及马达后传动比等匹配参数的影响。

2）液压传动系动力因数

履带车辆转向时，其内、外侧履带牵引力通过终传动、行星排作用到液压传动系的马达输出轴上，即为液压传动系载荷转矩，其大小等于系统输出转矩。由转向动力因数定义及式(13.3)可导出液压传动系动力因数为

$$D_m=\frac{(1+k)i_y i_m q_m p}{0.314\times 10^4 mgr_q i_f} \tag{13.4}$$

式中，D_m 为液压传动系动力因数。液压传动系动力因数的计算关系式代表了液压传动系所提供的车辆转向牵引能力，当终传动比、驱动轮驱动半径一定时，液压传动系动力因数与行星排特性参数、马达后传动比、马达排量、系统压力及定轴齿轮传动比等匹配参数有关。

3）地面动力因数

地面动力因数分 $R<0.5B$、$R\geqslant 0.5B$ 两种工况计算，分别为

$$D_0=\frac{\mu L}{1.95B+\dfrac{0.6ki_f i_y}{ei_g i_z}},\quad R<0.5B \tag{13.5}$$

$$D_0=\frac{\mu L}{2B}+f,\quad R\geqslant 0.5B \tag{13.6}$$

式中，D_0 为地面动力因数。地面动力因数的计算关系式代表了行驶地面所提供的车辆转向牵引能力。在履带接地长度、履带轨距、直驶变速系传动比及中央传动比一定时，地面动力因数与行星排特性参数、定轴齿轮传动比、马达后传动比等匹配参数及地面附着系数有关。

2. 转向灵活性

履带车辆的转向灵活性用最小转向半径评价，它反映了车辆在狭窄区域内实现转向的能力。最小转向半径越小，车辆转向越灵活。液压机械复合转向的履带车辆各挡均有一个最小转向半径，挡位不同，最小转向半径也不同。不考虑履带滑移(滑转)及转向中心偏移时，转向半径为

$$R=\frac{ki_{\mathrm{f}}i_{\mathrm{y}}B}{2ei_{\mathrm{g}}i_{\mathrm{z}}} \tag{13.7}$$

式(13.7)代表了履带车辆的转向灵活性。在履带轨距、直驶变速系传动比及中央传动比一定时，转向灵活性受行星排特性参数、定轴齿轮传动比及马达后传动比等匹配参数的影响。

3. 转向快速性

履带车辆的转向快速性用最短周转向时间(或最大转向角速度)评价，最短周转向时间是指履带车辆在某一挡位下，以某一转向半径回转一周所需的最短时间，它反映了车辆转向的快慢。为提高车辆的转向快速性，各挡的最短周转向时间越短越好。液压机械复合转向的履带车辆最短周转向时间(或最大转向角速度)与直驶变速系挡位无关。不考虑履带滑移(滑转)及转向中心偏移时，周转向时间为

$$t_{\mathrm{c}}=\frac{30B(1+k)i_{\mathrm{m}}i_{\mathrm{f}}i_{\mathrm{y}}}{r_{\mathrm{q}}n_{\mathrm{e}}e} \tag{13.8}$$

式(13.8)代表了履带车辆的转向快速性。在履带轨距、终传动比及驱动轮驱动半径确定后，转向快速性受行星排特性参数、定轴齿轮传动比及马达后传动比等匹配参数的影响。

4. 目标函数

为了获得较好的转向动力性，转向动力因数要大，对于发动机动力因数和液压传动系动力因数，需求得各自的极大值，地面动力因数受车辆行驶地面参数的影响，目标函数中不包括地面动力因数，而作为一个约束条件。为了获得较好的转向灵活性和转向快速性，转向半径越小越好，周转向时间越短越好。

多指标优化问题的基本解法是将其转化为单指标问题求解，一般通过对各指标赋予不同的权重系数，以线性加权方式将多个指标合成一个指标处理，从而建立新的目标函数进行优化计算。

为减小各指标之间的数值差异，分别对各指标进行归一化处理，可构造出液压机械复合转向系参数匹配的目标函数为

$$\min f(X)=-a_1\frac{D_e}{D_{em}}-a_2\frac{D_m}{D_{mm}}-a_3\frac{R_s}{R}-a_4\frac{t_{cs}}{t_c} \tag{13.9}$$

式中，a_i 为权重系数，根据不同车型取不同的值，$\sum_{i=1}^{4}a_i=1$，且 $a_i\geqslant 0$；D_{em}为发动机动力因数极限值，$D_{em}=1.26$；D_{mm}为液压传动系动力因数极限值，$D_{mm}=0.87$；R_s 为转向半径极限值，m，$R_s=0.66$m；t_{cs}为周转向时间极限值，s，$t_{cs}=4.18$s。

13.1.3　约束条件

液压机械复合转向系参数优化匹配的约束条件除系统自身的结构布置及性能要求等约束外，还受所装备车辆的行驶地面特性及发动机特性等条件约束。

1）履带车辆转向动力性决定的约束

履带车辆要实现转向行驶，发动机及液压传动系所提供的两侧履带牵引力必须不小于地面所提供的牵引力，即发动机动力因数和液压传动系动力因数均不小于地面动力因数，可得约束

$$g_1(X)=D_0-D_e\leqslant 0 \tag{13.10}$$

$$g_2(X)=D_0-D_m\leqslant 0 \tag{13.11}$$

式中，D_e、D_m、D_0分别按式(13.2)～式(13.6)计算。

2）发动机特性决定的约束

发动机作为液压机械复合转向系的动力源，发动机转矩、转速、油门开度、燃油消耗及排放之间存在着复杂的非线性关系，不易对这些特性进行准确数学描述。液压机械复合转向系参数匹配评价指标与发动机转矩、转速、油门开度有关，采用发动机调速特性模型可描述液压机械复合转向系参数匹配的约束条件。农用履带车辆采用 LR6105ZT10 型柴油发动机，其调速特性模型如式（11.23a）～式(11.24c)，可得约束

$$g_3(X)=T_e-T_{emax}\leqslant 0 \tag{13.12}$$

$$g_4(X)=n_e-n_{er1}\leqslant 0 \tag{13.13}$$

$$g_5(X)=n_{er2}-n_e\leqslant 0 \tag{13.14}$$

$$g_6(X)=\alpha-\alpha_{r1}\leqslant 0 \tag{13.15}$$

$$g_7(X)=\alpha_{r2}-\alpha\leqslant 0 \tag{13.16}$$

式中，T_{emax}为发动机最大转矩，N·m；n_{er1}、n_{er2}为发动机最高、最低怠速，r/min；α_{r1}、

α_{r2}为发动机最大、最小油门开度。

3）履带车辆行驶速度决定的约束

农用履带车辆直驶变速系有 6 个前进挡和 2 个倒挡，各挡传动比如表 10.7 所示，设计主要行驶速度范围为 0.8～4.2m/s，可得约束

$$g_8(X)=0.8-V\leqslant 0 \tag{13.17}$$

$$g_9(X)=V-4.2\leqslant 0 \tag{13.18}$$

由式(12.19)、式(12.20)知，履带车辆行驶速度为

$$V=\frac{\pi k r_q n_e}{30(1+k)i_g i_z i_m} \tag{13.19}$$

4）液压传动系额定压力决定的约束

由于柴油发动机与液压机械复合转向系共同组成履带车辆的动力传动系，二者有相似的外载荷及使用寿命要求，液压传动系中的泵（马达）与柴油发动机有许多相似的运动副，存在着相似的损坏形式，将柴油发动机的功率标定方式用于液压传动系额定压力设定，可得约束

$$g_{10}(X)=K_{pmin}-\frac{p_H}{p_m}\leqslant 0 \tag{13.20}$$

$$g_{11}(X)=\frac{p_H}{p_m}-K_{pmax}\leqslant 0 \tag{13.21}$$

式中，p_m 为液压传动系中的泵（马达）最高压力，MPa，由泵（马达）样本数据得到；K_{pmin}、K_{pmax}分别为液压传动系压力适应系数极小、极大值，该值取农用履带车辆柴油发动机的转矩储备系数。

液压传动系压力由所受载荷决定，系统额定输出转矩应不小于履带车辆最大转向阻力矩所对应的系统负载转矩，可得约束

$$g_{12}(X)=\frac{2(F_{z1m}+F_{z2m})r_q}{i_m(1+k)i_y}-T_{yH}\leqslant 0 \tag{13.22}$$

式中，T_{yH}为马达额定输出转矩，N·m，按式(11.5)计算；F_{z1m}、F_{z2m}分别为履带车辆内、外侧最大转向阻力，N，按式(12.32)、式(12.33)计算。

5）泵转速决定的约束

泵转速不但影响履带车辆的转向灵活性和转向快速性，而且和液压传动系效率有关。由于履带车辆工况多变，当定轴齿轮传动比确定后，需根据发动机转速对泵的匹配转速进行极限工况校核，泵转速的校核工况选择发动机最高怠速工况，可得约束

$$g_{13}(X)=K_{nmin}-\frac{n_{pm}^s}{n_{pH}^s}\leqslant 0 \tag{13.23}$$

$$g_{14}(X)=\frac{n_{\mathrm{pm}}^{\mathrm{s}}}{n_{\mathrm{pH}}^{\mathrm{s}}}-K_{\mathrm{nmax}}\leqslant 0 \tag{13.24}$$

$$g_{15}(X)=n_{\mathrm{pm}}^{\mathrm{s}}-n_{\mathrm{pm}}\leqslant 0 \tag{13.25}$$

式中，$n_{\mathrm{pm}}^{\mathrm{s}}$为发动机最高怠速时泵转速，r/min；$n_{\mathrm{pH}}^{\mathrm{s}}$为发动机额定转速时泵转速，r/min；$K_{\mathrm{nmax}}$、$K_{\mathrm{nmin}}$分别为泵转速校核系数极小、极大值；$n_{\mathrm{pm}}$为全排量时泵最高转速，r/min。

6）马达角功率决定的约束

液压元件的角功率等于其最大转矩与最高转速的乘积。角功率是液压元件一种极限状态的性能描述指标，不是通常所能传递的功率，但它能有效地、综合性地反映液压元件的传动能力。

对液压机械复合转向系来说，马达排量匹配从同时满足履带车辆所要求的最大转向力矩和最高转向角速度出发，使马达角功率满足车辆最大转向角功率来选定马达排量。根据选定的马达排量确定泵排量，可得约束

$$g_{16}(X)=(F_{\mathrm{z1m}}+F_{\mathrm{z2m}})(V_{\mathrm{2m}}-V_{\mathrm{1m}})-\frac{500q_{\mathrm{m}}p_{\mathrm{m}}n_{\mathrm{nm}}}{\pi}\leqslant 0 \tag{13.26}$$

7）匹配参数的边界约束

根据发动机特性、马达参数及车辆的使用要求，匹配参数有一定的取值范围，定轴齿轮传动比为 $i_{\mathrm{f}}\leqslant 1$，马达后传动比为 $i_{\mathrm{f}}\geqslant 1$，常用 Sauer90 系列柱塞定量马达排量为 $20\leqslant q_{\mathrm{m}}\leqslant 75$，液压传动系额定压力为 $20\leqslant p_{\mathrm{H}}\leqslant 48$，行星排特性参数为 $1\leqslant k\leqslant 3.5$。

综上所述，液压机械复合转向系参数匹配是一个多指标、多参数、多约束的非线性优化问题。

13.2　转向系参数匹配方法

车辆动力传动系参数常规设计方法多采用经验设计，该方法难以得到最优的液压机械复合转向系参数。随着计算机技术的发展，选择合适的优化方法，通过计算机编程为解决多指标、多参数的非线性优化问题提供有效的途径。

传统优化方法有解决线性问题的单纯形法，解决非线性问题的区间消元法、鲍威尔法、无约束极小化法、复合形法及模拟退火算法等。这些方法存在着不同的限制条件、稳定性差、可能出现局部最优解或无解等缺点。遗传算法是一种自适应启发式群体型迭代全局搜索算法，来源于达尔文的生物进化论和群体学原理，根据适者生存、优胜劣汰等自然进化原则建立。遗传算法以其解决不同非线性问题的鲁棒性、全局最优性、不依赖于问题模型的特性、可并行性及高效率等优点，在许多领域得到广泛应用。采用遗传算法对液压机械复合转向系参数进行优化匹配。

与传统优化方法相比，遗传算法具有以下特征：

(1) 遗传算法是在表达空间，而不是在参数空间内搜索(符号编码)。

(2) 遗传算法进行群体搜索，而不是单点搜索。

(3) 遗传算法在进行优化计算时仅使用适应度函数，而不是模型知识，无须导数和其他辅助信息。

(4) 遗传算法使用整个空间的全部信息，而不是局部信息。

(5) 遗传算法使用随机操作原则，而非确定性原则。

13.3　遗传算法基本理论

遗传算法最早由美国密执安大学的 Holland 教授提出。20 世纪 70 年代，de Jong 基于遗传算法的思想在计算机上进行了大量的纯数值函数优化计算试验。在一系列研究工作基础上，20 世纪 80 年代，Goldberg 对此进行归纳总结，形成了遗传算法的基本框架。

13.3.1　基本概念

种群、染色体和适应度是遗传算法的常用概念。

种群是指每一个迭代步中参与操作的解集合。与一般传统算法不同，遗传算法不是从单个个体的属性来确定搜索方向，而是从种群的总体属性确定搜索方向，种群中解的个数称为种群规模，每个迭代步中的种群称为一代。初始种群可用随机方法产生，遗传算法从这些初始种群出发，不断发现和积累优良的基因，最终生成优秀的个体。

染色体是指将设计变量根据某种规则转化成的代码串。在遗传算法中，参与实际操作的不是设计变量的实际值，而是由设计变量转化成的代码串。与自然界遗传过程一样，实际操作的是染色体，而非其显性性状，代码串中的每一位称为基因。

适应度是指目标函数值经过转换后得到的数值。在遗传算法中，参与实际操作的不是目标函数的实际值，而是经过等价转换后的适应度。适应度反映了对应于此目标函数的染色体对环境的适应程度，适应度越大，染色体对环境的适应程度越高。

13.3.2　基本定理

模式是一个描述字符串集的模板，该字符串集中的串在某些位置上存在相似性。遗传算法中串的运算实质上是模式的运算。

以二进制码为例，“* * 10 * * 1 *”就是一个八位模式，其中 * 表示在该位上可任意取值，所以该模式是一个有 2^5 个元素的集合。模式的定义长度 $\delta(S)$ 是二进制码中首末两位固定数码之间的距离，模式的阶 $O(S)$ 是二进制码中固定数码的个数。对上述的八位模式，$\delta(S)=4$，$O(S)=3$。

在最小值优化问题中，模式 S 存在如下关系：

$$N(S,t+1)=N(S,t)\cdot\frac{\bar{f}(S)}{\bar{f}}\left[1-\frac{p_c\delta(S)}{l-1}-O(S)\cdot P_e\right] \tag{13.27}$$

式中，$N(S,t+1)$、$N(S,t)$ 分别为模式 S 在第 $(t+1)$ 代和第 t 代中的个数；$\bar{f}(S)$、$\bar{f}$ 分别为第 t 代中模式 S 和整个种群的平均适应值；l 为染色体长度；p_c、p_e 分别为重组和突变概率。

定义长度短、低阶、平均适应度在种群平均适应度以上的模式在遗传算法中按指数增长率被采样。

Holland 将上述定义长度短、低阶、高质量的模式称为构造块（building block）。遗传算法不是通过逐一测试所有模式的组合来实现最优解，而是通过继承和建立构造块的途径来拼装和构造高性能的串，这种处理方式降低了问题的复杂性。

13.3.3　计算流程

遗传算法计算流程如图 13.1 所示，具体计算步骤如下。

1. 编码

编码是应用遗传算法的一个重要步骤，将实际设计变量转化为基因型串结构数据的过程称为编码。由于遗传算法不能直接处理解空间的解数据，必须通过编码将它们表示成遗传空间的基因型串结构数据，问题域中的一个解称为一个字符串，编码方案的优劣决定遗传算法的应用效果。遗传算法通过对个体编码的操作，不断搜索出适应度较高的个体，并在群体中逐渐增加其数量，最终找出问题的最优解。

编码方法主要有二进制编码方法、浮点数编码方法、符号编码方法等。编码方法除了决定个体基因的排列形式外，还决定了个体从搜索空间的基因型变换到解空间的表现型的解码方法，同时编码方法也影响交叉算子、变异算子等遗传算子的运算方法。

二进制编码方法是遗传算法中最常用的一种编码方法，它使用的编码符号集是由二进制符号 0 和 1 所组成的二值符号集{0,1}，构成的个体基因型是一个二进制编码符号串。二进制编码的长度与问题所要求的求解精度有关。二进制编码除具有编码、解码操作简单易行的优点外，另一个更大的优点是这一编码方法的解空间和遗传算法的搜索空间具有一一对应关系。设计变量取值为小数点后两位，这

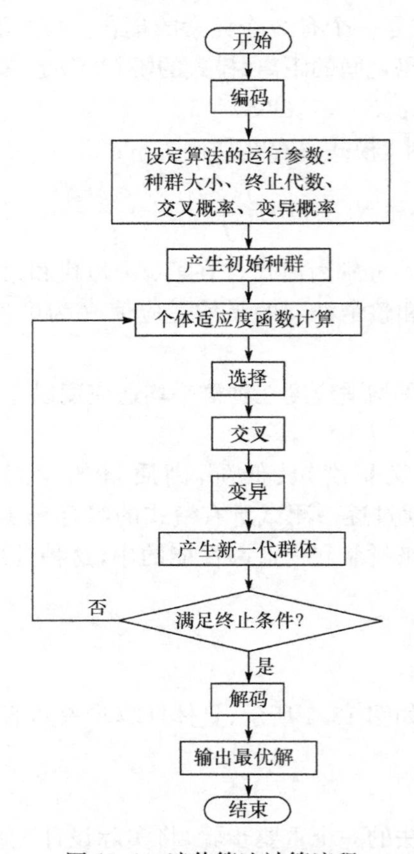

图 13.1 遗传算法计算流程

个精度要求并不太高,因此用二进制编码方法来表示基因个体更合理。

2. 算法运行参数设定

遗传算法中需要选择的运行参数主要有种群大小、终止代数、交叉概率及变异概率等。这些参数对遗传算法的运行性能影响很大。

(1) 种群大小 M。种群大小表示种群中所含个体的数量。种群取值越小,运算速度越快,但却降低了种群的多样性,有可能引起种群的早熟现象;而当取值较大时,又会使遗传算法的运行效率降低,一般建议取值 $M=20\sim100$。

(2) 终止代数 T。终止代数是表示遗传算法运行结束条件的一个参数,代表了遗传算法运行到指定的进化代数之后就停止运行,建议取值 $T=30\sim80$。

(3) 交叉概率 P_c。交叉操作是遗传算法中产生新个体的主要方法,首先对原染色体进行随机配对,配对染色体随机选择一个或多个交叉点,然后互换交叉点后面的所有基因位,产生新染色体,新染色体构成子代种群。交叉概率一般应取较大值，但取值过大，会破坏种群中的优良模式，对进化运算反而产生不利影响；但取值过小，产生新个体的速度又比较慢，一般建议范围为 $P_c=0.4\sim0.99$。

(4) 变异概率 P_m。变异是从子代种群中按概率随机选择染色体，对染色体随机选取其某一位进行取反运算，即将该基因反转，从而产生一个在某一基因位不同于原染色体的新染色体。若设定的变异概率取值较大，虽然能够产生出较多的新个体，但也有可能破坏掉很多较好的模式，使得遗传算法的性能近似于随机搜索算法的性能；若变异概率取值太小，则变异操作产生新个体的能力和抑制早熟现象的能力就较差，建议取值 $P_m=0.0001\sim0.1$。

3. 初始种群生成

初始种群是由二进制编码产生的个体组成的群体。初始种群的生成有两种方法：一种是完全随机产生，它适于对问题解没有任何先验知识的情况；另一种是根据经验随机产生，在某一条件下随机产生初始种群，这种产生初始种群的方法可使遗传算法更快地达到最优解。

4. 个体适应度函数计算

遗传算法使用适应度来度量种群中每个个体在优化计算中有可能达到或接近或有助于找到最优解的优良程度。适应度是进行选择的唯一依据，它通常依赖于解的行为与环境(即种群)的关系。适应度较高的个体遗传到下一代的概率较大；而适应度较低的个体遗传到下一代的概率相对较小。由所求解设计变量最优解的目标函数及约束条件可知，其值为非负数，因此对于求解目标函数最小值问题，需要对其目标函数进行如下转换，以得到其适应度函数，即

$$f_{\text{fitness}}=\begin{cases}c-f(X), & f(X)<c\\ 0, & f(X)\geqslant c\end{cases}\tag{13.28}$$

式中，c 为目标函数 $f(X)$ 的最大估计值。

5. 遗传算子确定

遗传算法主要包括选择、交叉、变异三个算子。选择运算用于对个体优胜劣汰；交叉运算是产生新个体的主要方法，决定了遗传算法的全局搜索能力；变异运算是产生新个体的辅助方法，决定了遗传算法的局部搜索能力。

(1) 选择运算是根据个体适应度函数值的大小来选择个体进行复制，并将其拷贝到下一代。选择运算使用比例选择算子，即个体被选中并遗传到下一代群体中的概率与该个体的适应度大小成正比。计算 $Mf_{\text{fitness}i}/\sum\limits_{i=1}^{M}f_{\text{fitness}i}$，取整运算即得群体中各个个体在下一代群体中的生存数目。

(2) 交叉运算是按设定的交叉概率选择两个个体作为母体,再在母体中的某一个位置,将其后的子串进行交换,形成两个新的个体。交叉运算使用均匀交叉算子,即两个配对个体的每一个基因座上的基因都以相同的交叉概率进行交换,从而形成两个新的个体。

(3) 变异运算是按设定的变异概率,将个体编码中的某些基因值用其他等位基因来替换,从而形成两个新的个体。变异运算使用基本位变异算子,即以变异概率随机指定改变个体中的某一位或某几位基因座上的基因值,使其成为其他基因的等位基因。

6. 解码并输出最优解

解码是编码的逆过程,即根据遗传空间的染色体或个体来对应实际的设计变量,得到最优解。

13.4 转向系参数匹配结果分析及校核

根据参数匹配数学模型,采用遗传算法,对农用履带车辆液压机械复合转向系中的马达排量、定轴齿轮传动比、马达后传动比、行星排特性参数及液压传动系额定压力等匹配参数进行优化计算。

13.4.1 设定参数

研究的农用履带车辆主要用于旱地或水田作业,特别是低湿地及大片土地开荒作业效果更好。根据上述使用条件,设定滚动阻力系数为 0.05,地面附着系数为 1,农用履带车辆质量为 7000kg,直驶变速系传动比及行走系统参数如表 10.7 及表 12.1 所示,遗传算法运行参数如表 13.1 所示。

表 13.1 遗传算法运行参数

参数	M	T	P_c	P_m
参数值	60	50	0.7	0.005

13.4.2 参数匹配结果分析

在建立目标函数时采用了权重系数法,理论上 4 个权重系数大小变化无穷,但其和为 1。权重系数大小的分配应首先满足其主要匹配指标,即其权重系数取较大值。考虑农用履带车辆的使用要求,转向动力性是液压机械复合转向系参数匹配的主要匹配指标,其权重系数(a_1、a_2)应取较大值,转向灵活性及转向快速性的权重系数值较小。表 13.2 是根据这一原则给出的农用履带车辆液压机械复合转向系参数匹配指标的权重系数值。

表 13.2　目标函数权重系数值

序号	1	2	3	4	5	6
a_1	0.3	0.35	0.4	0.4	0.4	0.45
a_2	0.3	0.35	0.3	0.3	0.4	0.35
a_3	0.2	0.15	0.15	0.2	0.1	0.15
a_4	0.2	0.15	0.15	0.1	0.1	0.05

根据表 13.2 的权重系数值，得到相对应的液压机械复合转向系参数匹配结果，见表 13.3。由表 13.3 可知，液压机械复合转向系参数匹配范围为：液压传动系额定压力为 37.83～38.11MPa，马达排量为 54.72～55.28mL/r，定轴齿轮传动比为 0.88～0.91，马达后传动比为 3.96～4.16，行星排特性参数为 2.37～2.40。考虑齿轮齿数及马达排量的取整，确定液压机械复合转向系参数为：液压传动系额定压力为 38MPa，马达排量为 55mL/r，定轴齿轮传动比为 38/42，马达后传动比为 78/19，行星排特性参数为 55/23。根据市场上现有液压泵、马达产品规格，选用 90 系列 55 型变量泵和定量马达。

表 13.3　系统参数匹配结果

序号	1	2	3	4	5	6
p_H/MPa	37.83	37.92	37.86	38.02	37.97	38.11
q_m/(mL/r)	54.72	54.87	55.28	55.17	55.08	55.26
i_f	0.91	0.90	0.90	0.89	0.90	0.88
i_y	4.16	4.12	4.09	4.02	3.98	3.96
a	2.37	2.37	2.38	2.39	2.39	2.40

13.4.3　参数匹配结果校核

1. 转向动力性计算

根据农用履带车辆的已知参数和液压机械复合转向系匹配参数，按式(13.2)～式(13.6)可得到直驶变速系各挡的发动机动力因数、液压传动系动力因数和地面动力因数，如图 13.2 所示(以湿实沙土和掘松沙土两种典型地面为例，+代表湿实沙土，o 代表掘松沙土)。由图 13.2 可知，发动机动力因数和液压传动系动力因数均大于地面动力因数，即所匹配的液压机械复合转向系参数满足农用履带车辆转向动力性要求。

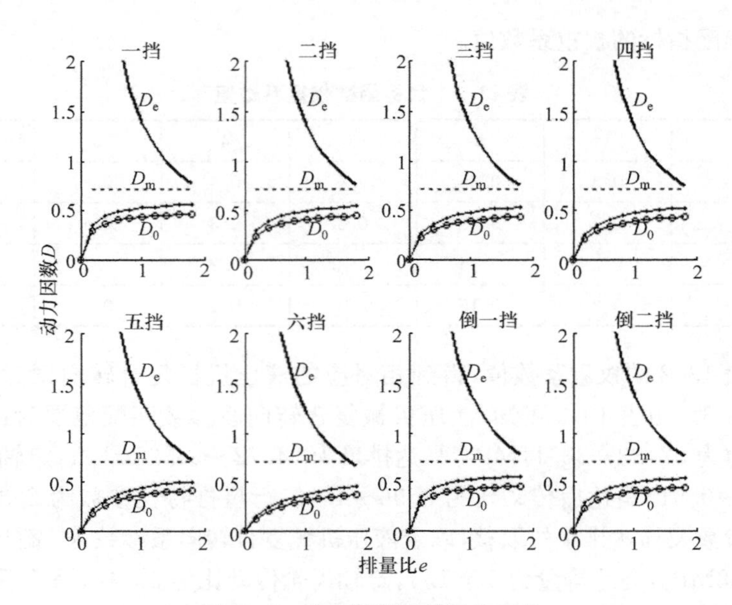

图 13.2 动力因数随排量比变化

2. 转向灵活性计算

最小转向半径越小，履带车辆通过狭窄区域的能力越强，其转向越灵活。由于农用履带车辆工作阻力及转向离心力的作用，在一定行驶速度下，转向半径过小时，车辆会产生侧滑，转向稳定性变差，严重时可能造成翻车，即存在一个侧滑转向半径，侧滑转向半径定义为履带车辆不产生侧滑的最小转向半径，即

$$R_{\mathrm{h}}=\frac{\pi^{2} r_{\mathrm{q}}^{2} k^{2} n_{\mathrm{e}}^{2}}{900 \phi(1+k)^{2} i_{\mathrm{z}}^{2} i_{\mathrm{g}}^{2} i_{\mathrm{m}}^{2}} \tag{13.29}$$

式中，R_{h} 为侧滑转向半径，m。履带车辆的侧滑转向半径与直驶变速系传动比的平方成反比，与液压传动排量比无关，履带车辆不能以小于侧滑转向半径转向行驶。

图 13.3 为农用履带车辆在典型地面转向时的理论转向半径、侧滑转向半径随液压传动排量比的变化关系曲线，图中粗实线为理论转向半径，虚线为侧滑转向半径，从上往下依次代表湿实沙土、雪地、褐煤、掘松沙土等典型地面。

由图 13.3 可知，农用履带车辆以低速挡(一挡、二挡、三挡、四挡、倒一挡、倒二挡)在几种典型地面上转向行驶时，理论转向半径均大于侧滑转向半径，履带车辆可以大于最小理论转向半径的任意半径转向；以五挡在湿实沙土地面转向时，车辆有可能发生侧滑，不能以该挡最小理论转向半径转向行驶；以六挡转向行驶时，发生侧滑的可能性更大，履带车辆只能以大半径转向，必要时需换入低挡转向行驶。

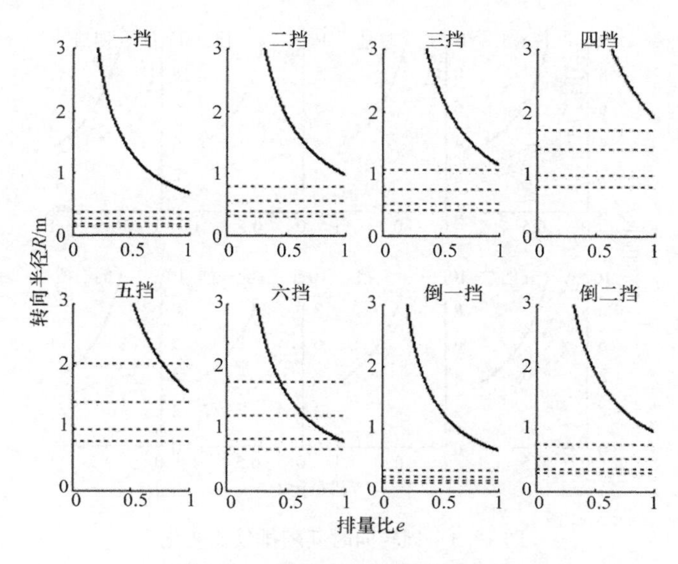

图 13.3　转向半径随排量比变化

3. 转向快速性计算

履带车辆的周转向时间越短，或者转向角速度越大，转向越迅速。由于农用履带车辆工作阻力及转向离心力的作用，在一定转向半径下，当周转向时间过短（转向角速度过大）时，履带车辆会产生侧滑，导致车辆转向稳定性差，严重时可能造成翻车，即存在一个侧滑周转向时间。侧滑周转向时间定义为履带车辆不产生侧滑的最短周转向时间，即

$$t_{cc}=2\pi\sqrt{\frac{kBi_f i_y}{2\mu g i_z i_g e}} \tag{13.30}$$

式中，t_{cc}为侧滑周转向时间，s。履带车辆的侧滑周转向时间与直驶变速系传动比及液压传动排量比的平方根成反比，与发动机转速无关，履带车辆不能以小于侧滑周转向时间转向行驶。

图 13.4 为农用履带车辆在几种典型地面转向时，其理论周转向时间、侧滑周转向时间随液压传动排量比的变化关系，图中粗实线为理论周转向时间，细虚线为侧滑周转向时间，从上往下依次代表湿实沙土、雪地、褐煤、掘松沙土等典型地面。

由图 13.4 可知，履带车辆以低速挡（一挡、二挡、三挡、四挡、倒一挡、倒二挡）在典型地面上转向行驶时，理论周转向时间均大于侧滑周转向时间，转向不受侧滑条件限制，履带车辆可以快速转向；以五挡在湿实沙土地面转向时，履带车辆有可能发生侧滑，转向角速度受到限制；以六挡转向行驶时，极有可能发生侧滑，只能以低转向角速度转向行驶，周转向时间较长。

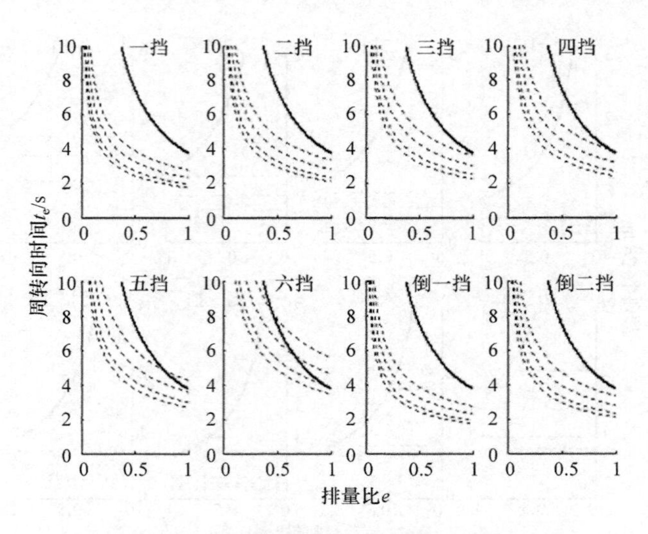

图 13.4　周转向时间随排量比变化

第14章　液压机械复合转向系试验研究

尽管数学建模与仿真分析是液压机械复合转向系开发及性能研究的重要手段，但仿真模型是否正确还需通过试验验证。本章以研制的农用履带车辆液压机械复合转向系为试验对象，运用试验分析方法对其性能进行研究，为履带车辆液压机械复合转向系的开发提供依据。

14.1　转向系试验目的及内容

通过台架试验研究液压机械复合转向系特性及其影响因素，考察系统的空载功率损失，检验系统的工作随动性和运转稳定性；通过实车转向性能试验，验证履带车辆液压机械复合转向系性能仿真模型的正确性。

1）液压机械复合转向系特性试验

分别对液压机械复合转向系进行空载试验和加载试验。空载试验考查系统自身的功率损失，加载试验测试系统速比的变化，检验系统的工作随动性和运转稳定性。

2）实车转向性能试验

分别对液压机械复合转向的履带车辆进行多工况转向行驶试验，利用试验结果验证履带车辆液压机械复合转向系性能仿真模型的正确性。

14.2　转向系特性试验

14.2.1　试验仪器及设备

液压机械复合转向系特性试验在车辆新型动力传动系试验台上完成，动力采用 LR6105ZT10 型柴油发动机，加载装置由 CW150 型电涡流测功机与盘式制动器串联构成，制动器提供低速加载，通过控制制动器的操纵油压及电涡流测功机的励磁电流来模拟系统所受载荷的变化，转速转矩传感器分别安装在液压机械复合转向系输入输出轴、变量泵输入轴及定量马达输出轴处，用以测量转向系的输入输出转速转矩、变量泵的输入转速转矩及定量马达的输出转速转矩。试验中，通过程序控制柴油发动机油门执行器来调节和测量柴油发动机的油门开度，通过换挡离合器接合与分离实现直驶变速系传动比的调节，采用方向盘控制液压传动排量比的变化。

试验台控制及信号采集系统主要由一台工控机、TMS320LF2407 型 DSP 控制器、转速转矩信号采集卡、角位移信号采集卡、油压信号采集卡、测量仪表及执行器等组成。试验台的输入输出信号流程如图 14.1 所示。工控机输出信号分 3 路:第一路经 DSP 控制器的 D/A 接口发出信号控制换挡离合器的接合状态,实现直驶变速系传动比控制;第二路控制信号通过串口与下位机进行多机通信,分别控制柴油发动机油门执行器内电机运转及电涡流测功机的励磁电流,分别实现柴油发动机油门开度控制及电涡流测功机模拟载荷控制;第三路控制信号通过 D/A 接口发出信号控制制动器的操纵油压,实现低速模拟加载控制。工控机输入信号主要通过五块转速转矩信号采集卡、一块角位移信号采集卡及两块油压信号采集卡采集,分别采集系统输入输出转速转矩、变量泵输入转速转矩、定量马达输出转速转矩、方向盘行程、换挡离合器操纵油压及泵-马达系统高低压管路油压信号。发动机油门开度信号及电涡流测功机的转速转矩信号通过单片机处理后经串口直接以数字信号进入工控机。

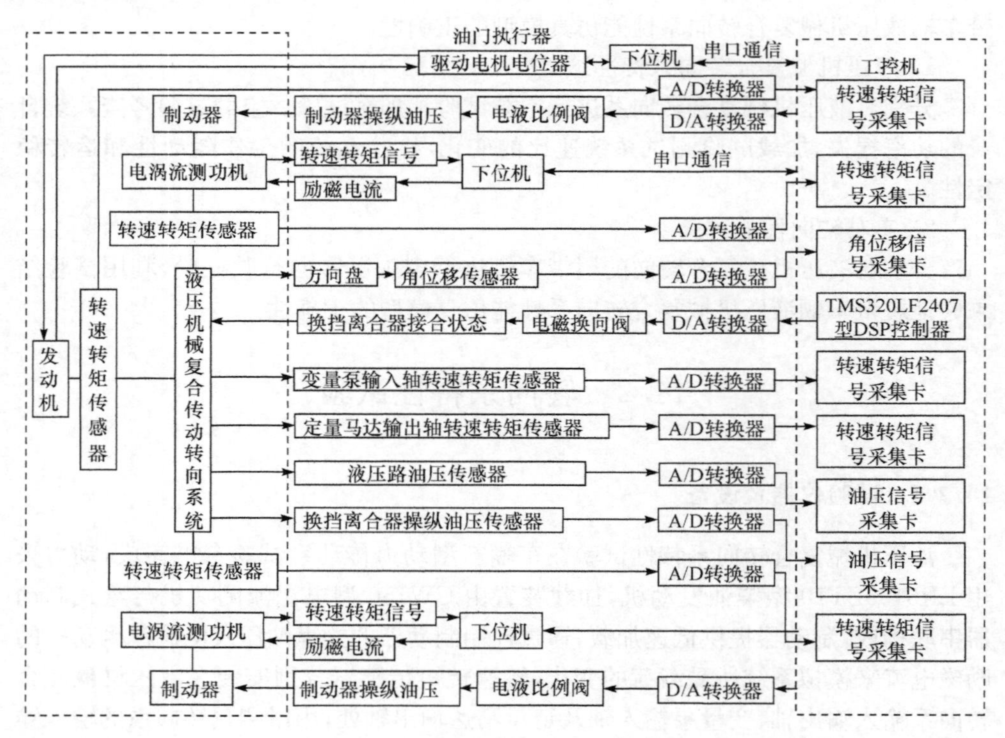

图 14.1 试验台输入输出信号流程

14.2.2　试验方案

分别对液压机械复合转向系进行空载及加载试验。通过工控机设定发动机转速、直驶变速系传动比及系统载荷，待试验台运转稳定后，转动方向盘，改变液压传动排量比，分别测量液压机械复合转向系的输入输出转速、输入输出转矩及方向盘行程。分别改变发动机转速、直驶变速系传动比和系统载荷，并重复上述试验过程。根据获得的试验结果对液压机械复合转向系特性进行分析。

14.2.3　试验结果分析

1. 空载试验结果分析

当液压机械复合转向系空载时，由于无功率输出，系统的输入功率即为其功率损失，主要有转动部件的机械摩擦损失、液压传动系的泄漏损失及液压油黏性阻尼损失等。空载功率损失是评价履带车辆液压机械复合转向系的一项重要指标，以发动机转速分别在 2300r/min 和 1530r/min、直驶变速系二挡和四挡为例，给出系统空载功率损失随方向盘行程(液压传动排量比)的变化情况，如图 14.2 所示。试验结果表明，系统空载功率损失随方向盘行程及发动机转速的增大而增大，而直驶变速系挡位对其影响较小。

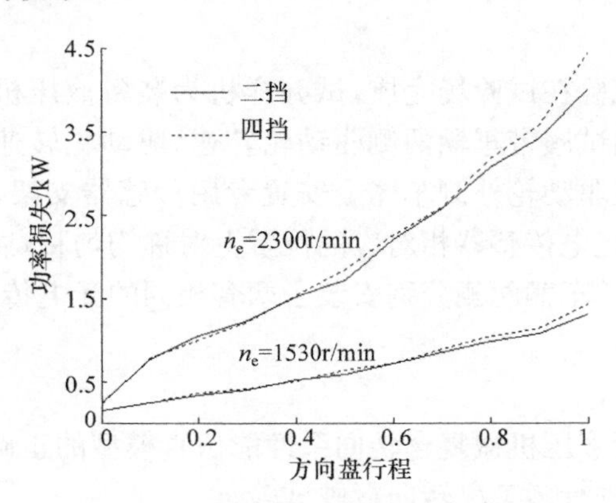

图 14.2　系统空载功率损失试验曲线

2. 加载试验结果分析

载荷作用下系统的工作随动性和运转稳定性影响履带车辆的转向灵活性和转向稳定性，用系统左、右侧速比随方向盘行程的变化描述系统的工作随动性和运转稳定性。图 14.3 给出了发动机转速在 2300r/min、直驶变速系二挡、载荷为 3000N·m 时，系统左、右侧速比随方向盘行程(向右转动)的变化曲线。由图可知，在载荷作用下，系统左、右侧速比随方向盘行程基本呈线性变化，可使履带车辆实现从直驶到最小转向半径的无级转向行驶，工作随动性较好，未出现失稳或失控现象。

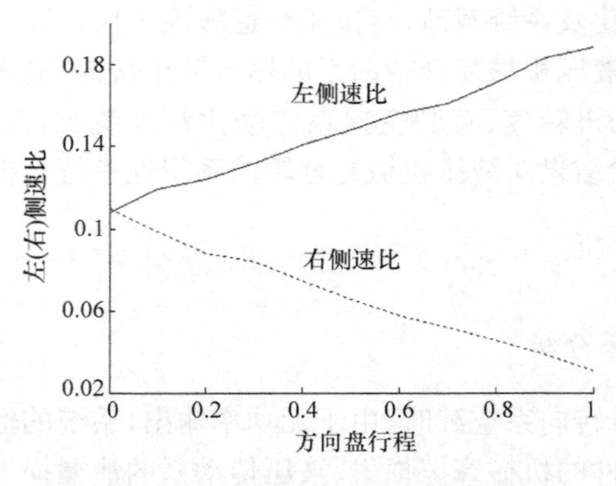

图 14.3 系统转速特性试验曲线

14.3 实车转向性能试验

14.3.1 试验条件

实车转向性能试验在试验场完成，试验样机为装备液压机械复合转向系的农用履带车辆。试验测试履带车辆两侧驱动轮转速，驱动轮转速采用反射式光电传感器测量，试验前，在驱动轮外侧车体上安置专用传感器支架，在支架上安装光电传感器，在驱动轮与光电传感器相对应的位置上对称均匀粘贴反光片，可进行驱动轮转速数据采集，履带车辆两侧分别安装了两套相同的光电传感器。

14.3.2 试验方案

为验证履带车辆液压机械复合转向系性能仿真模型的正确性及仿真结果的合理性，需对履带车辆进行多工况转向行驶试验。

试验时，首先通过发动机油门控制机构设定发动机转速，通过变速操纵机构设定直驶变速系挡位，使车辆在设定的发动机转速和直驶变速系挡位开始行驶，然后转动方向盘，从而改变液压传动排量比，车辆开始转向行驶，待行驶稳定后，测试履带车辆两侧驱动轮转速。改变方向盘行程，测试不同方向盘行程下的车辆两侧驱动轮转速，从而完成设定发动机转速及直驶变速系挡位的转向行驶试验。保持发动机转速不变，改变直驶变速系挡位，进行不同挡位下的转向行驶试验。改变发动机转速并重复上述试验过程。根据试验数据绘制履带车辆液压机械复合转向性能随不同工况的变化曲线，并与仿真结果进行对比。

14.3.3　试验结果分析

以发动机转速 2300r/min 和 1530r/min、直驶变速系二挡和四挡的履带车辆转向行驶工况为例，对试验结果进行分析。

1. 转向半径

根据试验测得的履带车辆两侧驱动轮转速，经换算绘制出转向半径随液压传动排量比变化的关系曲线，如图 14.4 所示。为便于比较，图中同时给出了其理论计算值及仿真计算值。由图可知，转向半径的试验结果与理论计算及仿真计算结果的变化趋势一致，当方向盘行程增大或直驶变速系挡位升高时，转向半径变化率增大，验证了前述转向性能仿真模型的正确性。对比图 14.4(a)、图 14.4(b)知，发动机转速变化对转向半径的影响较小。

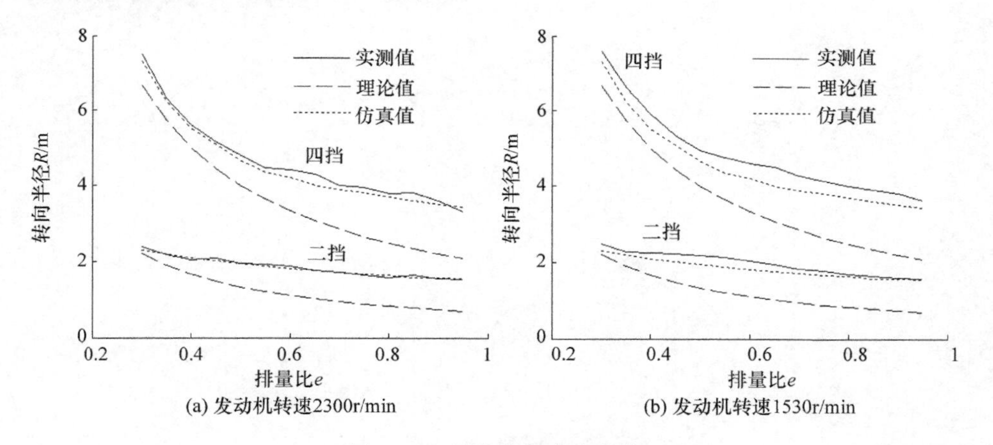

图 14.4　转向半径变化曲线

2. 转向角速度

图 14.5 为履带车辆的转向角速度随方向盘行程(液压传动排量比)的变化情况。由图可知，试验结果与理论计算及仿真计算结果一致，转向角速度变化率随方向盘行程的增大而增大，直驶变速系传动比对转向角速度变化率影响较小，与转向性能仿真结果一致。对比图 14.5(a)、图 14.5(b)知，直驶变速系挡位变化对转向角速度影响较小。

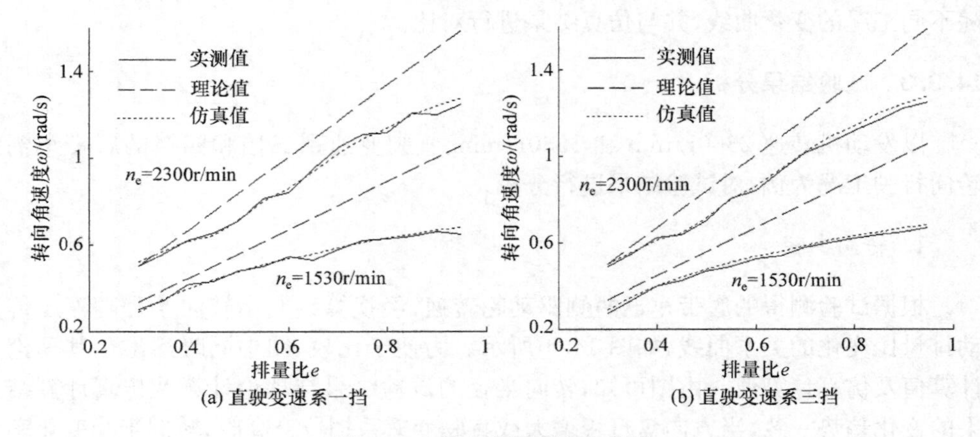

图 14.5　转向角速度变化曲线

第四篇

农业车辆液压机械复合传动试验

第15章　液压机械复合传动试验

车辆新型动力传动系研究的主要目的是为设计开发车辆传动系，提供一种通用性强、操作简单、成本低、精度及自动化程度高、检测速度快的检测系统。

在工程技术中，任何一个成功的产品都是设计与试验密切结合的产物。试验贯穿于整个设计开发工作的始终，任何设计思想、理论计算都要经过试验的检验。在现代车辆传动系研究与开发的过程中，试验是检验设计思想是否正确、设计意图是否实现、设计产品是否满足使用要求的重要手段。液压机械复合传动的研究与开发也不例外，液压机械复合传动的无级调速特性、传动效率、噪声、可靠性、润滑等性能，只有依靠先进的试验设施，经合理的试验才能获得。对液压机械复合传动系进行试验，检验设计思想的合理性和控制策略的可行性，同时在试验基础上进行设计的优化，再加以试验验证，如此反复逐步提高液压机械复合传动的性能，最终实现其在工程上的推广应用。

近年，对于车辆传动系性能试验与传动系测试技术的理论研究已取得了长足的进步，但针对车辆液压机械复合传动系的性能试验方法与测试技术研究较少，开展这方面的研究，建立液压机械复合传动系评价方法，提高试验系统的精度与自动化水平，对车辆复合传动理论研究与工程装备有着重要的理论意义及实用价值。

15.1　测试技术发展趋势

测试技术是研究信号检测和处理的技术，是研究物理系统工程试验理论与应用的科学，是人类认识自然、改造自然的重要手段。一个典型的测试系统通常由被试件、传感器、信号调理装置、仪器仪表、数据处理系统等几部分构成，涉及多个学科领域。由于不同应用领域中测试技术的需求和发展的不平衡，很难对测试技术的总体发展过程给出一个全面的论述，但可以通过仪器仪表技术、传感技术、测试系统集成来了解测试技术的发展。

20世纪50年代以前，电测量技术主要是模拟测量，此类仪器的基本结构是电磁机械式，主要是借助指针来显示测量结果，如指针式万用表、晶体管电压表等。20世纪50年代，数字技术和微计算机技术的引入，使测试仪器由模拟式逐渐演化为数字式。1974年前后，电压、电流波形等时间间隔采样技术开始了数字电子技术在测试仪器领域中的使用，推进了测试技术的发展。模拟信号测量转变为数字信号测量，测试结果以数字方式输出，如数字式万用表、数字式频率计等。20世纪

70 年代以来，随着微电子技术和微计算机技术的迅速发展，大规模集成电路技术使计算机置入测试仪器的内部，使仪器具有了控制、存储、运算、逻辑判断及自动操作等智能特征，并在测量的准确度、灵敏度、可靠性、自动化程度、运用能力及解决测量技术问题的深度和广度等方面均有很大进步。这类仪器内置微处理器，既能进行自动测试，又能处理数据，可部分取代人脑劳动，所以称为智能化仪器。

人工智能与专家系统的发展及其在仪器中的应用加速了仪器智能化的进程，测试仪器具有自学习、自诊断能力，并能根据知识库进行理解、推理、判断与分析，是测试仪器实现高度智能化的重要方向。

近年，新发展起来的一种新的智能仪器——虚拟仪器，其实质是将计算机资源（处理器、存储器和显示器等）和仪器硬件（A/D 变换器、D/A 变换器、数字输入输出）与用于数据分析、过程通信及图形用户界面的软件有机地结合起来，以实现对测试信息的提取、加工、处理与存储，甚至具有辅助专家推断分析与决策的能力。利用虚拟面板技术和功能强大的处理软件，一台虚拟仪器可以模拟多台传统仪器，基于计算机技术的仪器被十分形象地概述为“软件即设备”（software is instrument）。在共同的标准下，使用不同厂商的应用软件及模块化功能硬件可以毫无障碍地构建自己的测试方案，而用户需要做的事仅仅是运行磁盘中的程序。

虚拟仪器应用软件集成了仪器所有的采集、控制、数据分析、结果输出和图形用户界面等功能，使传统仪器的某些硬件以至整个仪器都被计算机软件所代替，这种仪器的功能已不再由按键和开关的数量来限定，而是取决于存储器内软件的多少。据《世界仪表与自动化》杂志统计，目前世界虚拟仪器的生产厂家已超过千家，其品种达到数千种，市场占有率达 50%左右。

虚拟仪器的开发和研究在国内尚属于起步阶段，部分高等院校和从事测试系统开发的公司在研究和开发虚拟仪器产品和虚拟仪器设计平台以及消化吸收美国 NI 等公司的产品方面做了大量工作。

在传感技术方面，伴随着微电子技术、软件技术的发展，传感器已逐步由简单的机械量向电信号转换的简单信号转换装置，向着带有信号调理、数据处理与分析功能的集成化的智能传感器方向发展，形成了新型传感器系统。

在传感器的应用上，物理信号的单传感器转换逐步向多传感器系统发展。将多传感器参数估计与模糊-PID 控制相结合进行控制，能提高测量与控制的可靠性，获得较好的跟踪能力，提高产品的控制质量。运用神经网络理论对一些传感器进行非线性校正，大大方便了相关传感器在测量中的应用。基于多信息融合思想，分析影响传感器测量稳定性的诸多因素，运用数据融合，用计算机进行传感器标定的方法能改善传统传感器测量稳定性，将传统传感器的测量稳定性提高了两个数量级。运用计算机良好的数据处理能力，提高了测量精度，拓宽了测量的应用范围。

基于多传感集成的信息融合技术，充分利用多传感器资源得到不同时空信息，依据某种准则进行组合而获得被测对象的解释或描述是传感技术发展的另一个侧面。每种传感器由于其物理、化学特性的限制，往往只能在某一范围内，从某一方面描述被测对象，不能保证在任何时候都能提供全面、准确无误的信息。将多传感器获得的多种信息进行综合分析、组合、判断，即综合利用多传感器信息，通过它们之间的协调和性能互补的优势，克服单个传感器的不确定性和局限性，提高整个传感器系统有效性能，全面准确地描述被测对象。该技术在 CI^3 领域得到了充分的重视与研究，并正在向民用领域发展。

随着计算机、通信和网络技术的不断发展，一种新的现代测试技术——网络化测试技术悄然形成并得到了快速发展，其中局域通信网络与因特网通信网络是网络化测试技术的表现形式。集散控制系统是一种典型的局域通信网络，既有分散的仪器，又有集中的计算机控制，具有集中管理和分散控制的特点。其由集中管理部分、分散控制部分和通信部分组成，优点在于采用高速通信网络使系统的处理能力大大提高，能够控制多个智能 I/O 站，从而可以采集更多的点和控制更多的回路，使系统的功能分散、危险分散，提高了系统的可靠性。在集散控制系统中，各种智能仪器仪表与上位计算机连接组成中小规模的分布式系统，通过计算机可分别对数十台智能仪器进行控制与资源分配，协调系统工作。现场总线控制系统是局域通信网络的另一形式，在现场总线控制系统中，现场仪表与控制室仪表具有以现场总线为数字通信干线的全数字化通信构成方式，节省了控制仪表出入接口的 A/D 和 D/A 转换，以及现场与控制室的大量连接导线，从而可以提高检测与控制的精度和整个系统的可靠性。现场总线控制系统的现场仪表是智能化的数字仪表，具有多种功能，可以实现多参数的检测，并提高了系统的实时性与可靠性。现场总线控制系统是全数字化和模块化的系统，具有完全的开放性，不仅有利于系统性能最佳集成和扩展，并且工程设计、安装、调试与维护都非常简便，从而降低了费用，缩短了工期，有利于柔性生产的实现。目前较流行的现场总线主要有 CAN（控制局域网络）、LONWORKS（局部操作网络）、ROFIBUS（过程现场总线）、HART（可寻址远程传感器数据通路）现场总线、VME（工业开放标准总线）等。

总之，随着微电子技术、计算机技术、软件技术、网络技术的高速发展及其在测试领域的应用，测试理论、测试方法已冲破传统思维模式，向高精度、自动化、网络化方向发展，指引着未来测试技术的发展方向。

15.2　车辆传动系测试技术发展趋势

车辆传动系测试技术与车辆传动试验技术、仪器仪表技术、传感技术、计算机技术的发展密切相关，车辆传动试验技术是伴随车辆产业的建立和发展而逐渐成长起来的，车辆产业及其产品发展至今与车辆及其零部件的试验工作是分不开的，车辆传动系试验系统的建立和测试技术的发展是现代车辆动力传动系开发研究的客观需要。现代车辆动力传动系设计中，大量采用电子及液压控制器件，以优化发动机与传动系的性能匹配，改善车辆的动力性，提高其经济性及自动化水平，而传动系试验系统是此类控制系统设计和测试的有力辅助工具。传动系设计手段的改进，传动系零部件的基础理论研究、优化设计，传动系部件间的性能匹配设计，是传动系试验广泛应用的一个重要原因。缩短产品设计开发周期，降低研制成本是促进传动系试验研究与应用的另一重要原因。

仪器仪表发展的每一新阶段，都会使车辆传动系测试技术发生质的跨越。到目前为止，测试仪器在车辆传动系测试中的应用，虽然仍集中在对传感器及其二次仪表的使用上，但随着计算机技术在仪器仪表及车辆传动测试领域的应用，以计算机作为仪器或测试系统硬件平台的核心，充分利用其计算、存储、回放、调用、显示及文件管理等功能，将传统仪器的专业化功能和面板控件软件化，使之与计算机融为一体构成虚拟仪器的传动系测试仪器发展方向已逐步形成。这种充分利用计算机智能资源的全新的仪器系统，将由生产厂家设定、面向固定对象、完成确定任务的传统仪器转变为由用户自定义、由计算机软件和多种功能模块组成的专用仪器。计算机技术的发展，使得车辆传动系测试从稳态测试到动态测试成为现实。

在车辆传动系试验方面，国外较早地开始了车辆传动系试验及试验系统的研究，许多汽车制造厂及零部件生产厂为了保持产品在竞争中的领先地位，很重视产品试验及试验设备的开发与应用。

Schenk 公司在 1992 年采用液压次级调节组件作为加载设备开发的专用自动变速器性能试验台颇具代表性，该试验台采用 VME 总线作为系统控制总线，采用固定结构的仿真计算模型模拟发动机的动态特性与车辆行驶状态的转矩-转速特性，通过调节模型参数适应不同型号变速器的要求，基本上满足了自动变速器性能试验的要求。该试验台的局限性是直接针对生产、测试类应用场合，因而专用性强，可调整参数受到限制，只能完成特定被试件的仿真试验。

美国通用公司研发的变速器硬件在环测试系统采用双电机结构，前端大功率、小惯量交流电动机用于模拟发动机动力、惯量与燃烧脉动，后端的电机用于模拟车辆惯量、载荷和道路坡度等，系统采用多处理器计算机、PID 闭环控制器、实时控制模块等实现对试验系统电机的控制，并进行信号采集与数据处理。

与国外相比，国内对于传动试验台的研究起步相对较晚，其发展已经经历了三代。以人工操作、人工记录处理试验数据为特征的第一代传动试验台；采用自动控制，计算机进行信号采集与数据处理，能实现传动系部件稳态试验的第二代传动试验台；第三代试验台采用计算机进行试验过程控制，计算机采集信号并进行数据处理，可进行传动系动态试验。

为了提高车辆传动试验设备的响应速度与控制性能，将现代控制理论引入试验系统的控制，进行电涡流测功器预测控制、自适应控制的研究，提高试验系统的响应速度，实现车辆传动试验的动态加载。

从车辆传动系试验系统的构成来讲，系统主要由三部分构成：

(1) 拖动动力、阻力载荷模拟系统、传感器及其他辅助系统；

(2) 控制部分，包括各种信号采集与处理的系统软、硬件，应用软件等；

(3) 实时仿真计算部分，用于模拟车辆运行环境，实现各种算法模型。

试验系统的驱动多采用发动机模拟设备，如电机、液压系统等，发动机模拟设备不可能完全复现车用发动机的工作性能(如发动机燃烧的脉动)，无法为无级变速器控制提供所需的发动机油门开度信息，不便于无级变速系统控制策略的研究。系统中多采用二次仪表与串口通信设备，控制方法相对落后，测试精度差、响应速度慢。模拟加载方案中多数采用的是 DOS 计算机操作系统，操作界面不友好，不能同时执行多个任务，试验中若要同时实现多个参数的控制和数据采集，控制程序的结构将变得非常复杂，易于产生错误。在硬件上多采用专用的控制器，价格昂贵且不通用，不利于技术的推广使用，模拟加载效果不够理想。

在车辆液压机械复合传动系研究开发时，进行车辆复合传动理论及控制技术的研究过程中，迫切需要性能优良的试验设施、仿真设备及先进的测试技术等，检验履带车辆液压机械无级变速传动系的开发成果，测试其性能，加速其产品化进程。

15.3　液压机械无级变速传动性能及其试验

1. HMCVT 动力传动系性能

作为现代车辆动力传动系的新型传动装置，HMCVT 综合了机械传动高效率和液压传动可控无级调速的优点，能够有效地改善行驶阻力与发动机特性的匹配。HMCVT 动力传动性能主要包括传动效率、转矩特性、功率特性、调速特性、(自动变速系统)换挡品质等。转矩传递性能标志着 HMCVT 对输入的放大能力与带载荷能力，可用最大转矩传递系数和输出转矩范围来表示。无级调速特性指 HMCVT 的速比随变量泵排量比的变化规律。无级调速特性是 HMCVT 最主要的特性，它从理论上解决了车辆发动机在整个工作过程中都可以在最佳燃油经济性或最佳动力性工作点工作的可能性，是无级调速优于其他调速形式的根本特性，其评价可用发动机在最佳燃油经济性或最佳动力性工作点下无级调速范围表示。功率传递特性指 HMCVT 的极限功率传递能力、空载状态下的功率损耗及液压功率分流比。换挡品质描述在一定的控制策略作用下，多段 HMCVT 换挡过程的快速性、平顺性，通常用车辆冲击度作为评价指标。

2. HMCVT 动力传动性能测试

HMCVT 动力传动系性能测试在开式试验系统上进行，传动系的系统性能测试是以转速、转矩、液压系统油压、流量为基础的实时测量。

快速有效地进行 HMCVT 性能测试，使其性能测试具有可比性与可重复性，需要为 HMCVT 提供可靠的可控动力输入。载荷模拟系统能为 HMCVT 提供与其在实际工作状态相符的载荷，并吸收经由 HMCVT 传递的功率。液压油是液压传动系的工作介质与换挡离合器的驱动介质，其温度对液压油品质及其传动能力有影响，需要高精度地对液压油温度及油压进行测量；HMCVT 无级调速特性测试，需要对 HMCVT 不同部位的转速、转矩进行同步检测。构建 HMCVT 性能测试系统，对 HMCVT 的各种性能参数进行高精度、自动化测量与数据处理，为 HMCVT 在工程上应用奠定基础。

研究发动机控制与行驶阻力载荷的模拟，提高 HMCVT 性能参数的精度，将应用到 HMCVT 性能测试的各类技术进行有效集成，构成了检测系统的关键技术。

第 16 章　HMCVT 性能及其测试系统

HMCVT 是液压机械双功率复合传动变速器,应用于大载荷输出的牵引工作车辆上,能大幅度地提高车辆的动力性、经济性和生产率。HMCVT 系统性能主要有无级调速特性、转矩特性、功率分流特性、效率特性、换挡(段)特性等。这些特性的优劣直接影响着整车动力性和经济性的发挥,对这些特性的研究方法有装车现场试验和实验室台架试验。

将现场试验移至实验室台架上加以复现,是现代试验技术发展的一个显著特征,这样不仅保持着载荷作用的某种"随机性",而且同一随机过程又可多次复现,因而不同车型可以经受完全同一的随机作用,这无疑将有助于改善试验结果的可比性。

在分析 HMCVT 传动和性能测试原理的基础上,分析测试系统构成的原理,提出试验规范和方法。

16.1　车辆 HMCVT 性能评价及试验

16.1.1　HMCVT 特性

从系统性能测试的角度,基于 HMCVT 系统无级调速特性、转矩特性、系统功率与液压功率分流特性、效率特性、换挡过程与换挡品质等对 HMCVT 系统特性进行分析。

1. 无级调速特性

HMCVT 通过调节液压元件的相对排量来实现无级变速。无级调速特性是指传动系的输出与输入转速之比(即速比)随泵-马达系统排量比变化的特性。HMCVT 速比、排量比、变量泵排量为

$$i_{HM}=\frac{n_b}{n_0} \tag{16.1}$$

$$e=\frac{q_p}{q_m} \tag{16.2}$$

$$q_p=\frac{Q_p}{n_p}\times 10^3 \tag{16.3}$$

式中，i_{HM}为 HMCVT 速比；n_0、n_b 为 HMCVT 的输入、输出转速，r/min；e 为泵-马达系统的排量比；q_p 为变量泵排量，mL/r；q_m 为马达排量，mL/r；Q_p 为泵-马达系统的流量，L/min；n_p 为变量泵转速，r/min。

2. 转矩特性

液压传动系所能传递的转矩受高压溢流阀所决定的最高油压的限制，当 HMCVT 输出轴上的负载转矩增大时，定量马达的负载转矩也随之增大，当定量马达的负载转矩达到其最大输出转矩时，定量马达将卸压保护，输出打滑。因此，HMCVT 输出转矩的极限值取决于定量马达的最大输出转矩，HMCVT 的最大输出转矩与定量马达的最大输出转矩之比随 HMCVT 输出转速的变化关系为

$$K_{bmax}=\frac{T_{bmax}}{T_{Mmax}} \tag{16.4}$$

式中，K_{bmax}为 HMCVT 最大转矩系数；T_{bmax}为 HMCVT 最大输出转矩，N·m；T_{Mmax}为定量马达最大输出转矩，N·m。

3. 系统功率与液压功率分流特性

HMCVT 输入、输出功率与液压传动系输入、输出功率为

$$P_0=\frac{T_0 n_0}{9550} \tag{16.5}$$

$$P_b=\frac{T_b n_b}{9550} \tag{16.6}$$

$$P_p=\frac{T_p n_p}{9550} \tag{16.7}$$

$$P_m=\frac{T_m n_m}{9550} \tag{16.8}$$

式中，P_0、P_b 分别为 HMCVT 输入、输出功率，kW；P_p、P_m 分别为液压传动系（变量泵）输入、（定量马达）输出功率，kW；T_0、T_b 分别为液压机械无级变速器输入、输出转矩，N·m；T_p、T_m 分别为液压传动系（变量泵）输入、（定量马达）输出转矩，N·m；n_m 为定量马达输出转速，r/min。

液压功率分流特性是指液压传递功率与总传递功率的比值随液压传动系排量比的变化关系。按照功率分汇流方式不同，HMCVT 有输入功率分流式与输出功率分流式。图 4.6 所示的 HMCVT 即为输出功率分流式，其功率分流比为经液压路传递到行星排的输入功率与传动系总的输出功率之比，即

$$\lambda=\frac{P_m}{P_b}=\frac{T_m n_m}{T_b n_b} \tag{16.9}$$

式中，λ 为液压功率分流比。

4. 效率特性

HMCVT 属于闭式行星齿轮传动，存在功率循环，其整体传动效率随着输出转速和负载转矩的不同而变化。在 HMCVT 效率特性测试时，可用传动效率随输出转速的变化或随传动比的变化关系表示。HMCVT 效率特性为

$$\eta=\frac{P_{\mathrm{b}}}{P_0}=\frac{T_{\mathrm{b}}n_{\mathrm{b}}}{T_0n_0}=K_{\mathrm{b}}i_{\mathrm{HM}} \tag{16.10}$$

式中，η 为 HMCVT 传动效率；K_{b} 为 HMCVT 转矩系数。

5. 换挡品质

对于多段 HMCVT，通常用换挡（段）品质来描述换段过程中离合器分离、接合对 HMCVT 带来的冲击与换段的平顺性。换挡品质的评价指标很多，一般采用车辆冲击度作为换挡品质的评价指标。冲击度把道路条件引起的弹跳和颠簸加速度的影响排除在外，从而真实地反映了人对换挡冲击感受程度的影响。冲击度是车辆纵向加速度的变化率，可由车辆纵向车速对时间的二阶导数求得。冲击度数学表达式为

$$J=\frac{\mathrm{d}a}{\mathrm{d}t}=\frac{\mathrm{d}^2v}{\mathrm{d}t^2}=\frac{r_{\mathrm{r}}}{i_0}\frac{\mathrm{d}^2\omega_{\mathrm{b}}}{\mathrm{d}t^2} \tag{16.11}$$

式中，J 为车辆冲击度，m/s^3；a 为车辆纵向加速度，m/s^2；v 为车速，m/s；r_{r} 为车轮滚动半径，m；i_0 为变速器输出轴到驱动轮的传动比；ω_{b} 为变速器输出轴角速度，rad/s。

6. 液压传动系特性

液压传动系速比特性、转矩比特性和效率特性对 HMCVT 系统特性有着重要影响。

液压传动系速比特性指定量马达输出转速与变量泵输入转速之比，它反映了泵马达系统的运动（调速）特性，即

$$i_{\mathrm{H}}=\frac{n_{\mathrm{m}}}{n_{\mathrm{p}}} \tag{16.12}$$

式中，i_{H} 为液压传动系速比。

液压传动系转矩比特性指定量马达输出转矩与变量泵输入转矩之比，它反映了液压传动系转矩传递能力，即

$$K_{\mathrm{H}}=-\frac{T_{\mathrm{m}}}{T_{\mathrm{p}}} \tag{16.13}$$

式中，K_H 为液压传动系转矩比。

液压传动系效率特性是定量马达输出功率与变量泵输入功率之比，它反映了液压传动系经济性，即

$$\eta_H=\frac{P_m}{P_p}=\frac{T_m n_m}{T_p n_p}=K_H i_H \tag{16.14}$$

式中，η_H 为液压传动系效率。

16.1.2 HMCVT 性能评价

目前，HMCVT 性能评价与试验规范在国内尚无统一的标准，这主要与 HMCVT 作为一种新型传动形式，在国内还处于研究开发阶段有关。而 HMCVT 的使用性能除了与其控制逻辑、控制模式等系统本身的性能有关以外，还与装车后其控制参数与整车参数的匹配程度有着重要关系。

通常认为，车辆无级变速动力传动系应以其传动效率、转矩特性、无级调速特性、换挡平稳性、噪声、与车辆动力的匹配程度及对车辆燃油经济性的影响为基础，并结合 HMCVT 自身特点进行性能评价。

1. 无级调速特性

无级调速特性是 HMCVT 最主要的特性，它从理论上解决了车辆发动机在整个工作过程中都可以在最佳燃油经济性或最佳动力性工作点工作的可能性，是无级调速优于其他调速类型的根本特性。其评价可用发动机在最佳燃油经济性或最佳动力性工作点下无级调速范围表示。

2. 转矩特性

转矩特性标志着 HMCVT 对输入动力的放大能力与带载荷能力。其转矩特性可用最大转矩系数 K_{max} 和输出转矩范围来表示。

3. 功率特性

HMCVT 的极限功率传递能力、空载状态下的功率损耗与液压功率分流比可作为其功率特性的评价指标。

4. 传动效率

HMCVT 综合了机械传动的高效率和液压传动无级变速的优良性能，作为一种适于大功率传动的新型传动形式，其传动效率应作为其性能的一个主要评价指标。HMCVT 中，液压传动系所传递的功率大小与传动效率的高低影响着整机传动效率，因此，HMCVT 传动效率随液压功率分流比的变化关系可作为另一个效

率评价指标。

5. 换挡品质

从乘员舒适性出发,各国对车辆冲击度的最大值进行了限定,德国的推荐值为 $J_{max}=10m/s^3$,苏联的推荐值为 $J_{max}=31.36m/s^3$,中国的推荐值为 $J_{max}=17.64m/s^3$。

6. 噪声

变速器噪声是车辆工作过程中的主要噪声源之一,影响着车辆的舒适性,在各种齿轮箱与传动系的标准中都规定有传动系产品的噪声试验标准。

因主要论述 HMCVT 传动性能方面的测试技术,对换挡品质与噪声测试不做分析。

16.1.3　HMCVT 性能试验规范

HMCVT 性能试验的范围、试验程序、运转方式,主要依据相关行业标准和试验规范,针对液压传动系调速、HMCVT 的性能试验进行。

16.2　HMCVT 性能测试系统

16.2.1　性能测试系统功能

基于测试系统具有足够的通用性、系统功能的分散化、管理的集中化、软硬件配置的开放性、技术的先进性、合理的性价比等基本要求,根据对履带车辆 HMCVT 传动原理和性能,以及性能评价和试验规范的分析,HMCVT 测试系统应具备如下功能:

(1) 用于履带车辆 HMCVT 性能试验,包括 HMCVT 无级调速特性、转矩特性、功率特性、传动效率等的测试与分析。

(2) 模拟车辆-农具机组作业过程,对车辆行驶中的行驶阻力及农业作业过程的牵引阻力实施模拟。

(3) 试验过程自动化,根据选定的试验内容,进行实时控制。试验过程中能对测量参数以模拟仪表和曲线方式显示,能将试验结果以数据表格或试验曲线方式输出。

(4) 能够对试验台的工作状态进行监控,具有软硬件报警系统和过载保护功能。

(5) 操作界面友好,具有较高的性价比。

16.2.2 性能测试参数分析

根据 HMCVT 系统特性分析、性能评价及相应的试验规范，可以对 HMCVT 性能试验测量与监控参数进行分析。

(1) HMCVT 性能试验的直接测量参数。直接测量参数指该参数为独立变量，无须通过其他参数进行一定函数关系的辅助计算，直接得到测量值的参数。HMCVT 性能试验的直接测量参数包括 HMCVT 输入转速、转矩，HMCVT 输出转速、转矩，液压泵的输入转速、转矩，液压马达的转速、转矩，泵、马达的液压油流量。

(2) HMCVT 性能试验的监控参数。监控参数指为了有效监控试验系统的工作状态而测量的参数。HMCVT 性能试验的监控参数包括发动机冷却水温度、润滑油温度、润滑油油压、燃油油耗，HMCVT 液压油油压与润滑油油压、温度，各供电线路的供电状态，电涡流测功器的转速、冷却水出入口的温度与水压、主轴承润滑油供油状态、涡流环温度，联轴器保护罩的闭合状态等。

(3) HMCVT 性能试验的间接测量参数。间接测量参数指该参数为非独立变量，不能直接测量，需通过其他分量进行辅助计算才能得到的测量参数。HMCVT 性能试验的间接测量参数包括 HMCVT 的速比、转矩比、功率、功率分流比、传动效率，液压传动系排量比等。

(4) 试验系统的主要控制参数。控制参数指为了进行 HMCVT 性能测试，达到模拟 HMCVT 工作环境、试验系统可靠工作的目的所需要控制的参数。试验系统的主要控制参数包括为获得符合国家与行业标准、具有可比性的性能测试数据，需发动机提供的满足测试要求的输入转速；为模拟车辆行驶阻力与牵引阻力，需电涡流测功器与盘式制动器产生的制动转矩；为保障阻力模拟系统正常工作，需电涡流测功器供给的冷却水流量及水压，盘式制动器的液压系统液压油的温度；为保证 HMCVT 稳定工作，HMCVT 液压系统的液压油温度等。

16.2.3 试验系统构成分析

根据对 HMCVT 性能测试系统的功能要求，HMCVT 性能试验系统采用开式结构，主要由发动机、变速器、载荷模拟系统、测控系统、辅助系统构成，如图 16.1 所示。发动机为试验系统提供动力，驱动整个系统的运转。载荷模拟系统由电涡流测功器和盘式制动器组成，用于模拟履带车辆行驶阻力与牵引阻力，吸收经 HMCVT 传递的功率。测控系统完成对传感器输出信号的调理、转换和后处理，还要对发动机和载荷模拟系统进行控制，对试验台架工作状态和试验过程进行监视与控制。辅助系统主要包括发动机及电涡流测功器冷却水循环系统、盘式制动器液压油恒温系统、供电系统及各种结构件等(图 16.1 中不再标出),为整个试验系统提供满足要求的测试环境条件。

在 HMCVT 性能试验系统的测控系统中,通过工业控制计算机(简称工控机)实现人机交互,进行车辆参数输入和试验条件的设定、各子系统的管理及信号采集与数据处理。使用油耗仪对发动机的油耗进行测量,并通过串口与工控机进行通信。油压、温度、流量、位移等传感器将物理量转换为 4～20mA 的电流,通过调理模块转换成 0～5V 的标准电压信号,经多功能数据采集卡输入工控机。转速/转矩传感器输出的信号经转换后由等精度测速计数单元通过 USB 通信输入工控机。联轴器保护罩状态传感器及系统的用电设备供电状态的监控信号均为数字信号,经由多功能数据采集卡输入工控机。载荷模拟系统控制器根据操作员在工控机上输入的车辆参数信息与设定的试验条件,模拟车辆行驶阻力与牵引阻力,同时将载荷模拟系统的信息通过串口传递给工控机。工控机同时控制发动机油门控制器与起动机,启动发动机。发动机正常工作时,由油门控制器根据工控机的指令控制发动机的工作。HMCVT 控制器控制变速器的工作,并通过 CAN 总线实现与工控机的信息交互。

图 16.1 所示的 HMCVT 性能试验系统不但具有一般传动试验系统的功能,而且具有如下几个方面特点。

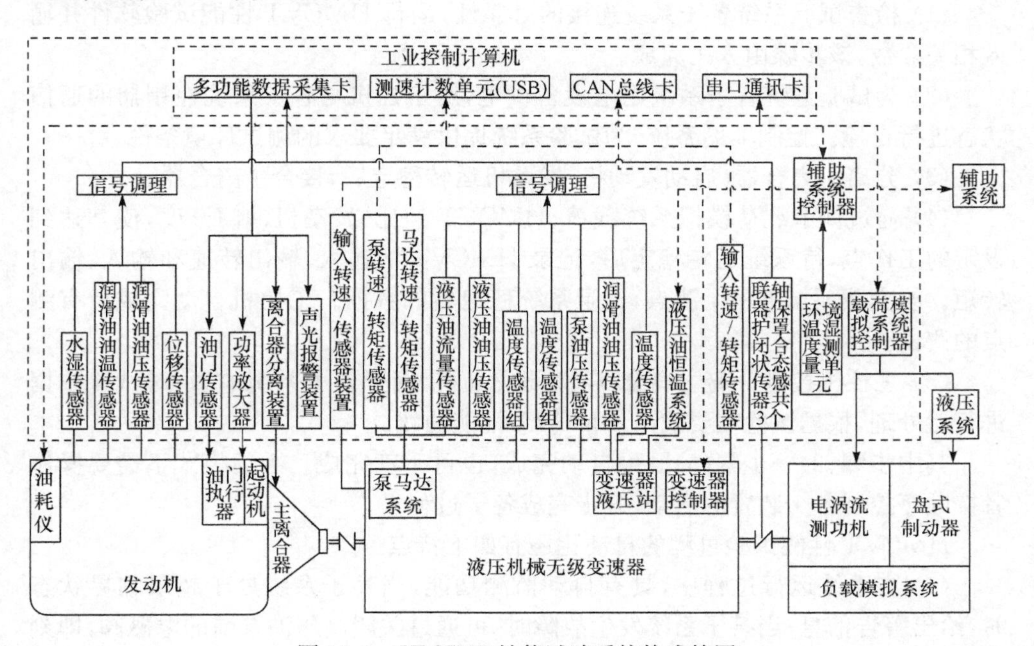

图 16.1 HMCVT 性能试验系统构成简图

(1) 电涡流测功器具有良好的可控性。为克服其在低转速下无法为试验系统提供试验载荷和盘式制动器、在转速较高时可控性较差、不适于长时间加载的不足,由电涡流测功器与盘式制动器组成载荷模拟系统,在载荷模拟系统控制器控制下,不但能为 HMCVT 提供全转速范围的试验载荷,而且使系统具有良好的可控性。

(2) 系统具有自动测试和手动测试两种模式。自动测试模式下,操作者只需按下启动按钮,系统就能在工控机的控制下,根据选定试验,按照编制的试验方案控制发动机转速和测功器加载转矩,自动完成试验过程。

(3) 能够对试验台状态进行监控,具有软硬件报警系统和过载保护与紧急状态急停功能。

(4) 采用虚拟仪器技术,系统设备总量大大减少,各种信号测量及激励信号波形的发生完全由软件实现,提高了测量的准确性和测试速度,降低了试验成本。试验数据和结果以多种方式输出与存储,便于对试验结果的分析与存档。

16.2.4 性能试验过程分析

通过 HMCVT 性能试验过程分析,为试验过程的自动化编制试验方案和运行程序。HMCVT 性能试验基本过程如下。

(1) 检查试验系统各子系统连接的可靠性,运行 HMCVT 性能试验软件并输入相关参数,该步骤由人工完成。

(2) 为试验系统各子系统用电设备供电,对工控机与各子系统控制器的通信状态进行自检。控制辅助系统,为试验系统提供满足要求的测试环境条件。

(3) 分离主离合器,启动发动机,发动机运转稳定后,接合主离合器。

(4) 通过调节载荷模拟系统载荷、HMCVT 速比、发动机油门开度,使其达到设定的工作点,待系统运转稳定后,记录 HMCVT 的输入、输出转速和输入、输出转矩。改变载荷至下一个测点,记录系统稳定后的数据。工控机自动完成所有测点的测试。

(5) 工控机控制分离主离合器,关闭发动机,断开各子系统电源,对试验数据进行后处理,根据试验需要输出 HMCVT 性能曲线。

其中步骤(2)～步骤(5)既可自动完成,也可手动完成。手动模式下需要操作者按顺序控制各个装置的启动,分步完成各子过程。

HMCVT 性能试验过程的自动化还有如下特点。

(1) 在系统运行过程中,具有自动监测功能,当某子系统处于超限临界状态时,给出警告信息;当某子系统发生故障时,可通过关闭高压油泵前的电磁阀,即刻切断燃油供应紧急停车,亦可按前述步骤(5)立即停止运行。

(2) 判断系统的稳定工作状态,通过控制各工作环节的延时,保证工作状态的正确性。

(3) 实时采集、显示、处理、记录 HMCVT 性能试验参数，根据要求输出试验结果。

HMCVT 性能试验主要涉及发动机转速控制、试验载荷及其在载荷模拟系统上的实现、HMCVT 参数的高精度自动化测量等。

第 17 章　HMCVT 测试系统的发动机控制

HMCVT 测试系统构成主要包括发动机、载荷模拟系统和测控系统三个部分。采用柴油发动机动力，为提高测试系统的自动化程度与控制精度，获得符合国家与行业标准、具有可比性的性能测试数据，需要对发动机进行可靠控制，为 HMCVT 提供满足测试要求的输入转速。

采用系统辨识的方法，建立基于神经网络理论的发动机转速、转矩与油门开度关系的数学模型，提出基于 BP 神经网络整定 PID 参数的发动机油门开度控制策略，进行发动机转速的有效控制。

17.1　发动机过程控制

在现代车辆传动系或传动系性能测试系统控制过程中，发动机的转速控制是系统控制的一个重要组成部分。提高试验系统的自动化程度与控制精度，获得满意的试验输入转速，必须通过发动机油门开度实现自动有效的调节。

17.1.1　试验系统的发动机控制

发动机试验台对发动机的控制方式通常有三种：恒油门控制、恒转速控制、恒转矩控制。在 HMCVT 试验系统中，传动系所受转矩由所模拟车辆的行驶阻力确定，发动机转矩是一个被动量，此时对发动机的控制模式有恒油门控制与恒转速控制两种。对发动机转速的控制可以归结为对发动机油门开度的控制，按照无级变速器相关试验规范要求，转速的控制精度在 ± 5r/min 范围内。

17.1.2　发动机油门控制原理

PID 控制是最早提出的控制策略之一，由于其算法简单、鲁棒性好、可靠性高，被广泛应用于工业控制过程中。在 PID 控制中，关键的问题就是 PID 参数的整定。传统的方法是在现场或者在对象数学模型的基础上，根据某一整定原则来确定 PID 参数。然而，发动机是一个复杂的非线性系统，其系统特性一般随着工况不同而发生变化。为使 PID 参数能在全工作范围内满足实时控制的要求，近年来已提出了多种 PID 参数确定方法。随着神经网络理论的发展，将应用最广泛的 PID 控制器与具有自学习功能的神经网络相结合，已成为智能控制研究的一个新方向。

在试验系统中，以步进电动机作为执行元件的发动机转速控制系统结构原理如图 17.1 所示。图中，虚线框中为工业控制计算机部分，双点划线框中为发动机油门控制部分；n_{e0}、n_e分别为发动机转速设定值与实际转速，α_{eS}、α_{eR}分别为发动机油门开度设定值与实际开度，α_ε 为油门开度设定值与实际开度的差值，u 为 PID 控制器输出，K_P、K_I、K_D分别为 PID 控制器比例、积分、微分环节的系数。发动机油门开度值由两种方法设定：①直接设定，即试验时直接设定油门开度的大小；②设定期望的发动机转速，由计算机根据设定的转速与实时采集的发动机转矩，通过辨识得到的发动机模型计算得到发动机油门开度值。

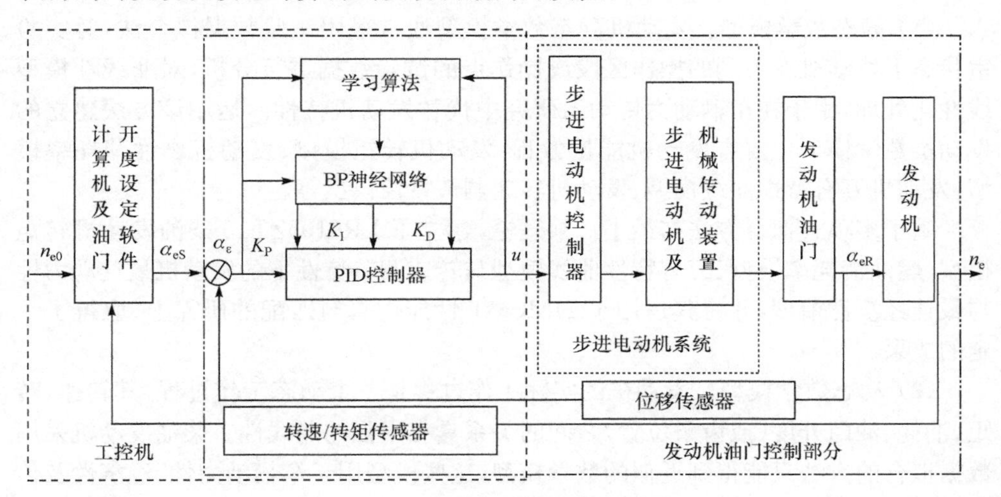

图 17.1　发动机转速控制原理

17.1.3　发动机过程控制模型

HMCVT 试验系统的发动机控制首先需要建立发动机系统模型。目前发动机系统建模主要有两种方法。一种是机理建模，根据发动机结构并基于热力学、流体动力学和机械动力学建立动态和静态模型，即根据过程本身的内在机理，利用能量平衡、物质平衡、反应动力学等规律来建立系统的模型，这种方法常用于发动机的应用性能研究和动态特性分析，模型通常为高度非线性，并包含大量的参数，建模难度大。基于这种模型的控制器设计相当复杂，难以在实时控制中使用。另一种是系统辨识方法，就是采用系统辨识技术，根据系统实际运行或实验过程中所取得的输入、输出数据，利用各种辨识算法来建立系统的数学模型。

辨识自上而下包括两个过程，即结构辨识与参数辨识。结构辨识需要利用目标系统的先验知识确定模型的结构。如果对系统没有任何先验知识，结构辨识就非常困难，只能通过试探的方法来选择结构。通常，模型可由参数函数 $y=$

$f(X,\theta)$表示，其中 X 为输入向量，θ 为参数向量。参数辨识是在模型结构确定之后，利用优化技术确定参数向量 $\theta=\hat{\theta}$，使产生的模型 $\hat{y}=f(X,\hat{\theta})$能恰当地对系统进行描述。这两个过程往往需要经过多次的反复，才能获得令人满意的模型。

抛开发动机的物理化学工作过程，分别以发动机转速、转矩（或油耗或功率）、发动机油门开度（或齿条位置）中的两个量作为输入，而另一个量作为输出，建立其过程控制模型，这种模型在传动系系统仿真、系统匹配以及发动机特性在其他动力系统上的模拟中都有运用。

(1) 静态数学模型。发动机静态数学模型通常采用试验数据拟合法，对实验室状态下发动机在不同的操作区段或操作点的试验数据进行分析，对非线性模型线性化处理，用于在车辆动力传动系研究中代替发动机特性。运用该方法建立的发动机数学模型主要有发动机能量方程、发动机转矩模型、发动机燃油消耗率模型、发动机万有特性曲线模型、发动机转速调节特性模型等。

基于多项式拟合方法与最小二乘理论，建立了 LR6105ZT10 柴油发动机转矩模型、燃油消耗率模型、万有特性曲线模型与转速调节特性下的发动机最佳动力性与最佳经济性模型，并将其运用于 HMCVT 性能仿真与匹配的研究上，取得了一定的成果。

(2) 动态数学模型。发动机的实际工作过程是一个动态工作过程，其转速、转矩、油耗、油门开度（或齿条位置）之间的关系具有很强的非线性。柴油发动机采用数据拟合的方法只能得到近似的数学模型，这些模型用于车辆动力性、经济性及传动系匹配计算与仿真，具有足够的精度。人工神经网络方法具有很强的非线性映射能力，理论上已经证明，合适结构的神经网络可以以任意精度逼近一个非线性函数，是一种性能更优的发动机建模方法。

17.2 神经网络理论

17.2.1 BP 神经网络模型与结构

人工神经网络（简称神经网络）是由人工神经元互联组成的网络，是从结构和功能上对人脑的抽象、简化，是模拟人类智能的一条重要途径。20 世纪 80 年代以来，神经网络已逐步发展成为自动控制领域的前沿学科之一。BP 网络是神经网络结构中最具代表性的一种，BP 网络具备分层结构，由一个输入层、一个输出层和一个或多个隐含层组成，每层神经元之间有从输入达到输出的前向连接权，层与层之间采用全互联方式，同层神经元以及隔层神经元之间无连接。网络结构如图 17.2 所示。网络的基本处理单元（输入层单元除外）为非线性输入输出关系，一般选用

S 形作用函数，且处理单元的输入、输出值可连续变化。

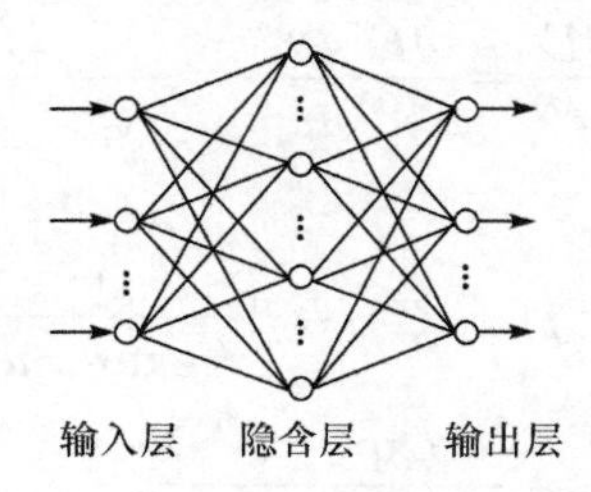

图 17.2　BP 网络模型结构

当给定网络的一个输入模式时，它由输入层经过隐含层单元逐层处理，传向输出层单元，由输出层单元处理后产生一个输出模式，故称为前向传播。若输出模式与期望输出模式有误差，且不满足要求，则转入误差向后传播，即误差值沿连接通路逐层向后传送，并修正各层连接权值。

17.2.2　BP 神经网络学习算法

设 BP 神经网络具有 m 层，由 $k-1$ 层的第 j 个神经元到第 k 层的第 i 个神经元的连接权值为 w_{ij}，输入输出样本为 $\{x_{si}, y_i\}$，$i=1,2,\cdots,m$，并设第 k 层第 i 个神经元输入的总和为 $u_i^{(k)}$，输出为 $y_i^{(k)}$，则变量之间关系为

$$y_i^{(k)} = f(u_i^{(k)})$$

$$u_i^{(k)} = \sum_j w_{ij} y_j^{(k-1)}, \quad k = 1,2,\cdots,m \tag{17.1}$$

BP 网络学习算法是通过反向学习过程使误差最小，故选取误差函数

$$E = \frac{1}{2}\sum_{j=1}^{n}(\bar{y}_j - y_j)^2 \rightarrow \min \tag{17.2}$$

式中，y_j、$\bar{y}_j$ 分别为期望输出、网络实际输出。

设 $\varepsilon_* > 0$ 为学习步长，则权值修正量为

$$\Delta w_{ij} = -\varepsilon_* \frac{\partial E}{\partial w_{ij}} \tag{17.3}$$

且

$$\frac{\partial E}{\partial w_{ij}} = \frac{\partial E}{\partial u_i^{(k)}} \frac{\partial u_i^{(k)}}{\partial w_{ij}} = \frac{\partial E}{\partial u_i^{(k)}} \frac{\partial}{\partial w_{ij}} \left(\sum_j w_{ij} y_j^{(k-1)}\right) = \frac{\partial E}{\partial u_i^{(k)}} y_j^{(k-1)} \tag{17.4}$$

设

$$d_i^{(k)} = \frac{\partial E}{\partial u_i^{(k)}} = \frac{\partial E}{\partial y_i^{(k)}} \frac{\partial y_i^{(k)}}{\partial u_i^{(k)}} \tag{17.5}$$

则

$$\Delta w_{ij} = -\varepsilon_* d_i^{(k)} y_j^{(k-1)} \tag{17.6}$$

并有

$$d_i^{(k)}=\frac{\partial E}{\partial u_i^{(k)}}=\frac{\partial E}{\partial y_i^{(k)}}\frac{\partial y_i^{(k)}}{\partial u_i^{(k)}}=\frac{\partial E}{\partial y_i^{(k)}}\frac{\mathrm{d}f(u_i^{(k)})}{\mathrm{d}u_i^{(k)}} \tag{17.7}$$

取 f 为S形函数,则有

$$y_i^{(k)}=f(-u_i^{(k)})=\frac{1}{1+\exp(-u_i^{(k)})}$$

$$\frac{\partial y_i^{(k)}}{\partial u_i^{(k)}}=\frac{\mathrm{d}f(u_i^{(k)})}{\mathrm{d}u_i^{(k)}}=\frac{\exp(-u_i^{(k)})}{[1+\exp(-u_i^{(k)})]^2}$$

$$=\frac{\exp(-u_i^{(k)})}{1+\exp(-u_i^{(k)})}\left[1-\frac{\exp(-u_i^{(k)})}{1+\exp(-u_i^{(k)})}\right]=y_i^{(k)}(1-y_i^{(k)}) \tag{17.8}$$

$$d_i^{(k)}=y_i^{(k)}(1-y_i^{(k)})\frac{\partial E}{\partial y_i^{(k)}}$$

对输出层神经元,即 $k=m$,$y_i^{(k)}=y_i^{(m)}$ 时,有

$$\frac{\partial E}{\partial y_i^{(k)}}=\frac{\partial E}{\partial y_i^{(m)}}=y_i^{(m)}-y_i \tag{17.9}$$

$$d_i^{(k)}=y_i^{(k)}(1-y_i^{(k)})(y_i^{(m)}-y_i)$$

对隐含层神经元,有

$$\frac{\partial E}{\partial y_i^{(k)}}=\sum_j\frac{\partial E}{\partial u_i^{(k+1)}}\frac{\partial u_i^{(k+1)}}{\partial y_i^{(k)}}=\sum_j w_{ij}d_i^{(k+1)} \tag{17.10}$$

$$d_i^{(k)}=y_i^{(k)}(1-y_i^{(k)})\sum_j w_{ij}d_i^{(k+1)}$$

BP 网络学习算法最终可归结为

$$\Delta w_{ij}=-\varepsilon_* d_i^{(k)}y_j^{(k-1)}$$

$$d_i^{(m)}=y_i^{(m)}(1-y_i^{(m)})(y_i^{(m)}-y_i)$$

$$d_i^{(k)}=y_i^{(k)}(1-y_i^{(k)})\sum_j w_{ij}d_i^{(k+1)}$$

$$y_i^{(k)}=f(-u_i^{(k)})$$

17.2.3 BP 神经网络算法改进

BP 算法因简单、计算量小、并行性强等优点,是目前网络训练较为成熟的训练算法之一。但 BP 算法有严重缺陷,如收敛速度慢、易陷入局部极小点。为此,人们做了大量的工作来改进算法,主要包括采用附加动量法、牛顿法、拟牛顿法、共轭梯度法、自适应算法、调整学习速率等,从不同程度上提高算法的收敛速度,但这些方法对避免算法陷于局部极值却无能为力。为避免算法陷于局部极值,实现全局优化,人们将智能优化算法,如进化算法、模拟退火法、禁忌搜索和混沌搜索策略等引入,进一步提高 BP 算法的性能。

17.3　基于 BP 网络的发动机模型辨识

发动机是一个复杂的非线性系统，不易直接用数学表达式准确描述其转速、转矩与发动机油门开度的关系。利用神经网络技术进行系统辨识，可以建立精度较高的发动机模型。

17.3.1　发动机系统辨识的一般模型

利用发动机转速、转矩与油门开度关系模型，可以方便地根据发动机的负载转矩，通过调节油门开度得到期望的发动机转速。

1. 状态-输出模型

设系统的动态方程为

$$x(k)=f[x(k-1),u_x(k-1)]$$
$$y(k)=h[x(k),u_x(k)] \tag{17.11}$$

式中，$u_x(k)$为系统输入；$x(k)$、$y(k)$分别为系统状态和输出；f、h 为未知非线性函数。

对式(17.11)表达的系统，可以采用以下两种状态-输出辨识模型表示，即

$$x_m(k)=f_m[x(k-1),u_x(k-1)]$$
$$y_m(k)=h_m[x(k),u_x(k)] \tag{17.12}$$
$$x_m(k)=f_m[x_m(k-1),u_x(k-1)]$$
$$y_m(k)=h_m[x_m(k),u_x(k)] \tag{17.13}$$

式中，$x_m(k)$、$y_m(k)$分别为辨识模型状态和输出；f_m、h_m 为静态非线性函数。

式(17.12)由于用到了模型自身的反馈，构成了回归结构，可以反映系统的动态行为，故又称为非线性回归状态-输出模型。

2. 输入-输出模型

一般情况下，并不能得到系统全部状态的测量值，而只能得到系统输出的测量值，此时不宜用状态-输出辨识模型，常用非线性自回归滑动平均(nonlinear autoregressive moving average，NARMAX)模型进行辨识，利用过去的输入输出值来预报当前输出，即

$$y_m(k)=f_m[y(k-1),\cdots,y_m(k-m);u_x(k-1),\cdots,u_x(k-n)] \tag{17.14}$$

NARMAX 模型不能存储状态信息，而仅取决于系统的输入输出的延迟值，它的表达能力低于状态-输出模型。为此，可采用模型输出来替代对象的输出，形成如下的 NARMAX 模型：

$$y_m(k)=f_m[y_m(k-1),\cdots,y_m(k-m);u_x(k-1),\cdots,u_x(k-n)] \tag{17.15}$$

该模型称为系统的估计模型，其中 f_m 取决于模型自身的输入输出值。

17.3.2 神经网络辨识的理论依据与辨识结构

对非线性函数的逼近能力是神经网络用于控制与建模的主要原因。输入-输出样本训练网络可以看作是一个非线性函数逼近问题。与多项式逼近一样，神经网络逼近也遵循 Weierstrass 定理和 Stone-Weierstrass 定理。满足定理条件的神经网络可以以任意精度逼近任意非线性连续或分段连续函数。已有结果证明，具有一个或以上隐层的多层前馈网络可以以任意精度逼近任意非线性函数，是通用的非线性函数逼近器。

神经网络对发动机系统进行辨识是通过直接学习系统的输入、输出数据，学习目的是使得所要求的误差函数达到最小，从而归纳出隐含在系统输入和输出数据中的关系。基于神经网络的发动机系统可以采用式(17.15)输入、输出并联模型辨识结构，如图 17.3 所示。其中系统的过去输出被网络的过去输出所代替，因此，并联模型中神经网络是具有延时连接的回归神经网络。

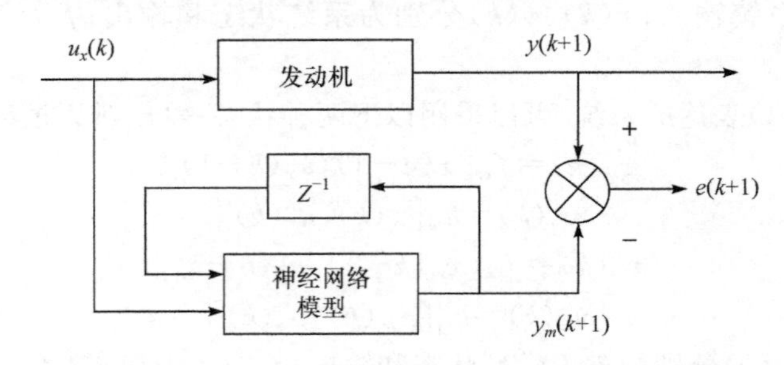

图 17.3 并联模型辨识结构

对神经网络来说，神经网络模型结构的辨识是一项复杂的工作，包括网络层数的选择、每层节点数的选择、每个节点传递函数的选择、节点间的连接方式等多方面内容。相对于神经网络的参数辨识的研究来说，神经网络的结构辨识的研究是比较薄弱的环节。对如何获得一个最优的网络结构，至今尚无通用的高效的方法。所以在实际应用中，往往通过多次试验，再根据经验来确定一个比较满意的网络结构。

模型结构确定后，就要进行参数辨识，即采用参数调整算法极小化某一目标函数，神经网络辨识中最常使用的目标函数是均方误差。模型的验证主要是对非线性模型的泛化能力进行测试，即采用几组不同的数据，独立辨识出模型，再分别计算出它们的均方差。

17.3.3　基于 BP 神经网络的发动机模型

1. 发动机静态网络模型辨识

(1) 网络模型。基于实验室进行的发动机特性试验所测得的发动机特性数据来进行的模型辨识,应属于静态模型辨识。

以发动机转速、转矩与油门开度的关系为研究对象进行研究。BP 神经网络的拓扑结构如图 17.2 所示,在该辨识中选取网络输入向量 U_X 为

$$U_X=[n_e,T_e]^T U_X=[n_e,T_e]^T \tag{17.16}$$

式中,n_e 为发动机转速,r/min;T_e 为发动机转矩,N · m。

输出向量 Y_m 为

$$Y_m=[\alpha] \tag{17.17}$$

式中,α 为与发动机转速、转矩相对应的发动机油门开度,%。

通过仿真比较网络收敛精度与收敛速度,选择 BP 神经网络结构为 2-15-1,即输入层神经元个数为 2,隐层神经元个数为 15,输出层神经元个数为 1。

神经元激活函数选用双曲正切函数,即

$$f(x)=\tanh x=\frac{\exp(x)-\exp(-x)}{\exp(x)+\exp(-x)} \tag{17.18}$$

(2) 系统静态模型辨识结构。图 17.4 为 BP 神经网络系统静态模型辨识结构。将实测系统输入、输出数据作为样本输入网络进行网络训练,发动机与网络具有同样的输入 U_x,将对象输出 Y 与网络输出 Y_m 的差值 e_m 作为其学习信号,通过学习,即权值的调整使 e_m 趋于零。

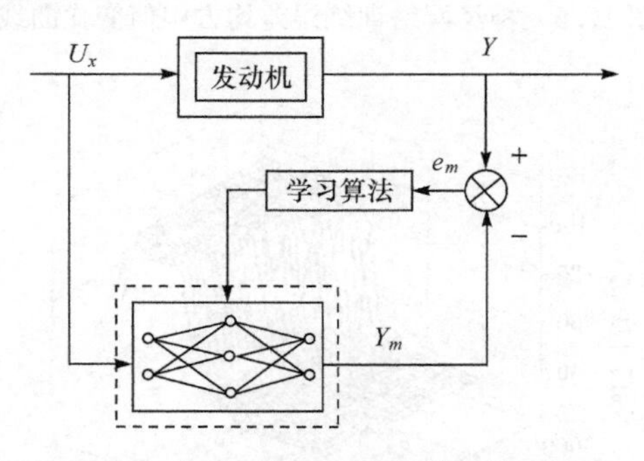

图 17.4　BP 网络系统静态模型辨识结构

(3) BP 网络系统静态模型辨识结果。网络训练采用动量法,有

$$\Delta w_{ij}(k)=\gamma_1\Delta w(k-1)+\gamma_2\sum\delta_i y_j(k) \tag{17.19}$$

$$w_{ij}(k)=w(k-1)+\Delta w_{ij}(k) \tag{17.20}$$

式中，δ_i 为节点 i 处的误差值；y_j 为节点 j 处的输出；γ_1、γ_2 分别为动量系数、学习速率；k、$k-1$ 代表两次相邻的训练时刻。

网络训练中首先对网络输入进行归一化处理，各层初始权值取－0.5～0.5 的均匀分布随机数，学习速率 γ_2 取 0.35，动量系数 γ_1 取 0.75，用上述网络对 68 对样本进行了 2700 次训练。由图 17.5 的神经网络训练误差均方根值变化曲线可知，变化训练中的样本误差均方根值收敛到 2×10^{-6}，从而得到如图 17.6 所示的发动机神经网络模型。为了检验所建立发动机模型的精度，用一组发动机转速、转矩及其对应的油门开度试验数据进行了模型测试，测试结果如表 17.1 所示。由表可知，所建立的发动机模型的油门开度的绝对误差值最大不超过±0.2%，通常在±0.1%以下，模型在大部分区域的精度是较高的。

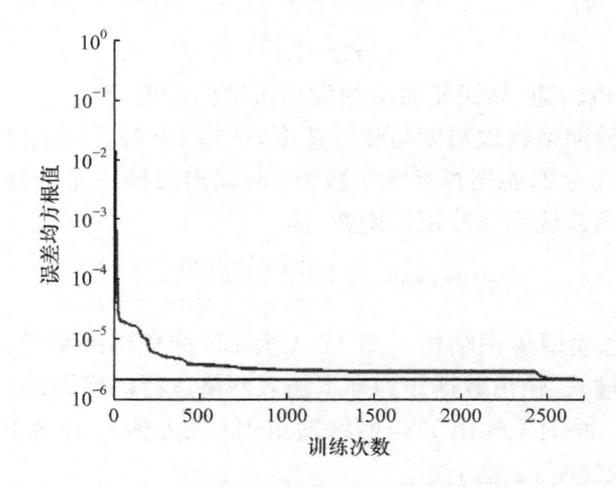

图 17.5　神经网络训练误差均方根值变化曲线

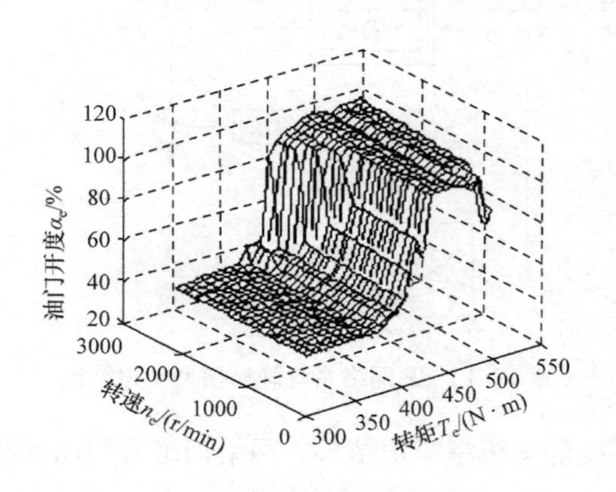

图 17.6　发动机神经网络模型

表 17.1　发动机神经网络模型测试数据表

转矩/(N·m)	转速/(r/min)	油门开度/%			转矩/(N·m)	转速/(r/min)	油门开度/%		
		实测值	仿真值	绝对误差			实测值	仿真值	绝对误差
492	2000	100	100.1390	0.139	504	1450	70	69.9961	−0.0039
460	2200	100	100.4280	0.428	450	600	60	59.5985	−0.4015
440	2300	100	99.7023	−0.2977	465	800	60	59.7907	−0.2093
462	500	90	89.9983	−0.0017	470	1000	60	60.1742	0.1742
478	700	90	89.9998	−0.0002	460	1160	50	58.8043	−0.1957
494	900	90	89.9586	−0.0414	450	1300	50	49.1741	−0.8259
453	400	80	78.0825	−0.1175	440	1400	50	49.6767	−0.3704
468	600	80	80.5395	0.5395	410	800	40	40.6296	0.6296
483	800	80	79.9999	−0.0001	400	900	40	39.7414	−0.2586
495	1000	70	69.9682	−0.0318	380	1000	40	39.5194	−0.4806
508	1300	70	70.0299	0.0299					

2. 发动机动态网络模型辨识

实践证明，在发动机工作过程中，动态工况占 66%～80%，对于发动机动态模型辨识的研究，此处不做研究。

17.4　基于 BP 神经网络整定的 PID 发动机油门控制

图 17.1 所示的控制系统中，步进电动机系统由步进电动机及其控制器(含控制软硬件)组成。步进电动机系统的数学模型同时涵盖了步进电动机本身的动态特性以及计算机与步进电动机的联系。在每个采样间隔，步进电动机系统都接收一个控制作用量，该控制量通常为控制算法所确定的脉冲数。控制算法用于处理步进电动机在多脉冲作用下的响应，使得脉冲强度与其采样周期内步进电动机应转过的角度相对应。此时步进电动机系统对脉冲的响应是一个多步响应过程，其传递函数为

$$G(s)=K_{\mathrm{N}}\cdot\frac{1-\exp(-st)}{s^2} \tag{17.21}$$

式中，K_{N} 为步进电动机系统传递函数积分环节的放大倍数，其值与采样周期成反比。

17.4.1　基于 BP 神经网络的 PID 整定原理

在发动机油门控制系统中，对步进电动机采用 PID 控制，要想取得好的控制

效果，必须调整好比例、积分和微分三种控制作用，形成控制量中既相互协调又相互制约的关系，故对步进电动机进行控制的关键是找到这种最佳的组合关系。神经网络所具有的任意非线性映射能力，可以通过对系统性能的学习实现具有最佳组合的 PID 控制，采用 BP 神经网络可以构建参数 K_P、K_I、K_D 自学习 PID 控制器。

基于 BP 神经网络参数整定的 PID 控制系统结构如图 17.1 中的双点划线与虚线重叠部分所示，控制器由经典增量式 PID 控制器和神经网络结构两部分构成。经典增量式 PID 控制器通过在线调整的 K_P、K_I、K_D，对步进电动机进行闭环控制；神经网络根据系统的运行状态调节 PID 控制器的参数，以期达到某种性能指标最优化，使输出层神经网络的输出状态对应于 PID 控制器的三个可调参数 K_P、K_I、K_D，以得到满足某种性能指标最优化的 PID 控制。

1. 经典增量式数字 PID 控制算法

经典增量式数字 PID 控制算法为

$$u(k_d)=u(k-1)+K_P[e(k)-e(k-1)]+K_Ie(k)+K_D[e(k)-2e(k-1)+e(k-2)] \tag{17.22}$$

式中，积分系数 $K_I=K_P\dfrac{t}{t_i}$，t_i 为积分时间常数，t 为采样周期；微分系数 $K_D=K_P\dfrac{t}{t_d}$，t_d 为微分时间常数；k、$k-1$、$k-2$ 代表三个相邻时刻。

2. BP 神经网络辨识器

神经网络辨识器采用带动量项与阈值的 BP 神经网络，网络基本结构如图 17.2所示，仿真试验确定具有 8 个隐节点的 BP 神经网络，对本系统具有较好的精度与较快的收敛速度，采用 3-8-3 的三层网络，网络输入选取油门开度设定值 α_{eS} 与实际开度 α_{eR} 的差值的三个相邻值，即网络输入层输入为

$$U_j^{(1)}=[e(k)\quad e(k-1)\quad e(k-2)]^T \tag{17.23}$$

隐含层的输入、输出为

$$\begin{aligned} u_i^{(2)}(k) &= \sum_{j=0}^{2} w_{ij}^{(2)} y_j^{(1)} + b_i^{(2)}, \quad i=0,1,\cdots,7 \\ y_i^{(2)}(k) &= f(u_i^{(2)}(k)), \quad i=0,1,\cdots,7 \end{aligned} \tag{17.24}$$

式中，$w_{ij}^{(2)}$ 为隐含层加权系数；$b_i^{(2)}$ 为隐含层阈值系数。

隐含层激活函数取式(17.18)所示的正负对称的 Sigmoid 函数。

网络输出层的输入、输出为

$$u_l^{(3)}(k) = \sum_{i=0}^{7} w_{li}^{(3)} y_i^{(2)} + b_l^{(3)}$$

$$y_l^{(3)}(k)=g(u_l^{(3)}(k))$$

$$Y_l^{(3)}=[K_P \quad K_I \quad K_D]^T \tag{17.25}$$

上述式中，上标(1)、(2)、(3)分别代表输入层、隐含层和输出层。输出为 PID 控制器的比例、微分、积分参数 K_P、K_I、K_D，因 K_P、K_I、K_D不能为负值，故网络输出层激活函数取非负的 Sigmoid 函数，即

$$g(x)=\frac{1}{2}(1+\tanh x)=\frac{\exp(x)}{\exp(x)+\exp(-x)} \tag{17.26}$$

取性能指标函数为

$$E(k)=\frac{1}{2}[\alpha_{eS}(k)-\alpha_{eR}(k)]^2 \tag{17.27}$$

按照梯度下降法修正网络权系数，并附加使搜索快速收敛的动量系数和学习效率，可得网络输出层权值、阈值学习算法为

$$\Delta w_{li}^{(3)}(k)=\gamma_1\Delta w_{li}^{(3)}(k-1)+\gamma_2\delta_l^{(3)}y_i^{(2)}(k) \tag{17.28}$$

$$\Delta b_l^{(3)}(k)=\gamma_1\Delta b_l^{(3)}(k-1)+\gamma_2\delta_l^{(3)} \tag{17.29}$$

$$\delta_i^{(3)}=e(k)\mathrm{sgn}\left(\frac{\partial\alpha_{eR}(k)}{\partial u(k)}\right)\frac{\partial u(k)}{\partial y_l^{(3)}(k)}g'(y_l^{(3)}(k))$$

$$l=1,2,3 \tag{17.30}$$

网络隐层权值、阈值学习算法为

$$\Delta w_{li}^{(2)}(k)=\gamma_1\Delta w_{li}^{(2)}(k-1)+\gamma_2\delta_l^{(2)}y_i^{(1)}(k) \tag{17.31}$$

$$\Delta b_l^{(2)}(k)=\gamma_1\Delta b_i^{(2)}(k-1)+\gamma_2\delta_i^{(2)} \tag{17.32}$$

$$\delta_i^{(2)} = f'(y_l^{(3)}(k))\sum_{l=1}^{3}\delta_l^{(3)}w_{ij}^{(3)}(k)$$

$$i = 1,2,\cdots,8 \tag{17.33}$$

式中，$g'(x)=g(x)[1-g(x)]$，$f'(x)=\frac{1}{2}[1-f^2(x)]$。

3. 基于 BP 神经网络的 PID 控制器控制算法

根据所研究的神经网络辨识器和数字 PID 控制算法，可得基于 BP 神经网络的 PID 参数整定控制算法如下：

(1) 输入给定结构的网络各层初始权值与阈值，选定学习速率和动量系数。

(2) 设定发动机油门开度。

(3) 采样发动机油门开度 $\alpha_{eS}(k)$与实际开度 $\alpha_{eR}(k)$，并计算其差值 $e(k)$。

(4) 计算网络各层神经元输入、输出，输出层的输出即为 PID 控制器三参数 K_P、K_I、K_D。

(5) 根据经典增量式数字 PID 控制算法式(17.22)计算输出 $u(k)$。

（6）进行神经网络学习，在线调整网络加权系数与阈值系数，实现 PID 控制参数的自适应调整；返回（3），循环调整。

17.4.2　发动机油门控制软件设计

发动机油门控制系统程序流程如图 17.7 所示。首先对信号输入、输出的 DAQ 卡进行初始化操作，实现软件与硬件的连接。然后采集当前发动机油门开度，得出当前开度与设定（或计算）开度的偏差。在对油门开度偏差与其稳态误差进行比较的同时，训练神经网络，在线整定 PID 控制器三参数。若偏差小于稳态误差，则控制步进电动机自锁（位置控制完成）。若偏差大于稳态误差，则通过 PID 算法得到控制量，控制发动机油门向指定开度方向运动。系统编程采用 LabVIEW 软件，其应用程序由 3 部分组成：前面板、框图程序和图标/连接器。在设定发动机油门开度或期望的发动机转速后，系统自动完成发动机油门的控制，图 17.8为发动机油门控制系统框图程序。整个程序结构是一个 while 循环，其内部结构分为 6 个模块：DAQ 板卡初始化模块、数据采集及数字滤波模块、油门开度设定与波形显示模块、神经网络整定模块、PID 算法模块与运转方向和速度控制模块。

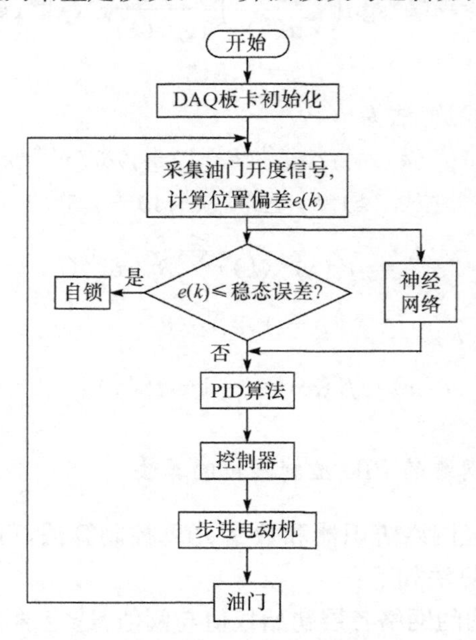

图 17.7　发动机油门控制系统程序流程

（1）DAQ 板卡初始化模块。该模块主要功能是实现软件与硬件的连接与断开。信号采集与输出的硬件系统装配完成之后，安装 DAQ 板卡的计算机驱动程序，以实现计算机对 DAQ 板卡的管理，为其分配系统资源，完成如中断、内存配置

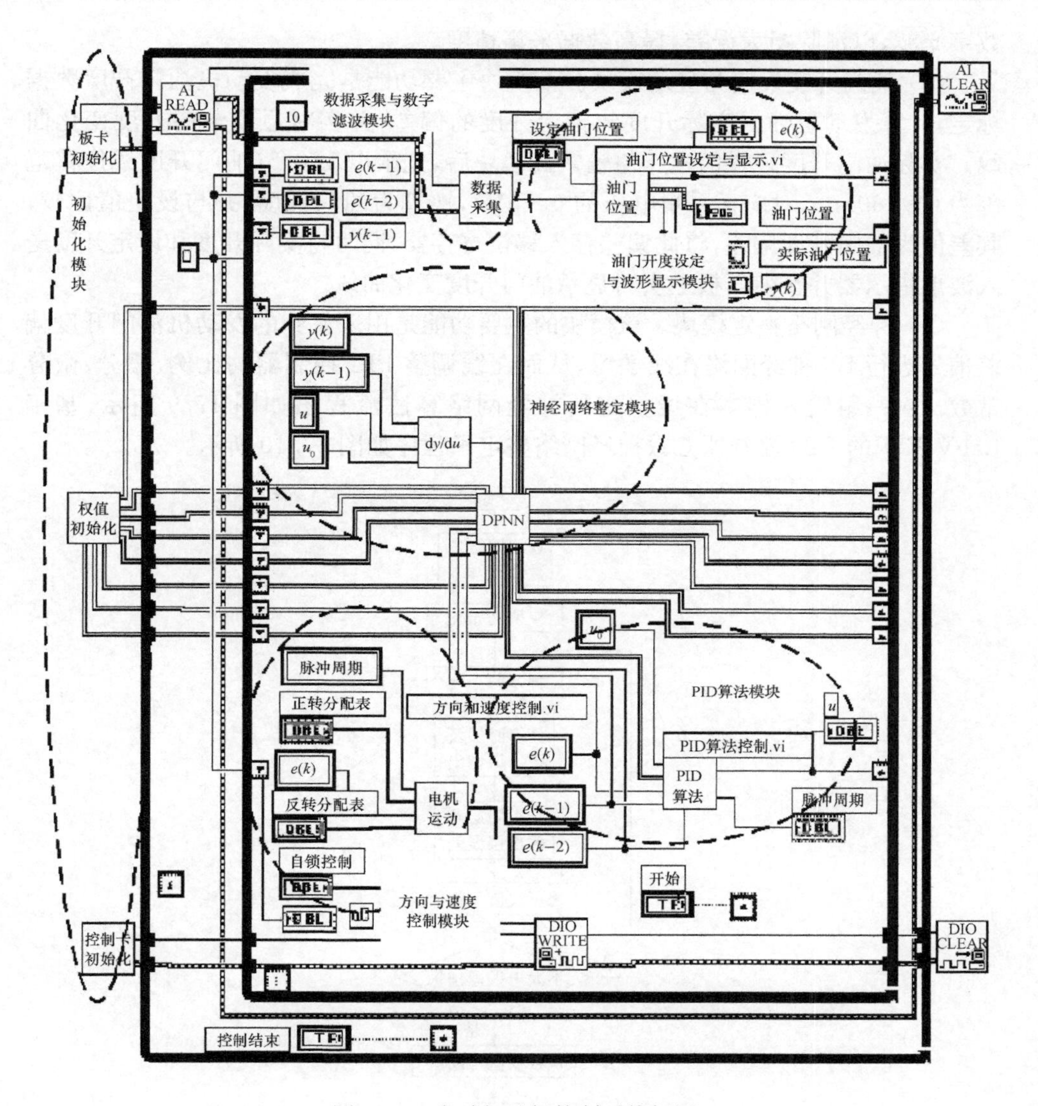

图 17.8 发动机油门控制系统框图

等。DAQ 板卡初始化是在板卡软硬件安装完好的基础上使得所编制的应用软件找到 DAQ 板卡,获得卡号码、基地址、中断号码等基本配置,设定板卡采样周期与采样点数等,并在软件结束操作时关闭 DAQ 板卡的计算机驱动程序,释放硬件资源。

(2) 数据采集及数字滤波模块。该模块主要功能是采集发动机油门开度信号。通过数据采集卡上的数据采集通道,读入发动机油门开度信号,对采集到的数据用一个 for 循环将前 10 个数据依次存入 10 个移位寄存器,相加后除以 10 进行数字滤波，以消除粗大误差，提高数据采集精度。

(3) 油门开度设定与显示模块。该模块主要功能是完成发动机油门开度数据标定，计算发动机油门实际开度与指定开度的偏差，并实时显示油门开度变化曲线。实际油门开度采样的电压值输入此模块后，先乘以 160/5(油门开度线位移范围为 0～160mm，对应于采集电压的 0～5V)，换算为油门开度，并与设定值比较，其差值为油门开度偏差，将此偏差存入移位寄存器，同时将实际开度和设定开度送入波形指示器并在前面板上实时显示油门开度变化曲线。

(4) 神经网络整定模块。该模块的主要功能是用采集到的发动机油门开度偏差信号进行 BP 神经网络在线学习，从而在线调整 PID 控制器的比例、积分、微分常数。对一组输入样本在线整定的神经网络算法流程图如图 17.9 所示，基于 LabVIEW 的 PID 控制器参数神经网络整定子程序如图 17.10 所示。

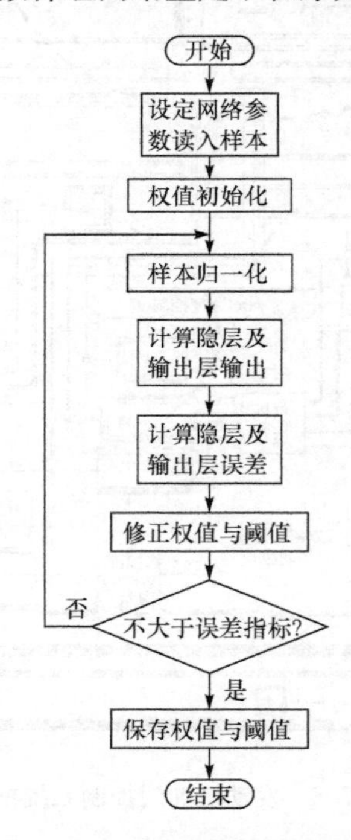

图 17.9 神经网络算法流程

(5) PID 算法模块。该模块输入量为发动机油门实际值和设定值的差值，输出量为控制步进电动机运行速度的脉冲周期。程序调用公式节点，采用增量式 PID 算式，输入最近 3 次的位置偏差和 PID 参数，由公式节点算出控制量，由控制量控制步进电动机运行速度的脉冲频率。系统采用脉冲周期时间间隔来控制用于控制发动机油门开度的步进电动机的运行速度，且脉冲周期不能为负值，故要将由 PID 算法得到的脉冲频率转变为脉冲周期，并取绝对值。但是由于步进电动机最

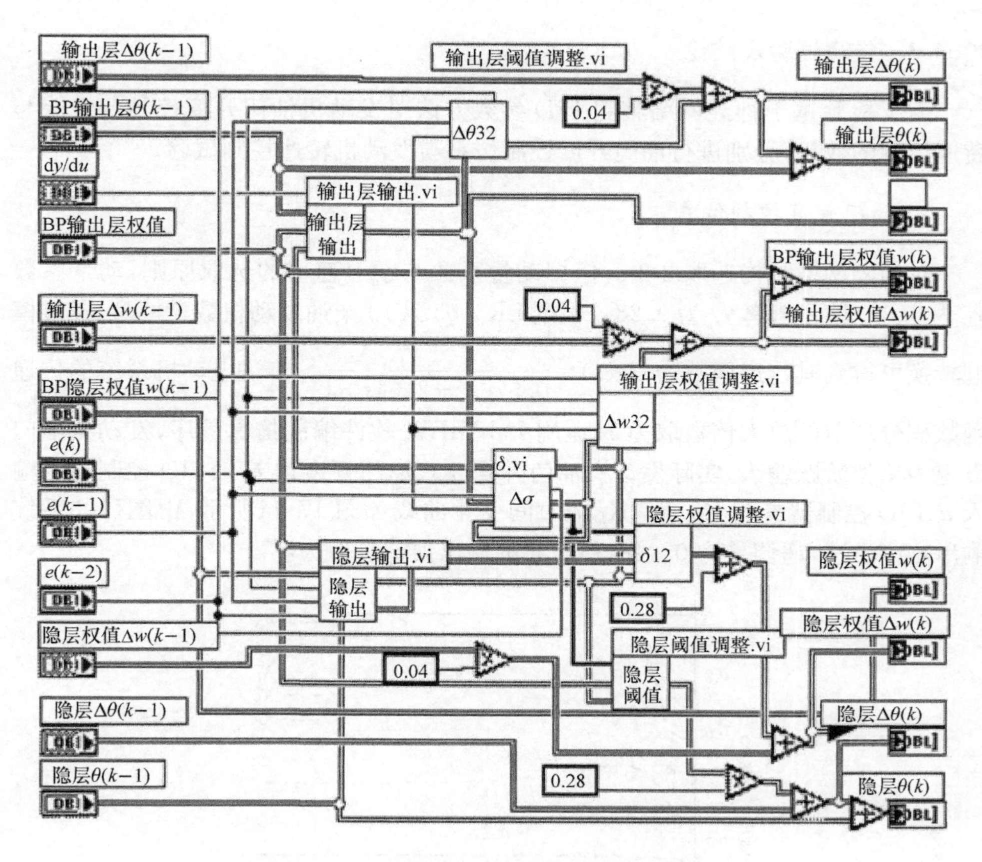

图 17.10　输入样本在线神经网络整定子程序

高稳定运行频率是有限的，对该系统来说，电动机最高稳定运行频率对应的脉冲周期为 0.5ms，当 PID 算法得到的脉冲周期不大于 0.5ms 时，选择开关选通 0.5ms 作为控制步进电动机运行速度的脉冲周期；当 PID 算法得到的脉冲周期大于 0.5ms 时，就取实际算得的脉冲周期控制步进电动机的运行速度。

（6）方向与速度控制模块。电机控制分三种方式：顺时针旋转、逆时针旋转和自锁。当偏差$|e(k)|$不大于稳态误差时，选择开关选通自锁分配表，并将此表送入数组子模板，通过数字输出子模板输出数字量控制步进电动机自锁；当偏差 $e(k)$ 大于稳态误差时，选择开关选通逆时针旋转分配表，此表通过选择开关送入数组子模板，并通过数字输出子模板输出数字量，控制步进电动机逆时针旋转；当偏差 $e(k)$小于负的稳态误差时，选择开关选通顺时针旋转分配表，此表通过选择开关送入数组子模板，并通过数字输出子模板输出数字量，控制步进电动机顺时针旋转。数字量的输出是由 for 循环实现的，由于采用四相八拍脉冲控制，故循环变量取 8，每一次循环的时间间隔是由赋给延时子模板的脉冲周期决定的。

17.4.3 仿真试验及结论

为了检验基于神经网络整定 PID 参数方法对发动机油门开度控制的性能与转速控制的效果，分别进行油门开度控制仿真与发动机转速控制试验。

1. 油门开度控制仿真

对神经网络结构选取 3-8-3，依据动量系数与学习速率的选取原则，动量系数 γ_1 为 0.04，学习速率 γ_2 为 0.28。根据 LR6105ZT10 柴油发动机数学模型，通过模型转换可得到其传递函数为 $G_1(s)=\dfrac{1}{0.576s^2+2.64s+1}$。步进电动机系统的传递函数积分环节的放大倍数取为 1，运用 LabVIEW 软件编制仿真程序，发动机油门设定为单位阶跃输入，实际发动机油门开度 α_{eR}、油门开度误差 e、PID 控制器的输入 u、PID 控制器参数 K_P、K_I、K_D随时间变化曲线如图 17.11所示，由图可知系统输出响应迅速，超调量为 0.018，稳态时的输出误差近似为零。

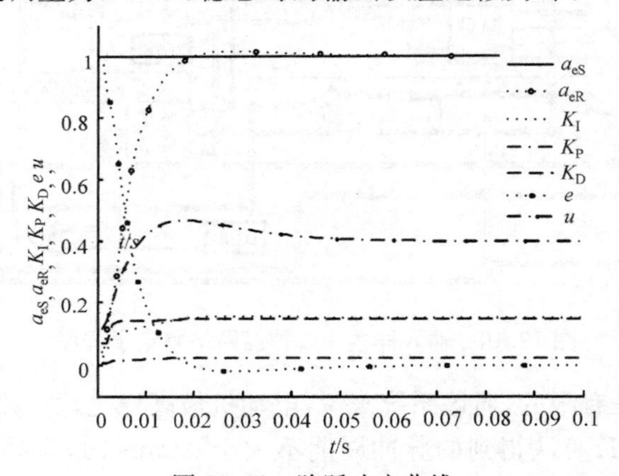

图 17.11 阶跃响应曲线

当发动机油门开度量的变化设定为正弦曲线时，系统各参数变化曲线如图 17.12 所示，由图可知，通过基于神经网络整定 PID 参数的发动机油门控制，发动机油门开度设定值与实际开度之差为 0.077，系统具有良好的鲁棒性，能够满足工程上对油门控制的需要。

2. 恒转速发动机油门开度控制试验

采用混合式步进电动机 HN200-3426 及其驱动器 IM483 对柴油发动机进行油门控制试验，试验设定发动机转速为 1500r/min，试验结果如图 17.13 所示。由图可知发动机转速的脉动值在±5r/min 范围内，满足法规对于试验输入转速控制的要求。

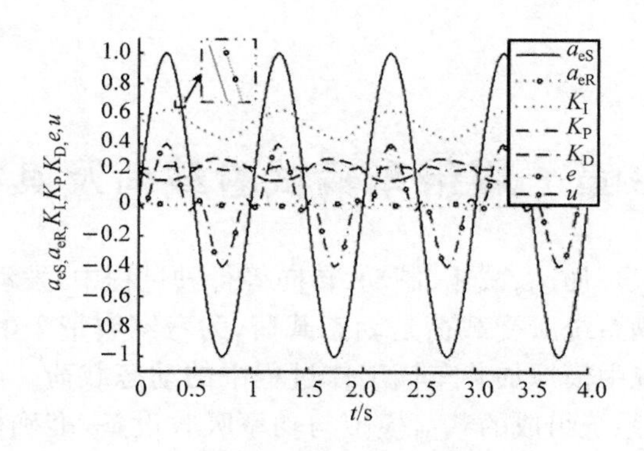

图 17.12　正弦跟踪曲线

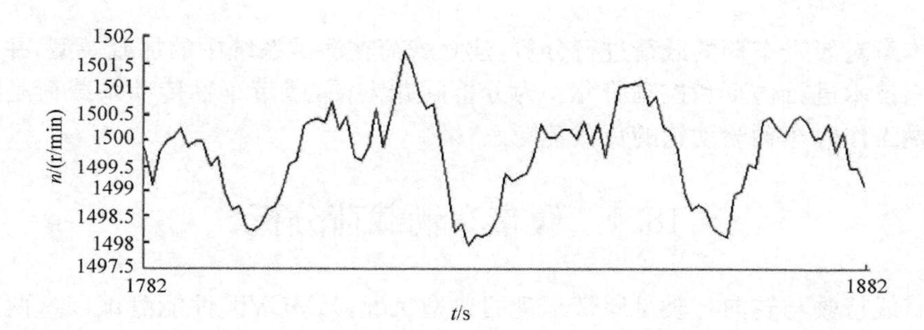

图 17.13　发动机转速

第 18 章　履带车辆试验载荷及其模拟

履带车辆在起步、加速、减速、制动、转向等行驶过程中，发动机、传动系处于非稳定动态工况，车辆系统所受载荷是动态载荷，为考察履带车辆 HMCVT 的工作性能，需在测试系统中模拟加载车辆工作过程中的动态载荷。电涡流测功器和盘式制动器作为测试系统组成的载荷模拟与功率吸收设备，准确模拟履带车辆行驶阻力，再现履带车辆各工况下传动系载荷，是履带车辆 HMCVT 性能试验的关键技术。

本章对履带车辆的载荷进行分析，建立载荷在测试系统中的加载模型，并对加载控制技术进行仿真和控制研究。为分析问题方便，履带车辆传动系载荷是指履带车辆工作时车辆驱动轮的负载转矩。

18.1　履带车辆载荷分析

直线行驶与转向行驶是履带车辆的典型工况，HMCVT 性能测试以这两种工况下的载荷为基础进行，并以此为基础建立试验系统载荷模型。

18.1.1　履带车辆建模假设条件

在研究中所要建立的数学模型，主要用于 HMCVT 性能试验和履带车辆传动系的转向性能试验，履带车辆的行驶工况受诸多因素的影响，在建立数学模型时，作如下假设：

(1) 履带在均匀地面上行驶，仅计入行驶阻力(载荷)，不计空气阻力；

(2) 在履带接地长度内，履带的法向载荷均匀分布；

(3) 履带车辆的质心与几何中心重合；

(4) 忽略履带宽度对转向的影响；

(5) 履带转向前处于平衡状态，转向过程中保持稳态工况。

18.1.2　履带车辆行驶阻力

履带车辆直线行驶时，受到的行驶阻力如图 18.1 所示，表达式为

$$\sum F = F_{\mathrm{f}} + F_{\mathrm{i}} + F_{\mathrm{j}} + F_{\mathrm{x}} \tag{18.1}$$

式中，F_{f}、F_{i}、F_{j}、F_{x} 分别为履带车辆滚动阻力、坡度阻力、加速(减速)阻力、牵引阻力，N。

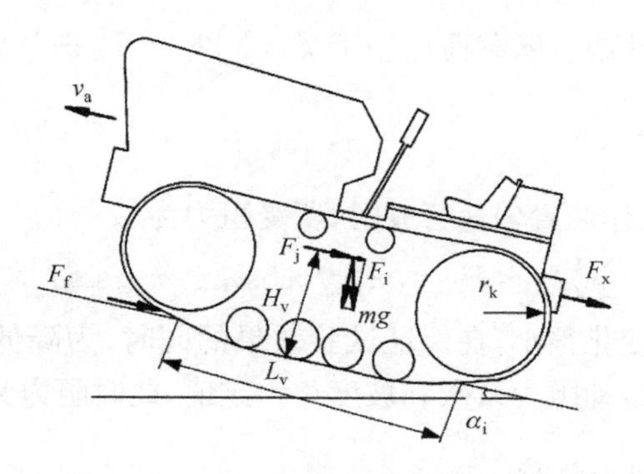

图 18.1　履带车辆行驶阻力

式(18.1)可进一步表示为

$$\sum F = m_v g f_v \cos\alpha_i \pm m_v g \sin\alpha_i \pm \left(m_v + I_e \frac{i_m^2}{r_k^2}\eta_m \eta_\tau\right)\frac{dv_a}{dt} + F_x \tag{18.2}$$

式中，m_v 为整车质量，kg；g 为重力加速度，m·s^2；α_i 为坡度角，坡度阻力前正号表示上坡，负号表示下坡，rad；I_e 为发动机运动质量换算到曲轴上的转动惯量，kg·m^2；i_m 为传动系总传动比；r_k 为驱动轮动力半径，m；η_m、η_τ 分别为传动系总效率、履带驱动段效率；$\frac{dv_a}{dt}$为履带前进时的加速度或减速度，m·s^2；v_a 为履带车辆行驶速度，m/s；f_v 为滚动阻力系数。

履带车辆的滚动阻力系数由实验方法测得，主要与履带轮轮缘成分、滚动速度、履带轮缘结构尺寸、滚道形状有关，其数值在很大范围内变化。由测得的在不同行驶速度下的滚动阻力系数，可得其拟和公式为

$$f_v = f_0 + a_1 v_a + a_2 v_a^2$$

式中，f_0 为滚动阻力系数常数项；a_1 为速度项系数，s/m；a_2 为速度平方项系数，s^2/m^2。

履带在水平地面上做等速直线运动时，行驶阻力表达为

$$\sum F = F_f + F_x \tag{18.3}$$

在具有坡度的地面上加速直线行驶时，令 $F_\psi = F_f + F_i$ 为道路阻力，则

$$\sum F = F_\psi + F_j + F_x \tag{18.4}$$

由式(18.4)可知，履带车辆行驶阻力主要由道路阻力、加速阻力和工作阻力构成。当其不带工作装置匀速行驶时，$\sum F = F_\psi$，为恒阻力行驶工况；当其不带工作装置加速(减速)行驶时，$\sum F = F_\psi + F_j$，为平稳卸荷、急剧卸荷的强烈加速工况(平稳增加载荷、急剧增加载荷的制动工况)；在田间作业时，通常处于按规律变化的正

弦交变载荷、随机载荷或阶跃载荷作用工况，$\sum F = F_{\psi} + F_{x}$。

1. 恒阻力载荷

履带车辆不带工作装置匀速行驶时，所受阻力为

$$\sum F = F_{\psi} = m_{v} g f_{v} \cos\alpha_{i} \pm m_{v} g \sin\alpha_{i} \tag{18.5}$$

此时，滚动阻力系数变化很小，在保证试验效果的同时，为降低阻力载荷在试验系统上的模拟难度，取滚动阻力系数和坡度角为定值，此时阻力为恒值。

2. 加速(减速)阻力载荷

$$\sum F = F_{\psi} + F_{j} = m_{v} g (f_{v} \cos\alpha_{i} \pm \sin\alpha_{i}) \pm \left(m_{v} + I_{e} \frac{i_{m}^{2}}{r_{k}^{2}} \eta_{m} \eta_{\tau} \right) \frac{dv_{a}}{dt} \tag{18.6}$$

由式(18.6)可知，履带车辆加速(减速)阻力载荷与发动机运动质量换算到曲轴上的转动惯量、传动系总传动比、传动系总传动效率、履带驱动段效率、驱动轮动力半径、履带车辆前进时的加速度或减速度及履带车辆的质量有关。

传动系总传动效率与履带驱动段效率为定值，对于无级变速的履带车辆传动系，其加速阻力与传动比呈二次方关系。而有级变速的履带车辆在不同传动比下以同等强度加速时的加速阻力载荷呈阶跃变化。

当采用原车装备的发动机作为试验系统的拖动动力时，发动机运动质量在试验过程中所产生的阻力直接作用于履带车辆传动系，忽略履带驱动段效率的影响，此时式(18.6)的第四项可忽略，履带车辆加速阻力载荷随加速度呈线性变化。

3. 履带车辆牵引作业载荷

履带车辆在田间牵引作业时受到的牵引载荷情况较为复杂，但主要可归结为定值牵引阻力、按正弦规律变化的交变载荷、阶跃载荷、随机载荷四种，这里仅以旋耕为研究对象对牵引随机载荷进行分析。

1) 随机载荷

为了解车辆在田间作业状态下的随机信号特征，对旋耕机组进行了田间和土槽试验，旋耕试验根据行驶速度、耕深、驱动轮配重及动力输出轴转速的组合，形成了 16 种工况。田间土壤为中等坚实度，含水量较低，测出各试验工况下的驱动轮载荷。

2) 随机载荷预处理

从试验中采集到的随机信号不可避免地会存在一些干扰信号，只有首先去除干扰信号，才能获得真正反映随机信号特征的数据。对数据的处理主要包括异常点的剔除、趋势项检验、零均值化处理等。

根据驱动轮负载转矩的频率结构，分别对驱动轮负载转矩进行采样，采样时间间隔为 10ms，采样点数为 1024 个。采用 3σ 准则，将残差大于 3σ，出现概率为 0.0027 的过失误差引起的异常数据剔除。采用最小二乘法，去除会使相关分析或功率谱分析中出现畸变的趋势项，并将分析的试验数据进行零均值化处理。

3) 随机载荷特性

(1) 载荷波动性。以变异系数(标准差与均值之比)表征驱动轮载荷的波动性。试验表明，对旋耕机进行田间试验时，车辆驱动轮载荷变异系数为 18%～24%，平均值为 21%，变异系数有随车速提高和旋耕机刀轴转速升高而增加的趋势。

(2) 载荷正态性。对驱动轮载荷进行皮尔逊χ^2正态检验及严格的偏度峰度检验结果表明，当置信度为 0.05 时，86%的载荷样本能通过χ^2正态检验；驱动轮载荷多有一定的偏度，且多为正偏度，55%的样本能通过偏度峰度检验，在其余的 45%的样本中，大多数样本能通过峰度检验而偏度略超，但没有偏度峰度检验均不能通过的情况。

(3) 载荷平稳性。在驱动轮载荷样本在显著水平为 0.05，分组数为 30 的条件下采用轮次法进行平稳性检验，检验结果表明，95%的数据都能通过平稳性检验。

(4) 功率谱函数。对各种工况下的车辆左右驱动轮载荷时域离散信号进行自相关和功率谱分析，图 18.2(a)是动力输出轴为低挡，车辆行驶速度为 1.25m/s，耕深为 115.7mm 工况下左驱动轮的载荷谱曲线；图 18.2(b)是动力输出轴为低挡，车辆行驶速度为 1.218m/s，耕深为 124.1mm 工况下右驱动轮的载荷谱曲线。由图 18.2 可知，车辆驱动轮载荷功率谱曲线大多在 2Hz 以内有一个很大的峰值，其后跟着几个小峰值，其总的趋势是逐渐衰减且衰减速率很快，且零均值化处理之后的载荷功率谱曲线在 0Hz 处的谱密度为零。

根据旋耕机组车辆左右驱动轮载荷功率谱曲线的特点，采用的功率谱的模型形式为

$$G(f)=\frac{2D}{\pi}\left|\frac{c_1\alpha_1(\alpha_1^2+\beta_1^2+f^2)}{(\alpha_1^2+\beta_1^2+f^2)+4\alpha_1^2\beta_1^2}+\frac{c_2\alpha_2(\alpha_2^2+\beta_2^2+f^2)}{(\alpha_2^2+\beta_2^2+f^2)+4\alpha_2^2\beta_2^2}\right| \tag{18.7}$$

式中，D 为载荷方差，$(\mathrm{N}\cdot\mathrm{m})^2$；$\alpha_1$、$\beta_1$、$\alpha_2$、$\beta_2$ 为模型参数，Hz；f 为频率，Hz；c_1、c_2 为分配系数，$c_1+c_2=1$。

采用功率谱函数模型参数识别方法，可得旋耕作业车辆驱动轮载荷功率谱函数的各参数值为：$\alpha_1=0.55$，$\beta_1=2.11$，$\alpha_2=0.239$，$\beta_2=5.04$，$c_1=0.92$，$D=1521.90$。

(5) 载荷结构。旋耕机组车辆的驱动轮载荷可以认为是平稳的正态随机载荷。若将驱动轮载荷分解为直流分量和随机扰动部分，驱动轮载荷可表示为

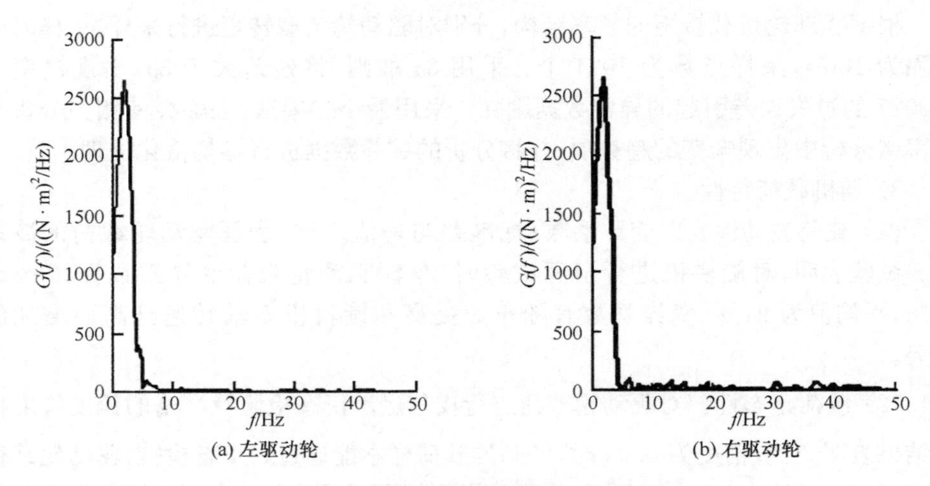

(a) 左驱动轮　　(b) 右驱动轮

图 18.2　旋耕机组驱动轮载荷实测功率谱

$$T(t)=\overline{T}+\Delta T(t)$$

式中，$T(t)$为驱动轮载荷时域信号，N·m；$\overline{T}$ 为驱动轮载荷的均值，N·m；$\Delta T(t)$为载荷的随机成分，N·m。

由以上分析可知，驱动轮载荷在计算机上的模拟，主要是解决随机载荷的时域表达问题，对经模态识别确定频域表达的随机载荷，对其频域表达进行傅里叶逆变换，即可得其载荷的时域表达，与式(18.7)对应的随机载荷的时域表达为

$$\Delta T(t)=\frac{2D}{\pi}(c_1\alpha_1+c_2\alpha_2)\delta(t)+\frac{2D}{\pi}\left[\frac{2c_1\alpha_1^3\beta_1^2}{\sqrt{4\alpha_1^2\beta_1^2+\alpha_1^2+\beta_1^2}}\exp(-\sqrt{4\alpha_1^2\beta_1^2+\alpha_1^2+\beta_1^2}t)\right.$$
$$\left.+\frac{2c_2\alpha_2^3\beta_2^2}{\sqrt{4\alpha_2^2\beta_2^2+\alpha_2^2+\beta_2^2}}\exp(-\sqrt{4\alpha_2^2\beta_2^2+\alpha_2^2+\beta_2^2}t)\right] \tag{18.8}$$

式中，$\delta(t)$为单位脉冲信号。

因此，履带车辆牵引作业的载荷为

$$\sum F=\frac{T(t)}{r_{\mathrm{k}}} \tag{18.9}$$

18.1.3　履带车辆转向阻力

履带车辆的转向是利用转向机构调节传到快慢侧半轴上的驱动力矩，使两侧履带上产生不同的驱动力而进行转向。

在稳态转向工况下，转向阻力与离心力保持平衡，离心力的横向分量引起两侧履带法向载荷变化，而纵向分量则影响履带法向载荷分布，内外侧履带的法向载荷F_{Ni}、F_{Na}为

$$\begin{bmatrix} F_{\mathrm{Ni}} \\ F_{\mathrm{Na}} \end{bmatrix} = \begin{bmatrix} \dfrac{m_{\mathrm{v}} g}{2} & -m_{\mathrm{v}} \dfrac{H_{\mathrm{v}}}{B_{\mathrm{v}}} \\ \dfrac{m_{\mathrm{v}} g}{2} & m_{\mathrm{v}} \dfrac{H_{\mathrm{v}}}{B_{\mathrm{v}}} \end{bmatrix} \begin{bmatrix} 1 \\ \dfrac{v_{\mathrm{a}}^2}{R_{\mathrm{v}}} \end{bmatrix} \tag{18.10}$$

式中，H_{v} 为车辆质心高度，m；R_{v} 为车辆转向半径，m；B_{v} 为履带轨距，m。

由车辆的转向阻力系数经验公式有

$$u_{\mathrm{v}} = \frac{u_{\mathrm{vmax}}}{0.85 + \dfrac{0.15 R_{\mathrm{v}}}{B_{\mathrm{v}}}} \tag{18.11}$$

可得车辆的转向阻力 $F_{\mathrm{z}} = u_{\mathrm{v}} \cdot F_{\mathrm{N}}$，其中 u_{v} 为车辆的转向阻力系数；u_{vmax} 为转向半径为 $B_{\mathrm{v}}/2$ 时的转向阻力系数，F_{N} 为作用在该侧履带上的法向载荷，N。此时施加于车辆两侧履带的等效行驶阻力 F_{zi}、F_{za} 为

$$\begin{bmatrix} F_{\mathrm{zi}} \\ F_{\mathrm{za}} \end{bmatrix} = \begin{bmatrix} \dfrac{m_{\mathrm{v}} g}{2} & -m_{\mathrm{v}} \dfrac{H_{\mathrm{v}}}{B_{\mathrm{v}}} \\ \dfrac{m_{\mathrm{v}} g}{2} & m_{\mathrm{v}} \dfrac{H_{\mathrm{v}}}{B_{\mathrm{v}}} \end{bmatrix} \begin{bmatrix} 1 \\ \dfrac{v_{\mathrm{a}}^2}{R_{\mathrm{v}}} \end{bmatrix} \begin{bmatrix} 1 & -\dfrac{L_{\mathrm{v}}}{2B} \\ 1 & \dfrac{L_{\mathrm{v}}}{2B} \end{bmatrix} \begin{bmatrix} f_{\mathrm{v}} \\ u \end{bmatrix} + \begin{bmatrix} \dfrac{F_{\mathrm{x}} \sin\gamma_{\mathrm{v}}}{2} \\ \dfrac{F_{\mathrm{x}} \sin\gamma_{\mathrm{v}}}{2} \end{bmatrix} \tag{18.12}$$

式中，L_{v} 为履带有效接地长度，m；γ_{v} 为牵引阻力与车辆纵轴的夹角，rad。

由以上分析可知，履带车辆直线行驶工况下的阻力模型可用式(18.2)和式(18.9)表示，式(18.2)包含了式(18.9)，式(18.9)表示了带农具作业状态下的随机阻力，式(18.12)表示了转向行驶工况下的阻力。

18.2　履带车辆 HMCVT 试验载荷模型

在 HMCVT 试验系统中，车辆载荷以负载转矩的形式加载。为有效利用电涡流测功器的良好可控性，同时克服其在低转速下无法加载和盘式制动器在高转速下可控性差，不适于长时间加载的不足，HMCVT 试验系统由盘式制动器和电涡流测功器组成载荷模拟系统，实现车辆行驶阻力模拟与功率的吸收。图 18.3 所示为载荷模拟系统的测功特性，在进行高转速试验时，阻力载荷由电涡流测功器提供，盘式制动器不参与工作；在进行低转速试验时，HMCVT 输出转速较低，甚至为零，而电涡流测功器不能提供足够的阻力载荷，此时试验系统完全由盘式制动器实现阻力载荷模拟。

18.2.1　车辆直线行驶试验载荷模型

为实现履带车辆行驶阻力在传动系试验系统的模拟，需将其合理转换到相应的阻力模拟与功率吸收设备上，试验时系统的加载结构简图如图 18.4 所示。在该

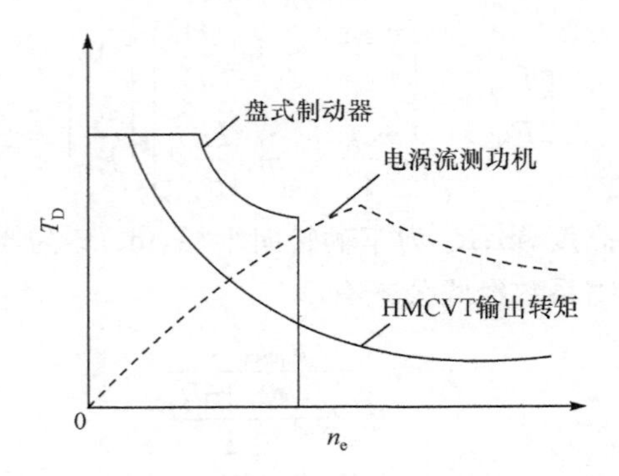

图 18.3 载荷模拟系统测功特性

加载系统中，发动机运动质量已存在于系统中，该部分加速阻力应从行驶阻力中除去，可以分别建立盘式制动器和电涡流测功器加载时行驶阻力转换到试验系统上的试验载荷模型。

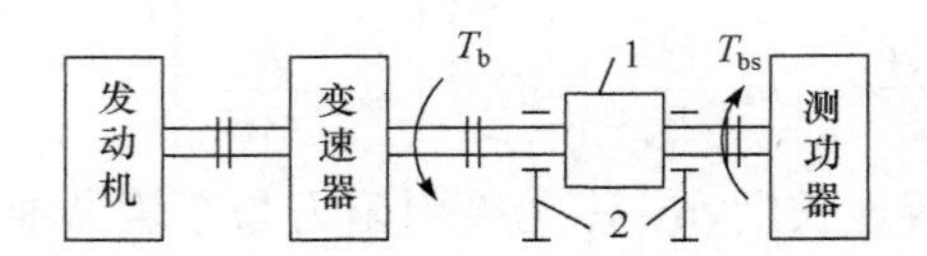

图 18.4 变速器加载结构简图

1-转矩传感器；2-支撑轴承

1）盘式制动器加载的试验载荷模型

采用盘式制动器加载，是利用制动钳与制动盘之间的摩擦力产生的制动转矩实现试验系统加载，以图 18.4 所示转速/转矩传感器测得的转矩作为转矩控制量(转矩设定值)。将履带车辆行驶阻力等效到变速器输出轴上，盘式制动器产生的制动转矩用于模拟变速器输出轴的负载转矩，其计算公式为

$$T_{bs}=\frac{r_k\sum F}{i_0 i_{bb}\eta_{bb}} \tag{18.13}$$

式中，T_{bs}为行驶阻力等效到变速器输出轴的负载转矩，N · m；i_0 为履带车辆主减速比；i_{bb}为最终传动传动比，η_{bb}为从变速器输出轴到驱动轮的传动效率。

盘式制动器直接通过转速/转矩传感器(图 18.4)测得的转矩进行加载控制，故盘式制动器作为阻力载荷模拟设备，其设定转矩计算式为

$$T_D=T_{bs}=\frac{r_k\sum F}{i_0 i_{bb}\eta_{bb}} \tag{18.14}$$

式中，T_D 为设定转矩，N · m；

同理可得，进行传动系试验时，传动系输出轴的负载转矩表达式为

$$T_{zh} = \frac{1}{2} r_k \sum F$$

式中，T_{zh} 为传动系输出轴的负载转矩，N · m。

2）电涡流测功器加载的试验载荷模型

采用电涡流测功器（如 CW150）加载，电涡流测功器的摆动部分偏转，通过测力臂把力作用在压力传感器上，经计算得到加载转矩，该转矩由施加于电涡流测功器的励磁电流产生，是电涡流测功器的控制转矩（转矩设定值）。在除去发动机运动质量加速阻力与工作阻力后，由式（18.4）～式（18.6）与图 18.5 可知，行驶阻力等效到变速器输出轴的负载转矩为

$$T_{bs} = \frac{r_k \sum F}{i_0 i_{bb} \eta_{bb}} = \frac{r_k F_{\psi}}{i_0 i_{bb} \eta_{bb}} + \frac{r_k^2}{i_0 i_{bb} \eta_{bb}} m_v \frac{d\omega_s}{dt} \tag{18.15}$$

式（18.15）可表示为

$$T_{bs} = T_r + I_w \frac{d\omega_s}{dt} \tag{18.16}$$

式中，$T_r = \frac{r_k F_{\psi}}{i_0 i_{bb} \eta_{bb}}$，为道路阻力等效到变速器输出轴上的转矩，N · m；$I_w = \frac{r_k^2}{i_0 i_{bb} \eta_{bb}} m_v$，为车辆质量等效到变速器输出轴上的当量转动惯量，kg · m²；ω_s 为行驶速度转换到变速器输出轴的角速度，rad/s。

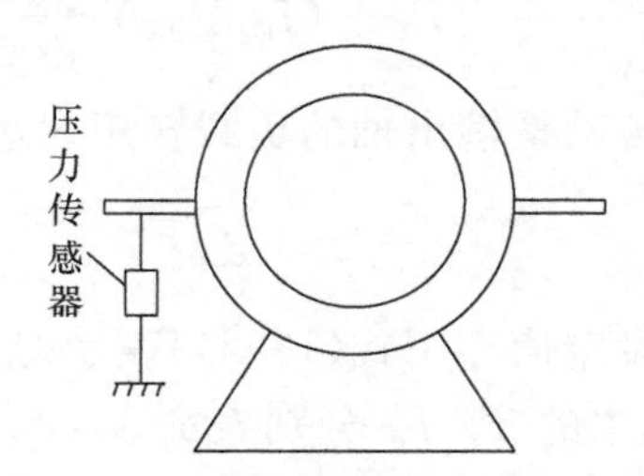

图 18.5　电涡流测功器加载转矩测量简图

该负载转矩在试验台架上模拟时，是由电涡流测功器的励磁转矩，电涡流测功器转子、联轴器及转矩传感器的惯性负载转矩，电涡流测功器传动轴及支撑轴承的摩擦转矩共同产生，表达式为

$$T_{bs} = T_C + (I_D + I_C) \frac{d\omega_c}{dt} + T_{Df} \tag{18.17}$$

式中，T_C 为电涡流测功器的控制转矩，N · m；I_D 为电涡流测功器转子的转动惯量，kg · m²；I_C 为联轴器及转矩传感器的当量转动惯量，kg · m²；T_{Df} 为电涡流测功器传动轴及支撑轴承的摩擦力矩，N · m；$\frac{d\omega_c}{dt}$ 为实测电涡流测功器角加速度，

rad/s^2。

由式(18.16)、式(18.17)可知

$$T_r+I_w\frac{d\omega_s}{dt}=T_C+(I_D+I_C)\frac{d\omega_c}{dt}+T_{Df} \tag{18.18}$$

故电涡流测功器作为阻力载荷模拟设备加载时，其设定转矩为

$$T_D=T_C=T_r+I_w\frac{d\omega_s}{dt}-(I_D+I_C)\frac{d\omega_c}{dt}-T_{Df} \tag{18.19}$$

令 $T_\Sigma=T_C+T_{Df}-T_r$，则与实际行驶时相当的升速箱输出轴角加速度为

$$\frac{d\omega_s}{dt}=\frac{T_\Sigma+(I_D+I_C)\dfrac{d\omega_c}{dt}}{I_w} \tag{18.20}$$

式中，$\frac{d\omega_s}{dt}$为电涡流测功器加载时，应施加的实际角加速度的理论值(预测值)，rad/s^2。

利用当前时刻的加速度(电涡流测功器的实测加速度值$\frac{d\omega_c}{dt}$)、作用力、转动惯量等参数，可计算出将要产生的加速度值，用于模拟车辆的加速状态。

将式(18.20)代入式(18.19)可得电涡流测功器的转矩设定值为

$$T_D=\frac{I_W-I_D-I_C}{I_W}\left[T_\Sigma+(I_D+I_C)\frac{d\omega_c}{dt}\right]+T_r-T_{Df} \tag{18.21}$$

同理，进行传动系试验时，传动系输出轴的负载转矩表达式为

$$T_{zh}=\frac{1}{2}r_k\sum F$$

在电涡流测功器上的设定值亦用式(18.21)表示，只是此时在变速器与电涡流测功器之间需加升速箱，式中的 T_r、I_W 分别表示为

$$T_r=\frac{1}{2}F_\psi r_k i_s\eta_s$$

$$I_W=\frac{1}{2}r_k i_s^2\eta_s m_v$$

式中，i_s 为升速箱传动比；η_s 为升速箱传动效率。

18.2.2 车辆转向时试验载荷模型

用同样的分析方法，在稳态行驶工况下车辆内外侧履带所受行驶阻力在测功器上的对应转矩设定值分别为

$$\begin{bmatrix}T_{Di}\\T_{Da}\end{bmatrix}=\begin{bmatrix}r_k i_s\eta_s & 0\\0 & r_k i_s\eta_s\end{bmatrix}\begin{bmatrix}F_{zi}\\F_{za}\end{bmatrix} \tag{18.22}$$

式中，T_{Di}、T_{Da}分别为车辆内外侧履带所受行驶阻力在测功器上的对应转矩设定值，N·m。

18.2.3　试验载荷综合模型

在传动系试验过程中，若要实现在测试系统中的连续自动加载，可将履带车辆在各种工况下的载荷组合构成随时间变化的试验载荷模型。测试系统中的转速/转矩传感器不宜承受冲击型阶跃载荷，故可建立分段函数表达的试验载荷模型。

试验载荷模型为

$$T_{\mathrm{D}}=\begin{cases} T_{\mathrm{r}}-T_{\mathrm{Df}}, & 0\leqslant t<t_1 \\ \dfrac{I_{\mathrm{W}}-I_{\mathrm{D}}-I_{\mathrm{C}}}{I_{\mathrm{W}}}\left[T_{\Sigma}+(I_{\mathrm{D}}+I_{\mathrm{C}})\dfrac{\mathrm{d}\omega_{\mathrm{c}}}{\mathrm{d}t}\right]+T_{\mathrm{r}}-T_{\mathrm{Df}}, & \dfrac{\mathrm{d}\omega_{\mathrm{c}}}{\mathrm{d}t}\text{连续增大},t_1\leqslant t<t_2 \\ \dfrac{I_{\mathrm{W}}-I_{\mathrm{D}}-I_{\mathrm{C}}}{I_{\mathrm{W}}}\left[T_{\Sigma}+(I_{\mathrm{D}}+I_{\mathrm{C}})\dfrac{\mathrm{d}\omega_{\mathrm{c}}}{\mathrm{d}t}\right]+T_{\mathrm{r}}-T_{\mathrm{Df}}, & \dfrac{\mathrm{d}\omega_{\mathrm{c}}}{\mathrm{d}t}\text{为定值},t_2\leqslant t<t_3 \\ T_{\mathrm{r}}-T_{\mathrm{Df}}+T_{\mathrm{g}}\sin t, & t_3\leqslant t<t_4 \\ T(t), & t_4\leqslant t<t_5 \\ \dfrac{I_{\mathrm{W}}-I_{\mathrm{D}}-I_{\mathrm{C}}}{I_{\mathrm{W}}}\left[T_{\Sigma}+(I_{\mathrm{D}}+I_{\mathrm{C}})\dfrac{\mathrm{d}\omega_{\mathrm{c}}}{\mathrm{d}t}\right]+T_{\mathrm{r}}-T_{\mathrm{Df}}, & \dfrac{\mathrm{d}\omega_{\mathrm{c}}}{\mathrm{d}t}\text{连续减小},t_5\leqslant t<t_6 \end{cases} \tag{18.23}$$

式中，T_{g} 为工作阻力转换的载荷的幅值，N·m。

试验载荷模型表达如图 18.6 所示，$0\sim t_1$时间段为模拟车辆空载起步或空载匀速行驶阶段，载荷近似为恒值；$t_1\sim t_2$时间段为模拟连续加速阶段，载荷随加速强度不同连续增加；$t_2\sim t_3$时间段为模拟带牵引载荷匀速作业或以定加速度加速工作阶段，载荷为恒定值；$t_3\sim t_4$时间段为模拟带牵引载荷为正弦交变载荷工作工况；$t_4\sim t_5$时间段为模拟车辆在田间进行旋耕作业时受到的载荷；$t_5\sim t_6$时间段为模拟

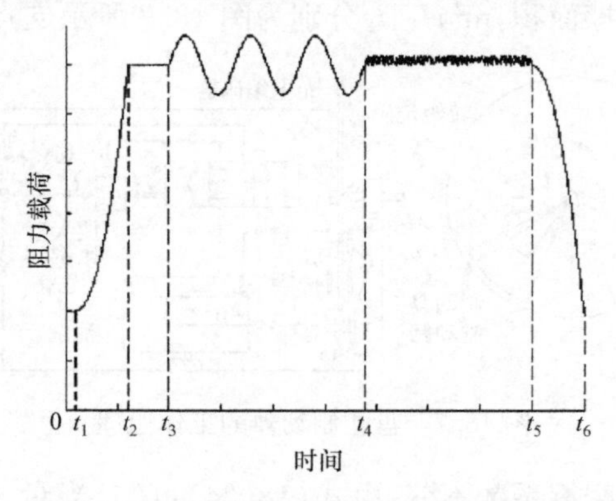

图 18.6　履带车辆传动系试验载荷模型

车辆减速逐步停机工作阶段。这六种工作状态涵盖了履带车辆作业所受的主要载荷，可用于试验的连续加载。

18.3　载荷模拟

为实现在全部工作转速范围内的载荷模拟，提高试验系统的控制精度和自动化程度，HMCVT 试验系统的载荷模拟与功率吸收由盘式制动器和电涡流测功器完成，以下以直线行驶工况为例，对载荷模拟与制动器控制进行研究。对转向工况的自动加载，只需在测功器上设定相应的试验载荷即可。

18.3.1　盘式制动器对阻力载荷的模拟

盘式制动器具有产生的制动转矩与转速无关的特点，易于实现低速状态下的履带车辆行驶阻力模拟。

1. 模拟原理

盘式制动器由制动盘和电液控制加力装置组成，其原理如图 18.7 所示，盘式制动器为 HMCVT 提供的负载转矩由制动盘的惯性负载转矩和制动蹄与制动盘间摩擦产生的负载转矩组成。

制动蹄与制动盘间摩擦产生的负载转矩为

$$T_{\mathrm{DP}}=\frac{4u_{\mathrm{f}}(r_2^3-r_1^3)\theta_{\mathrm{f}}l_2}{3A_{\mathrm{f}}l_1}F_{\mathrm{H}} \tag{18.24}$$

式中，T_{DP}为制动蹄与制动盘间的摩擦产生的负载转矩，N·m；F_{H} 为液压油缸油压对活塞产生的推力，N；u_{f} 为摩擦系数；r_1 为摩擦衬片扇形表面的内半径，m；r_2 为摩擦衬片扇形表面的外半径，m；θ_{f} 为摩擦衬片扇形表面的夹角，rad；A_{f} 为单个制动蹄摩擦衬片的摩擦面积，m²；l_1、l_2分别为图 18.7 所示支点间的距离，m。

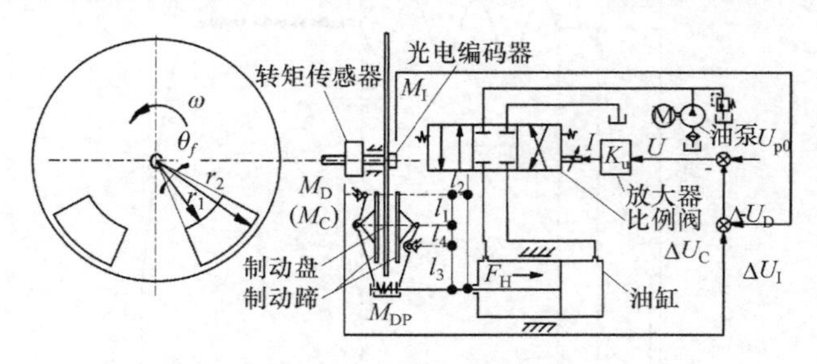

图 18.7　盘式制动器的工作原理

假设工作过程中摩擦系数不变，由式(18.24)可知，当盘式制动器的参数选定

后，负载转矩和液压油缸油压呈线性关系，与转速无关，盘式制动器可以视为一个比例环节，其传递函数可由式(18.24)求得

$$T_{DP}(s)=\frac{4u_f(r_2^3-r_1^3)\theta_f l_2}{3A_f l_1}F_H(s) \tag{18.25}$$

式中，s 为复频率。

盘式制动器的电液控制加力装置由放大器、电磁比例阀、液压油缸、液压源等组成，如图 18.7 所示。根据输入的车辆参数与行驶工况，计算机根据式(18.14)自动设定负载转矩的大小，并通过控制流过电磁比例阀内部电磁线圈的电流，控制液压油缸油压，进行摩擦负载转矩控制，实现对行驶阻力的模拟。

放大器是一个比例放大电路，可视为比例环节，传递函数为

$$I(s)=K_u U(s) \tag{18.26}$$

式中，K_u 是比例常数，根据电压 U 和电流 I 的比例确定。

若不计油压的沿程损失，液压油缸内的油压等于电磁比例阀的输出油压。此处选用力士乐公司的 3DREP6 型电磁比例阀，其输出油压与输入电流近似呈线性关系。电磁比例阀的动态特性基本取决于液压阀部分，把电磁铁线圈及比例放大器均看作比例环节，并忽略其电气性能的一阶滞后，电磁比例阀可看作一阶惯性环节。在应用中常采用试验结果给出的简化传递函数，即

$$p_f(s)=\frac{K_{DP}}{T_f s+1}I(s) \tag{18.27}$$

式中，p_f 为液压油缸内的油压，Pa；K_{DP} 为电磁比例阀的增益；T_f 为电磁比例阀的时间常数，s。

由式(18.24)～式(18.26)，可得盘式制动器摩擦负载转矩 M_{DP} 的数学模型为

$$T_{DP}(s)=\frac{4u_f(r_2^3-r_1^3)\theta_f l_2 K_{DP}K_u A_p}{3A_f l_1(T_f s+1)}U(s) \tag{18.28}$$

式中，A_p 为液压油缸的活塞面积，m^2。

2. 盘式制动器的控制

根据设定负载转矩与信号电压的关系，可得电压 U_{p0}。实际加载的负载转矩由转矩传感器采集，经调理后转变为与其成正比的电压信号 ΔU_C，即

$$T_C(s)=K_m\Delta U_C(s) \tag{18.29}$$

式中，T_C 为实际加载的负载转矩，N · m；K_m 为比例常数，根据阻力载荷和电压 ΔU_C 的比例确定。

负载转矩等于摩擦负载转矩与制动盘惯性负载转矩之和，制动盘惯性负载转矩计算式为

$$T_I = I_p \frac{d\omega_p}{dt} \tag{18.30}$$

式中，T_I 为制动盘惯性负载转矩，N·m；I_p 为制动盘转动惯量，kg·m^2；ω_p 为制动盘瞬时角速度，rad/s；$d\omega_p/dt$ 为制动盘角加速度，rad/s^2。

光电编码器产生的转速脉冲信号经整形、光电隔离、F/V 转换等处理后，得到制动盘的加速度，求得制动盘惯性负载转矩，其等价电压 ΔU_I 为

$$\Delta U_I = \frac{T_I}{T_C} \Delta U_C \tag{18.31}$$

从而可得反馈电压 ΔU_D 为

$$\Delta U_D = \left(1 - \frac{T_I}{T_C}\right) \Delta U_C \tag{18.32}$$

$$U(s) = U_{p0}(s) - \Delta U_D(s) \tag{18.33}$$

联立式(18.31)～式(18.33)可得控制系统的数学模型，其相应的控制框图如图 18.8 所示。由图可知，盘式制动器是一个闭环反馈比例控制系统，当给定车辆参数与行驶状态条件后，则有确定的阻力载荷，选择整定电压 U_{p0}，盘式制动器产生阻力载荷，该载荷经转矩传感器测量，产生反馈电压 ΔU_C，去除制动盘惯性负载转矩当量电压 ΔU_I 后，得到反馈电压 ΔU_D，从而实现盘式制动器控制。

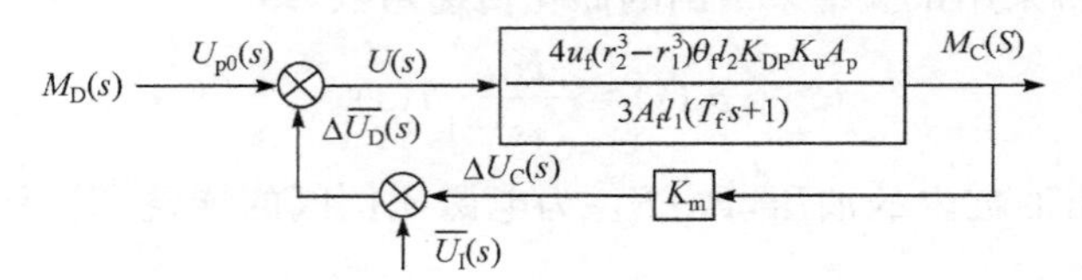

图 18.8　盘式制动器控制框图

3. 模拟仿真分析

为验证盘式制动器产生的制动转矩与其转速无关的特点，对所设计的盘式制动器进行不同控制电压作用下的控制仿真，盘式制动器参数如表 18.1 所示。

表 18.1　盘式制动器参数

u_f	r_1	r_2	θ_f	K_u	K_{DP}	l_2/l_1	K_m	A_p
0.4	0.39	0.27	0.873	0.33	20000	2.34	0.005	0.036

当盘式制动器的转速为恒转速，输入控制电压 U_{p0} 为 4.2V 和 8V，时间常数 T_f 为 0.5s 和 2.5s 时，仿真结果如图 18.9 所示。时间常数 T_f 为 0.5s，模拟从起步到转速按正弦规律变化，车辆试验载荷由恒转矩到按正弦规律变化，盘式制动器的控制仿真结果如图 18.10 所示。由图 18.9、图 18.10 可得到如下结论：

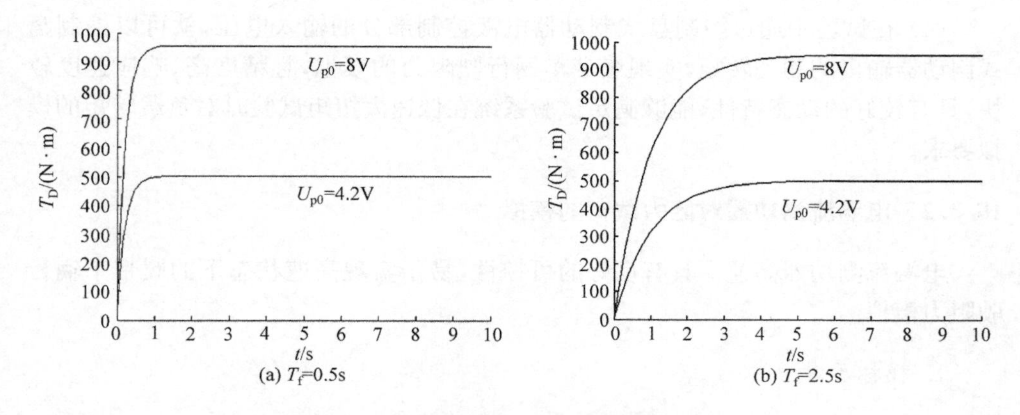

图 18.9　恒转速下盘式制动器加载阻力载荷

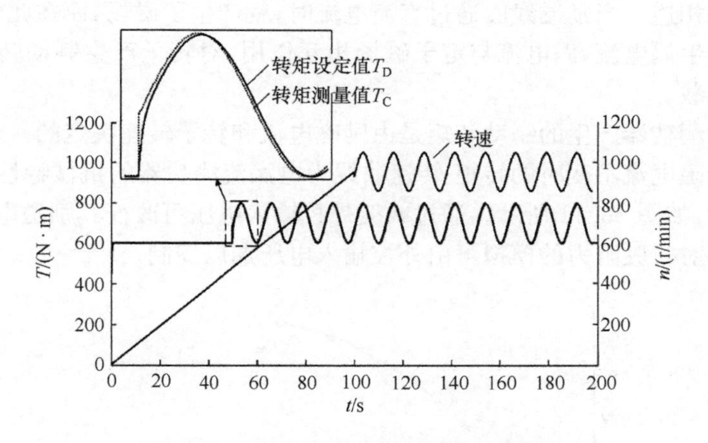

图 18.10　低转速下盘式制动器加载曲线

(1) 稳态时盘式制动器输出的加载载荷：当 U_{p0} 为 4.2V 时，T_D 为 501N·m；当 U_{p0} 为 8V 时，T_D 为 956N·m。加载载荷的大小只与控制电压 U_{p0} 有关，而与时间常数 T_f 无关，选用不同的控制电压 U_{p0}，可以调整盘式制动器提供的加载载荷 M_D。

(2) 当 T_f 为 2.5s 时，系统延时约为 2s，达到稳态时间约为 6s；当 T_f 为 0.5s 时，系统延时约为 0.3s，达到稳态时间约为 1.2s。系统延时和达到稳态时间只与时间常数有关，而与控制电压无关，选用不同的时间常数，可以调整系统的响应时间。

(3) 低速状态时，在进行恒加速与变加速状态下，除在载荷阶跃处有较大误差外(误差值 87.5N·m)，其余加载状态误差值不超过 10N·m，盘式制动器施加的载荷与设定的载荷基本相同。

(4) 在试验中通过控制盘式制动器电液控制部分的输入电压,就可以控制盘式制动器输出的制动转矩,实现履带车辆行驶阻力的模拟,且精度高、响应速度较快,具有较好的动态特性,能够满足试验系统在低速大扭矩试验时对负载转矩的模拟要求。

18.3.2 电涡流测功器对阻力载荷的模拟

电涡流测功器高速下具有良好的可控性,易于实现高速状态下的履带车辆行驶阻力模拟。

1. 模拟原理

电涡流测功器由定子和转子两部分组成,在定子四周装有励磁线圈,转子与传动系输出端相连。当励磁线圈通过直流电流时,就产生了磁场,而在此磁场中转动的转子上产生涡电流,涡电流与定子磁场相互作用,对转子产生制动转矩,对传动系输出端加载。

电涡流测功器产生的制动转矩是由励磁电流和转子转速决定的。通常称电涡流测功器励磁电流不变时的转矩-转速曲线为电涡流测功器的机械特性,又称定电流控制特性,如图 18.11 所示。通过改变外控输入电压可改变其励磁电流,所以电涡流测功器对行驶阻力的模拟可由外控输入电压加以控制。

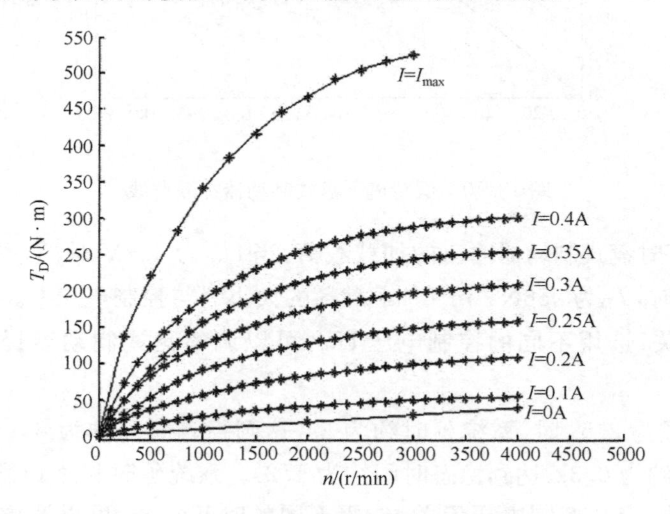

图 18.11 电涡流测功器机械特性

电涡流测功器稳态加载过程中产生的制动转矩可表示为

$$T_D = f(I, n_c) = f(U/R, n_c) = g(U, n_c) \tag{18.34}$$

式中,I 为励磁电流,A;n_c 为电涡流测功器转子转速,r/min;U 为外控输入电压,

V;R 为励磁电阻,Ω。

所采用的 CW150 电涡流测功器的制动转矩可表示为

$$T_{\mathrm{D}}=g(U,n_{\mathrm{c}})=\frac{24.77\sqrt{n_{\mathrm{c}}}}{1+\mathrm{e}^{\frac{U-4.52}{0.93}}} \tag{18.35}$$

在动态加载过程中,其励磁电流对外控输入电压的单位阶跃响应为

$$i(k)=\frac{1-\mathrm{e}^{-kt_{\mathrm{D}}/\tau}}{R} \tag{18.36}$$

式中,t_{D} 为采样周期,s;τ 为励磁电路的时间常数;k 为时间因子。

当外控输入电压为 U 时,励磁电流 I 的响应为

$$I(k)=\frac{U(1-\mathrm{e}^{-kt_{\mathrm{D}}/\tau})}{R}$$

k 时刻电涡流测功器动态加载电压 $U(k)$ 为

$$U(k)=I(k)R=U(1-\mathrm{e}^{-kt_{\mathrm{D}}/\tau}) \tag{18.37}$$

设 k 时刻电涡流测功器的转速为 $n_{\mathrm{c}}(k)$,则电涡流测功器的制动转矩为

$$T_{\mathrm{D}}(k)=f(I(k),n_{\mathrm{c}}(k))=f(U(k)/R,n_{\mathrm{c}}(k))=\frac{24.77\sqrt{n_{\mathrm{c}}(k)}}{1+\mathrm{e}^{\frac{-U(k)+4.52}{0.93}}} \tag{18.38}$$

设第 j 时刻的外控输入电压为 $\Delta U(j)$,$\Delta U(0)=U_0$,则

$$\begin{aligned}U(k)&=U_0+\Delta U(1)(1-\mathrm{e}^{-(k-1)t_{\mathrm{D}}/\tau})+\cdots+\Delta U(k-1)(1-\mathrm{e}^{-t_{\mathrm{D}}/\tau})\\&=U_0+\sum_{j=1}^{k-1}\Delta U(j)(1-\mathrm{e}^{-(k-j)t_{\mathrm{D}}/\tau})\end{aligned} \tag{18.39}$$

由式(18.39)可以看出电涡流测功器动态加载转矩对外控输入电压的响应速度主要取决于励磁电流对外控电压的响应时间 τ,经测定 $\tau\approx 2\mathrm{s}$。

2. 电涡流测功器的控制

进行 HMCVT 高转速试验时,由电涡流测功器完成阻力载荷的模拟,电涡流测功器控制系统组成如图 18.12 所示,控制柜中的驱动电路不但通过驱动电路中的双向晶闸管控制电涡流测功器励磁线圈中电压的通断,而且为控制电路提供稳定的直流电压。控制柜中的控制电路可实现测功器厂家所设定的测功器工作模式的选择、实施、控制算法的实现及状态信息的反馈。外部控制放大电路依据工控机通过 D/A 卡输出的电压信号,控制驱动电路板上晶闸管的导通角控制励磁线圈上的电压,实现工控机对电涡流测功器的控制。

以电涡流测功器作为加载设备的履带车辆载荷模拟控制原理如图 18.13 所示。根据输入的车辆参数与工况,计算机自动设定加载转矩值,通过预测控制器为

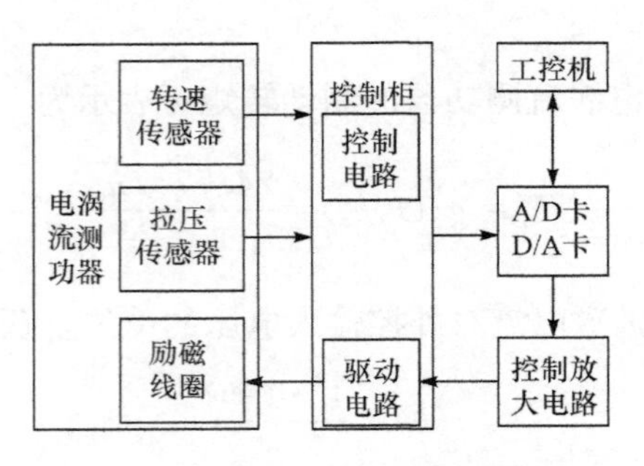

图 18.12　电涡流测功器控制系统

电涡流测功器提供合适的输入电压，电涡流测功器产生制动转矩。转速反馈用于电惯量模拟车辆加速阻力的计算，调节设定载荷；电惯量取代机械惯量，既减小了测试系统机械机构的复杂性，也增加了机械惯量模拟的灵活性。

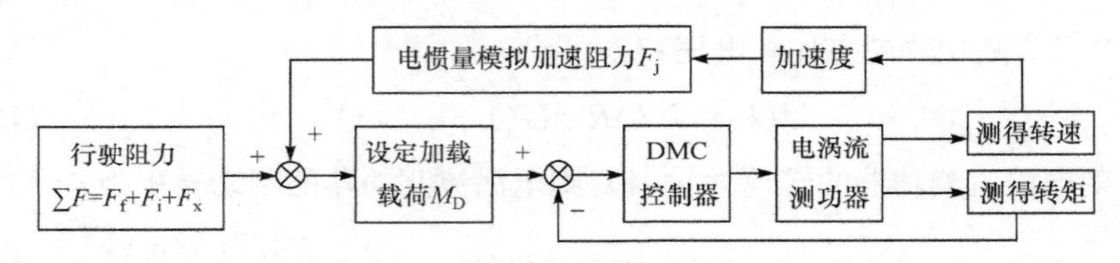

图 18.13　载荷模拟控制原理

由行驶阻力在电涡流测功器上的模拟原理可知，欲获得满意的阻力模拟效果，电涡流测功器需具有良好的响应品质。以下就电涡流测功器控制效果的优化进行分析。

1) DMC 预测控制模型

由于电涡流测功器的响应时间相对较长，加载转矩受转速的影响大，传统的 PID 控制难以满足测试无级变速器性能的需要。采用预测控制进行行驶阻力的模拟加载，具有较好的瞬态特性和对模型不匹配的鲁棒性，实践证明，预测控制在电涡流测功器控制中具有较理想的控制效果。

动态矩阵控制（dynamic matrix control，DMC）具有预测控制的三个基本特征，即预测模型、滚动优化、反馈校正。根据电涡流测功器的制动转矩模型式(18.38)，设预测时域长度为 N_1，控制时域长度为 N_2，建模时域长度为 N；在每一采样时刻 k，对电涡流测功器未来 N_1 个时刻的输出进行预测，确定未来的 N_2 个控制增量向量 $\Delta U(k)$，使得输出预测值 $T_{N_2}(k+j|k)(j=1,2,\cdots,N_2)$ 尽可能接近期望值，即满足

$$\min J(k)=\sum_{j=1}^{N_1} q_j[T_D(k+1)-T_{N_2}(k+j\mid k)]^2+\sum_{s=1}^{N_2} r_s\Delta u_{(k+s-1)}^2 \tag{18.40}$$

式中，q_j、r_s分别为误差权系数和控制权系数；T_D为期望的制动转矩值即转矩设定值，N·m；其余的 T（预测值）的下标表示控制量变化的次数；$(k+j|k)$表示在 k 时刻对 $k+j$ 时刻的预测值。

由预测控制理论可得控制增量向量为

$$\Delta U(k)=(A^{\mathrm{T}}QA+R)^{-1}A^{\mathrm{T}}Q[M_r(k+1)-A_0\Delta U_0(k+1)-HE(k)] \tag{18.41}$$

式中，$\Delta U(k)=[\Delta u(k),\Delta u(k+1),\cdots,\Delta u(k+N_2-1)]^{\mathrm{T}}$ 为待求控制增量向量；

$A=\begin{bmatrix} a_1 & & 0 \\ a_2 & a_1 & \\ \vdots & & \ddots \\ a_{N_2} & & a_1 \\ \vdots & & \vdots \\ a_{N_1} & \cdots & a_{N_2-N_1-1} \end{bmatrix}_{N_1\times N_2}$ 为动态矩阵，其中 $a_j=1-\mathrm{e}^{-\frac{jT}{\tau}}$；$Q=\mathrm{diag}(q_1,q_2,\cdots,q_{N_2})$为预测误差加权矩阵；$R=\mathrm{diag}(r_1,r_2,\cdots,r_{N_2})$为控制量加权矩阵；$T_r(k)=[M_r(k+1),M_r(k+2),\cdots,M_r(k+N_1)]^{\mathrm{T}}$ 为参考输出向量（可以转矩设定值为参考）；$\Delta U_0=[\Delta u(k-N),\Delta u(k-N+1),\cdots,\Delta u(k-1)]^{\mathrm{T}}$ 为已知控制增量向量；$H=[h_1,h_2,\cdots,h_{N_1}]^{\mathrm{T}}$ 为修正系数矩阵；$E(k)=[\mathrm{er}(k+1),\mathrm{er}(k+2),\cdots,\mathrm{er}(k+N_1)]^{\mathrm{T}}$ 为预测模型输出误差，其中 $\mathrm{er}(k+1)=M(k+1)-M_1(k+1|k)$，$M(k+1)$为实测转矩值；$A_0=\begin{bmatrix} a_N & a_N & a_{N-1} & a_{N-2} & \cdots & a_3 & a_2 \\ a_N & a_N & a_N & a_{N-1} & \cdots & a_4 & a_3 \\ \vdots & \vdots & \vdots & \vdots & & \vdots & \vdots \\ a_N & a_N & a_N & a_N & \cdots & a_{N_1} & a_{N_1-1} \end{bmatrix}_{N_1\times N}$ 为动态矩阵。

可以建立 DMC 预测控制模型为

$$T_D(k+1)=T_0(k+1)+A\Delta U(k) \tag{18.42}$$

式中，$T_0(k+1)=[T_0(k+1|k),T_0(k+2|k),\cdots,T_0(k+N|k)]^{\mathrm{T}}$ 为在 k 时刻预测无 $\Delta U(k)$作用时未来 N_x个时刻的预测模型输出向量。

2）基于遗传算法参数优化的 DMC

DMC 预测控制采用多步预测、滚动优化、反馈校正的控制策略，扩大了反映系统动态特性的有用信息，提高了系统运行的稳定性和鲁棒性。但采用多步预测方式与滚动优化策略时，为系统引入了与 DMC 控制效果有关的设计参数 N_1、N_2、Q、R。由于缺乏设计参数和控制性能之间的解析关系，一般根据设计参数对控制系统的定性影响趋势，通过仿真或试验对参数进行整定，以整定结果作为固定不变的参数进行 DMC 控制，所以难以保证控制质量。采用遗传算法（genetic algorithm,GA)对 DMC 设计参数 N_1、N_2、Q、R 进行优化整定。

取 $q_i=q,r_s=r$,DMC 算法的优化参数为$\{N_1,N_2,q,r\}$,参数优化的目标为在动态矩阵参数已知的条件下,选取合适的$\{N_1,N_2,q,r\}$,使得在由式(18.41)确定的控制量的作用下获得满意的系统控制效果。

(1) 目标函数的确定。对于 DMC 控制的电涡流测功器电加载系统的控制性能评价,既有动态指标,又有静态指标,属多参量、多目标优化问题,此处将引入满意度的概念,将多参数多目标优化问题转化为标量满意度的优化问题。相关试验研究表明,电涡流测功器预测控制的单位阶跃响应近似如图 18.14 所示,带有一定的振荡。根据图 18.14 的特征,定义电涡流测功器控制性能的满意度函数如图 18.15 所示,其中图 18.15(a)~(d)分别为上升时间满意度 S_r随上升时间 t_r、调整时间满意度 S_s随调整时间 t_s、静态位置误差满意度 S_K随静态位置误差系数 K_p,最大超调量满意度 S_σ随最大超调量σ 的变化的函数关系。

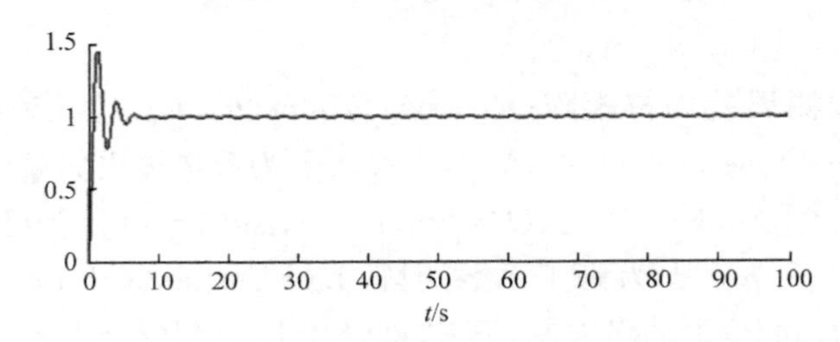

图 18.14 单位阶跃响应

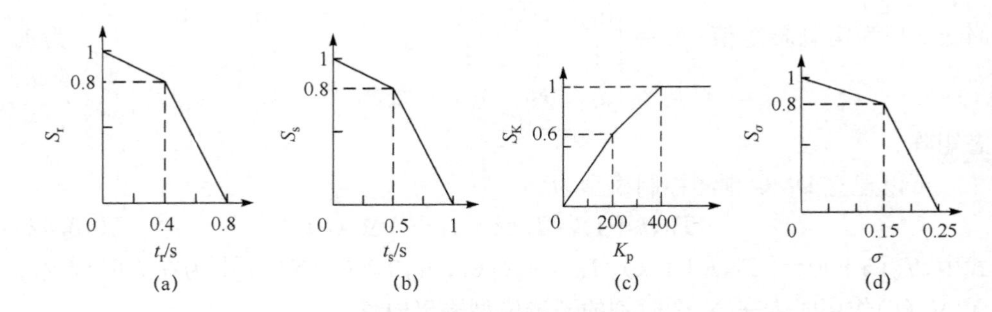

图 18.15 控制性能指标满意度函数

以对各满意度求和作为系统综合控制性能的评价,即

$$S_z=S_r+S_s+S_K+S_\sigma \tag{18.43}$$

故可建立优化目标函数为

$$\max S_z=S_r+S_s+S_K+S_\sigma$$

使得

$$S_{\mathrm{r}}=\begin{cases}1-0.5t_{\mathrm{r}}, & 0\leqslant t_{\mathrm{r}}<0.4\\ 1.6-2t_{\mathrm{r}}, & 0.4\leqslant t_{\mathrm{r}}<0.8\\ 0, & t_{\mathrm{r}}\geqslant 0.8\end{cases}$$

$$S_{\mathrm{s}}=\begin{cases}1-0.4t_{\mathrm{s}}, & 0\leqslant t_{\mathrm{s}}<0.5\\ 1.6-1.6t_{\mathrm{s}}, & 0.5\leqslant t_{\mathrm{s}}<1\\ 0, & t_{\mathrm{s}}\geqslant 1\end{cases}$$

$$S_{\mathrm{K}}=\begin{cases}0.003K_{\mathrm{P}}, & 0\leqslant K_{\mathrm{P}}<200\\ 0.2+0.002K_{\mathrm{P}}, & 200\leqslant K_{\mathrm{P}}<400\\ 1, & K_{\mathrm{P}}\geqslant 400\end{cases}$$

$$S_{\sigma}=\begin{cases}1-\dfrac{2}{15}\sigma, & 0\leqslant \sigma<0.15\\ 2-8\sigma, & 0.15\leqslant \sigma<0.25\\ 0, & \sigma\geqslant 0.25\end{cases}$$

时成立。

(2) GA 的实现。为利用遗传算法进行 DMC 设计参数 N_1、N_2、Q、R 的优化，对$\{N_1,N_2,q,r\}$采用实数编码方法，参数选择范围为$\{[20,160],[1,80],[0,1],[0,1]\}$；在优化参数的选取范围内完全随机地产生初始种群，种群规模为 10，进化代数为 100 代，代沟为 0.9；个体适应度函数取 $f_{\mathrm{a}}=S_z$；遗传操作中的选择运算使用比例选择算子，个体被选择的概率由其适应度在群体中所占的比例决定，即 $f_{\mathrm{a}}(X_i)/\sum_{i=1}^{n_{\mathrm{p}}}f(X_i)_{\mathrm{a}}$，其中 n_{p} 为群体的大小，$f_{\mathrm{a}}(X_i)$为个体 i 的适应度；交叉运算随机选择两个个体作为母体，再随机在这两个个体的某一对应位置将其后的子串进行交换，而形成两个新的个体；对个体不同基因段分别执行变异操作的方法来实现个体变异，变异概率取为 0.0001。

(3) 基于 GA 的 DMC 实现步骤。由前述分析可知，基于 GA 的电涡流测功器的 DMC 预测控制步骤为：

① 根据电涡流测功器电加载阶跃模型，建立其预测控制模型。

② 基于 GA 对电涡流测功器进行仿真控制，优化预测控制器参数，运用该模型优化预测控制模型。

③ 根据输入规范与车辆传动系阻力载荷模型预测出电涡流测功器的加载转矩 $T_{\mathrm{Dr}}(k+1)$和电涡流测功器的转速 $N_{\mathrm{Dr}}(k+1)$，其中

$$T_{\mathrm{Dr}}(k+1)=[t_{\mathrm{Dr}}(k+1),t_{\mathrm{Dr}}(k+2),\cdots,t_{\mathrm{Dr}}(k+N_1)]^{\mathrm{T}}$$
$$N_{\mathrm{Dr}}(k+1)=[n_{\mathrm{Dr}}(k+1),n_{\mathrm{Dr}}(k+2),\cdots,n_{\mathrm{Dr}}(k+N_1)]^{\mathrm{T}}$$

根据 $T_{\mathrm{Dr}}(k+i)$ 和 $N_{\mathrm{Dr}}(k+i)$，并由电涡流测功器的加载模型式(18.37)可求出 $U(k+i)$。

④ 依据每步的参考输出 $T_{\mathrm{r}}(k)$、预测模型输出误差 $E(k)$、动态矩阵 A 和 A_0、预测误差加权矩阵 Q、控制量加权矩阵 R、已知控制增量向量 $\Delta U_0(k)$ 和修正系数矩阵 H，确定该步的控制增量向量 $\Delta U(k)$，并进行加载。

3. 仿真模拟试验及结论

为了采用参数优化的DMC预测控制算法对电涡流测功器进行有效控制，以CW150型电涡流测功器为对象，建立的DMC预测控制器基于GA进行了DMC参数优化，在采样周期为0.01s的条件下，经过100代遗传优化后的参数为 $N_1=40$，$N_2=2$，$q=1$，$r=0.568$。

运用仿真得到的DMC优化参数编制应用程序对电涡流测功器进行0～320N·m下的仿真与加载试验，结果如图18.16所示。

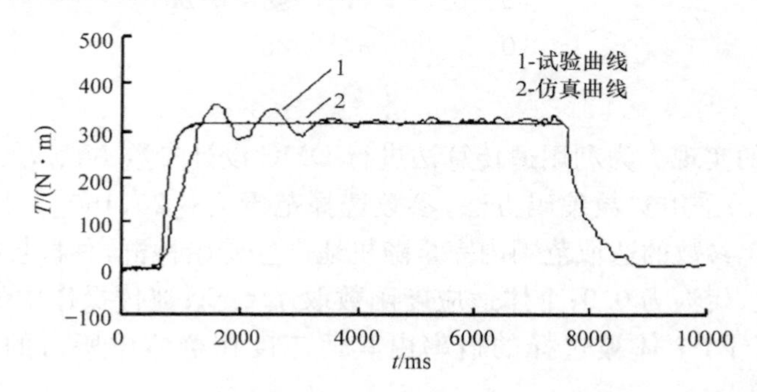

图 18.16　DMC预测控制电涡流测功器阶跃响应

由图18.16可知：

(1) 电涡流测功器转矩从零上升到320N·m用时约800ms，而不采用DMC控制时系统响应时间约为2s，仿真与试验曲线均表明，DMC预测控制显著提高了电涡流测功器的响应速度。

(2) 在控制达到稳态时，转矩的最大变化量约为10N·m，符合传动系试验对转矩不超过全载荷的±0.5%控制精度的要求。即采用基于遗传算法整定DMC参数设计的DMC控制器，可以提高电涡流测功器系统控制的动态特性与响应速度，具有良好的稳定性与鲁棒性。

图18.17为履带车辆转速、加速度和载荷随时间加载的曲线，图中1为变速器输出转速曲线，2为测功器模拟载荷曲线，3为加速度曲线。由图18.17可知，测功器加载的实时性好，载荷模拟精度高，DMC预测控制方法是有效的。

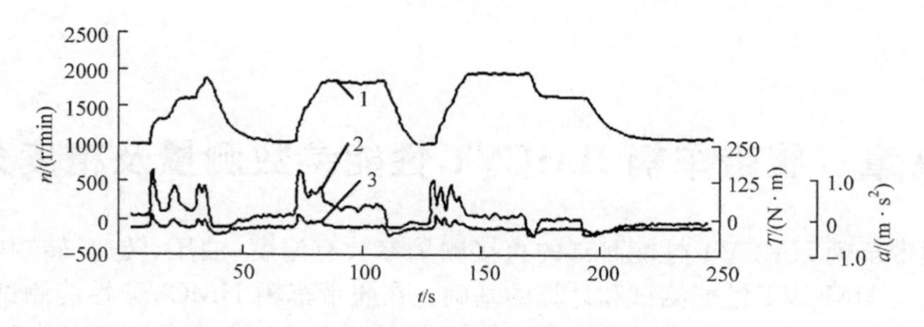

图 18.17 加载试验曲线

仿真与试验表明，采用基于遗传算法整定 DMC 参数设计的 DMC 控制器，可以提高电涡流测功器系统控制的动态特性与响应速度，具有良好的鲁棒性，能够用于履带车辆 HMCVT 动态特性试验的电涡流测功器控制。

第 19 章　履带车辆 HMCVT 性能参数测量及精度分析

履带车辆 HMCVT 性能测试的直接测量参数有温度、油压、转速、转矩等，它们是进行 HMCVT 性能测试和计算的基础。在履带车辆 HMCVT 性能测试系统组成分析的基础上，运用现代统计学理论与计算机技术，对 HMCVT 基本物理量测试进行分析，提高其测量精确度。

19.1　履带车辆 HMCVT 性能测控系统

19.1.1　测控系统组成

履带车辆 HMCVT 性能测控系统如图 16.1 中的双点划线部分所示，工控计算机实现人机交互对试验条件的设定、对各子系统的管理、信号采集与数据处理。油耗仪对发动机的油耗进行测量，并通过串口与工控机进行通信。油压、温度、流量、位移等传感器将物理量转换为 4～20mA 的电流，通过调理模块转换成 0～5V 的标准电压信号，经多功能数据采集卡输入工控机。转速/转矩传感器输出的信号经转换后由等精度测速计数单元通过 USB 通信输入工控机。联轴器保护罩状态传感器及系统用电设备供电状态的监控信号均为数字信号，经由多功能数据采集卡输入工控机。载荷模拟系统控制器根据工控机设定的载荷，模拟车辆行驶阻力，同时将载荷模拟系统的信息通过串口与工控机通信。工控机同时控制发动机油门控制器与起动机，启动发动机。发动机正常工作时，由油门控制器根据工控机的指令控制发动机的工作，HMCVT 控制器控制变速器的工作，并通过 CAN 总线实现与工控机的信息交互。为提高液压油油温、油压的测量精度，用多个温度传感器构成温度测量传感器组，温度传感器、油压传感器、油压传感器供电电压测试电路构成液压油油压测量传感系统，由工控机实时进行液压油油温和油压的测量。

19.1.2　测控系统硬件

测控系统的硬件包括传感器、工控计算机、数据采集卡、通信卡等，根据测试系统的功能要求和信号特点选取各种硬件，其规格及参数如下。

工控计算机：机箱 MIC-3001/8，控制器 MIC-3318，处理器 Intel^{R}Pentium^{R}4，主频 1.7GHz。

多功能数据采集卡：PCI-NI6115 为 4 通道模拟输入，12 位，转换时间 0.1μs；PCI-NI6289 为 32 通道单端/16 通道差分模拟输入，18 位，转换时间 32μs。

准等精度计数测速单元：PCM-2492，8 通道加减计数，8 通道 MT 测速。

温度传感器：Pt100 铂电阻，温度测量范围 0～200℃，输出电压 0～5V。

液压油油压变送器：测量范围 0～40MPa，输出电压 0～5V。

转速/转矩传感器：JCG 系列转速/转矩传感器。

串行通信卡：PCI-NI843x，传输速率最高可达 3Mbit/s。

CAN 总线卡：PCI-CAN Series 2。

运动控制卡：PCI7354，4 轴输出。

19.1.3　测控系统软件

硬件是信号采集与系统控制的基础，由硬件电路完成被测量物理信号到电信号的转换后，软件将各种电信号转换为用户可以识读的工程量，并以适当的方式输出。整个软件结合 HMCVT 性能测试要求，在 Windows 操作系统基础上，采用虚拟仪器开发工程软件包 LabVIEW 进行设计。

1. 测控系统软件组成

测控系统软件采用层次式结构，软件主要包括 I/O 接口软件、仪器驱动程序、人机交互软面板、功能算法框图程序四个部分。

1）I/O 接口软件

I/O 接口软件是虚拟仪器系统软件结构中承上启下的一层，驻留于虚拟仪器系统的系统管理层——计算机系统中，是实现计算机系统与仪器之间命令与数据传输的桥梁与纽带，主要完成资源寻址、资源创建与删除、资源属性的读取与修改、操作激活、事件报告、并行与存取控制、缺省值设置等操作功能。通常以动态链接库或静态链接库形式供仪器驱动程序调用。

2）仪器驱动程序

随着虚拟仪器的出现，软件在仪器中的地位越来越重要，将仪器的编程留给用户的传统方法也越来越与仪器的标准化、模块化趋势不相符。I/O 接口软件作为一层独立软件的出现，也使仪器编程任务易于划分。将处理与一特定仪器进行控制和通信的一层较抽象的软件定义为仪器驱动程序。它是基于 I/O 接口软件之上，对某一特定仪器控制与通信的软件程序集，是连接主控计算机与仪器设备的纽带。每个仪器模块都有自己的仪器驱动程序，仪器厂商将仪器驱动程序以原代码的形式提供给用户，用户在应用程序中调用仪器驱动程序。

3）人机交互软面板设计

测试系统人机交互可以实现对测试过程的过程控制，对测试执行结果的观察。

人机交互软面板设计包含两方面的内容:其一是程序运行时的显示模式,其二是程序对操作的响应方式。软面板上的可控对象包括按钮、键盘输入前面板对象、选择框、对话框等;显示对象包括各种虚拟仪器面板、虚拟示波器及数字显示模式等。人机交互软面板设计指在虚拟仪器开发平台上,创建用户界面,即虚拟仪器的前面板设计。

4) 功能算法框图程序设计

框图程序基于分层式模块化设计思想,将各种算法与过程控制技术用计算机程序设计语言实施,实现测试系统的各种功能。

由测控系统的软件结构可知,在计算机和仪器等资源确定的情况下,有不同的处理算法,就有不同的虚拟仪器。HMCVT 性能试验系统的测控软件部分是一个综合性测试软件,按照虚拟仪器软件设计思路,使用 LabVIEW 软件进行程序设计,界面操作方便,具有良好的测试功能。图 19.1 为测控系统软件的功能说明,测控软件根据 HMCVT 性能测试试验内容设计了多个试验模块,每个试验模块都可以进行通道选择、采样参数和试验模式的功能设置,使用者可以根据具体试验项目所要测量的物理量选择采集卡上的被测通道,通过改变采样参数(采样点数、采样频率)来改善试验效果和效率,根据试验的不同类型来选择试验模式。

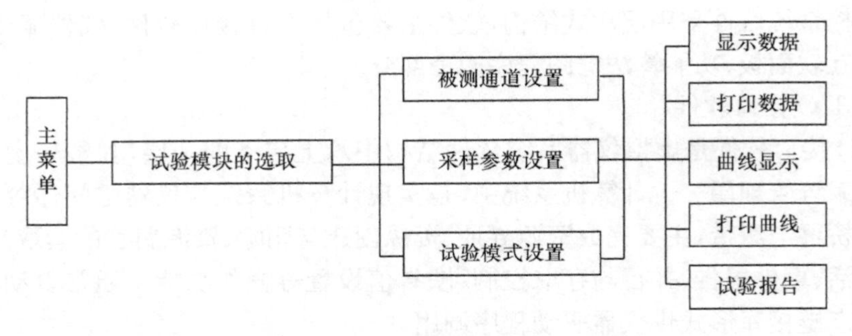

图 19.1　测控系统软件功能

2. 测控系统应用软件结构

测控系统应用软件结构如图 19.2 所示,采用分层式模块化结构,应用软件在驱动程序的基础上,通过直观、友好的人机交互软面板、丰富的数据分析与处理功能,完成 HMCVT 性能测试任务。利用应用软件对数据采集硬件进行管理是普遍采用的最有效的方法,通过开发应用软件,可以给系统增添驱动软件没有的分析和表达能力,并能够把仪器控制(如 RS-232)与数据采集集成在一起。HMCVT 测试系统应用软件包括参数设置模块、系统标定模块、数据显示模块、性能试验模块、数据处理模块等。

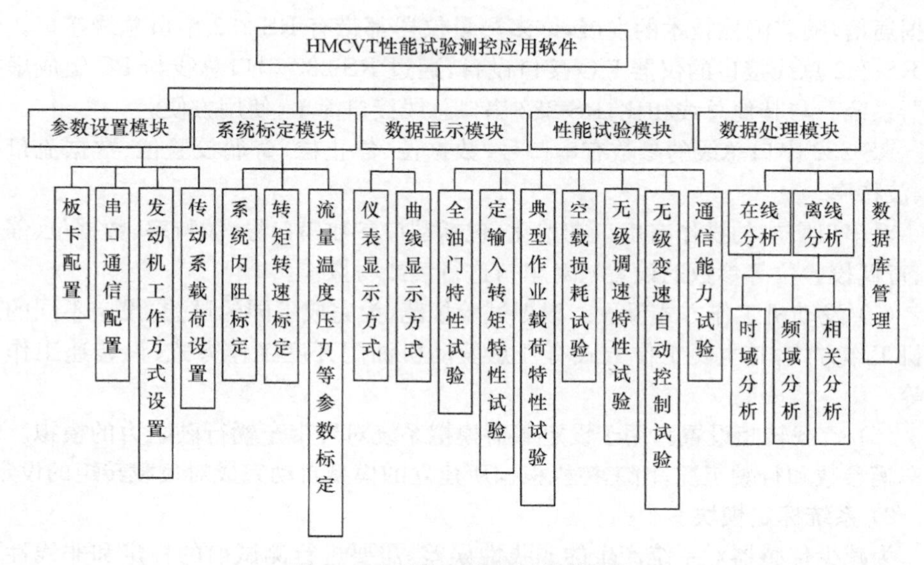

图 19.2　测控系统应用软件结构

1）参数设置模块

要使DAQ卡能正确地进行数据采集，须根据待测信号的需要对仪器参数进行正确设置。设置的参数除仪器与采集卡的设备号外，还有如下的设置项。

(1) 模拟信号输入。设置信号的输入方式：单端输入还是双端输入，单极性信号还是双极性信号。

选择增益：根据输入信号幅值范围和分辨率的要求进行增益选择。

选择量程：根据输入信号是单极性还是双极性选择合适量程。

(2) A/D转换。设定信号输入通道号、采样点数、采样频率、采样结果的输出方式、采样触发方式等。对于HMCVT性能试验，不同的试验条件会使得各种信号在不同的范围内变化，要更好地进行数据采集需要根据不同的试验调整各信号的采样频率。

(3) D/A转换。选取模拟信号的输出通道号。

模拟信号的输出幅值应设置在标称满量程范围内。

刷新速率决定所产生的模拟信号波形的“光滑度”，最快刷新速率的倒数即为响应时间。

以上为驱动一个数据采集卡所需的一般参数。但并不是任何情况下，所有参数都必须设置。与此相反，对于功能较丰富的数据采集卡，可能仅仅设置以上参数还是不够的，还需设置其他参数，从而可以更灵活地实现一个复杂的数据采集任务。

(4) 数据采集中的串口通信。串口通信采用RS-232通用串行总线，最初用于数据通信，随着测控技术的发展，许多测量仪器都带有 RS-232 串口总线接口。带有 RS-232 总线接口的仪器 I/O 接口设备，通过 RS-232 串口总线与 PC 组成虚拟仪器系统。与其他总线相比，RS-232 串口总线接口简单，使用方便。

RS-232 串口总线的参数有串口号、数据位、停止位、奇偶校验位、数据流量控制、波特率。

对串口实施的操作有串口初始化(包括端口参数串口号、波特率、数据位、停止位、奇偶校验位等参数的设置)、对串口进行读或写操作。

(5) 发动机工作方式设置。根据试验规范，为完成不同的试验，设定不同的发动机工作方式，其主要工作方式有任意发动机油门开度工作方式、恒转速工作方式等。

(6) 负载转矩设置。用于设定载荷模拟系统对履带车辆行驶阻力的模拟。输入车辆参数和行驶工况，由工控机根据所建立的模型自动完成对负载转矩的设定。

2) 系统标定模块

为减少传感器对系统产生的非线性误差，需要进行测试前的标定和非线性校正工作。传感器标定，其目的在于确定传感器输入、输出之间的关系。系统标定采用数据融合技术、传感器非线性校正技术、参数的系统误差处理技术。

3) 数据显示模块

实现相应参数的采集，经处理后得到有用的数据信息，以形象和直观的方式进行描绘，以供观察分析。采集的参数按照转速、转矩、油压、流量、温度、功率、监控参数、后处理参数等进行分类，以模拟仪表、数字仪表、曲线图三种形式进行显示。数据显示模块是虚拟仪器软面板的重要组成部分。

4) 性能试验模块

选择欲进行的具体试验，根据具体的试验要求，进行具有针对性的试验方法设计与数据处理，实现对系统试验测试范围的拓展。按照性能测试要求初设了全油门特性、定输入转矩特性、典型作业载荷特性、空载损耗试验、无级调速特性、无级变速自动控制试验、通信能力试验 7 个性能试验模块。

5) 数据处理模块

数据处理模块实现对采集到的数据进行在线或离线分析、数据库管理等。

实际数据采集过程中，由于外界环境的干扰、DAQ 卡等硬件电路本身性能不佳等因素的存在，采集到的信号往往不同程度地夹杂着噪声。为了减少干扰信号对采样值的影响，提高采样数据的可靠性，对采样数据采用加窗、数字滤波等方法处理，消除不同频带的噪声。对于直接采集到的数据，在不满足性能分析需要时，可在此基础上运用数字信号处理技术、频域分析、相关分析等方法，对数据进行进一步在线或离线处理，以获得满意的信息。

19.2　HMCVT性能测试参数测量方法

HMCVT性能测试中直接测量的参数包括温度、油压、转速、转矩等。HMCVT液压油温度测量采用Pt100铂电阻组成的温度传感器进行，铂电阻具有非线性特性，需要对其非线性特性进行补偿。液压油油压的测量采用压阻型油压传感器，其测量精度会受到环境温度与供电电压的影响。为改善传感器的非线性，运用统计学理论中的支持向量机（support vector machine，SVM）理论，对温度传感器电阻进行非线性补偿，基于信息融合技术提高液压油油温、油压的测量精度，采用转速准等精度测量解决HMCVT全转速范围内转速测量精度不等问题。

19.2.1　测量方法的基本理论

支持向量机以全局期望风险最小化为目标对函数进行逼近，适用于样本数据较少情况下的函数拟和，宜用于温度传感器的非线性补偿。数据融合技术能充分利用冗余信息，消除单个传感器的局限性，提高传感器系统的有效性与被测量的测量精度。

1. 基于SVM的函数逼近

假设存在以$P(x,y)$为概率的观测样本集$X=\{(x_1,y_1),(x_2,y_2),\cdots,(x_m,y_m)\}(x_i\in \mathrm{R}^n,y_i\in \mathrm{R})$和函数集$F=\{f_x|f_x:\mathrm{R}^n\rightarrow \mathrm{R}\}$。

函数逼近问题是要发现一个函数$f_x\in F$，使下面的期望风险函数最小，即

$$R(f_x)=\int l(y-f_x(x))\mathrm{d}P(x,y) \tag{19.1}$$

式中，$l(\ )$为损失函数，表示y和$f_x(x)$之间的偏差。但$P(x,y)$未知，所以不能利用此式计算$R(f_x)$。

根据结构风险最小化有

$$R(f_x)\leqslant R_{\mathrm{emp}}+R_{\mathrm{gen}} \tag{19.2}$$

式中，R_{emp}为经验风险，$R_{\mathrm{emp}}=\dfrac{1}{l}\sum\limits_{i=1}^{m}l(y_i-f_x(x_i))$；$R_{\mathrm{gen}}$为置信范围，是$f_x(x)$复杂度的一种度量，用$R_{\mathrm{emp}}+R_{\mathrm{gen}}$来确定$R(f_x)$的上限。

线性逼近是先通过非线性变换，再在特征空间中建立线性模型，即非线性函数f_x可表达为

$$f_x(x)=\omega^{\mathrm{T}}\phi(x)+b \tag{19.3}$$

式中，$\phi(x)$为将输入数据映射到高维的特征空间的非线性变换函数。

假设所有样本数据都可以在拟合精度ε_1下无误差地用线性函数式(19.3)逼

近，即

$$\begin{cases} y_i-\omega^{\mathrm{T}}\phi(x_i)-b\leqslant\varepsilon_1 \\ \omega^{\mathrm{T}}\phi(x_i)+b-y_i\leqslant\varepsilon_1 \end{cases} \tag{19.4}$$

为使式(19.3)平坦以控制其复杂性，最小化$\frac{1}{2}\|\omega\|^2$；为了处理函数 f_x 在规定精度下不能估计的数据，引入松弛变量 ξ_i、ξ_i^*，得到用于函数逼近的 SVM 为

$$\min \quad \frac{1}{2}\|\omega\|^2+c\sum_{i=1}^{m}(\xi_i+\xi_i^*)$$
$$\text{s. t.} \quad \begin{cases} y_i-\omega^{\mathrm{T}}\phi(x_i)-b\leqslant\varepsilon_1+\xi_i \\ \omega^{\mathrm{T}}\phi(x_i)+b-y_i\leqslant\varepsilon_1+\xi_i^* \\ \xi_i,\xi_i^*\geqslant 0 \end{cases} \tag{19.5}$$

式中，c 为平衡因子，是常数，$c>0$，控制对超出误差 ε_1 的样本的惩罚程度。

由 Lagrange 函数和对偶定理构建函数，即

$$L(\omega,\xi_i,\xi_i^*)=\frac{1}{2}\|\omega\|^2+c\sum_{i=1}^{m}(\xi_i+\xi_i^*)-\sum_{i=1}^{m}\alpha_i^+(\varepsilon_1+\xi_i-y_i+\omega^{\mathrm{T}}\phi(x_i)+b)$$
$$-\sum_{i=1}^{m}\alpha_i^*(\varepsilon_1+\xi_i^*+y_i-\omega^{\mathrm{T}}\phi(x_i)-b)-\sum_{i=1}^{m}(\eta_i\xi_i+\eta_i^*\xi_i^*) \tag{19.6}$$

式中，α_i^+、α_i^*、η_i、η_i^* 为 Lagrange 因子，$\alpha_i^+,\alpha_i^*\geqslant 0$，$\eta_i,\eta_i^*\geqslant 0$，$i=1,2,\cdots,m$。

函数应对参数 ω、b、ξ_i、ξ_i^* 最小化，函数极值应满足条件

$$\begin{cases} \dfrac{\partial L}{\partial \omega}=\omega-\sum_{i=1}^{m}(\alpha_i^+-\alpha_i^*)\phi(x_i)=0 \\ \dfrac{\partial L}{\partial b}=\sum_{i=1}^{m}(\alpha_i^+-\alpha_i^*)=0 \\ \dfrac{\partial L}{\partial \xi_i}=c-\alpha_i^+-\eta_i=0 \\ \dfrac{\partial L}{\partial \xi_i^*}=c-\alpha_i^*-\eta_i^*=0 \end{cases} \tag{19.7}$$

将式(19.7)代入式(19.6)得到对偶形，对 Lagrange 因子 α_i^+、α_i^* 最大化的目标函数为

$$\min \frac{1}{2}\sum_{i,j=1}^{m}(\alpha_i^+-\alpha_i^*)(\alpha_j^+-\alpha_j^*)\phi(x_i)^{\mathrm{T}}\phi(x_j)+\sum_{i=1}^{m}\alpha_i(\varepsilon_1-y_i)+\sum_{i=1}^{m}\alpha_i^*(\varepsilon_1+y_i) \tag{19.8}$$

$$\text{s.t.}\begin{cases}\sum_{i=1}^{m}(\alpha_i^{+}-\alpha_i^{*})=0\\ \alpha_i^{+},\alpha_i^{*}\in[0,c]\end{cases}$$

$$\omega=\sum_{i=1}^{m}(\alpha_i^{+}-\alpha_i^{*})\phi(x_i) \tag{19.9}$$

采用核函数来计算特征空间中的内积为

$$K(x_i,x_j)=\phi(x_i)^{\mathrm{T}}\phi(x_j) \tag{19.10}$$

式(19.8)又可写为

$$\min\frac{1}{2}\sum_{i,j=1}^{m}(\alpha_i^{+}-\alpha_i^{*})(\alpha_j^{+}-\alpha_j^{*})k(x_i,x_j)+\sum_{i=1}^{m}\alpha_i^{+}(\varepsilon_1-y_i)+\sum_{i=1}^{m}\alpha_i^{*}(\varepsilon_1+y_i)$$

$$\text{s.t.}\begin{cases}\sum_{i=1}^{m}(\alpha_i^{+}-\alpha_i^{*})=0\\ \alpha_i^{+},\alpha_i^{*}\in[0,c]\end{cases} \tag{19.11}$$

由式(19.3)～式(19.11)得

$$f_x(x)=\sum_{i=1}^{m}(\alpha_i^{+}-\alpha_i^{*})k(x_i,x_j)+b \tag{19.12}$$

α_i^{+} 和 α_i^{*} 由二次型规划求出，b 由 KKT(Karush-Kuhn-Tucker)条件求出。常用的核函数有多项式核函数、高斯基 RBF 核函数、Sigmoid 核函数和样条核函数。

2. 数据融合的基本原理与融合过程

1) 数据融合的基本原理

数据融合又称多传感器数据融合，其基本原理是充分利用多传感器资源，通过对这些传感器检测信息的合理支配和使用，将各种传感器在空间或时间上的冗余或互补信息依据某种准则组合起来，产生对被测对象的一致性解释或描述。数据融合技术基于各传感器的分离检测信息，通过对信息的优化组合导出更多的有用信息。利用多传感器的联合操作优势，提高整个传感器系统的有效性，消除单个或少量传感器的局限性，获得比子系统更优的性能。

2) 数据融合过程

多传感器数据融合的基本过程如图 19.3 所示。因为被测对象大多是具有不同特征的非电量，如 HMCVT 液压系统的液压油油压和温度，所以首先要将其转化为电信号，然后经过 A/D 变换转化为数字量，数字化后的电信号经异常数据剔除、消除趋势项、信号平滑、零均值化等预处理，消除数据采集中的干扰和噪声，对经预处理后的有用信号进行特征提取后，进行数据融合处理，输出融合结果。

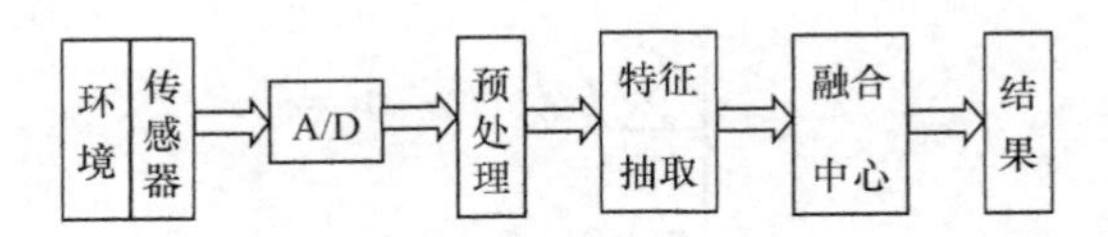

图 19.3 数据融合过程

在 HMCVT 温度测量中，用 5 个温度传感器组成传感器组，对每个传感器的测量值进行融合处理以得到较高精度的温度值。由温度传感器组、油压传感器、油压传感器供电电压监测电路构成液压油油压测量系统，采用合理的融合算法得到较高精度的液压油油压值。

19.2.2 基于自适应加权融合算法的温度测量

运用 SVM 对温度传感器进行非线性补偿，能够改善温度传感器的非线性，提高温度传感器的标定精度。数据融合技术可有效消除参数测量中的非正常因素影响，提高参数测量精度。

1. 温度传感器非线性补偿

1) 温度传感器的非线性特性

HMCVT 性能测试中采用的 Pt100 铂电阻，其电阻和温度的关系在 −200～650℃的整个温度测量范围内被分成两段，在温度为 −200～0℃时，其电阻与温度的关系特性为

$$R_t(t_c)=R_{t0}[1+A_t t_c+B_t t_c^2+C_t(t_c-100)t_c^3] \tag{19.13}$$

式中，R_{t0} 为温度 0℃时的铂电阻值，Ω；A_t、B_t、C_t 为常数，℃$^{-1}$；t_c 为温度值，℃。

在正温度区 0～650℃电阻与温度的关系特性可用二次多项式表示，即

$$R_t(t_c)=R_{t0}(1+A_t t_c+B_t t_c^2) \tag{19.14}$$

由式(19.14)可知，在 0～650℃存在非线性项 $B_t t_c^2$。由 $\frac{d^2R_t}{dt_c^2}=2B_tR_{t0}<0$ 可知，此时铂电阻的阻值与温度的关系特性是一条单调上凸曲线，呈非线性关系。为保证铂电阻在测量系统中的精度，需要对其进行校正与补偿。

2) 温度传感器非线性校正原理

由式(19.14)可知，在正温度区 0～650℃范围内，$R_t(t)$ 的对应温度值是唯一的，其反函数是 $t_c=[-A_t-\sqrt{A_t^2-4B_t(1-R_t(t_c)R_{t0})}]/(2B_t)$。为了消除或补偿由铂电阻组成的传感器系统的非线性特性，可使其输出通过一个补偿环节，如图 19.4所示。补偿环节可用函数 $u_t=g(R_t)$ 表示，其中 u_t 为非线性补偿后的输出，它与输入信号 t_c 呈线性关系。此补偿函数 $g(R_t)$ 的表达式不易直接求出，但可以利用 SVM 的函数拟合能力，实现温度传感器的非线性校正。

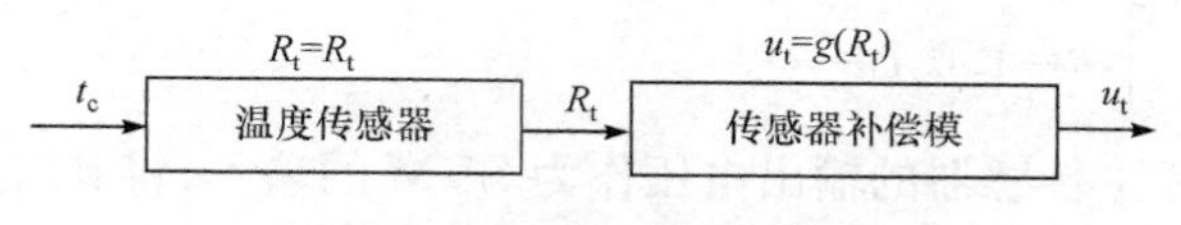

图 19.4　非线性误差校正模型

在进行 HMCVT 温度测量过程中，铂电阻直接与测试目标接触，由于铂电阻的阻值随温度变化量不大，选用温度系数好的精密电阻和铂电阻组成电桥，并采用精密电流源为铂电阻提供 1mA 的电流，传感器输出信号放大转换为标准电压信号后经数据采集卡输入计算机，计算机对初始信号进行数字滤波处理后用 SVM 对铂电阻的非线性进行校正。

3）基于 SVM 的温度传感器非线性补偿

表 19.1 给出了某 Pt100 铂电阻温度传感器在精密电流源供电 1mA 时，根据其分度表，在 0～500℃的温度范围内，对采集到的电压经归一化处理后的参数值。其中标称温度为传感器的输入量，其值由恒温箱产生，输出电压为传感器系统的输出。由表 19.1 可知，传感器在测量点上的非线性误差最大超过了 10℃。

表 19.1　Pt100 铂电阻传感器输入输出参数

标称温度/℃	输出电压/V	非线性误差/℃	测量温度/℃	补偿后非线性误差/℃	标称温度/℃	输出电压/V	非线性误差/℃	测量温度/℃	补偿后非线性误差/℃
0	0.3333	0	0.0734	0.0734	260	0.659	10.0663	259.9251	−0.0749
20	0.3593	1.5589	20.0235	0.0235	280	0.6829	9.8839	279.9752	−0.0248
40	0.3851	2.9518	40.0736	0.0736	300	0.7067	9.6186	299.9253	−0.0747
60	0.4108	4.262	60.0238	0.0238	320	0.7304	9.2703	319.9755	−0.0245
80	0.4363	5.4063	80.0739	0.0739	340	0.7539	8.7562	339.9256	−0.0744
100	0.4617	6.4677	100.0240	0.0240	360	0.7772	8.0763	359.9757	−0.0243
120	0.4869	7.3632	120.0742	0.0742	380	0.8004	7.3134	379.9258	−0.0742
140	0.5119	8.0927	140.0243	0.0243	400	0.8235	6.4677	398.9760	−0.0240
160	0.5368	8.7396	160.0744	0.0744	420	0.8463	5.3731	419.9261	−0.0739
180	0.5615	9.2206	180.0245	0.0245	440	0.8691	4.2786	439.9762	−0.0238
200	0.5861	9.6186	200.0747	0.0747	460	0.8916	2.9352	459.9264	−0.0736
220	0.6106	9.9337	220.0248	0.0248	480	0.9141	1.592	479.9765	−0.0235
240	0.6348	10	240.0749	0.0749	500	0.9363	0	499.9266	−0.0734

设计 SVM 对温度传感器系统进行非线性校正，传感器输出电压经过 SVM 处理相当于经过一个逆传感模型的信号变换，其输出函数 u_t 作为非线性补偿后的输出。设定 SVM 的拟合精度 $\varepsilon_1=0.02$，核函数选用高斯基 RBF 核函数$(x_i, x_j)=$

$\exp\left[-\frac{(x_i-x_j)^2}{2\delta^2}\right]$，$\delta=1.0$，$c=\infty$。

直接以表 19.1 传感器的输出电压作为 SVM 的输入，将其对应的温度值用常数 0.02 归一化后作为 SVM 的输出，对 SVM 进行训练。运用训练后的 SVM 对传感器进行非线性补偿，所得测量值及其非线性误差如表 19.1 所示。从表中可以看出，经补偿后的测量值非线性误差很小，小于 0.1℃，而未补偿时的非线性误差最大超过了 10℃。用不属于训练集的样本对 SVM 进行测试，所得结果如图 19.5 所示，其测量误差不大于 0.1℃，这表明该 SVM 补偿模型具有很好的泛化能力，经补偿后的温度测量值具有较高的精度。

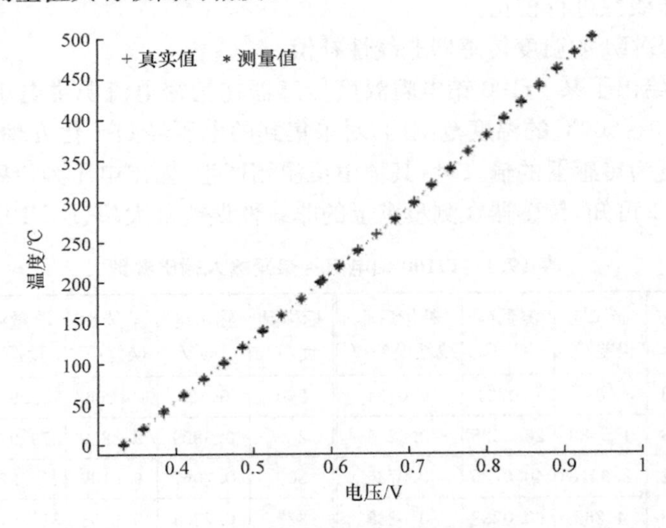

图 19.5 Pt100 补偿后的输出曲线

2. 温度传感器异常数据的判断与剔除

由于各方面的原因，计算机所采集到的温度信息不可避免地会存在异常数据。在 HMCVT 温度测量过程中，根据罗曼诺夫斯基准则(即 t 检验准则)，采用如下原则构造测量数据有效性判定向量，进行异常数据的判断与剔除。

对 n 个温度传感器采集的温度值 $x_1,x_2,\cdots,x_n$。若 x_k 为可疑值，将其剔除后计算平均值(不含 x_k)，若不存在可疑值，则直接计算其平均值与标准差，此处以 x_k 为可疑值为例进行分析，试验值平均值为

$$\overline{x}=\frac{1}{n-1}\sum_{\substack{i=1\\i\neq k}}^{n}x_i \tag{19.15}$$

求出试验值标准差(计算时不含 $v_k=x_k-\overline{x}$)为

$$s=\sigma=\sqrt{\frac{\sum\limits_{\substack{i=1\\i\neq k}}^{n}v_i^2}{n-2}} \tag{19.16}$$

根据试验传感器数目 n 和给定的显著水平 α，即可由 t 检验 $K(n,\alpha)$ 数值表中查得 t 检验系数 $K(n,\alpha)$。

若 $|x_k-\overline{x}|>K(n,\alpha)$，则 x_k 为异常值，剔除该值是正确的；否则，该值不是异常值，应该保留。通常的异常值是测试数据中的最大值或最小值，为减少计算机计算步数，可首先求出测试值中的最大值和最小值，然后判断其是否为异常值。

根据对各温度测量值有效性的判断，构造测量数据有效性判定向量 $S=[s_1,s_2,\cdots,s_n]^{\mathrm{T}}$，其中对于有效数据，其对应的 $s_i(i=1,2,\cdots,n)$ 值为1，异常数据对应的 s_i 值为0。

3. 温度测量数据自适应加权融合算法

图19.6为自适应数据融合算法模型，在剔除异常数据的条件下，按照均方误差最小原则，引入标志测量精度的特征数字权值 $W_i(i=1,2,\cdots,n)$，根据所得到的测量值以自适应的方式寻找各个测量值所对应的最优加权因子，使融合后的 y 值达到最优。

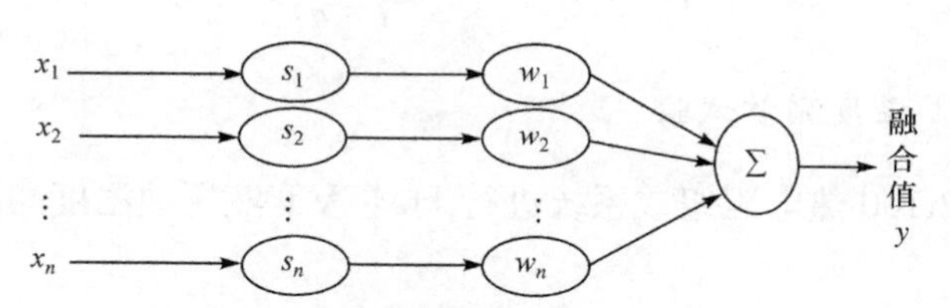

图19.6　自适应数据融合算法模型

设 n 个温度传感器采集的各温度值彼此互相独立，是待测温度真值 x 的无偏估计；n 个温度传感器方差分别为 $\sigma_1^2,\sigma_2^2,\cdots,\sigma_n^2$；各传感器的加权因子分别为 $W_1,W_2,\cdots,W_n$，则温度融合值 y 和加权因子应满足

$$y=\sum_{i=1}^{n}s_iW_ix_i \tag{19.17}$$

$$\sum_{i=1}^{n}W_i=1 \tag{19.18}$$

总均方误差为

$$\sigma^2=E[(X-Y)^2]=E\left[\sum_{i=1}^{n}s_i^2W_i^2(x_i-y_i)^2\right.$$

$$+2\sum_{\substack{i=1,j=1\\i\neq j}}^{n} s_i s_j W_i W_j (x-x_i)(x-x_j)\Bigg] \tag{19.19}$$

式中，$X=[x_1,x_2,\cdots,x_n]^{\mathrm{T}}$，$Y=[y_1,y_2,\cdots,y_n]^{\mathrm{T}}$，$Y$ 向量有 n_k 个元素。

因为 $x_1,x_2,\cdots,x_n$ 彼此独立，且是 x 的无偏估计，故 $E[(x-x_i),(x-x_j)]=0$ $(i\neq j;i=1,2,\cdots n;j=1,2,\cdots,n)$，故 σ^2 可表达为

$$\sigma^2=E\left[\sum_{i=1}^{n}s_i^2W_i^2(x-x_i)^2\right]=\sum_{i=1}^{n}s_i^2W_i^2\sigma_i^2,\quad i=1,2,\cdots,n \tag{19.20}$$

由式(19.20)可知，总均方误差 σ^2 是关于各有效数据的加权因子的多元二次函数，σ^2 必然存在最小值。该最小值的求取是加权因子 $W_1,W_2,\cdots,W_n$ 满足式(19.16)约束条件的多元函数极值求取。

根据多元函数求极值理论可求出总均方误差最小时所对应的加权因子为

$$W_i^*=\frac{1}{s_i^2\sigma_i^2}\left(\frac{1}{\sum\limits_{i=1}^{n}\frac{1}{s_i^2\sigma_i^2}}\right),\quad i=1,2,\cdots,n \tag{19.21}$$

此时所对应的最小均方误差为

$$\sigma_{\min}^2=\sum_{i=1}^{n}W_i^2\left(\frac{1}{\sum\limits_{i=1}^{n}\frac{1}{s_i^2\sigma_i^2}}\right) \tag{19.22}$$

4. HMCVT 温度测量试验

采用 5 个 Pt100 热电阻组成系统进行 HMCVT 液压油温度测试，测试数据如表 19.2 所示。

表 19.2　5 个传感器温度测量结果表

测量温度值/℃	30.001	30.004	29.921	29.999	30.281
均方差 σ	0.047	0.096	0.039	0.085	0.137
加权因子 W_i	0.030	0.0072	0.0435	0.9158	0.0035

将表 19.2 中传感器温度测量值取置信度 0.25，采用罗曼诺夫斯基准则进行检验，可得到如下有效性判定向量 $S=[1,1,1,1,1]^{\mathrm{T}}$，由此可知，所有温度传感器测量的温度值均有效。运用式(19.20)得到的估计值和均方差分别为 29.9967℃、0.0075。而用算术平均值所得的估计值与方差分别为 30.0412℃、0.1385，温度测量精度得到了提高。

19.2.3　基于融合技术的液压油油压测量

HMCVT 测试系统中的液压油油压传感器的输出，不但和液压油油压有关，

而且与其工作温度变化以及供电电压波动等因素有关。国内外研究应用表明，采用多传感器数据融合技术能有效地消除测试中的不确定因素，提高测试结果的准确性，是现代智能测试信息处理的一种新方法。数据融合技术用于 HMCVT 油压测量，无疑将有助于改善测试系统的性能，使测试系统具有专家系统的特征，融合求精后的参数测量精度可以得到显著提高。

1. HMCVT 液压系统油压测试数据融合算法分析

1）油压传感器融合规则

在多传感器数据融合过程中需要为其建立合理的融合规则，以便建立合适的融合系统，对传感器进行标定，以消除不利环境因素的影响。

HMCVT 液压系统中的油压传感器在液压油油压、液压油温度、供电电压共同作用下的输出电压的拟合函数为

$$u_o = f(p, t_c, u_k) \tag{19.23}$$

式中，u_o为输出电压，mV；p 为液压油油压，MPa；t_c为液压油温度，℃；u_k为传感器供电电压，mV。

将传感器输出用多元函数泰勒级数展开为

$$u_o = \beta_0 + \beta_1 p + \beta_2 t_c + \beta_3 u_k + \beta_4 p^2 + \beta_5 t_c^2 + \beta_6 u_k^2 + \beta_7 p t_c + \beta_8 p u_k + \beta_9 t_c u_k + o(\rho^2) \tag{19.24}$$

式中，$\beta_0, \beta_1, \cdots, \beta_9$ 为待定系数；$\rho = \sqrt{p^2 + t_c^2 + u_k^2}$，$o(\rho^2)$为 $\rho \to 0$ 时比 ρ^2 高阶的无穷小，通常可近似为零。

为了建立拟合函数方程，需求出待定系数 $\beta_0, \beta_1, \cdots, \beta_9$，所以对油压传感器在不同温度和供电电压下进行标定试验，根据试验结果，可得到拟合回归方程为

$$\hat{u}_o = \hat{\beta}_0 + \hat{\beta}_1 p + \hat{\beta}_2 t_c + \hat{\beta}_3 u_k + \hat{\beta}_4 p^2 + \hat{\beta}_5 t_c^2 + \hat{\beta}_6 u_k^2 + \hat{\beta}_7 p t_c + \hat{\beta}_8 p u_k + \hat{\beta}_9 t_c u_k \tag{19.25}$$

式中，$\hat{u}_o$ 为液压油油压最佳估计值；$\hat{\beta}_0, \hat{\beta}_1, \cdots, \hat{\beta}_9$ 为待定系数，是 $\beta_0, \beta_1, \cdots, \beta_9$ 的估计值。

根据最小二乘法原理，确定某个油压值的最优估计值即选取待定系数 $\hat{\beta}_0, \hat{\beta}_1, \cdots, \hat{\beta}_9$，使剩余平方和 Q_p 具有最小值。

$$Q_p = \sum_{i=1}^{n} (u_{oi} - \hat{u}_{oi})^2 = \sum_{i=1}^{n} [u_o - (\hat{\beta}_0 + \hat{\beta}_1 p_i + \hat{\beta}_2 t_{ci} + \hat{\beta}_3 u_{ki} + \hat{\beta}_4 p_i^2 + \hat{\beta}_5 t_{ci}^2 + \hat{\beta}_6 u_{ki}^2 + \hat{\beta}_7 p_i t_{ci} + \hat{\beta}_8 p_i u_{ki} + \hat{\beta}_9 t_{ci} u_{ki})]^2 \tag{19.26}$$

要使 Q_p 达到最小，须分别对 $\hat{\beta}_0, \hat{\beta}_1, \cdots, \hat{\beta}_9$ 求偏导，并令其均等于零，即

$$\begin{bmatrix} n & \sum_{i=1}^{n} p_i & \sum_{i=1}^{n} t_{ci} & \sum_{i=1}^{n} u_{ki} & \sum_{i=1}^{n} p_i^2 & \sum_{i=1}^{n} t_{ci}^2 & \sum_{i=1}^{n} u_{ki}^2 & \sum_{i=1}^{n} p_i t_{ci} & \sum_{i=1}^{n} p_i u_{ki} & \sum_{i=1}^{n} t_{ci} u_{ki} \\ \sum_{i=1}^{n} p_i & \sum_{i=1}^{n} p_i^2 & \sum_{i=1}^{n} p_i t_{ci} & \sum_{i=1}^{n} p_i u_{ki} & \sum_{i=1}^{n} p_i^3 & \sum_{i=1}^{n} p_i t_{ci}^2 & \sum_{i=1}^{n} p_i u_{ki}^2 & \sum_{i=1}^{n} p_i^2 t_{ci} & \sum_{i=1}^{n} p_i^2 u_{ki} & \sum_{i=1}^{n} p_i t_{ci} u_{ki} \\ \vdots & \vdots & \vdots & \vdots & \vdots & \vdots & \vdots & \vdots & \vdots & \vdots \\ \sum_{i=1}^{n} t_{ci} u_{ki} & \sum_{i=1}^{n} p_i t_{ci} u_{ki} & \sum_{i=1}^{n} t_{ci}^2 u_{ki} & \sum_{i=1}^{n} t_{ci} u_{ki}^2 & \sum_{i=1}^{n} p_i^2 t_{ci} u_{ki} & \sum_{i=1}^{n} t_{ci}^3 u_{ki} & \sum_{i=1}^{n} t_{ci} u_{ki}^3 & \sum_{i=1}^{n} p_i t_{ci}^2 u_{ki} & \sum_{i=1}^{n} p_i t_{ci} u_{ki}^2 & \sum_{i=1}^{n} t_{ci}^2 u_{ki}^2 \end{bmatrix} \cdot \begin{bmatrix} \hat{\beta}_0 \\ \hat{\beta}_1 \\ \vdots \\ \hat{\beta}_9 \end{bmatrix} = \begin{bmatrix} \sum_{i=1}^{n} u_o \\ \sum_{i=1}^{n} p_i u_o \\ \vdots \\ \sum_{i=1}^{n} u_o t_{ci} u_{ki} \end{bmatrix} \tag{19.27}$$

可得求解矩阵为

$$\hat{\beta} = [\hat{\beta}_0 \quad \hat{\beta}_1 \quad \cdots \quad \hat{\beta}_9]^{\mathrm{T}} = \begin{bmatrix} \dfrac{1}{n}\sum_{i=1}^{n} u_{oi} & \dfrac{\sum_{i=1}^{n} p_i u_{oi}}{\sum_{i=1}^{n} p_i^2} & \cdots & \dfrac{\sum_{i=1}^{n} t_i u_{ki} u_{oi}}{\sum_{i=1}^{n} t_i^2 \Delta u_i^2} \end{bmatrix}^{\mathrm{T}} \tag{19.28}$$

2）拟合回归方程显著性检验

液压油油压测量值受环境因素影响的拟合回归方程只是一种假设，因此需对其进行统计性检验，确定该方程的可信度。

设式(19.25)是所求得的拟合回归方程，$\hat{u}_{oi}$是第 i 个试验点上的拟合值，则有

$$\begin{bmatrix} \hat{u}_{o0} \\ \hat{u}_{o1} \\ \vdots \\ \hat{u}_{on} \end{bmatrix} = \begin{bmatrix} 1 & p_0 & t_{c0} & u_{k0} & p_0^2 & t_{c0}^2 & u_{k0}^2 & p_0 t_{c0} & p_0 u_{k0} & t_{c0} u_{k0} \\ 1 & p_1 & t_{c1} & u_{k1} & p_1^2 & t_{c1}^2 & u_{k1}^2 & p_1 t_{c1} & p_1 u_{k1} & t_{c1} u_{k1} \\ \vdots & \vdots & \vdots & \vdots & \vdots & \vdots & \vdots & \vdots & \vdots & \vdots \\ 1 & p_n & t_{cn} & u_{kn} & p_n^2 & t_{cn}^2 & u_{kn}^2 & p_n t_{cn} & p_n u_{kn} & t_{cn} u_{kn} \end{bmatrix} \cdot \begin{bmatrix} \hat{\beta}_0 \\ \hat{\beta}_1 \\ \vdots \\ \hat{\beta}_9 \end{bmatrix} \tag{19.29}$$

对式(19.29)进行离差分析，可得油压测量值的离差平方和为

$$l_{uu} = \sum_{i=1}^{n} u_{oi}^2 - \frac{1}{n}\left(\sum_{i=1}^{n} u_{oi}\right)^2 \tag{19.30}$$

其自由度 $f_{总}=n-1$，将离差平方和 l_{uu} 分解为由引入环境变量所引起的回归平方和 U_p 与由于试验误差和其他因素所引起的剩余平方和 Q_p，其中

$$U_p = \sum_{i=1}^{n}\left[\hat{u}_{oi} - \frac{1}{n}\left(\sum_{i=1}^{n} u_{oi}\right)\right]^2, \quad f_U = 9 \tag{19.31}$$

$$Q_p = \sum_{i=1}^{n}(u_{oi} - \hat{u}_{oi})^2, \quad f_U = n - 9 - 1 \tag{19.32}$$

选定拟合方程显著性水平 α，计算出统计量 F 为

$$F=\frac{U_p/f_U}{Q_p/f_Q} \tag{19.33}$$

然后，根据第一自由度 f_U 和第二自由度 f_Q 查出 $F^{\alpha}_{(f_U,f_Q)}$ 值，比较以确定其显著程度，对于高度显著的估计值 F，回归方程是有效的。至此，就确定了液压油油压实时测试融合算法。

2. HMCVT 液压系统油压测试数据配准

在测试系统中进行数据融合计算时，各被测量需为同一时刻的值。在实际测试系统中进行数据采集时，由于各物理量的性质与频率不同，所设定的数据采样频率往往不同，这样就需要对各测试量进行时间配准，以使数据融合时各测试量为同一时刻的参数。

对各参量采样频率不同引起的异步问题可用泰勒修正法、插值法、虚拟融合法等进行修正。在 HMCVT 液压系统中，对油温、油压、油压传感器供电电压采用较高频率的同步采样。系统在对采样信号进行预处理时，如剔除异常点时会造成数据的缺失，对缺失的数据采用 Lagrange 三点插值法进行修正。

3. HMCVT 液压系统油压测试应用分析

为实现 HMCVT 液压系统油压测试，对量程 0～60MPa、工作环境温度－20～80℃、介质温度－40～125℃、供电标准 24VDC 的某压电式油压传感器进行融合标定。标定时采用可调精密恒流源供电，测试结果如表 19.3 所示。

表 19.3　油压传感器标定测试值

p/MPa	t_c=70℃		t_c=40℃		t_c=20℃	
	u_o/mV	u_k/V	u_o/mV	u_k/V	u_o/mV	u_k/V
0	−0.9543	23.046	−0.9688	23.763	−1.7708	24.395
5	12.4731	23.113	13.4658	23.815	12.413	24.453
10	30.6869	23.175	30.6804	23.866	30.6087	24.512
15	52.9213	23.239	50.4255	23.931	48.8227	24.574

续表

p/MPa	t_c=70℃		t_c=40℃		t_c=20℃	
	u_o/mV	u_k/V	u_o/mV	u_k/V	u_o/mV	u_k/V
20	64.1721	23.302	70.0983	23.964	72.0414	24.632
25	84.4515	23.368	87.7555	24	90.2704	24.690
30	104.7399	23.431	107.5178	24.065	106.5142	24.749
35	120.0614	23.497	121.3263	24.135	127.7084	24.796
40	134.3875	23.560	140.1804	24.208	142.8266	24.831
45	153.8301	23.638	160.0209	24.274	164.0399	24.884
50	173.2247	23.704	174.8176	24.331	182.4613	24.965

根据表 19.3 中的参数，可得到如图 19.7 所示油压传感器的输出 u_o 与液压油油压 p、油压传感器供电电压 u_k 的关系曲线。由图 19.7 可知，三者呈非线性关系。根据数据融合算式(19.25)，可列出受波动电压与油压作用下的融合算式，即

$$\hat{u}_o=\hat{\beta}_0+\hat{\beta}_1 p+\hat{\beta}_2 u_k+\hat{\beta}_3 p^2+\hat{\beta}_4 p u_k+\hat{\beta}_5 u_k^2 \tag{19.34}$$

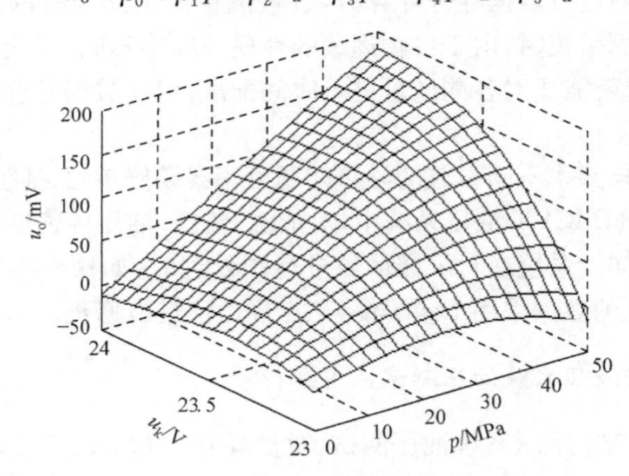

图 19.7　油压传感器输出与油压、供电电压关系

根据数据融合规则即式(19.27)，将表 19.3 中数据代入，可求得系数矩阵为

$$\hat{\beta}=[-0.2674\quad 0.0452\quad -0.006\quad -0.0015\quad 0.1472\quad -0.0006]^T$$

从而可得传感器在测试过程中的融合值为

$$\hat{u}_o=-0.2674+0.0452p-0.006u_k-0.0015p^2+0.1472pu_k-0.0006u_k^2 \tag{19.35}$$

将表 19.3 中对应的油压与供电电压代入式(19.35)可得对传感器输出信号进行融合运算后的输出，如表 19.4 所示，融合后的输出电压与油压、供电电压的关系如图 19.8 所示。由图 19.8 可知，经过融合处理后，传感器输出的非线性得到了明

显改善。

在此基础上对不同液压油油压、不同介质温度、不同供电电压下传感器输出进行了融合处理，对拟合方程的显著性进行检验，根据计算出的回归平方和 U_p、剩余平方和 Q_p、第一自由度 f_U、第二自由度 f_Q 运用式(19.33)可得 F 值为 2.7496。选定拟合方程显著性水平 $\alpha=0.025$，根据第一自由度 f_U 和第二自由度 f_Q 查出 $F^{\alpha}_{(f_U,f_Q)}=2.73$。因为 $F>F^{0.025}_{(9,23)}$，所以说拟合方程高度显著，回归方程是有效的。

表 19.4　油压传感器融合值

p/MPa	$t_c=70℃$		$t_c=40℃$		$t_c=20℃$	
	$\hat{u}_o$/mV	u_k/V	$\hat{u}_o$/mV	u_k/V	$\hat{u}_o$/mV	u_k/V
0	−0.7243	23.046	−0.7488	23.763	−0.7708	24.395
5	16.4731	23.113	16.9658	23.815	17.4130	24.453
10	33.6869	23.175	34.6804	23.866	35.6087	24.512
15	50.9213	23.239	52.4255	23.931	53.8227	24.574
20	68.1721	23.302	70.0983	23.964	72.0414	24.632
25	85.4515	23.368	87.7555	24	90.2704	24.690
30	102.7399	23.431	105.5178	24.065	108.5142	24.749
35	120.0614	23.497	123.3263	24.135	126.7084	24.796
40	137.3875	23.560	141.1804	24.208	144.8266	24.831
45	154.8301	23.638	159.0209	24.274	163.0399	24.884
50	172.2247	23.704	176.8176	24.331	181.4613	24.965

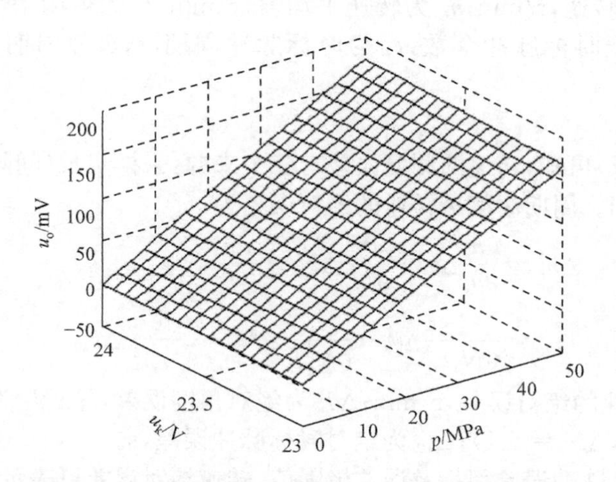

图 19.8　油压传感器融合输出与油压、供电电压关系

19.2.4 转速测量及其提高测量精度的方法

随着科学技术的发展,传统的接触式转速测量已逐步被现代光电测量技术为代表的非接触式数字化测量所替代。在试验室中,HMCVT 转速测量系统主要由转速传感器、计算机插卡、基于虚拟仪器技术的软件包三部分构成。转速传感器实现转速信号到电信号的转换,计算机插卡采集电信号,最后由基于虚拟仪器技术的软件包实现瞬时转速的计算、数据分析及显示等。

1. 转速测量方法及误差分析

转速测量中,根据传感器输出信号的不同采用不同的方法进行测量。利用 A/D 转换板对模拟式传感器输出的模拟电压信号采样的测量方法,称为采样法,主要有时域电压信号直接采样法和希尔伯特变换解调法两种。利用定时计数器,对数字式传感器输出的矩形脉冲信号进行计数测量的方法称为数字法,根据其对矩形脉冲晶振计数的方法不同分周期法与频率法两种。仅对转速测量的数字法进行分析。

1) 周期法

周期法测量转速的实质是在输入信号的每个脉冲周期中,对精度极高的高频晶振电路的脉冲进行计数,并以高速双曲线函数运算,从而获得每一个脉冲周期旋转轴的转速。周期法测量转速的计算式为

$$n_{\mathrm{a}} \approx \bar{n}_{\mathrm{a}}=\frac{\theta_{\mathrm{a}}}{t_{\mathrm{a}}} \cdot \frac{60}{360}=\frac{\theta_{\mathrm{a}}}{6N_{\mathrm{a}}t_{\mathrm{a}0}} \tag{19.36}$$

式中,n_{a} 为测量转速,r/min;$\bar{n}_{\mathrm{a}}$ 为转速平均值,r/min;t_{a} 为被测信号的周期,s;N_{a} 为周期 t_{a} 内晶振时标脉冲个数;$t_{\mathrm{a}0}$ 为时标脉冲周期,s;θ_{a} 为周期 t_{a} 所转过的角度,°,其中

$$t_{\mathrm{a}}=N_{\mathrm{a}}t_{\mathrm{a}0} \tag{19.37}$$

由式(19.37)可知,转速的测量误差有三个来源:采样步长(间隔角度)、计数值和时标脉冲周期。周期法测量转速的绝对误差为

$$\begin{aligned}\Delta n_{\mathrm{a}} &=\frac{\partial n_{\mathrm{a}}}{\partial \theta_{\mathrm{a}}}\Delta\theta_{\mathrm{a}}+\frac{\partial n_{\mathrm{a}}}{\partial N_{\mathrm{a}}}\Delta N_{\mathrm{a}}+\frac{\partial n_{\mathrm{a}}}{\partial T_{\mathrm{a}0}}\Delta t_{\mathrm{a}0}\\ &=\frac{1}{6N_{\mathrm{a}}t_{\mathrm{a}0}}\Delta\theta_{\mathrm{a}}-\frac{\theta_{\mathrm{a}}}{6N_{\mathrm{a}}^{2}t_{0}}\Delta N_{\mathrm{a}}-\frac{1}{6N_{\mathrm{a}}t_{\mathrm{a}0}^{2}}\Delta t_{\mathrm{a}0}\end{aligned} \tag{19.38}$$

式中,Δn_{a} 为转速的绝对误差,r/min;$\Delta\theta_{\mathrm{a}}$ 为绝对角度误差,°;ΔN_{a} 为绝对计数误差(又称量化误差,$\Delta N_{\mathrm{a}}=\pm 1$);$\Delta t_{\mathrm{a}0}$ 为绝对时标脉冲误差,s。

考虑到时标脉冲误差很小及误差极限值,转速绝对误差可表示为

$$\Delta n_{\mathrm{a}}=\pm\left(\left|\frac{1}{6N_{\mathrm{a}}t_{\mathrm{a}0}}\Delta\theta_{\mathrm{a}}\right|+\left|\frac{60}{ZN_{\mathrm{a}}^{2}t_{\mathrm{a}0}}\right|\right) \tag{19.39}$$

式中，Z 为测量齿盘的齿数。

设采样步长、计数值和时标脉冲相对误差分别称为角度误差、计数误差和时标脉冲误差，则周期法测量转速的相对测量误差极限值的计算式为

$$r_n = \pm(|r_{\theta_t}| + |r_N| + |r_T|) \tag{19.40}$$

式中，r_n 为转速相对误差；r_{θ_t} 为角度误差；r_N 为计数误差；r_T 为时标脉冲误差。

由于晶体振荡器工作稳定，时标脉冲误差极小，可忽略。由相对误差的定义可知，计数误差为

$$r_N = \frac{\Delta N_a}{N_a} \tag{19.41}$$

由式(19.41)可知，N_a 值越大，$\Delta N_a/N_a$ 值越小。欲减小 $\Delta N_a/N_a$ 值，在被测周期 t_a 不变的前提下，应选择时标信号周期 t_{a0} 较小的时钟脉冲，从而提高周期 t_a 内晶振时标脉冲个数，以达到减小计数误差的目的。

除计数误差之外，还存在传感器和计算机插卡硬件频响、放大倍数、中断等待等造成的测量误差，将这些由计算机系统所引起的相对误差用 r_D 表示。

角度误差主要由测量齿盘加工误差、安装误差与轴的振动误差构成。周期法测转速的相对误差为

$$r_n = \left|\frac{Z}{360}\Delta\theta_a\right| + \left|\frac{T_{a0} n_a Z}{60}\right| + |r_D| \tag{19.42}$$

式(19.42)表示采用周期法测转速时，相对误差与被测转速及测量齿盘齿数的关系，如图 19.9 所示。由图可知，在转速一定的情况下，测量误差随测量齿盘齿数的增多而增加；在测量齿盘齿数一定的情况下，测量误差随转速的升高而增加。在规定的误差范围内，根据待测转速范围，可通过设计合理的测量齿盘齿数实现周期

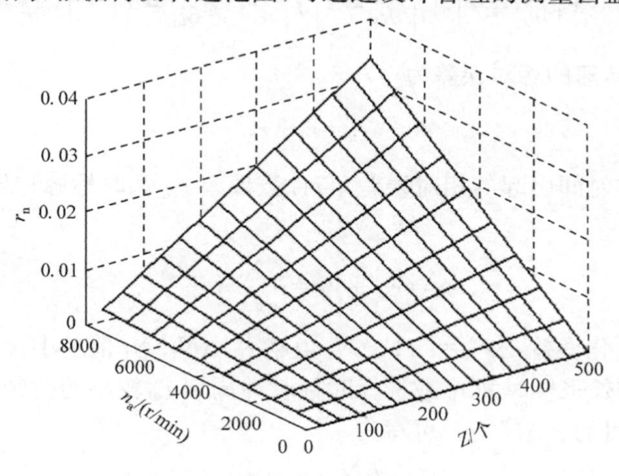

图 19.9　周期法转速测量相对误差

法测量。在转速较低的情况下，无论测量齿盘齿数为多少，转速测量的精度都较高，故周期法测转速比较适合转速较低的测量场合。

2）频率法

频率法指在一定的采样时间内，记录传感器输出的脉冲个数，从而测量被测轴的旋转速度的方法。频率法测量的转速计算式为

$$n_a \approx \bar{n}_a = \frac{\theta_t}{t_b} \cdot \frac{60}{360} = \frac{N_p \theta_Z}{6t_b} = \frac{N_p \theta_Z}{6N_t t_{b0}} \tag{19.43}$$

其中

$$t_b = N_t t_{a0} \tag{19.44}$$

式中，t_b 为采样时间，s；N_t 为采样时间 t_b 内记录的晶振时标脉冲个数。

$$\theta_t = N_p \theta_Z \tag{19.45}$$

式中，θ_t 为测量齿盘转过的角度，°；N_p 为采样时间采集的脉冲数；θ_Z 为测量齿盘两个齿之间所对应的角度，°。

在采样时间内的平均转速为

$$n_a \approx \bar{n}_a = \frac{N_p \theta_Z}{6t_b} \tag{19.46}$$

由式(19.46)可知，频率法测量转速的误差与采样时间误差和角度测量误差两个因素有关，其极限绝对误差为

$$\Delta n_a = \pm\left(\left|\frac{\partial n_a}{\partial \theta_Z}\Delta\theta_Z\right| + \left|\frac{\partial n_a}{\partial t_b}\Delta t_b\right|\right) = \pm\left(\left|\frac{N_p}{6t_b}\Delta\theta_Z\right| + \left|\frac{N_p \theta_Z}{6t_b^2}\Delta t_b\right|\right) \tag{19.47}$$

频率法测转速的相对误差为

$$r_n = r_t + r_{\theta_t} \tag{19.48}$$

式中，r_t 为采样时间引起的相对误差，与计数误差 r_{N_t} 和时标脉冲误差 r_T 有关，可表达为

$$r_t = r_{N_t} + r_T = \frac{\Delta N_t}{N_t} + \frac{\Delta t_{a0}}{t_a} \tag{19.49}$$

式中，ΔN_t 为量化误差，$\Delta N_t = \pm 1$，ΔN_t 值越大，$\Delta N_t / N_t$ 值越小。欲减小 $\Delta N_t / N_t$ 的值，可通过加长采样时间 t_b 或选择时标脉冲周期 t_{a0} 较小的时钟脉冲，以达到减小计数误差的目的。$\Delta N_t / N_t$ 可写为

$$\frac{\Delta N_t}{N_t} = \pm \frac{\Delta t_{a0}}{t_b} \tag{19.50}$$

由于晶体振荡器工作稳定，时标脉冲误差 r_T 很小，可忽略。考虑到采集系统其他硬件所带来的误差。在采样时间误差公式(19.49)中，还要叠加一项误差 r_D，考虑上述因素，采样时间的相对误差表达式为

$$r_t = \pm\left(\frac{t_{a0}}{t_b} + r_D\right) \tag{19.51}$$

由式(19.45)得测量角度的误差

$$r_{\theta_t} = r_{N_p} + r_\theta = \frac{\Delta N_p}{N_p} + \frac{\Delta\theta_Z}{\theta_Z} \tag{19.52}$$

式中，r_{N_p} 为测频率的齿轮脉冲的量化误差，$r_{N_p} = \frac{\Delta N_p}{N_p} = \pm\frac{1}{N_p}$；$r_\theta$ 为齿轮两个相邻齿的角度误差，$r_\theta = \frac{\Delta\theta_Z}{\theta_Z} = \frac{Z}{360}\Delta\theta_Z$。

由式(19.46)可知，$N_p = \frac{6t_b n_a}{\theta_Z} = \frac{6t_b n_a}{1}\frac{Z}{360} = \frac{t_b n_a Z}{60}$，所以角度相对误差为

$$r_{\theta_t} = \frac{\Delta\theta_t}{\theta_t} = \frac{\Delta N_p}{N_p} + \frac{\Delta\theta_Z}{\theta_Z} = \frac{60}{t_b n_a Z} + \frac{Z}{360}\Delta\theta_Z \tag{19.53}$$

考虑最大误差情况，并将 r_{θ_t}、r_t 代入式(19.48)得

$$r_n = \frac{60}{t_b n_a Z} + \left|\frac{Z}{360}\Delta\theta_Z\right| + \frac{t_{a0}}{t_b} + |r_D| \tag{19.54}$$

由式(19.54)可得采用频率法测转速时，在测量齿盘齿数一定的条件下，相对误差与被测转速和采样时间的关系曲面如图 19.10(a)所示。同理可得，在采样时间一定条件下，相对误差与被测转速及测量齿盘齿数的关系曲面如图 19.10(b)所示。

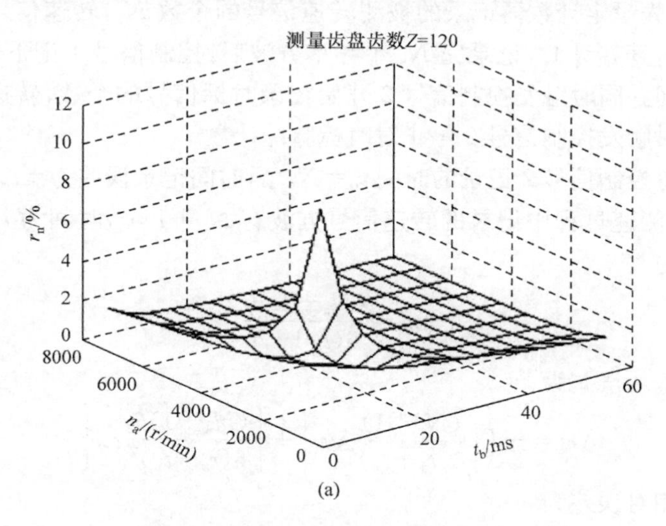

(a)

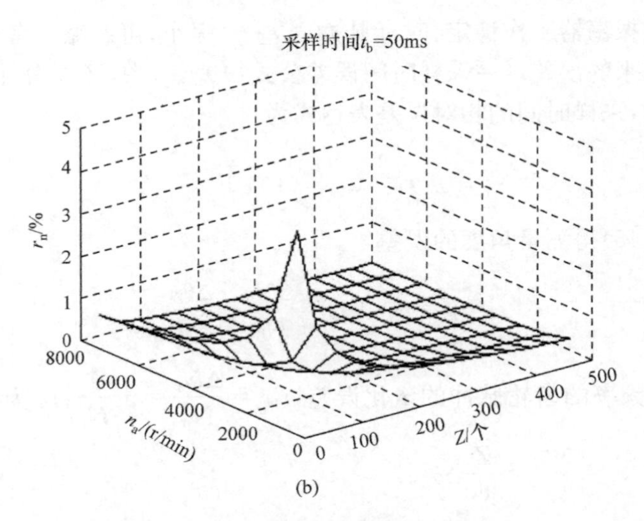

图 19.10　频率法转速测量相对误差

由图可知，无论在何种采样时间、测量齿盘齿数下，转速测量的相对误差随转速的降低而增高，故频率法测转速比较适合转速较高的测量场合。

2. HMCVT 准等精度转速测量

由周期法与频率法测量转速的原理及误差分析可知，在从低速到高速的测量过程中，无论采用哪种方法所测转速的精度都是不同的，为了保证在整个转速测量范围内测量精度相等，采用准等精度转速测量方法。

准等精度转速测量方法测试原理如图 19.11 所示。转速信号为经处理得到的频率方波，首先设定计数器记录的被测转速信号的个数 N_a，转速信号上升沿触发控制信号 1 时开始计时，记录完 N_a 个频率方波后，控制信号 1 记下这 N_a 个频率方波所用时间并同时触发控制信号 2 开始记录时标信号的个数，转速信号的下一上升沿到来时触发控制信号 2 停止对时标脉冲计数。

由此可得控制信号 2 记录的时间 $t_b = N_b t_{a0}$，时间记录误差为 $\pm t_{a0}$，t_a 为无误差计时，故整个测速过程中记录的转速信号方波有 N_a+1 个，时间为 t_a+t_b，从而可得所测转速为

$$n_a = \frac{(N_a+1)\theta_Z}{6(t_a+t_b)} \tag{19.55}$$

转速的极限绝对误差为

$$\Delta n_a = \pm\left(\left|\frac{(N_a+1)}{6(t_a+t_b)}\Delta\theta_Z\right| + \left|\frac{(N_a+1)\theta_Z}{6(t_a+t_b)^2}t_{a0}\right|\right) \tag{19.56}$$

转速的极限相对误差为

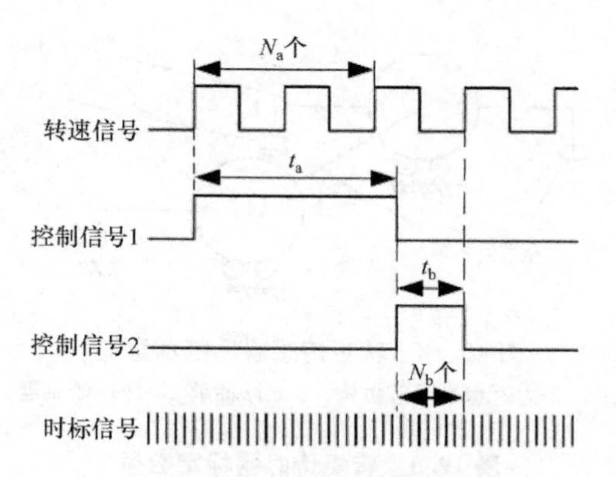

图 19.11　准等精度转速测量原理

$$r_n = \pm\left(\left|\frac{\Delta\theta_Z}{\theta_Z}\right| + \left|\frac{t_{a0}}{(t_a + t_b)}\right|\right) \tag{19.57}$$

由式(19.57)可知,准等精度转速测量方法所测得的转速误差与设定计数器记录的脉冲个数 N_a 有关,N_a 确定,转速误差会受 t_b 的影响,但该影响很小,故可认为在整个转速测量范围内的测量误差相等,将该方法称为准等精度测量方法。转速准等精度测量方法实质是频率法与周期法的综合,此时由测量电路带来的误差值与时标和测量设定的计数值有关,时标周期通常非常小,设定适当的转速方波计数值,可以实现差别极小的等精度测量即准等精度测量,提高转速在整个转速范围内的测量精度。

19.2.5　转矩测量

HMCVT 传递转矩表征了车辆传动系的特性,对它的测量和分析是各种车辆传动系的开发研究、性能分析、质量检验、型式鉴定、优化控制等工作中必不可少的环节。根据转矩测量原理,可将其测量方法分为传递法、平衡力法和能量转换法,在 HMCVT 性能测试中对转矩的测量采用传递法。

1. HMCVT 转矩测量传感器的精度及补偿

进行 HNMVT 性能测试时,转矩传感器的精度与标定效果将直接影响到测试结果的精度,故而在测试前须对转矩测量传感器进行标定,并对其非线性误差进行有效补偿。

用标准砝码加力矩杆对转矩传感器进行标定的示意图如图 19.12 所示。为减小标定误差,用支撑和力臂杆水平调节机构对标定系统进行调节;采用允差为±0.05%的三等砝码;允差为 0.06%,长为 1000mm 的力臂;在室温(20±5)℃条件下,某标称转矩为 1000N·m 的转矩传感器的标定试验数据如表 19.5 所示。

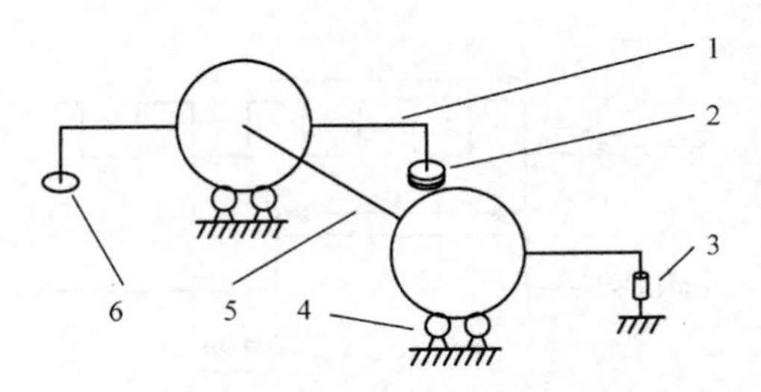

图 19.12　转矩传感器标定示意图

1-力臂；2-砝码；3-力臂水平调节机构；4-支撑轴承；5-转矩传感器；6-砝码托盘

表 19.5　转矩传感器标定数据

砝码质量/kg	加载					减载			
	标称转矩/(N·m)	测量转矩/(N·m)	绝对误差/(N·m)	相对误差/%	修正后绝对误差/(N·m)	测量转矩/(N·m)	绝对误差/(N·m)	相对误差/%	修正后绝对误差/(N·m)
0	0	−0.16	−0.16		0.1385	−1.24	−1.24		−0.3393
2	19.6	19.23	−0.37	0.37	0.0719	19.40	−0.20	2.01	0.3942
4	39.2	38.24	−0.96	−0.86	−0.3375	38.82	−0.38	0.16	0.0620
14	137.2	135.55	−1.65	0.08	0.1123	136.36	−0.84	−0.12	−0.1674
24	235.2	232.86	−2.34	0.09	0.2139	233.84	−1.36	0.02	0.0491
34	333.2	330.28	−2.92	−0.11	−0.3509	331.28	−1.92	−0.06	−0.2061
44	431.2	429.52	−1.68	0.04	0.1721	430.72	−0.98	0.08	0.3650
54	529.2	528.45	−0.75	0.04	0.0025	528.65	−0.55	−0.01	−0.0429
64	627.2	627.45	0.25	−0.01	−0.0821	627.34	0.14	−0.05	−0.2943
74	725.2	726.52	1.32	0.02	0.1267	726.64	1.44	0.03	0.2015
84	823.2	825.16	1.96	−0.01	−0.0902	825.25	2.05	−0.02	−0.022
94	921.2	925.05	3.85	0.02	0.229	925.05	3.85	−0.01	−0.098

转矩传感器的标定误差曲线如图 19.13 所示。由表 19.5 和图 19.13 可知，转矩传感器误差随标定转矩的增加呈非线性增长，在小转矩时误差较小，大转矩时误差较大，最大误差为 3.85N·m，在实际测试中需要进行修正，为了获得满意的修正结果，将加、减载荷测试值进行最小二乘拟合可得到其校正公式为

$$y=-2.34685\times10^{-13}x^5+5.50415\times10^{-10}x^4-4.44095\times10^{-7}x^3+3.7762\times10^{-5}x^2+0.9943x+0.5891 \tag{19.58}$$

运用式(19.58)得测量转矩补偿后的最大误差降为 0.3942N·m，约为原最大误差的 1/10，提高了测试精度，误差值满足相关测试规定的要求，修正后的误差曲

线如图 19.14 所示。

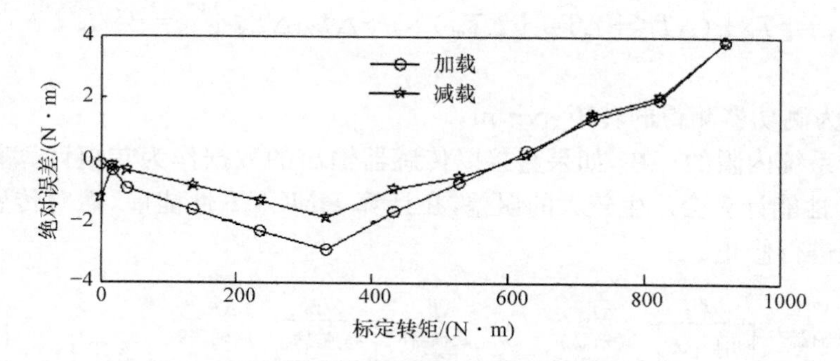

图 19.13　修正前误差曲线

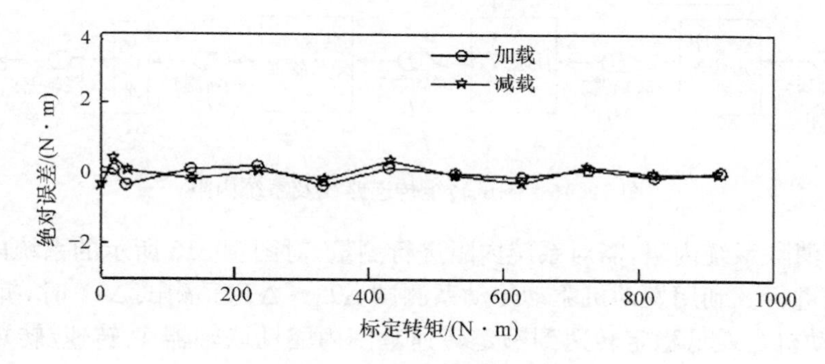

图 19.14　修正后误差曲线

2. 试验系统内阻的测量及消除方法

传感器的安装位置对于测试结果的精度有较大的影响。由于系统内阻的存在，在采集测试数据时，传感器测得的数据与实际信号总有误差存在，误差的大小随传感器的安装位置、性质、环境而异。

图 19.15 所示的是 HMCVT 性能测试的转矩传递路线，各转矩的计算式为

$$T_1 = T_1' - \Delta T_{Z1} - \Delta T_{q2} = T_1' - \Delta T_1 \tag{19.59}$$

$$T_2 = T_2' + \Delta T_{Z2} + \Delta T_{q3} = T_2' + \Delta T_2 \tag{19.60}$$

$$T_3 = T_3' + \Delta T_{Z5} + \Delta T_{q6} = T_3' + \Delta T_3 \tag{19.61}$$

$$T_4 = T_4' - \Delta T_{Z6} - \Delta T_{q8} = T_4' - \Delta T_4 \tag{19.62}$$

式中，T_1、T_2 分别为 HMCVT 实际输入、输出转矩，N · m；T_3、T_4 分别为泵-马达系统实际输入、输出转矩，N · m；T_1'、T_2'分别为 HMCVT 输入、输出转速/转矩传感器测得的转矩，N · m；T_3'、T_4'分别为泵-马达系统输入、输出转速/转矩传感器测得的转矩，N · m；ΔT 分别为联轴器或其他部件的内阻，N · m。

若以测功器的转矩传感器测得的转矩值作为 HMCVT 输出转矩计算基础，则

T_2 的计算式为

$$T_2=[T_c+(\Delta T_{q3}+\Delta T_{Z2}+\Delta T_{q4})\times i+\Delta T_{Z3}\Delta T_{q5}]/i_S=T_c'/i_S+\Delta T_5 \tag{19.63}$$

式中，T_c 为测功器测得的转矩，N·m。

由于系统内阻的存在，如果直接以传感器输出的数据作为转矩计算基础进行HMCVT性能计算会产生较大的误差，在计算HMCVT性能前，需对传感器测得的转矩值进行修正。

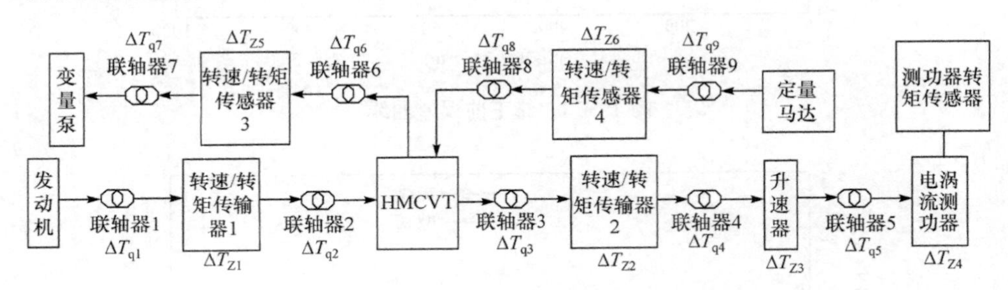

图 19.15　测试转矩传递路线及系统内阻

为了消除系统内阻，需对系统内阻进行测量，对图19.15所示的系统内阻可采用拆除法进行。利用发动机驱动传动系测试ΔT_1～ΔT_5。测试ΔT_1时，拆去HMCVT，发动机自最低稳定转速到额定转速范围内驱动联轴器1、转速/转矩传感器1、联轴器2(需要辅助支撑联轴器2连接变速器端)，此时转速/转矩传感器1测得的转矩值即为ΔT_1。测量ΔT_2时，HMCVT用一传动轴代替，并断开联轴器4与转速/转矩传感器2的连接，记录转速/转矩传感器1的转矩值ΔT_{21}，则$\Delta T_2=\Delta T_{21}-\Delta T_1$。同理，可分别确定内阻补偿量$\Delta T_3$、$\Delta T_4$、$\Delta T_5$的值。

图19.16为实测的转矩ΔT_3与转速的变化曲线，图中的峰值与测试系统的回转振动有关，其最大误差为5.94N·m，正常值为2～4N·m，在转矩测试时需要进行修正。

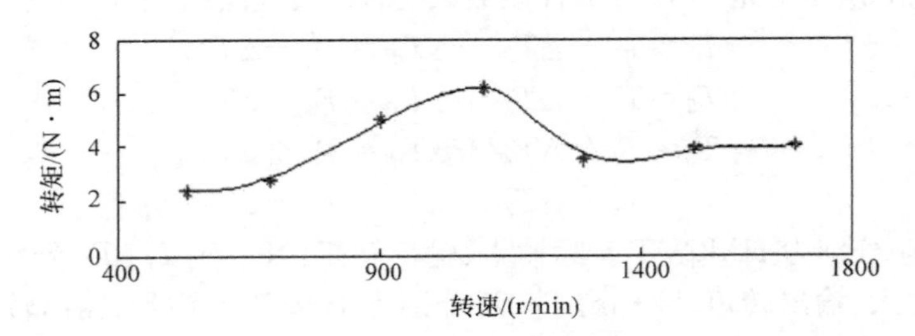

图 19.16　转矩随转速变化曲线

在进行动态或瞬态试验时，还需要进行惯量的补偿，对于转速/转矩传感器1、

2、3、4 需要分别考虑由联轴器 2、3、6、9 所引起的附加惯性阻力矩 $\Delta T_1'$、$\Delta T_2'$、$\Delta T_3'$、$\Delta T_4'$，当考虑惯量补偿时，测量转矩的计算(以加速为例)式为

$$T_1 = T_1' - \Delta T_1 + \Delta T_1' \tag{19.64}$$

$$T_2 = T_2' + \Delta T_2 - \Delta T_2' \tag{19.65}$$

$$T_3 = T_3' + \Delta T_3 - \Delta T_3' \tag{19.66}$$

$$T_4 = T_4' - \Delta T_4 + \Delta T_4' \tag{19.67}$$

19.3　测试系统误差与测量不确定度

进行 HMCVT 性能测试时，不但要保证测试系统的总误差不超过技术条件规定的允许误差，而且要保证测试结果的可信程度，即具有较小的测量不确定度。这就需要根据技术要求中规定的允许误差来做方案选择与分析，把误差合理分配到测试系统各个环节，合理选择传感器，其中既要有较高的精度，又要适应现有条件，保证整个测量系统能满足要求，并对误差较大、对整体精度影响较大的传感器提出改造、替换或对其误差进行校正、补偿。试验完成后，对测试结果的可信程度与误差大小进行分析，确定各部分的实际精度，并对误差进行综合，求出整体测试精度，对测试系统和结果给予评价。

19.3.1　直接测量误差与间接测量误差的传递

1. 直接测量误差

直接测量的被测量为独立变量，可以直接得到测量值，无须通过其他分量进行一定函数关系的辅助计算。直接测量误差指直接测量值与其真实值的差值，测试中，无论是单次测量还是多次测量的算术平均值，均受系统误差和随机误差的影响，不能直接作为测量结果。在剔除异常数据，消除或修正系统误差的基础上，才能得到正确的测量结果。

2. 间接测量误差的传递

间接测量的被测量为非独立变量，不能直接测量，需通过其他分量进行计算才能得到。其测量误差需要根据与各分量的函数关系，经误差合成得到。

1) 误差传递的一般公式

设测量结果 y 是 n 个独立变量 $A_1, A_2, \cdots, A_n$的函数，即

$$y = f(A_1, A_2, \cdots, A_n) \tag{19.68}$$

若各独立变量所产生的绝对误差分量为 ΔF_i，相对误差分量分别为 r_{F_i}，则由误差分量综合影响而产生的函数总误差等于各误差分量的代数和，即

$$\Delta y = \sum \Delta F_i \tag{19.69}$$

$$r_y = \sum r_{F_i} \tag{19.70}$$

式中，Δy、r_y 分别为函数的绝对误差和相对误差；$\Delta F_i = C_{\Delta i}\Delta A_i$，其中 $C_{\Delta i}$ 为绝对误差传递系数，ΔA_i 为独立变量 A_i 的绝对误差；$r_{F_i} = C_r r_{A_i}$，其中 C_r 为相对误差传递系数，r_{A_i} 为独立变量 A_i 的相对误差。

2）误差传递系数的确定

（1）间接测试量与直接测试量有明确的显式函数关系。设函数 y 是 n 个独立变量 $A_1, A_2, \cdots, A_n$ 的函数，即

$$y = f(A_1, A_2, \cdots, A_n)$$

独立变量 A_i 的绝对误差 $\Delta A_i = A_i - A_{0i}(i=1,2,\cdots,n)$，$A_{0i}$ 为独立变量 A_i 的真值，函数 y 的真值为 y_0，则函数总误差 Δy 可表示为

$$\Delta y = y - y_0 \tag{19.71}$$

$$y_0 = f(A_{01}, A_{02}, \cdots, A_{0n}) \tag{19.72}$$

当函数 y 在 y_0 的邻域内连续可导时，可以泰勒基数形式展开，略去高阶误差项，则

$$y = y_0 + \frac{\partial f}{\partial \Delta A_1}\Delta A_1 + \frac{\partial f}{\partial \Delta A_2}\Delta A_2 + \cdots + \frac{\partial f}{\partial \Delta A_n}\Delta A_n$$

$$\begin{aligned}\Delta y &= \frac{\partial f}{\partial \Delta A_1}\Delta A_1 + \frac{\partial f}{\partial \Delta A_2}\Delta A_2 + \cdots + \frac{\partial f}{\partial \Delta A_n}\Delta A_n \\ &= \sum_{i=1}^{n} \frac{\partial f}{\partial A_i}\Delta A_i = \sum_{i=1}^{n} \Delta F_i\end{aligned} \tag{19.73}$$

式中，ΔF_i 为函数 y 的绝对误差分量，$\Delta F_i = \frac{\partial f}{\partial A_i}\Delta A_i$。

令 $C_{\Delta i} = \frac{\partial f}{\partial A_i}$ 为绝对误差传递系数，则式(19.73)成为如下形式：

$$\Delta y = \sum_{i=1}^{n} C_{\Delta i}\Delta A_i \tag{19.74}$$

根据相对误差定义，函数 y 的相对误差为

$$r_y = \frac{\Delta y}{y} = \frac{1}{y}\sum_{i=1}^{n}\frac{\partial f}{\partial A_i}\Delta A_i = \sum_{i=1}^{n}\frac{1}{y}\frac{\partial f}{\partial A_i}\Delta A_i = \sum_{i=1}^{n}\frac{\partial \ln f}{\partial A_i}\Delta A_i = \sum_{i=1}^{n} r_{F_i} \tag{19.75}$$

式中，$\ln f$ 为函数 y 的自然对数；r_{F_i} 为函数 y 的相对误差分量，$r_{F_i} = \frac{\partial \ln f}{\partial A_i}\Delta A_i$。

令 $C_{ri} = \frac{\partial \ln f}{\partial A_i}$ 为相对误差传递系数，则式(19.75)成为如下形式：

$$r_y = \sum_{i=1}^{n} C_{ri} \Delta A_i \tag{19.76}$$

（2）间接测试量与直接测试量无明确的显式函数关系。若函数 y 与独立变量之间函数关系复杂、不易求导，特别是为多变量隐函数关系时，可采用数值计算法确定误差传递系数。

设函数 y 与 n 个独立变量 $A_1, A_2, \cdots, A_n$ 满足

$$F(y, A_1, A_2, \cdots, A_n) = 0$$

则有

$$y = F^{-1}(A_1, A_2, \cdots, A_n)$$

式中，F^{-1} 为 y 的反函数。

在给定的计算点 $A_{10}, A_{20}, \cdots, A_{i0}, \cdots, A_{n0}$，函数值为 y_0，即

$$y_0 = F^{-1}(A_{10}, A_{20}, \cdots, A_{i0}, \cdots A_{n0})$$

若给 A_{i0} 一个增量 ΔA_{ij}，此时的函数值为 y_{0j}，即

$$y_{0j} = F^{-1}(A_{10}, A_{20}, \cdots, A_{i0} + A_{ij}, \cdots, A_{n0})$$

则函数 y 的绝对误差分量为

$$\Delta F = \Delta y_{ij} = y_{0j} - y_0$$

函数 y 的绝对误差传递系数为

$$C_{\Delta ij} = \frac{\Delta y_{ij}}{\Delta A_{ij}} \tag{19.77}$$

同理可得函数 y 的相对误差传递系数为

$$C_{r_{ij}} = \frac{r_{y_{ij}}}{r_{A_{ij}}} = \frac{\Delta y_{ij}}{\Delta A_{ij} / A_{i0}} \tag{19.78}$$

19.3.2　测量误差的合成

误差合成是由局部的误差分量计算出测量结果的总误差。为了得到较精确的总误差估计值，进行总误差计算的基本思路是：首先从已知的函数式来确定误差；其次从专业知识着手，找出在已知函数式中无法反映出来，而在实际测量中起作用的各独立误差因素（$A_{n+1}, A_{n+2}, \cdots, A_{n+m}$），故测量结果的总误差表达式（19.69）可表达为

$$\Delta y = \sum_{i=1}^{n} C_{\Delta i} \Delta A_i + \sum_{i=1}^{n} \Delta A_{n+k} \tag{19.79}$$

式中，ΔA_{n+k} 为与已知函数无关的独立误差因素 A_{n+k} 引起的误差分量。

19.3.3　测量不确定度评定

当报告测量结果时，必须对测量质量给出说明，以确定测量结果的可信程度。

测量不确定度就是对测量结果质量的定量表征，测量结果的可用性很大程度上取决于其不确定度的大小。

1. 测量不确定度表达

测量不确定度用于表征合理赋予被测量之值的分散性，是一个与测量结果相联系的参数。测量不确定度可以是标准差 σ 及其倍数 $k\sigma$，或是说明置信水准的区间的半宽。以标准差 σ 表示的不确定度称为标准不确定度，用 u_σ 表示；以标准差倍数 $k\sigma$ 表示的不确定度称为扩展不确定度，用 U_σ 表示；测量不确定度通常由多个分量组成，对每一个分量均要评定其标准不确定度，得到各标准不确定度分量后，将各分量合成得到的被测量的不确定度称为合成不确定度，用 u_c 表示。

2. 测量不确定度评定方法

测量不确定度按其评定方法分为 A 类评定和 B 类评定两类。A、B 分类的目的是表明不确定度评定的两种方法，仅为讨论方便，无本质区别。二者都是基于概率分布，并用方差或标准差表征。

1) A 类测量不确定度

A 类测量不确定度是指用测量列按统计学方法评定出来的标准不确定度。表征 A 类评定所得不确定度分量的方差估计值为 u_σ^2，由重复观测列计算得到。u_σ^2 就是熟知的统计量方差 σ^2 的估计值 s^2，而 u_σ^2 的正平方根即为估计标准差 s，记为 u_σ，即 $u_\sigma=s$。

2) B 类标准不确定度

B 类标准不确定度是用不同于测量列统计学方法的其他方法评定出来的标准不确定度。B 类评定所得的不确定度分量的估计方差 u_σ^2 依据有关信息评定，估计标准差为 u_σ。

在工程中，因传感器及各种仪器仪表往往是从市场上选购得到的，故 B 类标准不确定度更具有现实意义。获得 B 类标准不确定度的信息主要有以前的数据、有关材料、对仪器性能的了解、厂商的技术说明书中的指标、标准检定证书或研究报告提供的数据、手册或文件给予的参考数据及其不确定度。

(1) 对来自说明书、检定证书、用户手册等的独立变量 A_i，且给出了 A_i 的扩展不确定度 U_σ 及 U_σ 的覆盖因子 k，则 A_i 的 B 类标准不确定度 $u_{\mathrm{B}}(A_i)$ 等于扩展不确定度除以覆盖因子，即

$$u_{\mathrm{B}}(A_i)=U_\sigma/k \tag{19.80}$$

(2) 对已知 A_i 的某个置信区间(U_σ)及其相应的置信概率 P(一般有 $P=0.90$，0.95，0.99)，其 B 类标准不确定度 $u_{\mathrm{B}}(A_i)$ 等于置信区间除以相应的置信因子 K(通常按正态分布处理，除非另有说明)，即

$$u_{\mathrm{B}}(A_i)=U_\sigma/K \tag{19.81}$$

(3) 对根据信息只能估计上限 $A_{\max}$ 和下限 $A_{\min}$，且在 $A_{\min}$ 至 $A_{\max}$ 范围内的概率是 1，但对 A_i 在该范围内取值的分布不甚了解，此时按均匀分布处理，A_i 的 B 类标准不确定度 $u_{\mathrm{B}}(A_i)$ 为

$$u_{\mathrm{B}}(A_i)=\frac{A_{\max}-A_{\mathrm{mim}}}{2\sqrt{3}} \tag{19.82}$$

3. 标准不确定度合成

由 $y=f(A_1,A_2,\cdots,A_n)$ 可得输出量的估计值 y(测量结果)的不确定度为

$$u_{\mathrm{c}}^2(y)=\left(\frac{\partial f}{\partial A_1}\right)^2u_\sigma^2(A_1)+\left(\frac{\partial f}{\partial A_2}\right)^2u_\sigma^2(A_2)+\cdots+\left(\frac{\partial f}{\partial A_n}\right)^2u_\sigma^2(A_n)$$
$$+2\sum_{i=1}^{n-1}\sum_{j=i}^{N}\left(\frac{\partial f}{\partial A_i}\right)\left(\frac{\partial f}{\partial A_j}\right)u_\sigma^2(A_i,A_j) \tag{19.83}$$

式中，$\frac{\partial f}{\partial A_i}$ 为灵敏系数；$u_\sigma^2(A_i,A_j)$ 为任意两输入量估计值的协方差函数。

19.3.4　测试系统误差分配

在设计测试传感器和测试系统时，需要根据技术要求或国家标准中规定的允许误差来做方案选择分析，其中既要做误差分析，又要做误差分配，保证测试系统测试精度能够满足要求。

1. 测试系统误差分配设计过程分析

在系统方案设计及传感器选型过程中，需要根据要求对测试误差进行分析，对测试环节中的误差进行合理分配与合成，适度调整误差分配关系，使系统获得满足要求的测试误差。

要根据系统的初步设计方案列出计算测试误差方程式，将欲采用的测试仪器误差代入方程式计算测试误差。若该误差值超限，则调整各环节的误差分配，调整测试仪器的构成，直到测试误差满足测试精度要求。测试系统误差分配设计过程如图 19.17 所示。

2. 测试系统误差分配方法

在系统分析及对误差进行分配的过程中，可以根据不同的假设进行误差预分配，然后根据现有的技术水平、试验环境、性价比、操作灵活性等对分配方案进行调整，最后再用误差合成理论对分配方案进行校核。

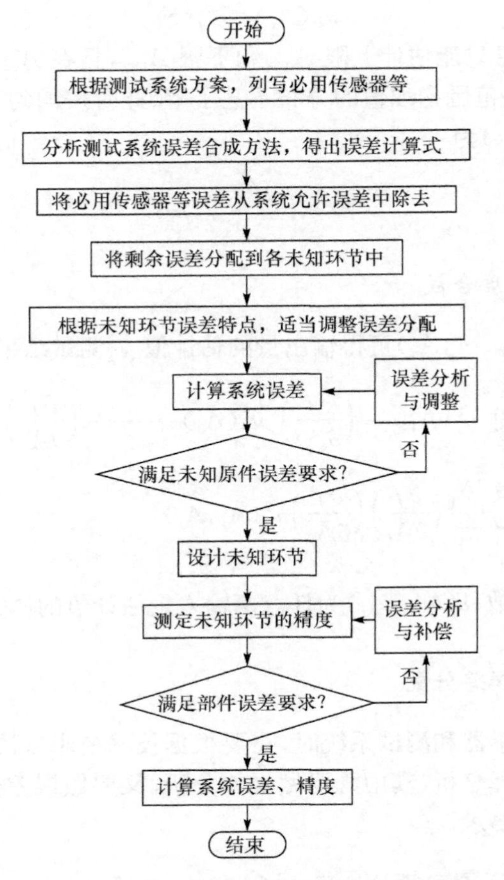

图 19.17 测试系统误差分配设计过程

1）自变量误差相等法

自变量误差相等法是指在误差分配时，令自变量误差相等的误差分配方法。设已定系统总误差为 Δy，则自变量误差 ΔA_i 为

$$\Delta A_i = \frac{\Delta y}{\sum_i^n C_{\Delta i}} = \frac{\Delta y}{\sum_i^n \frac{\partial f}{\partial A_i}} \tag{19.84}$$

误差分量标准不确定度 $u(A_i)$为

$$u_\sigma(A_i) = \frac{u_c(y)}{\sqrt{\sum_i^n (C_{\Delta i})^2}} = \frac{u_c(y)}{\sqrt{\sum_i^n \left(\frac{\partial f}{\partial A_i}\right)^2}} \tag{19.85}$$

2）优势误差加权分配法

在函数 y 的自变量或误差分量中，若有一项或多项误差占有优势，即对函数 y

的总误差或扩展不确定度影响较大，或受现有技术条件的限制，某些测试量的测试准确度还较低，则在误差分配时应着重考虑这些优势误差的影响，即加权分配。把总误差的较大份额分配给优势误差项，而较小份额分配给其他误差项。

3. 测试系统误差分配应用

测试系统误差分配主要用于方案设计与传感器选型，以功率测量为例进行误差分配与传感器精度选择分析。

进行 HMCVT 功率特性测试时，要求输入转速为 1800r/min，输入转矩为 350N · m 时，功率测量的极限误差不超过 0.5kW，即相对误差为 0.75%。

根据功率的定义，有

$$P_c = \frac{T_k n_k}{9550} \tag{19.86}$$

式中，P_c 为功率，kW；n_k 为转速，r/min；T_k 为转矩，N · m。

功率测量绝对误差为

$$\Delta P_c = \frac{\partial P_c}{\partial T_k}\Delta T_k + \frac{\partial P_c}{\partial n_k}\Delta n_k = \frac{1}{9550}(n_k \Delta T_k + T_k \Delta n_k) \tag{19.87}$$

式中，ΔP_c 为功率测量绝对误差，kW；Δn_k 为转速测量绝对误差，r/min；ΔT_k 为转矩测量绝对误差，N · m。

极限误差表示为

$$l_{Pc} = C_{\Delta T} l_{Tk} + C_{\Delta n} l_{nk} \tag{19.88}$$

式中，l_{Pc}为功率测量允许极限误差；l_{Tk}为转速测量极限误差，l_{nk}为转矩测量极限误差；$C_{\Delta T}$、$C_{\Delta n}$为误差传递系数。

$$C_{\Delta T} = \frac{n_k}{9550} \tag{19.89}$$

$$C_{\Delta n} = \frac{T_k}{9550} \tag{19.90}$$

功率测量的允许极限误差按 0.5kW，采用误差相等法即 1 : 1 的比例进行分配，各参数的计算结果如表 19.6 所示。由计算结果可知，对于转速，其误差极限为 6.82r/min，相对误差为 0.3%，容易达到，而转矩误差极限为 1.33N · m，相对误差为 0.37%，要求传感器的精度较高。若规定转速的测量精度为 0.1%，在转速为 1800r/min，输入转矩为 350N · m 时各参数的误差如表 19.6 所示。

表 19.6 误差分配计算结果表

参数误差		计算结果	
		相等法分配	规定转速测量精度为 0.1%
P_c	误差极限	0.5	0.5
	相对误差	0.75%	0.75%
n_k	误差极限	6.82	2
	相对误差	0.3%	0.1%
T_k	误差极限	1.33	2.26
	相对误差	0.37%	0.65%

由以上分析结果可知，若将总误差平均分配给转速和转矩测量，转速较易满足，而转矩比较困难。若提高转速的测量精度，则可以降低对转矩测量的要求，使测量系统处于合理的状态。

19.3.5 间接测试量测量精度分析

履带车辆 HMCVT 测试参数既有直接测试量，如温度、油压、转速、转矩等，又有间接测试量，如功率、传动效率、功率分流比、泵-马达系统排量比等，以功率、传动效率为例对间接测试量测量精度进行分析。试验前对传感器进行精确标定，并进行误差修正。修正后，系统中的测试元件只存在偶然误差，所进行的就是在系统误差校正后的测试精度分析。

1. 功率测量精度分析

进行传递功率测量，主要通过测量转速、转矩，计算得到测量的功率，如式(19.86)所示，功率测量的绝对误差合成如式(19.87)所示。

功率测量的相对误差为

$$r_{P_c}=\frac{\partial \ln P_c}{\partial T_k}r_T+\frac{\partial \ln P_c}{\partial n_k}r_n=r_T+r_n \tag{19.91}$$

式中，r_{P_c}、r_n、r_T 分别为功率、转速、转矩测量相对误差。

功率测量不确定度的大小与采用的评定方法、选用的仪器及数据处理方法都有关系，以系统中采用的转速/转矩传感器及所用数据采集板卡组成的功率测试系统为例，对其测量不确定度进行分析。

根据不确定度的合成公式(19.83)可知，功率不确定度数学模型为

$$\begin{aligned}u_c^2(P_c)&=\left(\frac{\partial P_c}{\partial T_k}\right)^2u_\sigma^2(T_k)+\left(\frac{\partial P_c}{\partial n_k}\right)^2u_\sigma^2(n_k)\\&=\frac{1}{9550^2}\left[n_k^2\times u_\sigma^2(T_k)+T_k^2\times u_\sigma^2(n_k)\right]\end{aligned} \tag{19.92}$$

式中，$u_c(P_c)$为功率测量不确定度，kW；$u_\sigma(n_k)$为转速测量不确定度，r/min；$u_\sigma(T_k)$为转矩测量不确定度，N·m。

在进行功率测试的过程中，每个测点都具有不同的测量不确定度，对其进行综合描述比较困难。以柴油发动机 LR6105ZT10 额定工作点（$n_{e0}=2300$r/min，$T_{e0}=440$N·m）处的功率测量为例进行其测量不确定度的分析。

根据对转速的测试分析知，在等精度测量技术下，转速测量误差为±0.1%，在误差范围内服从均匀分布。对于 19.2.5 节的标定系统，转矩引起的测量不确定度分量由转矩测量的重复性引入的不确定度分量、标定砝码引入的不确定度分量、力臂长度引入的不确定度分量构成，功率测量不确定度及各影响分量如表 19.7 所示。

表 19.7　功率测量不确定度及各影响分量

影响因素		测量不确定度		相对误差
转速/(r/min)		1.32		±0.1%
转矩/(N·m)	测量重复性	1.81	1.84	±0.1%
	标定砝码	0.22		
	力臂长度	0.26		
功率/kW		0.45		0.2%

2. 系统传动效率测试精度分析

根据传动效率的定义，有

$$\eta=\frac{T_{out}n_{out}}{T_{in}n_{in}} \tag{19.93}$$

式中，η为传动效率；n_{out}为输出转速，r/min；T_{out}为输出转矩，N·m；n_{in}为输入转速，r/min；T_{in}为输入转矩，N·m。

传动效率的绝对误差为

$$\Delta\eta=\frac{\partial\eta}{\partial T_{out}}\Delta T_{out}+\frac{\partial\eta}{\partial T_{in}}\Delta T_{in}+\frac{\partial\eta}{\partial n_{out}}\Delta n_{out}+\frac{\partial\eta}{\partial n_{in}}\Delta n_{in} \tag{19.94}$$

式中，$\Delta\eta$为传动效率绝对误差；Δn_{out}为输出转速绝对误差，r/min；ΔT_{out}为输出转矩绝对误差，N·m；Δn_{in}为输入转速绝对误差，r/min；ΔT_{in}为输入转矩绝对误差，N·m。

相对误差为

$$\frac{\Delta\eta}{\eta}=\frac{\Delta T_{out}}{T_{out}}+\frac{\Delta T_{int}}{T_{in}}+\frac{\Delta n_{out}}{n_{out}}+\frac{\Delta n_{in}}{n_{int}} \tag{19.95}$$

即

$$r_\eta = r_{\mathrm{To}} + r_{\mathrm{Ti}} + r_{\mathrm{no}} + r_{\mathrm{ni}} \tag{19.96}$$

式中，r_η 为传动效率相对误差；r_{no}为输出转速相对误差；r_{To}为输出转矩相对误差；r_{ni}为输入转速相对误差；r_{Ti}为输入转矩相对误差。

效率测量的不确定度数学模型为

$$\begin{aligned} u_{\mathrm{c}}^2(\eta) &= \left(\frac{\partial \eta}{\partial T_{\mathrm{out}}}\right)^2 u_\sigma^2(T_{\mathrm{out}}) + \left(\frac{\partial \eta}{\partial T_{\mathrm{in}}}\right)^2 u_\sigma^2(T_{\mathrm{in}}) + \left(\frac{\partial \eta}{\partial n_{\mathrm{out}}}\right)^2 u_\sigma^2(n_{\mathrm{out}}) + \left(\frac{\partial \eta}{\partial n_{\mathrm{in}}}\right)^2 u_\sigma^2(n_{\mathrm{in}}) \\ &= \left(\frac{n_{\mathrm{out}}}{T_{\mathrm{in}} n_{\mathrm{in}}}\right)^2 u_\sigma^2(T_{\mathrm{out}}) + \left(\frac{T_{\mathrm{out}} n_{\mathrm{out}}}{T_{\mathrm{in}}^2 n_{\mathrm{in}}}\right)^2 u_\sigma^2(T_{\mathrm{in}}) + \left(\frac{T_{\mathrm{out}}}{T_{\mathrm{in}} n_{\mathrm{in}}}\right)^2 u_\sigma^2(n_{\mathrm{out}}) \\ &\quad + \left(\frac{T_{\mathrm{out}} n_{\mathrm{out}}}{T_{\mathrm{in}} n_{\mathrm{in}}^2}\right)^2 u_\sigma^2(n_{\mathrm{in}}) \end{aligned} \tag{19.97}$$

式中，$u_{\mathrm{c}}(\eta)$为传动效率测量不确定度；$u_\sigma(n_{\mathrm{out}})$为输出转速测量不确定度，r/min；$u_\sigma(T_{\mathrm{out}})$为输出转矩测量不确定度，N·m；$u_\sigma(n_{\mathrm{in}})$为输入转速测量不确定度，r/min；$u_\sigma(T_{\mathrm{in}})$为输入转矩测量不确定度，N·m。其中，由于数据采集系统直接用 DAQ 卡进行试验数据的传输，对于转矩测量，系统标定校正后的误差即为转矩的测量误差，即

$$r_{\mathrm{To}} = r_{\mathrm{Ti}} = 0.001$$

转速测量采用定时计数卡测量，测试精度为

$$r_{\mathrm{nb}} = r_{\mathrm{ni}} = 0.001$$

故效率测试的相对误差为

$$r_\eta = 0.4\%$$

由功率和效率的测量精度分析可知，所设计的测试系统的误差分配方案是合理的。

19.4 测试系统抗干扰技术

HMCVT 性能测试系统在进行性能测试时，由于外部与内部干扰的影响，在测试的电压、电流信号上会叠加各种干扰信号，即噪声。噪声对测试信号有着严重的干扰，较弱的测试信号常常会被干扰噪声“湮没”，导致信号采集无法正常工作。为了精确而有效地完成有用信号的采集，对测试系统中的干扰信号必须进行有效的消除与抑制。

1. 干扰来源与传播方式

在实验室环境下进行 HMCVT 性能测试时，测试信号可能遇到的主要干扰有自然界的雷电、继电器触头通断电产生的电火花、放电过程产生的从低频到高频的电磁波、输电线的工频强电磁干扰、发动机燃烧产生的电磁波、电涡流测功器涡电流产生的电磁波、测量仪器内部元件的热噪声、晶体管的低频噪声等。这些干扰主

要以静电耦合、电磁耦合、共阻抗耦合、漏电流耦合的方式进行传播。

2. 干扰抑制

作为抑制干扰的主要措施，可以采用抑制或切断耦合通道的方法，同时辅以数字滤波、数字处理的方法消除干扰。噪声源到处都有，但按照接地与屏蔽原则进行处理，可以在噪声源头、配线处将大多数与噪声有关的问题解决。

HMCVT 信号采集与数据处理系统按接地与屏蔽原则，对传感器、仪器、信号传输线路进行了抗干扰处理，其接地与屏蔽示意图如图 19.18 所示。

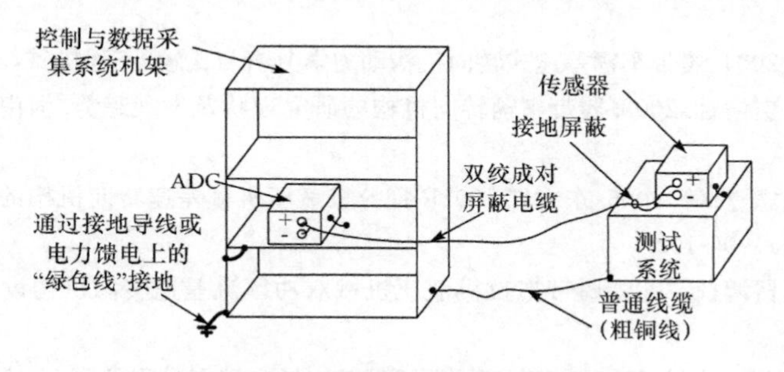

图 19.18　信号采集系统接地与屏蔽示意图

参 考 文 献

安杰. 2006. 履带车辆液压机械差速转向性能的研究[硕士学位论文]. 洛阳：河南科技大学.

曹付义. 2003. 履带拖拉机差速转向机构性能分析[硕士学位论文]. 洛阳：河南科技大学.

曹付义. 2008. 履带车辆液压机械差速转向性能分析与参数匹配[博士学位论文]. 西安：西安理工大学.

曹付义，周志立. 2004. 履带车辆差速式转向机构动力学分析与比较. 工程机械，35(2)：36-39.

曹付义，周志立，贾鸿社. 2003. 履带车辆转向机构的研究现状及发展趋势. 河南科技大学学报，24(3)：89-92.

曹付义，王军，周志立，等. 2005. 东方红 1302R 拖拉机液压机械差速转向机构的功率分析. 农业工程学报，21(3)：99-102.

曹付义，周志立，贾鸿社. 2006. 履带拖拉机液压机械双功率流差速转向机构设计. 农业机械学报，37(9)：5-8.

曹付义，周志立，贾鸿社. 2007a. 履带车辆液压机械差速转向瞬态过程仿真. 河南农业大学学报，41(1)：103-107.

曹付义，周志立，贾鸿社. 2007b. 履带车辆转向性能计算机仿真研究概况. 农业机械学报，38(1)：184-188.

曹付义，周志立，张明柱. 2008. 履带车辆液压机械差速转向运动轨迹模拟. 中国农业机械学会 2008 学术年会论文集，济南：439-442.

曹青梅. 2005. 液压机械无级变速器的控制系统研究[硕士学位论文]. 洛阳：河南科技大学.

曹青梅，周志立，张明柱. 2005. 车辆液压机械式自动变速器的换挡品质控制. 河南科技大学学报，26(1)：18-21.

程广伟. 2009. 履带车辆 HMCVT 测试技术研究及应用[博士学位论文]. 武汉：武汉理工大学.

程广伟，周志立. 2005. HMT 动态特性加载载荷研究. 华中农业大学学报，(s1)：76-78.

程广伟，周志立，邓楚南. 2006a. 车辆无级变速传动键合图建模与仿真研究. 武汉理工大学学报(信息与管理工程版)，28(12)：41-44.

程广伟，周志立，郭挺，等. 2006b. 传动系试验台信号采集与控制系统方案研究. 拖拉机与农用运输车，33(1)：21-23，26.

程广伟，周志立，徐立友，等. 2006c. 履带车辆行驶载荷在传动系试验台上的模拟. 拖拉机与农用运输车，33(4)：12-14.

程广伟，周志立，邓楚南. 2007. 履带车辆液压机械无级变速器试验台测控系统研究. 武汉理工大学学报(交通科学与工程版)，31(4)：656-659.

方在华，周志立. 2000. 犁耕和旋耕作业发动机载荷的统计特性. 农业工程学报，16(4)：85-87.

河南科技大学. 2002. 多段液压机械无级变速器开发传动方案论证报告.

田丽萍. 2005. 农业拖拉机液压机械无级变速规律研究[硕士学位论文]. 洛阳:河南科技大学.

徐立友. 2007. 拖拉机液压机械无级变速器特性研究[博士学位论文]. 西安:西安理工大学.

徐立友,周志立,张明柱,等. 2005. 液压机械无级变速器在农用拖拉机上的应用研究. 吉林农业大学学报,27(8):70-73.

徐立友,周志立,张明柱,等. 2006a. 拖拉机液压机械无级变速传动系统与发动机的合理匹配. 农业工程学报,22(9):109-113.

徐立友,周志立,张明柱,等. 2006b. 拖拉机液压机械无级变速器设计. 农业机械学报,37(7):5-8.

张明柱. 2007. 拖拉机多段液压机械无级变速器控制策略研究[博士学位论文]. 西安:西安理工大学.

张明柱,周志立,徐立友,等. 2003. 农业拖拉机用多段液压机械无级变速器设计. 农业工程学报,(6):118-121.

张明柱,周志立,徐立友,等. 2004. 柴油发动机调速特性的连续性数学模型研究. 农业工程学报,(3):75-77.

张明柱,周志立,田丽萍,等. 2006a. 拖拉机多段液压机械 CVT 的动力学建模及控制仿真. 河北农业大学学报,(6):114-118

张明柱,周志立,徐立友,等. 2006b. 拖拉机多段液压机械无级变速器的动力学建模及仿真. 西安理工大学学报,(3):269-273.

张松敏. 2005. 双功率流履带车辆的转向控制[硕士学位论文]. 洛阳:河南科技大学.

张涛. 2006. 高速履带车辆行走系统设计及特性分析[硕士学位论文]. 洛阳:河南科技大学.

周志立,张明柱,徐立友,等. 2006. 多段连续液压机械无级变速器:中国,2005200310729.

Cao F Y, Zhou Z L. 2009. Dynamic simulation of hydro-mechanical differential turning hydraulic system of tracked vehicle. The 2th International Conference on Intelligent Computation Technology and Automation, Zhangjiajie.

Cheng G W, Zhou Z L, Men Q Y, et al. 2006a. The study on the measurement & testing technology of the HMCVT hydraulic pressure based on the data fusion technology. Journal of Physics: Conference Series, 48: 1289-1294.

Cheng G W, Zhou Z L, Zhang W C, et al. 2006b. Study on the tracked vehicles HMCVT test-bed and its control & test system. Proceedings of the 2006 IEEE International Conference on Mechatronics and Automation, Luoyang.

Xu L Y, Zhou Z L, Zhang M Z, et al. 2004. Application of hydro-mechanical continuously variable transmissions in tractors. Proceedings of the 7th Asia-Pacific Conference for Terramechanics of the ISTVS. Changchun: Jilin University Press: 84-91.

Zhang M Z, Zhou Z L, Xu L Y, et al. 2004. Algorithm of the efficiency of continuously variable hydro-mechanical transmissions. Proceedings of the 7th Asia-Pacific Conference of the International Society for Terrain-Vehicle Systems, Changchun.

Zhang M Z, Zhou Z L, Xu L Y, et al. 2006. Speed change and range shift control schedule of the multi-range hydro-mechaical CVT for tractors. Proceedings of the 2006 IEEE International Conference on Mechatronics and Automation, Luoyang.

Zhou Z L, Cao F Y. 2009. Study on hydro-mechanical differential dynamic turning process of tracked vehicle. The 13th International Manufacturing Conference, Dalian.